全国高职高专道桥与市政工程专业规划教材

工程力学与结构

主　编　施　荣　李建民
副主编　郑慧玲　耿亚杰
　　　　韩永胜　管　欣
主　审　赵毅力

黄河水利出版社
·郑州·

内容提要

本书是全国高职高专道桥与市政工程专业规划教材，是根据教育部对高职高专教育的教学基本要求及全国水利水电高职教研会制定的工程力学与结构课程标准编写完成的。全书包括工程力学与结构两大模块，共九个学习情境。前四个学习情境是工程力学部分，主要内容包括工程力学与结构概论、工程力学基本知识及结构计算简图、结构构件上的荷载及支座反力、构件的内力计算；后五个学习情境是建筑结构部分，主要内容包括钢筋混凝土结构、预应力混凝土结构、圬工结构、钢结构、钢 - 混凝土组合结构等结构的构造连接、设计、结构性能和适用范围，以及识读结构施工图的相关知识。每个学习情境都包含了典型例题、知识小结和能力训练等环节。

本书可作为高职高专市政、道桥类专业的技术基础课，亦可供工程技术管理人员学习参考。

图书在版编目(CIP)数据

工程力学与结构/施荣，李建民主编. —郑州：黄河水利出版社，2013.2
全国高职高专道桥与市政工程专业规划教材
ISBN 978 - 7 - 5509 - 0427 - 9

Ⅰ.①工… Ⅱ.①施… ②李… Ⅲ.①工程力学 - 高等职业教育 - 教材②工程结构 - 高等职业教育 - 教材
Ⅳ.①TB12②TU3

中国版本图书馆 CIP 数据核字(2013)第 027949 号

组稿编辑：王路平　电话：0371 - 66022212　E-mail：hhslwlp@163.com
　　　　　路夷坦　　　　　66026749　　　　hhsllyt@126.com

出 版 社：黄河水利出版社
　　地址：河南省郑州市顺河路黄委会综合楼 14 层　邮政编码：450003
发行单位：黄河水利出版社
　　发行部电话：0371 - 66026940、66020550、66028024、66022620(传真)
　　E-mail：hhslcbs@126.com
承印单位：郑州海华印务有限公司
开本：787 mm × 1 092 mm　1/16
印张：17
字数：390 千字　　印数：1—4 100
版次：2013 年 2 月第 1 版　　印次：2013 年 2 月第 1 次印刷

定价：34.00 元

前　言

本书是根据《教育部关于全面提高高等职业教育教学质量的若干意见》(教高[2006]16号)、《教育部关于推进高等职业教育改革创新引领职业教育科学发展的若干意见》(教职成[2011]12号)等文件精神,由全国水利水电高职教研会拟定的教材编写规划,在中国水利教育协会指导下,由全国水利水电高职教研会组织编写的道桥与市政工程专业规划教材。该套规划教材是在近年来我国高职高专院校专业建设和课程建设不断深化改革和探索的基础上组织编写的,内容上力求体现高职教育理念,注重对学生应用能力和实践能力的培养;形式上力求做到基于工作任务和工作过程编写,便于"教、学、练、做"一体化。该套规划教材是一套理论联系实际、教学面向生产的高职高专教育精品规划教材。本书编写坚持以培养学生从事施工技术和结构设计能力为主线,以工程力学和建筑结构知识体系及实践技能提升为依据,划分学习情境,确定学习任务,从调研、论证、立项、编写、审核等各个环节都邀请企业专家参与指导。教材内容充分融合了工学结合、任务驱动的高职教学的理念与要求,每个学习情境都通过典型例题、知识小结和能力训练等环节提高学生岗位能力,体现了职业性、实用性和创新性。

教材编写中,紧紧围绕高等职业技术教育的教学要求及人才培养目标,借鉴国内高职院校《建筑力学与结构》的课程体系,坚持"必需、够用"原则,在原《建筑力学》、《圬工结构》、《钢结构》、《钢筋混凝土结构》等课程的基础上,重构课程体系,优化课程内容,将教材内容划分为工程力学与结构两大模块,共九个学习情境。分别讲述工程力学与结构基本知识、结构构件上的荷载及支座反力、构件的内力计算、钢筋混凝土结构、预应力混凝土结构、圬工结构、钢结构、钢-混凝土组合构件等相关内容,形成力学与结构相互贯通、互为一体的知识体系。各专业可根据自身的教学目标及教学课时,对教材内容进行取舍。

本书编写人员及编写分工如下:酒泉职业技术学院施荣(前言、学习情境五),山西水利职业技术学院李建民(学习情境一、四),内蒙古机电职业技术学院郑慧玲(学习情境七、八),黄河水利职业技术学院耿亚杰(学习情境三、九)和管欣(学习情境二),山东水利职业技术学院韩永胜(学习情境六)。本书由施荣、李建民担任主编,施荣负责全书统稿;由郑慧玲、耿亚杰、韩永胜、管欣担任副主编;杨凌职业技术学院赵毅力担任主审。

教材在编写过程中,得到了酒泉职业技术学院土木工程系郭志勇、程小兵等老师的大力支持,中铁十九局兰新铁路项目部杨慧国工程师还为本教材编写提供了宝贵的意见和部分数据资料,谨此致以衷心的感谢。

由于编者水平有限,编写时间仓促,书中尚存在不足之处,敬请同行和广大读者予以批评指正。

编　者

2012年12月

目 录

模块一　工程力学

学习情境一　工程力学与结构概论

【学习目标】

明确工程力学的研究对象，熟悉工程力学的学习任务；能准确区分建筑物及各种建筑结构的类型、特点和适用范围，掌握建筑结构的功能要求；了解教材的整体内容。

工作任务表

能力目标	主讲内容	学生完成任务	评价标准	
能明确工程力学的研究对象、熟悉工程力学的学习任务，了解杆件变形的基本形式和变形体基本假设	工程力学概论	明确工程力学的研究对象，熟悉工程力学的学习任务	优秀	明确工程力学的研究对象，熟悉工程力学的学习任务
			良好	明确工程力学的研究对象，比较熟悉工程力学的学习任务
			合格	明确工程力学的研究对象，了解工程力学的学习任务
能熟练掌握建筑物及建筑结构的类型和特点，理解建筑结构的功能要求	建筑结构概论	准确区分建筑物及各种建筑结构类型和特点，理解建筑结构功能要求	优秀	能准确区分建筑物及各种建筑结构类型、特点和适用范围，掌握建筑结构功能要求
			良好	能基本区分建筑物及各种建筑结构类型、特点和适用范围，掌握建筑结构功能要求
			合格	了解建筑物及各种建筑结构类型、特点和适用范围，基本理解建筑结构功能要求
明确工程力学与结构的内容及学习方法	工程力学与结构的内容和学习方法	熟悉教材整体内容	优秀	能掌握工程力学与结构的学习方法，并在今后的学习中应用其中
			良好	能基本掌握工程力学与结构的学习方法，并在今后的学习中能够进行一定的应用
			合格	能基本掌握工程力学与结构的学习方法，并在后续学习中进行应用

学习任务一　工程力学概论

一、工程力学的研究对象

在生产、生活中，人们为了满足不同的使用要求，建造各种类型的建筑物。在建筑物中，承受荷载并传递荷载起骨架作用的部分称为结构，组成结构的单个物体称为构件（见

图 1-1)。

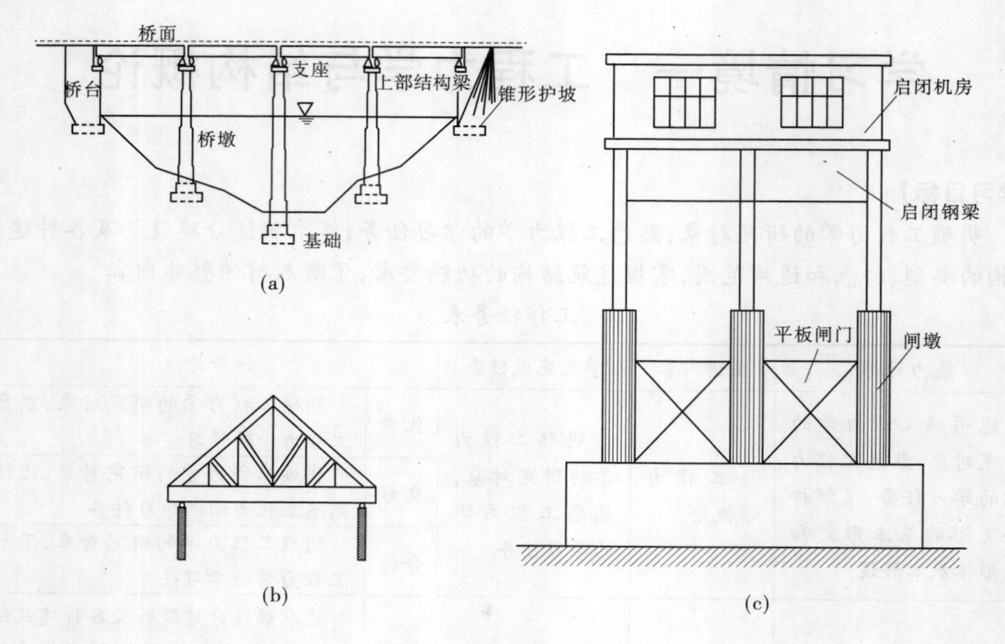

图 1-1

工程力学的研究对象是工程结构。工程力学是讨论工程结构的受力分析、承载能力的一门学科。它既是土建、交通运输类专业学生必修的一门专业基础课,也是从事市政、桥梁等土建工程设计、施工、管理人员所必须具备的理论基础。

二、杆的基本变形形式

(1)轴向拉伸或压缩:杆件受到与杆轴线重合的一对大小相等、方向相反、作用在同一直线上的外力作用而引起的变形,如图 1-2(a)所示。

(2)剪切:杆件受到一对大小相等、方向相反、作用线相距很近且与轴线垂直的平行外力作用而引起的变形,如图 1-2(b)所示。

(3)扭转:杆件受到一对大小相等、方向相反、作用面与轴线垂直的外力偶作用而引起的变形,如图 1-2(c)所示。

(4)弯曲:杆件受到一对大小相等、方向相反、作用在杆纵向对称面内的力偶作用而引起的变形,如图 1-2(d)所示。

三、工程力学的任务

建筑工程结构的主要任务是承受和传递荷载。在进行结构设计时,无论是工业厂房还是民用建筑、公共建筑,它们的结构及组成结构的各构件都相对于地面保持着静止状态,这种状态在工程上称为平衡状态。当结构承受和传递荷载时,各构件都必须能够正常工作,这样才能保证整个结构的正常使用。为此,首先要求构件在受到荷载作用时不发生破坏;其次是把各种构件按一定的规律组合,确保在外部因素影响下结构的几何形状和尺

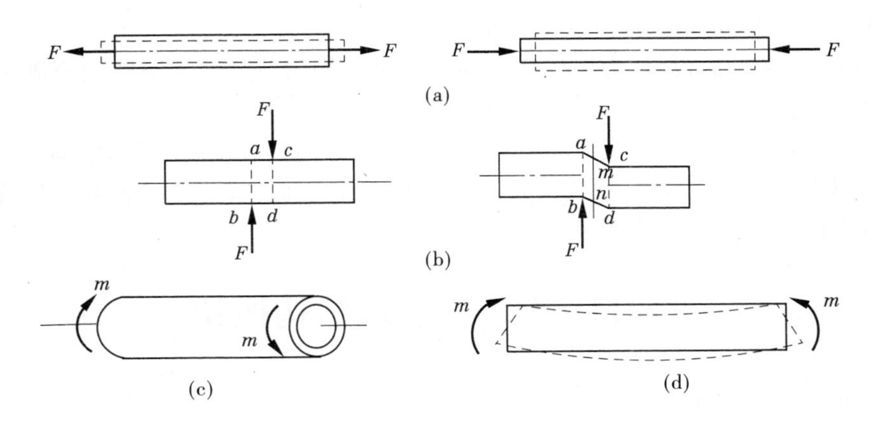

图 1-2

寸不会发生改变,这个建筑物才可以安全、正常地使用。所以,工程力学的主要任务是讨论和研究建筑结构及构件在荷载或其他因素(如支座移动、温度变化等)作用下的工作状况,它可归纳为以下几个方面的内容:

(1)力系的简化和平衡问题:研究和分析此问题时,应将研究对象视为刚体。所谓刚体,是指在任何外力作用下,其形状都不会改变的物体,即物体内任意两点间的距离都不会改变的物体。

(2)强度问题:研究材料、构件和结构抵抗破坏的能力。一个结构(或构件)满足了强度要求,在正常使用中就不会发生破坏;反之,强度不足就会破坏,使人民的生命和财产受到威胁。

(3)刚度问题:研究构件和结构抵抗变形的能力。任何结构(或构件)在荷载作用下都会发生变形,如果变形过大,就会影响结构或构件的正常使用。所以,工程上要求结构(或构件)必须具有足够的刚度,使结构在正常工作时产生的变形限制在工程所容许的范围内。

(4)稳定性问题:研究的构件和结构在外力作用下保持其原有平衡状态的能力。建筑物中的构件如果丧失了平衡能力,其后果非常严重,会导致整个建筑物坍塌,酿成事故。因此,结构或构件必须满足稳定性要求。

(5)结构体系的几何组成规则问题:目的在于保证结构各部分不致发生相对运动。

一个结构(或构件)要满足强度、刚度和稳定性要求并不难,只要选择较好的材料和较大截面就能满足。但是,这样做势必造成优材劣用,大材小用,导致材料的浪费。于是,在建筑物设计中,安全可靠与经济合理就形成了一对矛盾。工程力学就是力求解决这个矛盾,在保证安全的前提条件下,合理、经济地进行工程设计,提高经济效益。

四、变形固体的基本假设

变形固体是指在外力作用下会产生变形的物体。变形固体的实际组成和结构是很复杂的,为了分析和简化计算,将其抽象为理想模型,提出以下基本假设:

(1)完全弹性假设:变形固体在外力作用下发生变形,当外力撤去后,构件的变形可完全消失,这种变形称为弹性变形;外力撤去后,不能恢复的变形称为塑性变形或残余变形。在工程力学中，要求结构只发生弹性变形。

(2)均匀连续性假设：认为组成变形固体的物质均匀、连续、无空隙地充满了整个体积，而且各点处的性质完全相同。

(3)各向同性假设：认为变形固体在各个不同的方向具有相同的力学性能。

采用以上假设建立力学模型，大大方便了理论研究和计算方法的推导。尽管所得结果只具有近似的准确性，但精确度可满足一般的工程要求。

学习任务二　建筑结构概论

一、建筑物的结构类型

在实际工程中，建筑物的结构形式是多种多样的，按其几何特征可分为三种类型：

(1)杆系结构：是指由若干杆件通过适当方式相互连接组成的结构体系。杆件的几何特征是其长度方向的尺寸远大于横截面上两个方向的尺寸。轴线为直线的杆称为直杆，轴线为曲线的杆称为曲杆，如图1-3(a)、(b)所示。如刚架、桁架等。

(2)薄壁结构：也称为板壳结构，是指厚度远小于其他两个方向尺寸的结构。其中，表面为平面形状者为板，表面为曲面形状者为壳，如图1-3(c)、(d)所示。例如，一般的钢筋混凝土楼面均为平板结构，一些特殊形式的建筑，如悉尼歌剧院的屋面以及一些穹形屋顶就为壳体结构。

(3)实体结构：也称为块体结构，是指长、宽、高三个方向尺寸相仿的结构，如图1-3(e)所示。如重力式挡土墙、水坝、建筑物基础等。

工程力学的研究对象主要是杆系结构。

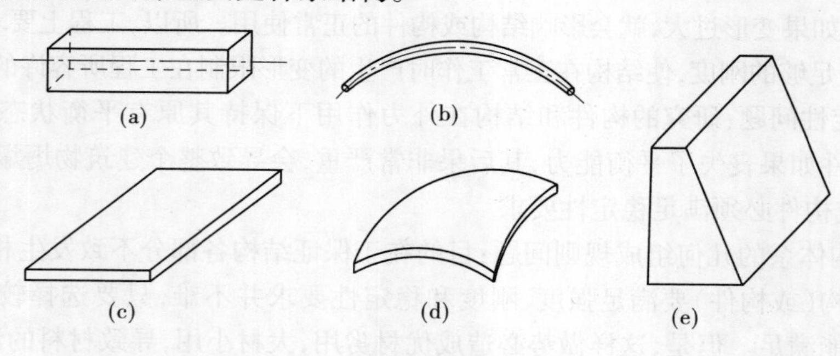

图1-3

二、建筑结构的分类

在建筑物中承受和传递荷载而起骨架作用的部分称为结构。组成结构的各个部件称为构件。在工业与民用建筑中，由屋架、梁、板、柱、墙体和基础等构件组成并能满足预定功能要求的承力体系，称为建筑结构。

(一)建筑结构按所用材料分类

建筑结构按所用材料可分为圬工结构、混凝土结构、钢结构和钢－混凝土组合结构等。

(1)圬工结构是以砌体材料为主,并根据需要配置适量钢筋而组成的结构,是公路桥涵常采用的结构。它的特点及发展将在后续章节中叙述。代表性建筑有万里长城、河北赵州桥等。

(2)混凝土结构是以混凝土为主要材料,并根据需要在其内部配置钢材而制成的结构。混凝土结构包括:不配置钢材或不考虑钢筋受力的素混凝土结构;配有受力的普通钢筋、钢筋网或钢筋骨架的钢筋混凝土结构;配有受力的预应力钢筋,通过张拉预应力钢筋或其他方法建立预加应力的预应力混凝土结构;将由型钢或钢板焊成的钢骨架作为配筋的钢骨架混凝土结构;由钢管和混凝土组成的钢管混凝土结构。

(3)钢结构是指以钢材为主要材料制成的结构。代表性的建筑如国家体育馆——鸟巢、上海卢浦大桥、中央电视台新台址 CCTV 主楼钢结构等。

(4)钢－混凝土组合结构是将钢部件和混凝土或钢筋混凝土部件组合成为整体而共同工作的一种结构,兼具钢结构和钢筋混凝土结构的一些特性。可用于多层和高层建筑中的楼面梁、桁架、板、柱;屋盖结构中的屋面板、梁、桁架;厂房中的柱及工作平台梁、板以及桥梁;在我国还用于厂房中的吊车梁。图 1-4 为钢－混凝土组合桁架示意图。

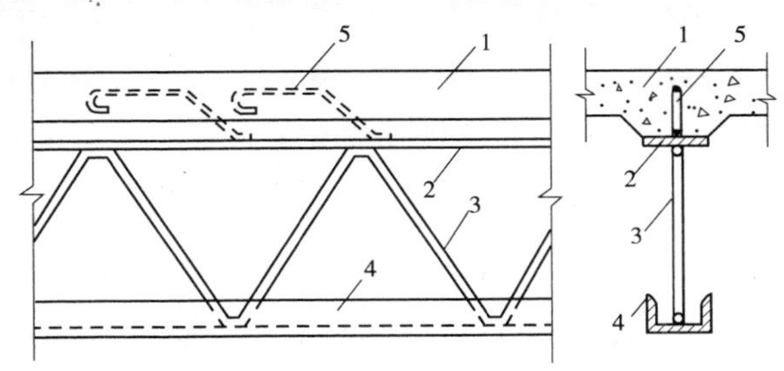

1—钢筋混凝土板;2—钢板;3—钢筋;4—槽钢;5—钢筋制作的连接件

图 1-4　钢－混凝土组合桁架示意图

(二)建筑结构按受力和构造特点分类

建筑结构按受力和构造特点不同可分为混合结构、框架结构、框架－剪力墙结构、剪力墙结构、筒体结构、大跨结构等。其中,大跨结构常采用悬索结构、薄壳结构、网架结构及膜结构等。

1. 混合结构

混合结构体系的墙体、基础等竖向构件采用砌体结构;楼盖、屋盖等水平构件采用钢筋混凝土梁板结构。混合结构房屋有较大的刚度、较好的经济指标。但砌体强度相对较低,抗震性能差,砌筑工程繁重。一般 6 层或 6 层以下的楼房,如住宅、宿舍、办公室、学校、医院等民用建筑以及中小型工业建筑都适宜采用混合结构。

2. 框架结构

框架结构由横梁、立柱以及基础组成主要承重体系,如图 1-5(a)所示。框架结构房屋建筑平面布置灵活,可获得较大的使用空间,但其刚度小、水平位移大等缺点限制了房屋高度的增加,一般仅用于 6～15 层的多层和高层房屋中。

3. 框架－剪力墙结构

随着建筑物高度的增加，水平荷载将起主要作用，房屋需要很大的抗侧移能力。剪力墙就是以承受水平荷载为主要目的（同时也承受相应范围内的竖向荷载）而在房屋结构中设置的成片钢筋混凝土墙体。图 1-5(b)所示即为框架－剪力墙结构。在框架－剪力墙结构中，剪力墙承受绝大部分水平荷载，框架以承受竖向荷载为主。剪力墙在一定程度上限制了建筑平面的灵活性。这种体系一般用于办公楼、旅馆、住宅及一些工业厂房中，层数宜在 16～25 层。

4. 剪力墙结构

当建筑物高度更高时，横向水平荷载已对结构设计起控制作用，为了提高结构的抗侧移刚度，剪力墙的数量与厚度均需增加，这时宜采用全剪力墙结构，如图 1-5(c)所示。剪力墙结构由纵横向钢筋混凝土墙体组成承重体系，一般用于 21～30 层以上的房屋。由于剪力墙结构的房屋平面布置极不灵活，所以一般常用于住宅、旅馆等建筑。

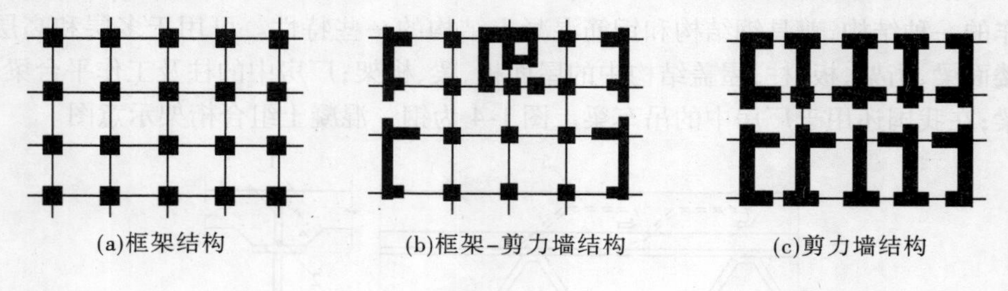
(a)框架结构　(b)框架–剪力墙结构　(c)剪力墙结构

图 1-5

5. 筒体结构

将房屋的剪力墙集中到房屋的外部或内部组成一个竖向、悬臂的封闭箱体时，可以大大提高房屋的整体空间受力性能和抗侧移能力，这种封闭的箱体称为筒体。筒体和框架结合形成框筒结构，如图 1-6(a)所示。内筒和外筒结合（两者之间用很强的连系梁连接）形成筒中筒结构，如图 1-6(b)所示。筒体结构一般用于 30 层以上的超高层房屋。

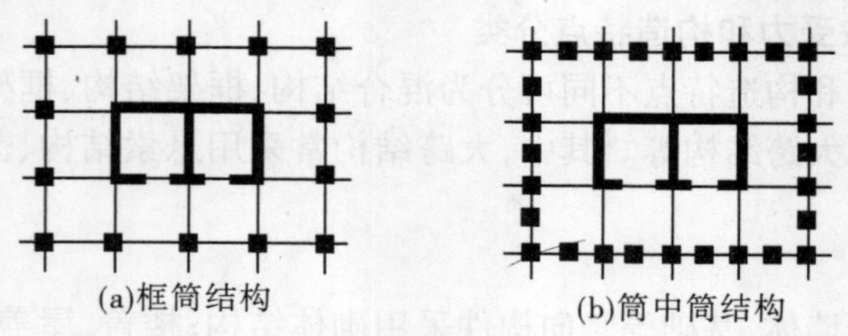
(a)框筒结构　(b)筒中筒结构

图 1-6

6. 大跨结构

大跨结构通常是指跨度在 30 m 以上的结构，主要用于民用建筑的影剧院、体育馆、展览馆、大会堂、航空港以及其他大型公共建筑。在工业建筑中则主要用于飞机装配车间、飞机库和其他大跨度厂房。

1）排架结构

排架结构是一般钢筋混凝土单层厂房的常用结构形式，如图 1-7(a)所示，其屋架（或屋面梁)与柱顶铰接,柱下端嵌固于基础顶面(即刚接)。

2)刚架结构

刚架是一种梁柱合一的结构构件,其横梁和立柱整体现浇在一起(即刚接),交接处形成刚结点。钢筋混凝土刚架结构常用作中小型厂房的主体结构。它可以有三铰、两铰及无铰等形式,可以做成单跨或多跨结构,如图 1-7(b)所示。

(a) 排架结构

(b) 刚架结构

图 1-7

3)拱结构

拱是以承受轴压力为主的结构。由于拱的各截面上的内力大致相等,因而拱结构是一种有效的大跨度结构,在桥梁和房屋中都有广泛的应用。拱同样可分为三铰、两铰及无铰等形式,如图 1-8 所示。

图 1-8

4)薄壳结构

薄壳结构是一种以受压为主的空间受力曲面结构,其曲面很薄(壁厚往往小于曲面主曲率的 1/20),不至于产生明显的弯曲应力,但可以承受曲面内的轴力和剪力。薄壳的形式很多,如扁亮、球壳、筒壳和扭壳等(见图 1-9),都是由曲面变化而来的形式。

5)网架结构

网架是由平面桁架发展起来的一种空间受力结构。在节点荷载作用下,网架杆件主要承受轴力。网架结构的杆件多用钢管或角钢制作,其节点为空心球节点或钢板焊接节点。网架结构按外形可划分为平板网架和曲面网架,如图 1-10 所示。

(a) 扁壳

(b) 球壳

(c) 筒壳

(d) 扭壳

图 1-9

(a) 平板网架结构

(b) 曲面网架结构

图 1-10

6）悬索结构

悬索结构广泛应用于桥梁结构，或者用于大跨度建筑物，如体育建筑（体育馆、游泳馆、大运动场等）、工业车间、文化生活建筑（陈列馆、市场等）以及特殊构筑物。悬索结构包括索网、侧边构件及下部支承结构。这种结构往往造型轻盈、美观，例如，日本代代木体育馆（见图 1-11（b））采用高张力缆索为主体的“海螺”式悬索屋顶结构，用数根自然下垂的钢索牵引主体结构的各个部位，创造出带有紧张感、力动感的大型内部空间，特异的外部造型给人很强的视觉冲击。

(a) 南京长江三桥

(b) 日本代代木体育馆

图 1-11

三、建筑结构的功能要求

对于一个建筑物而言，无论采用什么材料或采用什么结构类型，都是为了满足某些预定功能而设计建造的。建筑结构在规定的设计使用年限内，应满足下列功能要求：

（1）安全性。结构在正常施工和正常使用时能承受可能出现的各种作用，在设计规定的偶然事件（如地震、爆炸等）发生时和发生后，仍能保持必需的整体稳定。

（2）适用性。结构在正常使用条件下具有良好的工作性能。例如，不发生过大的变形或振幅，以及不出现过宽的裂缝。

（3）耐久性。结构在正常维护下具有足够的耐久性能，完好使用到设计规定的年限，即设计使用年限。

学习任务三　工程力学与结构的内容和学习方法

本教材的教学内容坚持“必需、够用”的原则，以学生能力培养为主线，理论与实践紧密结合，突出教学的针对性和实用性，将教材内容划分九个学习情境，前四个学习情境主要是工程力学部分，后五个学习情境主要是建筑结构部分。

工程力学部分的主要内容有工程力学基础知识和杆件的承载能力计算两部分。工程力学基础知识主要包括物体受力分析、力系的简化、合成与平衡等刚体静力学基础理论。杆件的承载能力计算主要包括基本变形杆件的内力分析、强度和刚度计算、静定结构的内力和位移计算、超静定结构的内力和位移计算。

建筑结构部分主要内容包括圬工结构、钢筋混凝土结构、预应力混凝土结构、钢结构、钢－混凝土组合结构等结构的构造连接、设计、结构性能和适用范围，以及识读结构施工图的相关知识。

本教材为高职高专市政、道桥类专业的技术基础课，在学习过程中应注意以下四个方面：

（1）课程涉及数学、物理、工程制图和建筑材料等相关课程的内容，在学习过程中，应将它们联系起来,循序渐进,培养综合分析能力和解决实际工程问题的能力。

(2)这是一门实践性较强的课程,尤其是结构部分,其理论源于工程实践和试验研究,应通过理论学习、参观、实习、实训等教学环节,经过理论—实践—理论—实践的学习过程,在增强理论知识的同时,提高实践能力。

(3)建筑结构部分是根据现行新规范编写的,这些规范反映了我国近几十年来的建设成果,它是贯彻国家技术经济政策,提高设计质量的重要保证,也是工程技术管理人员工作的重要依据,特别是规范中的强制性条文,在工程建设活动中,必须认真贯彻执行。因此,在学习过程中,应认真领悟。

(4)在学习本课程时,教师应突出理论与实践一体化教学,运用案例分析教学法、任务驱动教学法等方法,引导学生多思考、勤练习、善总结,在深刻领悟本课程基本概念、计算方法、构造措施等基础上,强化实践训练,提高分析和解决工程实际问题的能力与水平。

小　结

(1)工程中建筑物的结构形式是多种多样的,根据其几何特征,可以分为杆系结构、薄壁结构和实体结构。

(2)工程力学的研究任务主要有:力系的简化和平衡问题、强度问题、刚度问题、稳定性问题、结构体系的几何组成规则问题。

(3)建筑结构按所用材料不同,可分为圬工结构、混凝土结构、钢结构以及钢－混凝土组合结构等。

(4)建筑结构按受力和构造特点不同,可分为混合结构、框架结构、剪力墙结构、框架－剪力墙结构、筒体结构、大跨结构等。

(5)建筑结构的功能要求:安全性、适用性、耐久性。

能力训练

1. 工程力学的研究对象是什么?
2. 学习工程力学的主要任务有哪些?
3. 杆件变形的基本形式有哪几种?
4. 什么是刚体,什么是变形体?
5. 建筑物的主要类型有哪些?
6. 建筑结构的主要类型有哪些?

学习情境二　工程力学基本知识及结构计算简图

【学习目标】

掌握静力学基本概念和公理、建筑工程结构或构件受力分析方法和构件计算简图简化方法；熟悉工程中常见约束的约束反力情况；了解工程力学在道桥与市政工程中的应用。

工作任务表

能力目标	主讲内容	学生完成任务	评价标准	
掌握静力学基本概念并计算平面力系中的力矩和力偶	静力学基本概念及公理；约束与约束反力；力矩与力偶	掌握各种类型的约束情况；能够计算力矩和力偶	优秀	准确掌握概念，能计算复杂力系中的力矩和力偶
			良好	掌握概念，能计算简单力系中的力矩和力偶
			合格	熟悉概念，能基本正确计算简单力系中的力矩和力偶
能够正确确定结构构件的计算简图	计算简图的概念；常见结构的计算简图	掌握典型结构计算简图；画出工程实际中的结构的计算简图	优秀	能够画出复杂结构的计算简图
			良好	能够画出简单结构的计算简图
			合格	能够基本画出简单结构的计算简图
能够正确绘制构件受力分析图	受力分析与受力图	画出不同荷载作用下，不同约束类型的构件受力分析图	优秀	能够画出复杂结构各构件的受力分析图
			良好	能够画出简单结构各构件的受力分析图
			合格	能够基本画出简单构件的受力分析图

学习任务一　静力学基本知识

一、静力学简介

静力学是研究物体在力系作用下的平衡规律，即研究物体受力的基本性质和物体在力系作用下保持平衡状态的条件。

平衡是物体机械运动的特殊形式，严格地说，物体相对于惯性参照系处于静止或匀速直线运动状态，即加速度为零的状态都称为平衡。对于一般工程问题，平衡状态是以地球为参照系确定的，相对于地球静止不动的建筑物（构筑物）或沿直线匀速运动的物体，都处于平衡状态。

在道桥和市政工程中经常会用到工程力学的知识内容,如桥梁结构中构件的应力计算、结构静力力系平衡分析、结构强度和刚度验算、车辆荷载作用下的桥梁强迫振动分析等。总的来说,工程建设中的力学基础知识涉及力学中的理论力学、结构力学、材料力学、结构动力学等诸多分支中的基础知识,只有准确、熟练地掌握这些知识,才能更灵活、无误地解决工程建设中遇到的力学问题。

二、力与力系

(一)力的概念

力是物体与物体之间相互的机械作用,其作用效应包括两个方面:使物体的运动状态发生改变(称为力的运动效应或外效应)或使物体发生变形(称为力的变形效应或内效应)。在静力学部分,只研究力的外效应,而内效应是在材料力学中研究的。

这里的"作用"包括了各种各样的机械作用,如电磁、化学、热等作用。机械运动状态指的是物体具有的速度、加速度、动量、动能等;物体形状改变指的是物体内部各点间的位置发生了改变。在生活中如人推动自行车,自行车会由静止变为运动,桥梁会在车辆的重压下变弯,弹簧会在拉力的作用下变长等,这些都是物体机械运动状态或形状发生改变的实例。

力对物体作用的效应取决于力的三要素,即力的大小、力的方向和力的作用点。三要素中任何一个改变,都会使力对物体的作用效应发生变化,只有三个要素完全相同的力对物体的作用效应才会相同。

力既具有大小和方向,又服从矢量的平行四边形法则,所以力是矢量。

力的大小的度量单位,在国际单位制(SI)中,采用牛顿,简称牛(N),或千牛顿,简称千牛(kN)。

作用于一点的力称为集中力。当力作用的范围不能看作一个点时,则该力称为分布力。对于分布力来说,我们可以将其理解为单位长度或单位面积上的力。用力的线集度或力的面集度来度量,其单位相应变为 N/m 或 N/m^2。

(二)力系的概念

力系是指作用在物体上的一群力或一组力的总和。若两个力系分别作用于同一物体上,其作用效应完全相同,则称这两个力系为等效力系。作用在刚体上的一组力,使刚体处于平衡状态,则称这个力系为平衡力系。若一个力与一个力系等效,则称此力为该力系的合力,该力系中的每个力都为此合力的分力。用一个简单的等效力系(或一个力)代替一个复杂力系的过程称为力系的简化。

在工程实际中,作用在结构或构件上的力系是多种多样的。为了将问题简化,按照力的作用线是否位于同一平面,将力系分为平面力系和空间力系两大类。

平面力系:各力作用线位于同一平面内的力系。

空间力系:各力作用线不都在同一平面内的力系。

按照力的作用线的分布情况将力系分为汇交力系、平行力系和一般力系三类。

汇交力系:力系中各力的作用线都交汇于一点的力系。

平行力系：力系中各力作用线都相互平行的力系。

一般力系：力系中各力作用线既不完全交汇于一点也不完全平行的力系。

如图 2-1 所示塔吊，在塔吊自重 G、平衡臂重 Q、物体重 P 和支座反力 N_A、N_B 作用下处于平衡状态，这些力构成平衡力系。所有力的作用线都在同一平面内，同时，各力的作用线相互平行，所以该力系是一个平面平行力系。

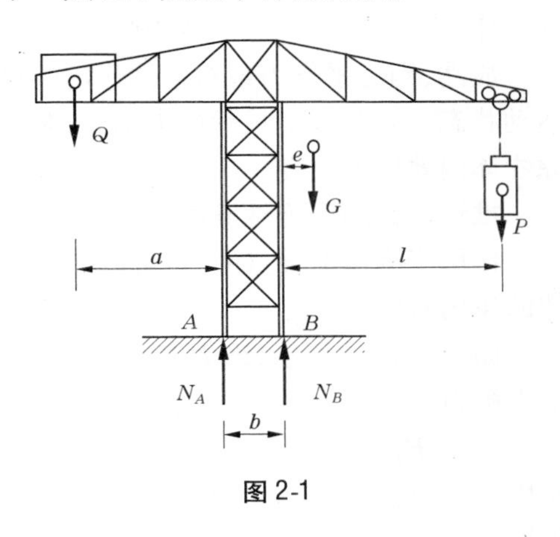

图 2-1

三、静力学基本公理

静力学基本公理是人们在生活和生产实践中长期总结出来的力的基本性质，构成了静力学的基础，是研究力系简化和力系平衡条件的依据。

公理一　二力平衡公理

作用于同一刚体上的两个力，使刚体保持平衡的必要与充分条件是：这两个力大小相等，方向相反，作用在同一条直线上，如图 2-2 所示。

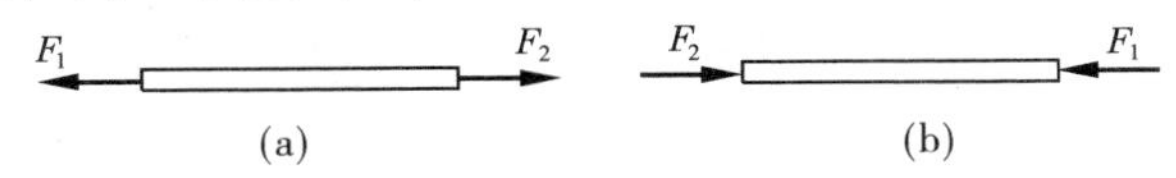

图 2-2

必须指出的是，该条件对于刚体来说是充分而且必要的；而对于变形体，该条件只是必要的而不是充分的。例如，在绳子两端施加大小相等、方向相反、作用线在同一条直线上的拉力，则绳子处于平衡状态；但若在绳子两端施加的是大小相等、方向相反、作用线在同一条直线上的压力，则绳子不能平衡。

在机械或结构中，构件受到两个力作用处于平衡的情形是常见的。如图 2-3(a)所示的支架，由不计质量的刚性直杆 AB 和刚性曲杆 AC 构成，当支架悬挂重物 E 处于平衡时，每根杆仅在两端受力。根据二力平衡公理，杆两端受的力必等值、反向、共线，且沿杆两端连线方向，如图 2-3(b)、(c)所示。至于杆端所受力的实际指向，以及它们的大小将由力系的平衡条件计算确定。

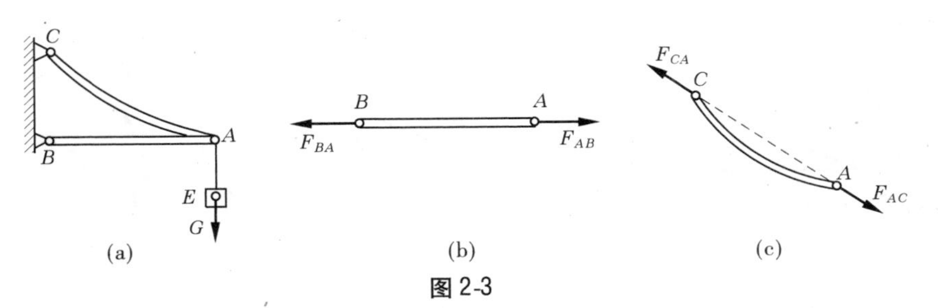

图 2-3

这种仅在两个力作用下处于平衡的构件称为二力构件，若为杆件，则称为二力杆。二力杆与其本身的形状无关，它可以是直杆、曲杆或折杆。

公理二　加减平衡力系公理

在作用于刚体上的任一力系中，加上或减去任意一个平衡力系，不会改变原力系对刚体的作用效应。

显然，因为平衡力系对刚体作用的总效应等于零，所以它不会改变物体的平衡状态或运动状态。该公理也只适用于刚体，对于变形体来说，加上或减去任一平衡力系都会引起原物体内效应的改变。

推论　力的可传性原理

作用于刚体上某点的力，可以沿着其作用线移到刚体内任一点，而不改变该力对该刚体的作用效应。

如图 2-4(a)所示，设力 $\boldsymbol{F}$ 作用在刚体上 A 点。在力 $\boldsymbol{F}$ 作用线上任取一点 B，根据加减平衡力系公理，在 B 点加上一对平衡力 $\boldsymbol{F}_1$ 和 $\boldsymbol{F}_2$，且使 $F_1 = F_2 = F$，如图 2-4(b)所示。由于 $\boldsymbol{F}$ 与 $\boldsymbol{F}_2$ 构成平衡力系，故可以去掉，只剩下一个力 $\boldsymbol{F}_1$，如图 2-4(c)所示。于是原来作用于 A 点的力 $\boldsymbol{F}$ 与力系($\boldsymbol{F}$,$\boldsymbol{F}_1$,$\boldsymbol{F}_2$)等效，也与作用在 B 点的力 $\boldsymbol{F}_1$ 等效。这样，就等于把原来作用在 A 点的力 $\boldsymbol{F}$ 沿其作用线移到了 B 点。

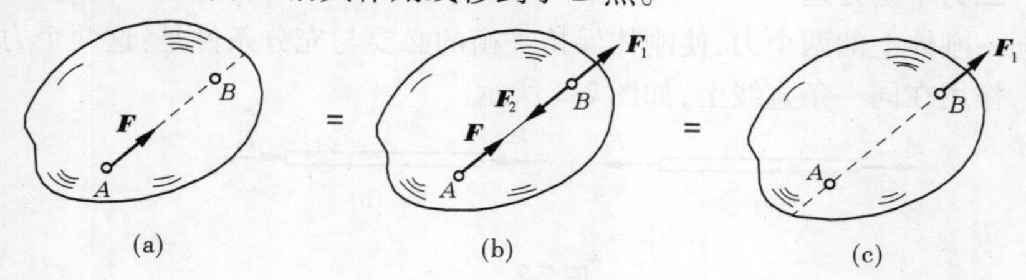

图 2-4

同样必须指出的是，力的可传性原理也只适用于刚体而不适用于变形体。

公理三　力的平行四边形法则

作用于物体上同一点的两个力，可以合成一个合力，合力也作用在该点，其大小和方向由这两个力为邻边所构成平行四边形的对角线确定。如图 2-5 所示，其矢量表达式为

$$\boldsymbol{F}_R = \boldsymbol{F}_1 + \boldsymbol{F}_2 \tag{2-1}$$

在求两共点力的合力时，为了作图方便，只需画出平行四边形的一半，即三角形便可。其方法是由 A 点开始作矢量 $\boldsymbol{F}_1$，再由 $\boldsymbol{F}_1$ 的末端作矢量 $\boldsymbol{F}_2$，最后由 A 点至力矢 $\boldsymbol{F}_2$ 的末端作一矢量 $\boldsymbol{F}_R$，它就代表 $\boldsymbol{F}_1$、$\boldsymbol{F}_2$ 的合力矢，这种作图法称为力的三角形法则。显然，若改变 $\boldsymbol{F}_1$、$\boldsymbol{F}_2$ 的顺序，其结果不变，如图 2-6(a)、(b)所示。

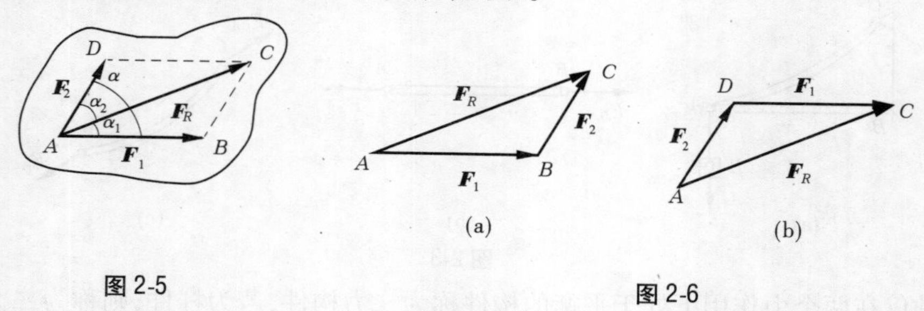

图 2-5　　图 2-6

根据力的平行四边形法则可以得到一个力的重要性质。

推论　三力平衡汇交定理

作用在同一平面且互不平行的三个力使物体处于平衡时,则此三力的作用线必在同一平面内且交汇于一点,如图 2-7 所示。

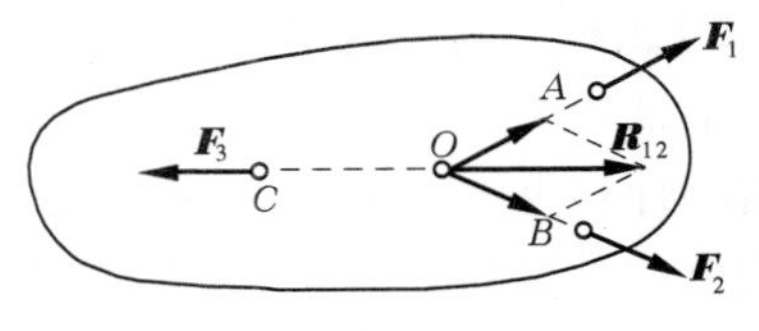

图 2-7

应当指出的是,三力平衡汇交定理只说明了不平行的三力平衡的必要条件,而不是充分条件。它常用来确定刚体在不平行三力作用下平衡时,其中某一未知力的作用线。

公理四　作用与反作用公理

作用于两个物体间的作用力与反作用力同时存在,两力的大小相等、方向相反,且沿着同一直线,并分别作用在这两个物体上。

应该注意的是,作用与反作用公理不要和二力平衡公理混在一起,作用力和反作用力分别作用于两个物体上,不是平衡力,二力平衡公理所说的两个力是作用在同一个物体上。如图 2-8(a)所示,人推动小推车时的作用力 $\boldsymbol{F}$ 和小推车对于人作用的力 $\boldsymbol{F}'$ 互为作用力与反作用力;在图 2-8(b)中,力 $\boldsymbol{F}_N$ 和 $\boldsymbol{F}_N'$ 互为作用力与反作用力,而 $\boldsymbol{G}$ 与 $\boldsymbol{F}_N$ 为平衡力。

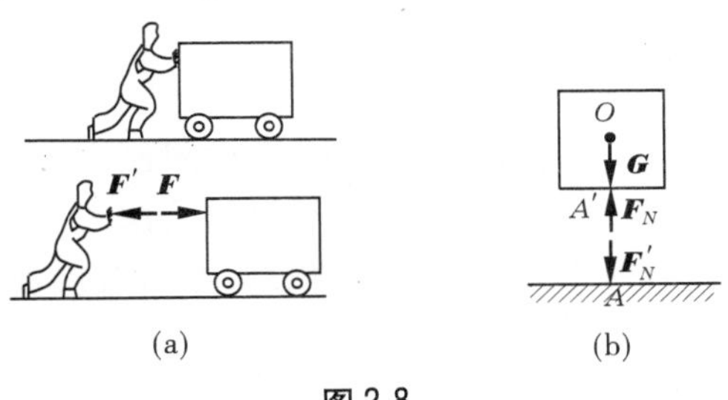

图 2-8

四、约束与约束反力

(一)约束与约束反力

根据物体在空间的运动是否受到周围其他物体的限制,通常把物体分为两类。一类称为自由体,这类物体不和其他物体接触,在空间任何方向的运动都不受限制。例如,在空中飞行的飞机、鸟类、火箭等。另一类物体称为非自由体,这类物体在空间的运动受到与之相接触的其他物体的限制,使其沿某些方向不能运动。例如,搁置在墙上的梁,用绳索悬挂的重物,支承在轴承上的轴等,都是非自由体。

限制非自由体运动的周围物体称为该非自由体的约束。如上述墙是梁的约束,绳索是重物的约束,轴承是轴的约束。由于约束限制了物体的运动,即改变了物体的运动状态,因此约束必然受到被约束物体的作用力。同时,约束亦给被约束物体以反作用力,这种力称为约束反力,简称反力。约束反力的方向总是与物体的运动或运动趋势的方向相反,它的作用点就在约束与被约束物体的接触处。

作用在物体上的力除约束反力外,有些力主动地使物体运动状态发生变化或产生运动趋势,称为主动力,例如重力、土压力、水压力、电磁力等,主动力一般是已知的,或可根据已有的资料确定。约束反力由主动力引起,随主动力的改变而改变,故又称为被动力。

（二）工程上常见的约束类型

1. 柔性约束

由不计自重的绳索、链条和胶带等柔性体构成的约束称为柔性约束，也叫柔索约束或柔体约束。柔性约束只能限制物体沿柔性体中心线离开柔性体的运动，而不限制其他方向的运动。因此，柔性约束的约束反力为拉力，沿着柔索的中心线背离被约束的物体，常用符号 $\boldsymbol{F}_T$ 表示。如图 2-9(a)所示，绳索对重物的约束反力为 $\boldsymbol{F}_T$；如图 2-9(b)所示，皮带对皮带轮的约束反力 $\boldsymbol{F}'_{T_1}$、$\boldsymbol{F}'_{T_2}$ 都属于柔性约束反力。

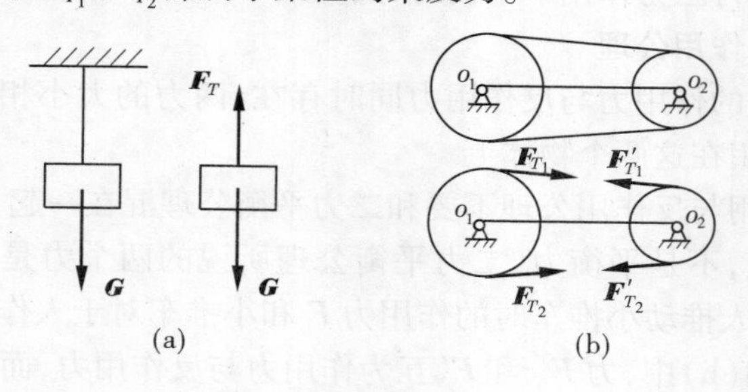

图 2-9

2. 光滑接触面约束

不计摩擦的光滑平面或曲面若构成对物体运动限制时，称为光滑接触面约束，如图 2-10所示。光滑接触面约束只能限制物体沿接触面公法线并向约束物体内部的运动。因此，光滑接触面约束的反力为压力，作用在接触点，方向沿接触面公法线且指向被约束物体，通常用符号 $\boldsymbol{F}_N$ 或 $\boldsymbol{N}$ 表示。

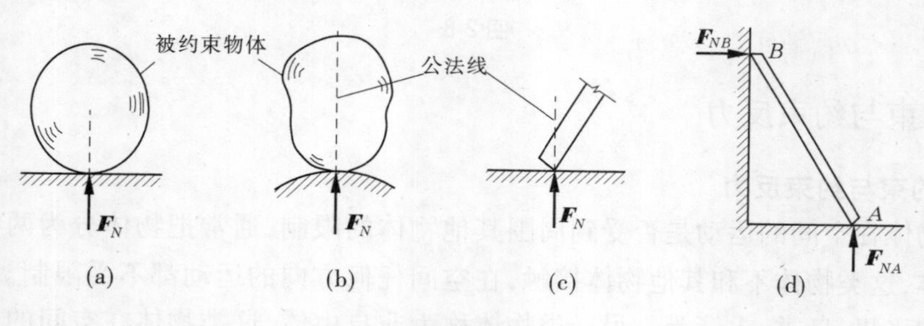

图 2-10

3. 铰链约束

铰链约束是两个物体分别被钻上直径相同的圆孔并用销钉连接起来的装置。如果不计销钉与销壁之间的摩擦，则这种约束称为光滑圆柱铰链约束，简称铰链约束或中间铰。铰链的约束反力作用在与销钉轴线垂直的平面内，并通过销钉中心，但方向待定，如图 2-11所示，图中光滑圆柱铰链约束的约束反力 $\boldsymbol{F}_C$ 在工程中常用通过铰链中心的相互垂直的两个分力 $\boldsymbol{F}_{Cx}$、$\boldsymbol{F}_{Cy}$ 表示。铰链的应用非常广泛，如门窗上的合页、钢结构常用到的连接螺栓等都是铰链约束的实例。

4. 链杆约束

两端各以铰链与不同物体连接且中间不受力的杆件称为链杆，如图 2-12(a)所示。因链杆只是在两端各受到铰链作用于它的一个力而处于平衡，故属于二力杆，这两个力必

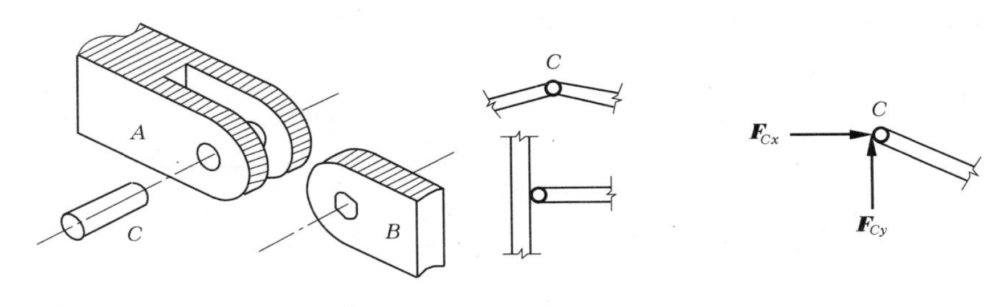

图 2-11

定沿转轴中心的连线。这种约束力只能限制物体沿链杆轴线方向的运动,而不限制其他方向的运动。因此,链杆对物体的约束反力为沿着链杆轴线方向的压力或拉力。常用符号 $\boldsymbol{F}$ 表示。图 2-12(b)(c)分别为其结构简图和受力图。需要注意的是,所有链杆都是二力杆,而并不是所有的二力杆都是链杆。

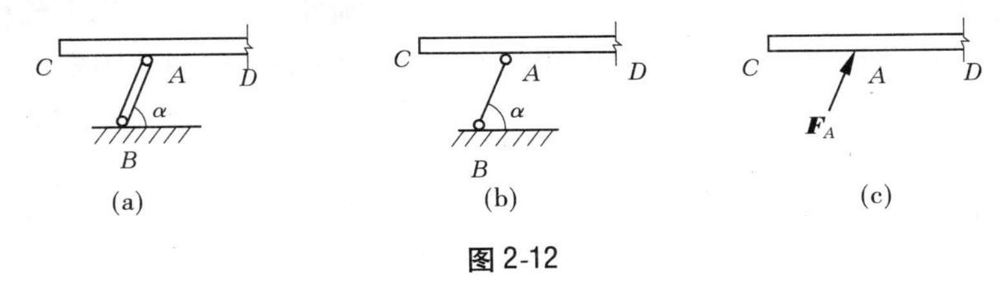

图 2-12

5. 可动铰支座

在固定铰支座底板与支承面之间安装若干个辊轴,就构成了可动铰支座,又称为辊轴支座,如图 2-13(a)所示,图 2-13(b)为其结构简图。当支承面光滑时,这种约束只能限制物体沿支承面法线方向的运动,而不限制物体沿支承面方向的移动和绕铰链中心的转动。因此,可动铰支座的约束反力垂直于支承面,且通过铰链中心。常用符号 $\boldsymbol{F}$ 表示,如图 2-13(c)所示。

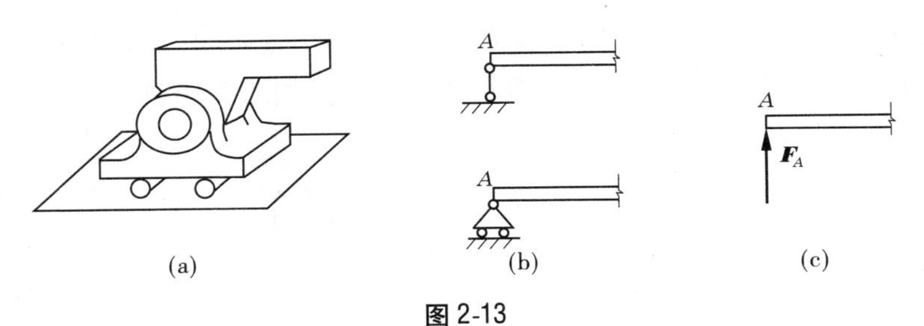

图 2-13

在桥梁、屋架等结构中对于较长的梁常采用可动铰支座,以保证在温度变化等因素作用下,结构沿其跨度方向能自由伸缩,不致引起结构的破坏。

6. 固定铰支座

将结构物或构件连接在墙、柱、基础等支承物上的装置称为支座。用光滑圆柱铰链把结构物或构件与支承底板连接,并将底板固定在支承物上而构成的支座,称为固定铰支座。如图 2-14(a)所示的构造示意图,其结构简图如图 2-14(b)所示。

固定铰支座的约束反力与圆柱铰链相同,也应通过铰链中心,但方向不定。为方便起见，常用两个相互垂直的分力 $\boldsymbol{F}_{Ax}$、$\boldsymbol{F}_{Ay}$ 表示，如图 2-14(c)所示。

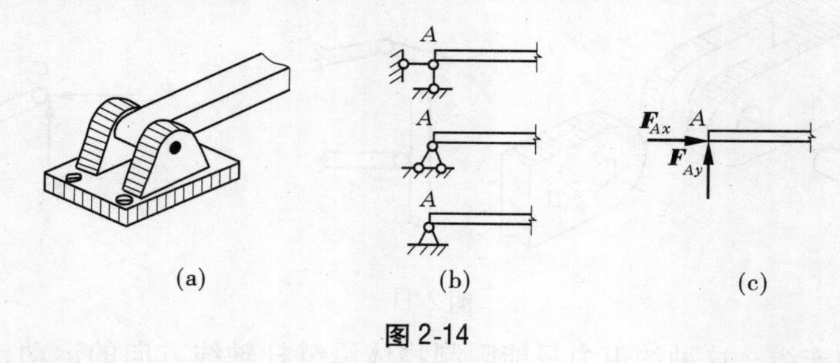

图 2-14

7. 固定端支座

固定端支座也是工程结构中常见的一种约束。工程上，如果结构或构件的一端牢牢地插入到支承物里面，如房屋的雨篷嵌入墙内，基础与地基整浇在一起等(见图 2-15)，就构成固定端支座。这种约束的特点是连接处有很大的刚性，不允许被约束物体与约束之间发生任何相对移动和转动，即被约束物体在约束端是完全固定的。固定端支座的约束反力一般用三个反力分量来表示，即两个相互垂直的分力 $\boldsymbol{F}_{Ax}$、$\boldsymbol{F}_{Ay}$ 和反力偶 $\boldsymbol{M}_{A}$。

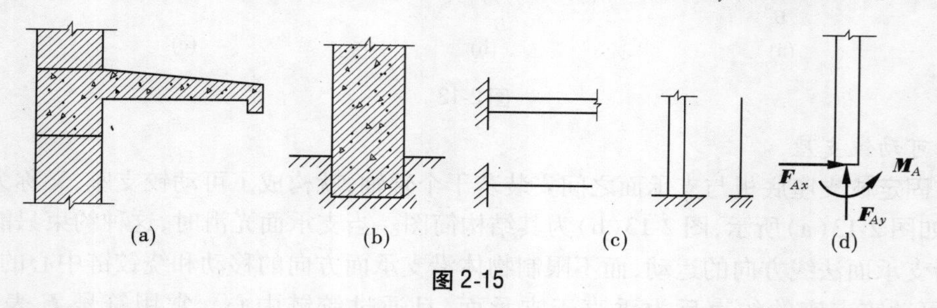

图 2-15

8. 定向支座

定向支座不限制轴在垂直于轴线平面内的径向运动，但不允许发生其他方向的任何移动和转动，可以用一与物体自由运动方向垂直的力 F_x 或 F_y 以及力偶 M 来表示，称此时的支座为定向支座或滑移支座。其计算简图和受力图如图 2-16 所示。

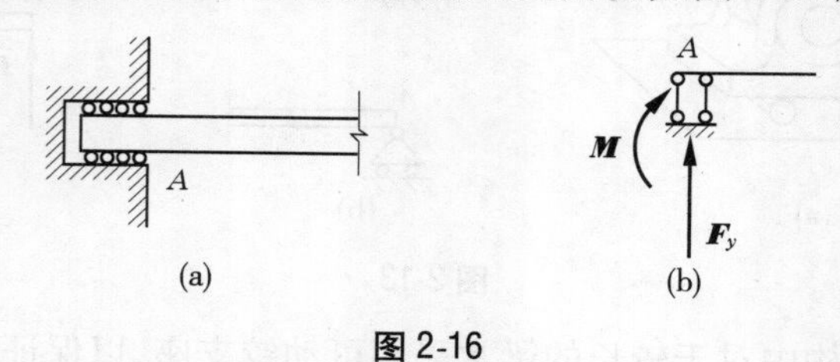

图 2-16

五、力矩和力偶

(一)力矩的概念

我们知道，力对物体的作用效应除能使物体移动外，还能使物体转动。评价力使物体转动效应的物理量是力矩。

如图 2-17 所示用扳手拧螺母时，作用于扳手上的力 $\boldsymbol{F}$ 使扳手绕螺母中心 O 点转动，其转动效应不仅与力的大小和方向有关，而且与 O 点到力 $\boldsymbol{F}$ 作用线的垂直距离 d 有关。因此，把力 $\boldsymbol{F}$ 与 d 的乘积再冠以适当的正负号来表示力 $\boldsymbol{F}$ 使物体绕 O 点转动的效应，并称为力 $\boldsymbol{F}$ 对 O 点之矩，简称力矩，以符号 $\boldsymbol{M}_O(\boldsymbol{F})$ 表示，即

$$M_O(\boldsymbol{F}) = \pm Fd \tag{2-2}$$

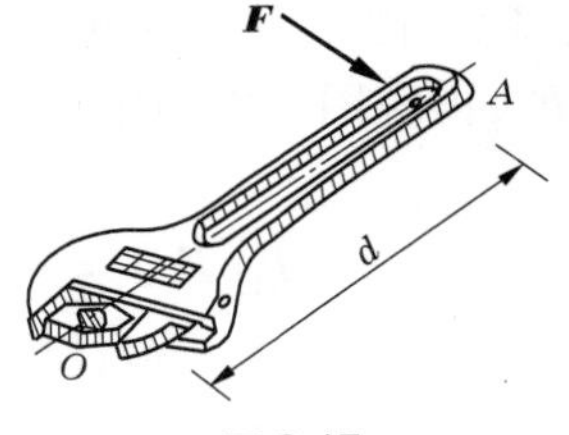

图 2-17

O 点称为转动中心，简称矩心。矩心 O 到力作用线的垂直距离 d 称为力臂。正负号表示力矩的转向。力使物体绕矩心产生逆时针方向转动时力矩为正；反之，力矩为负。

力矩是一代数量，其单位是牛顿·米(N·m)或千牛顿·米(kN·m)。

由力矩的定义可以得出以下结论：

(1)力对点之矩不仅与力的大小和方向有关，而且与矩心位置有关。同一个力对不同点的力矩，一般是不相同的。

(2)当力的大小为零或力的作用线通过矩心(即力臂 $d=0$)时，力矩恒等于零。

(3)当力沿其作用线滑动时，不改变力对指定点之矩。

(二)合力矩定理

在计算力对点之矩时，经常会遇到力臂难以计算的问题，若直接利用力矩的定义求解力矩，问题将会很复杂。此时，简单的处理方法是：将力分解为容易确定力臂的两个或两个以上的分量，再将各分量对该点的力矩求和，即可求解出合力对该点的力矩。即合力对平面内任一点的矩等于该力系中的各分力对同一点之矩的代数和，这个关系称为合力矩定理，用公式表示为

$$M_O(\boldsymbol{F}) = M_O(\boldsymbol{F}_1) + M_O(\boldsymbol{F}_2) + \cdots + M_O(\boldsymbol{F}_n) = M_O(\boldsymbol{F}) \tag{2-3}$$

合力矩定理给出了合力和其各分力对同一点力矩的关系，它适用于任何平面力系。

【例 2-1】 试计算图 2-18 中力 $\boldsymbol{F}$ 对 A 点之矩。已知 $\boldsymbol{F}$、a、b。

解 根据合力矩定理计算 $\boldsymbol{F}$ 对 A 点之矩：

将力 $\boldsymbol{F}$ 在 C 点分解为正交的两个分力 $\boldsymbol{F}_x$ 和 $\boldsymbol{F}_y$，由合力矩定理可得

$$\begin{aligned} M_A(\boldsymbol{F}) &= M_A(\boldsymbol{F}_x) + M_A(\boldsymbol{F}_y) = F_x b - F_y a \\ &= Fb\cos\alpha - Fa\sin\alpha = -F(a\sin\alpha - b\cos\alpha) \end{aligned}$$

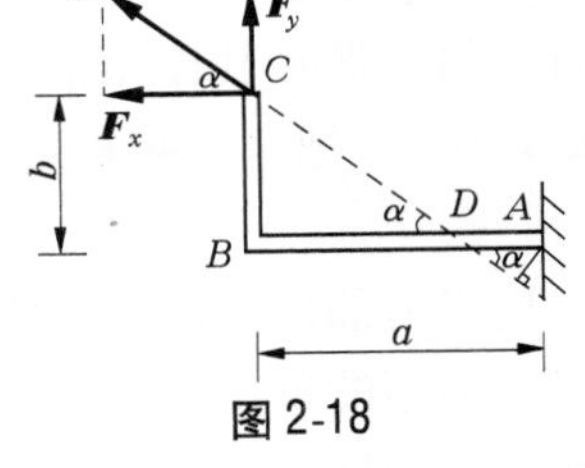

图 2-18

【例 2-2】 已知一轮在轮轴处受一切向力 $\boldsymbol{F}$ 作用，如图 2-19 所示。F、R、r、α 均为已知。试求此力对轮与地面接触点 A 之矩。

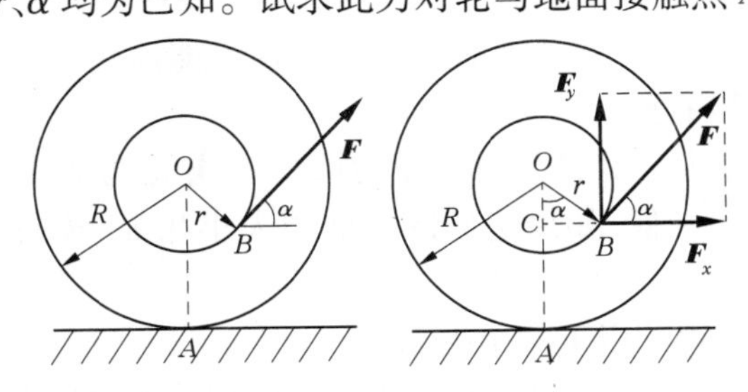

图 2-19

解 由于力 $\boldsymbol{F}$ 对矩心 A 的力臂未标明且不易求出，故将 $\boldsymbol{F}$ 在 B 点分解为正交的 $\boldsymbol{F}_x$ 和 $\boldsymbol{F}_y$，再应用合力矩定理，有

$$M_A(\boldsymbol{F}) = M_A(\boldsymbol{F}_x) + M_A(\boldsymbol{F}_y)$$

$$M_A(\boldsymbol{F}_x) = -F_x CA = -F_x(OA - OC) = -F\cos\alpha(R - r\cos\alpha)$$

$$M_A(\boldsymbol{F}_y) = F_y r\sin\alpha = (F\sin\alpha) r\sin\alpha = Fr\sin^2\alpha$$

$$M_A(F) = -F\cos\alpha(R - r\cos\alpha) + Fr\sin^2\alpha = F(r - R\cos\alpha)$$

（三）力偶的概念及性质

1. 力偶的概念

在日常生活中，经常会遇到物体受大小相等、方向相反、作用线相互平行的两个力作用的情形，例如司机用双手转动方向盘（见图 2-20（a））、钳工用丝锥在工件上加工螺纹（见图 2-20（b））等。实践证明，在这两个力作用下，物体产生转动效应而不能使物体产生移动效应。把这种由两个大小相等、方向相反、作用线不共线的两个平行力组成的力系，称为力偶，记作（$\boldsymbol{F}$，$\boldsymbol{F}'$）。力偶中两力作用线所确定的平面称为力偶作用面，两力作用线之间的垂直距离称为力偶臂。

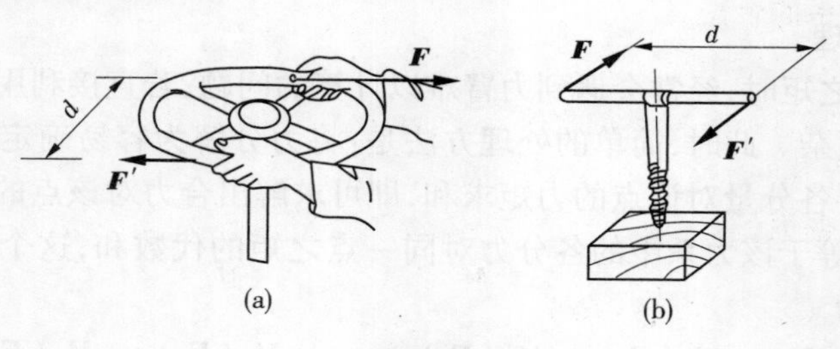

图 2-20

2. 力偶矩的计算

实践表明，平面力偶对物体的作用效应取决于组成力偶的力的大小和力偶臂的长短，同时也与力偶在其作用平面内的转向有关。因此，用 F 与 d 的乘积来度量力偶对物体的转动效应，并把这一乘积冠以正负号，称为力偶矩，用 m 表示，即

$$m = \pm Fd \tag{2-4}$$

规定力偶使物体产生逆时针方向转动时，力偶矩为正，反之为负。

力偶矩的单位与力矩的单位相同，即为牛・米（N・m）或千牛・米（kN・m）。力偶矩是反映力偶特征的量值，而力偶和力一样是静力学中的基本物理量。

3. 力偶的性质

（1）力偶没有合力，不能用一个力来代替。即力偶不能简化为一个力，也不能与一个力平衡，力偶只能与力偶相平衡。

（2）力偶对其作用面内任一点之矩都等于力偶矩，与矩心位置无关。

（3）同一平面内的两个力偶，如果它们的力偶矩大小相等、转向相同，则这两个力偶等效，称为力偶的等效性。

根据以上性质，还可以得到以下两个推论：

（1）只要保持力偶矩的大小和转向不变，力偶可以在其作用平面内任意转移，而不改变它对刚体的作用效应。

(2)在保持力偶矩的大小和转向不变的条件下,可以任意改变力偶中力的大小和力偶臂的长短,而不改变力偶对物体的转动效应。

力偶对于物体的转动效应完全取决于力偶矩的大小、力偶的转向及力偶的作用面,即力偶的三要素。因此,在力学计算中,有时也用一带箭头的弧线表示力偶(见图 2-21),其中箭头表示力偶的转向,m 表示力偶矩的大小。

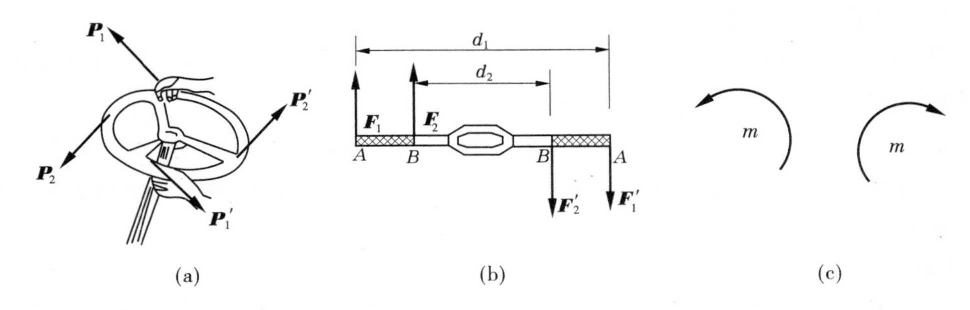

图 2-21

(四)平面力偶系的合成

作用在同一物体上的多个力偶或一组力偶称为力偶系。如果这些力偶的作用面在同一个平面内则称为平面力偶系。设在物体某平面内作用两个力偶 M_1 和 M_2,如图 2-22(a)所示。根据平面力偶等效的性质及推论,将上述力偶进行等效变换。为此,任选一线段 $AB = d$ 作为公共力偶臂,根据力偶的等效性质,将力偶中的力分别改变为(见图 2-22(b))

$$F_1 = F_1' = \frac{M_1}{d}, F_2 = F_2' = \frac{M_2}{d}$$

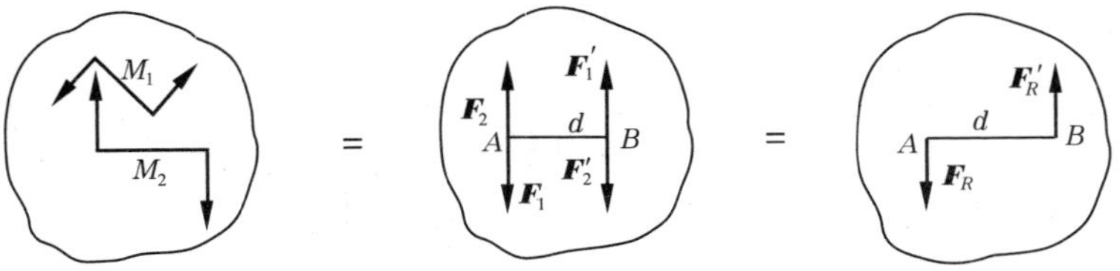

(a) (b) (c)

图 2-22

于是,力偶 M_1 与 M_2 可合成为一个力偶(见图 2-22(c)),力偶矩为

$$M = F_R d = (F_1 - F_2)d = M_1 + M_2 \tag{2-5}$$

将上述关系推广到由 n 个力偶 $M_1, M_2, \cdots, M_n$ 组成的平面力偶系,则有

$$M = M_1 + M_2 + \cdots + M_n = \sum M \tag{2-6}$$

即平面力偶系可以合成为一个合力偶,合力偶的矩等于各分力偶矩的代数和。

【例 2-3】 已知三个力偶$(\boldsymbol{F}_1, \boldsymbol{F}_1')$、$(\boldsymbol{F}_2, \boldsymbol{F}_2')$、$(\boldsymbol{F}_3, \boldsymbol{F}_3')$作用在图 2-23 所示的刚体上。已知 $F_1 = 200$ N, $F_2 = 600$ N, $F_3 = 400$ N,试求合力偶矩。

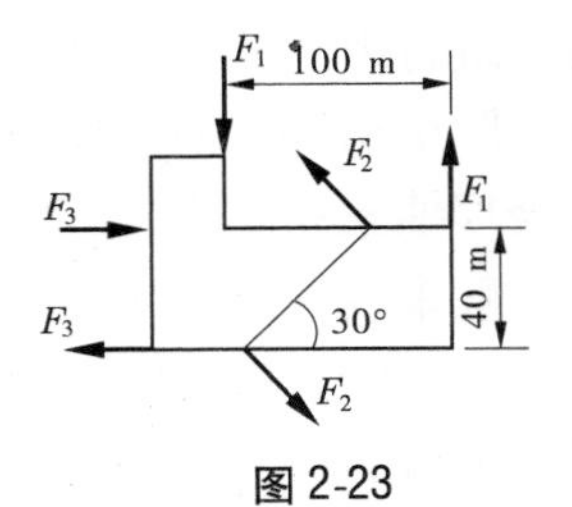

图 2-23

解 图中三个力偶组成平面力偶系,根据合力矩定理

可得

$$M_R = M_1 + M_2 + M_3 = F_1 d_1 + F_2 d_2 - F_3 d_3$$

$$= 200 \times 100 + 600 \times \frac{40}{\sin 30^\circ} - 400 \times 40$$

$$= 52\,000(\mathrm{N \cdot m})$$

(五)平面力偶系的平衡

当平面力偶系的合力偶矩为零时,即表示力偶系中各力偶对物体的转动效应相互抵消,物体处于平衡状态,故平面力偶系的平衡方程为

$$\sum M_O(\boldsymbol{F}_i) = \sum M = 0 \tag{2-7}$$

式(2-7)表明,平面力偶系平衡的必要和充分条件是:力偶系中各力偶的力偶矩的代数和等于零。

【例 2-4】 在梁 AB 的两端各作用一力偶,力偶矩的大小分别为 $m_1 = 120\ \mathrm{kN \cdot m}$, $m_2 = 360\ \mathrm{kN \cdot m}$,转向如图 2-24(a)所示。梁跨度 $l = 6\ \mathrm{m}$,质量不计,求 A、B 处的支座反力。

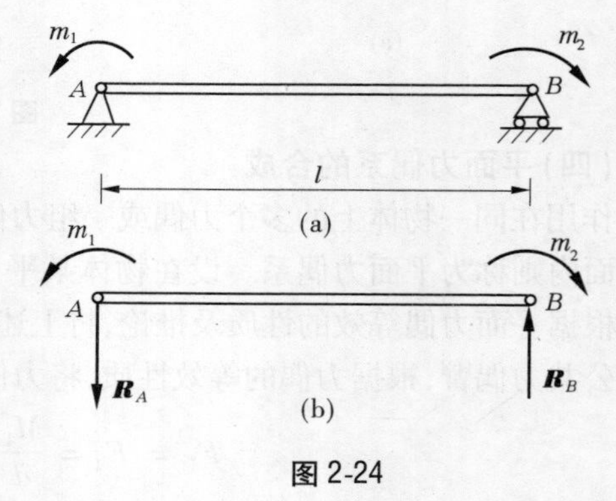

图 2-24

解 取梁 AB 为研究对象,受力图如图 2-24(b)所示,列平衡方程得

$$\sum m_B = 0 \quad m_1 + m_2 + R_A l = 0$$

代入数值可得

$$120 - 360 + R_A l = 0$$

解得

$$R_A = 40\ \mathrm{kN}(\downarrow)$$

$$R_B = 40\ \mathrm{kN}(\uparrow)$$

计算结果为正值,说明假设的 R_A 和 R_B 方向与实际相同。

学习任务二 结构的计算简图

一、计算简图

(一)结构计算简图的概念

工程中的实际结构是比较复杂的,其受力及变形情况也比较复杂,完全按照结构的实际情况进行力学分析与计算是很困难的,也是不必要的。因此,在进行力学分析之前,应先将实际结构进行抽象和简化,使之既能反映实际结构的受力特征,又能简化计算。这种经过合理抽象和简化,用来代替实际结构的力学模型,叫作结构的计算简图。

一般来说,确定结构计算简图的原则如下:

(1)从工程实际出发。计算简图要能够反映实际结构的受力和变形特点,使计算结果安全可靠。

(2)简化计算。计算简图要抓住主要因素，略去次要因素，力求计算简便。

(二)结构计算简图的确定

在选取结构的计算简图时，通常对实际结构从以下几个方面进行简化。

1. 结构的简化

结构的简化包括两方面的内容：一是结构体系的简化，二是结构中杆件的简化。结构体系的简化是把有些实际空间整体的结构简化或分解为若干平面结构。杆件则用其轴线表示，直杆可简化为直线，曲杆可简化为曲线。

2. 结点的简化

在结构中，各杆件间相互连接处称为结点。在计算简图中，结点可简化为铰结点和刚结点两种基本类型。

1)铰结点

铰结点的特征是所连各杆端都可以绕结点相对转动，即各杆间的夹角受荷载作用后可以改变。铰结点能传递力，但不能承受和传递力矩。如屋架的端部和柱顶都设置有预埋钢板，将钢板焊接在一起，如图2-25(a)所示，显然各杆并不能完全自由地转动，但是由于杆件间的联结对于相对转动的约束不强，受力时杆件发生微小的转动，因此把这种结点近似地作为铰结点处理，如图2-25(b)所示。同样，木屋架的结点也可简化为铰结点，如图2-25(c)、(d)所示。

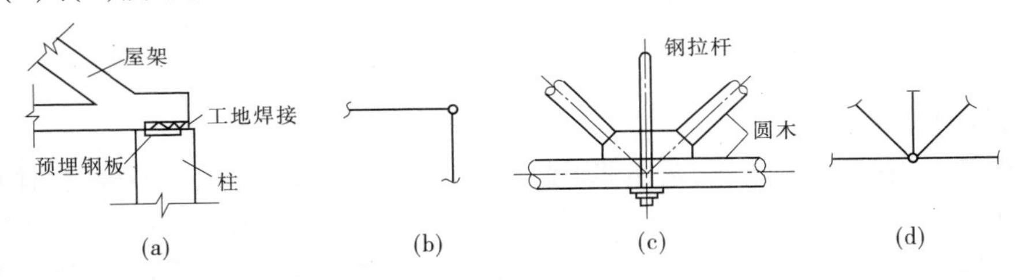

图2-25

2)刚结点

刚结点的特征是被连接的杆件不能绕结点相对转动，及各杆之间的夹角在变形前后保持不变。刚结点能传递力和力矩。如图2-26所示，现浇钢筋混凝土框架结构房屋的梁和柱的连接结点就是刚结点。

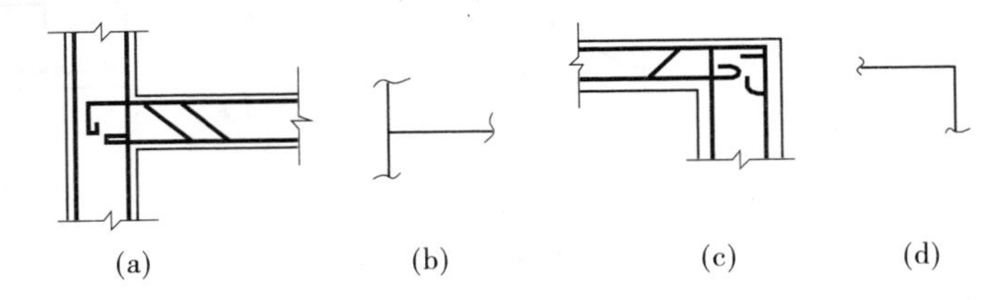

图2-26

当一个结点同时具有铰结点和刚结点的特征时，称为组合结点。即在结点处有些杆件为铰接，同时有些杆件为刚性连接，如图2-27所示。

3. 支座的简化

把结构与基础或支承部分相连接起来的装置称为支座，它主要起着连接和支承结构的

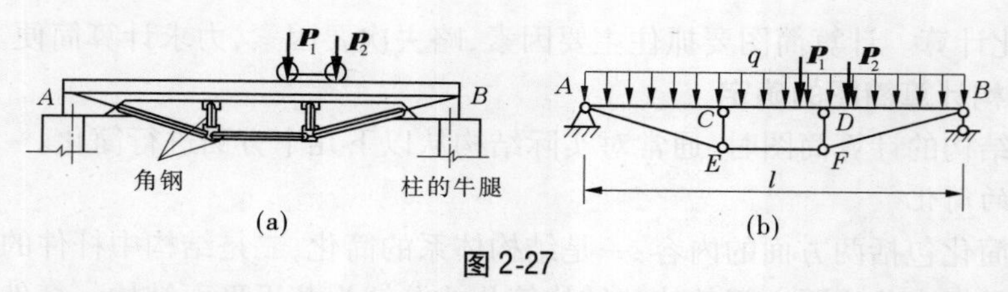

图 2-27

作用。支座一般可以简化为可动铰支座、固定铰支座、固定(端)支座和定向支座四类。

1)可动铰支座

可动铰支座又叫做辊轴支座,它能够限制结构垂直于支承面方向的移动,但不能限制沿支承面方向的移动和绕铰中心的转动。如图 2-28 所示的是实际支座的结构图及计算简图,各支座都可以看作可动铰支座。

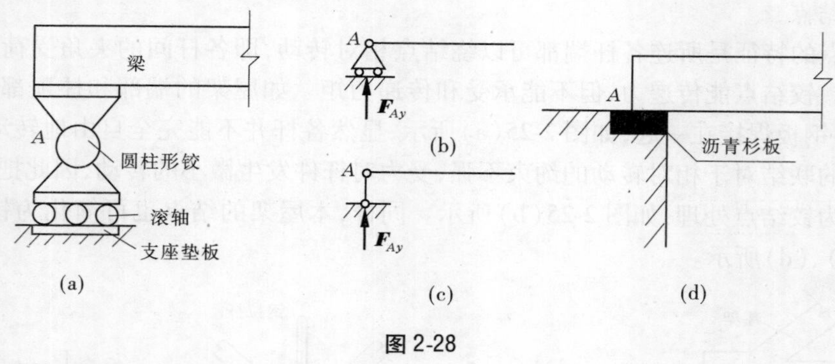

图 2-28

2)固定铰支座

固定铰支座简称为铰支座,它能够限制结构在任何方向的移动,但不限制结构绕铰中心的转动。在实际工程中,凡是不能移动但可以发生微小转动的情况,都可以视为固定铰支座。如图 2-29 所示的是实际支座的结构图及计算简图,各支座都可以看作固定铰支座。

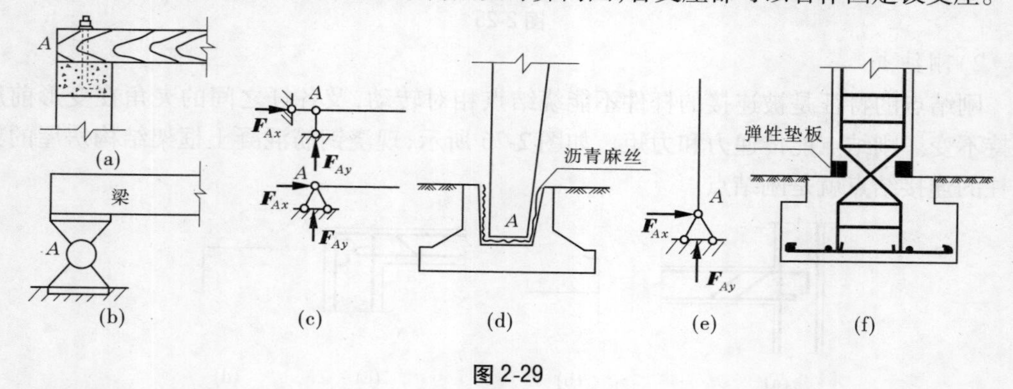

图 2-29

3)固定(端)支座

这种支座既限制了结构和基础之间发生相对转动,又限制了它们之间的相对移动。在实际结构中,凡是嵌入钢筋混凝土基础的杆件,其嵌入部分都有足够的长度,以致杆端不会有任何移动或转动,都可视为固定(端)支座。如图 2-31 所示的是实际支座的结构图及计算简图,各支座都可以看作固定(端)支座。

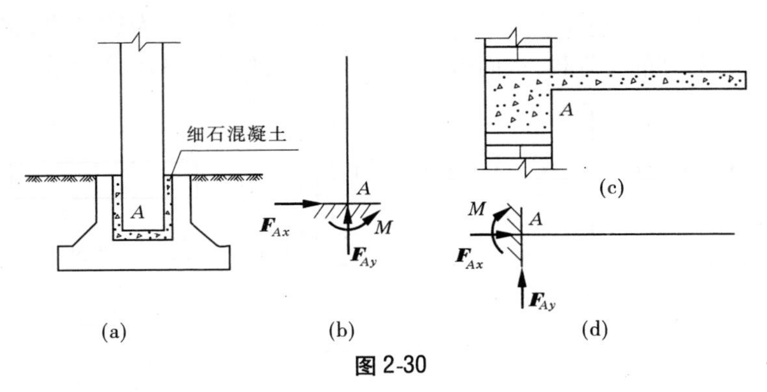

图 2-30

4)定向支座

这种支座限制了结构沿垂直于支承面方向的移动以及结构与基础间的相对转动,不限制结构沿平行于支承面方向的移动。如图 2-31 所示的是实际支座的结构图及计算简图,各支座都可以看作定向支座。

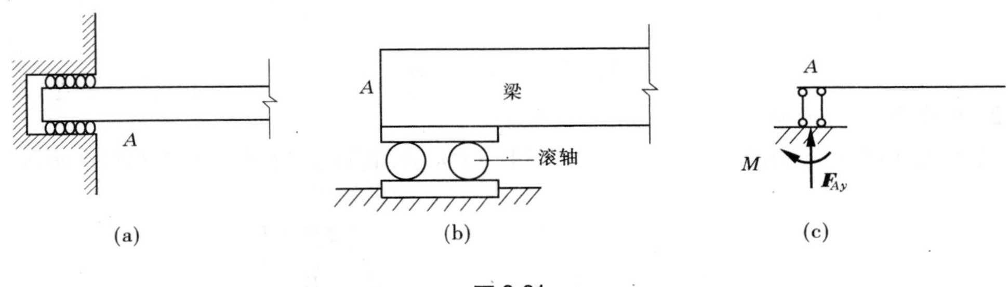

图 2-31

4. 荷载的简化

荷载也称为力,是物体间的相互机械作用,这种作用使物体的运动状态或形状发生改变。实际结构受到的荷载,一般是作用在构件内各处的体荷载(如自重),以及作用在某一面积上的面荷载(如风压力)。在计算简图中,常把它们简化为集中荷载和分布荷载。

如图 2-32 所示,次梁对主梁的作用可以简化为集中荷载,主梁对柱子的作用可简化为均布荷载。

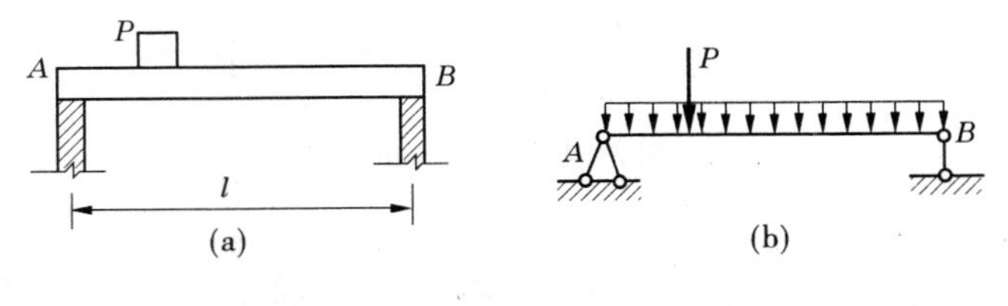

图 2-32

二、工程中常见结构的计算简图

(一)梁(板)的计算简图

1. 简支梁(板)计算简图的选取

图 2-33(a)所示为某教学楼的内廊为简支在砖墙上的现浇钢筋混凝土平板,其截面

尺寸如图 2-33(b)所示,在选取其计算简图时,将两边支座简化为铰支座,将板用其轴线代替,将荷载简化为均布线荷载,从而得到其计算简图,如图 2-33(c)所示。

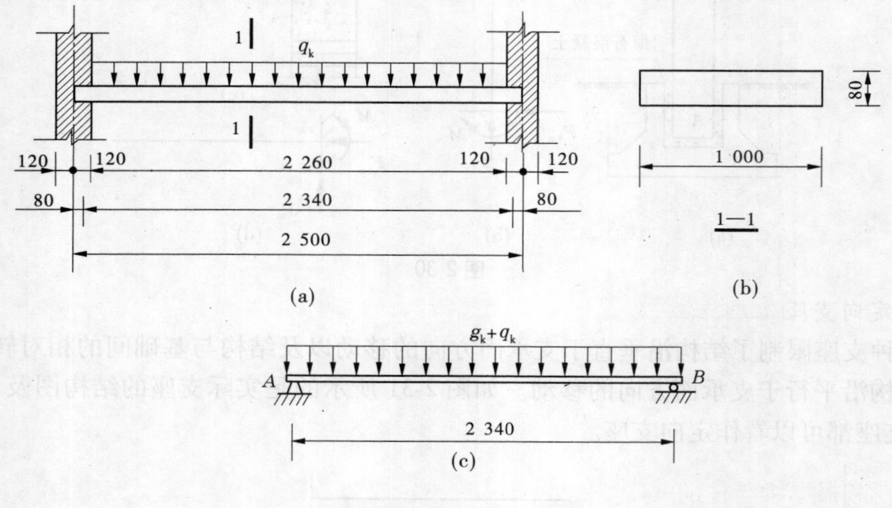

图 2-33 (单位:mm)

2. 外伸梁(板)计算简图的选取

某支承在砖墙上的简支伸臂梁如图 2-34(a)所示,其计算简图如图 2-34(b)所示。

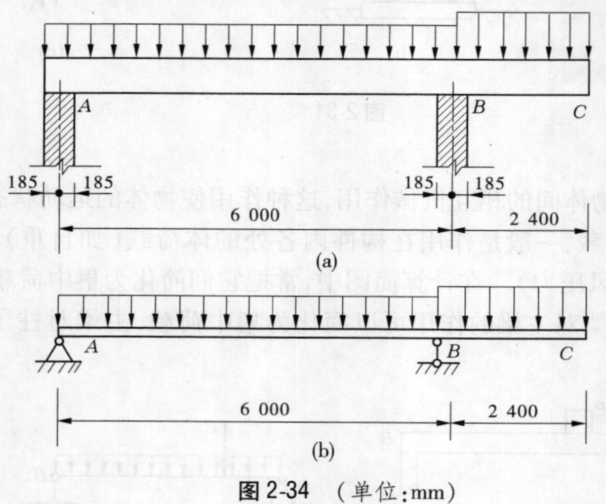

图 2-34 (单位:mm)

3. 单向板肋梁楼盖计算简图的选取

某工厂仓库为多层内框架砖混结构,其楼盖结构平面布置如图 2-35 所示,单向板楼盖结构布置完成以后,即可确定结构的计算简图,以便对板、次梁、主梁分别进行内力计算。在确定计算简图时,除应考虑现浇楼盖中板和梁是多跨连续结构这个特点外,还应对荷载计算、支座影响以及板和梁的计算跨度及跨数作简化处理。

1)支座简化

当结构支承于砖墙上时,砖墙可视为结构的铰支座。板与次梁或次梁与主梁虽然整浇在一起,但支座对构件的约束并不太强,一般可视为铰支座。当主梁与柱整体现浇在一

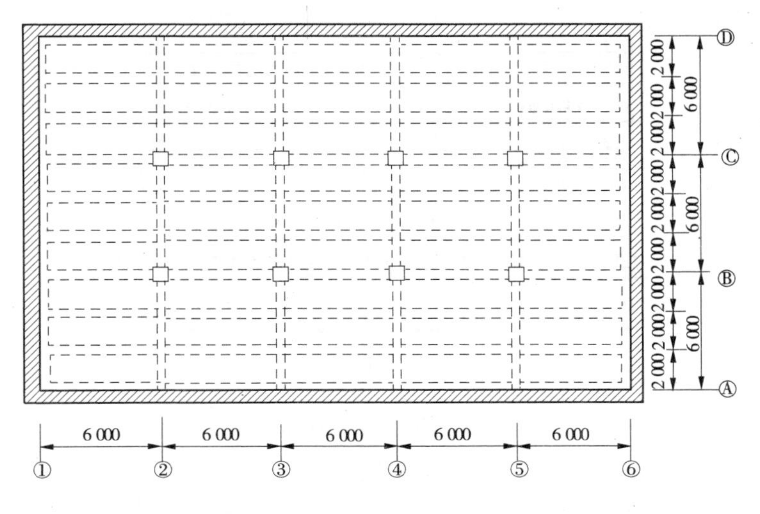

图 2-35　（单位：mm）

起时，则需根据梁与柱的线刚度比的大小来选择较为合适的计算支座：当梁与柱的线刚度比大于 5 时，可视柱为主梁的铰支座；反之，则认为主梁与柱刚接，这时主梁不能视为连续梁，而与柱一起按框架结构计算。

2）计算跨度与跨数

连续板、梁各跨的计算跨度 l_0 是指在计算内力时所采用的跨长。它的取值与支座的构造形式、构件的截面尺寸以及内力计算方法有关。

当连续梁的某跨受到荷载作用时，它的相邻各跨也会受到影响而产生内力和变形，但这种影响是距该跨越远越小。当超过两跨以上时，其影响已很小。因此，对于多跨连续板、梁（跨度相等或相差不超过 10%），当跨数超过五跨时，只按五跨来计算。此时，除连续梁（板）两边的第一、第二跨外，其余的中间各跨跨中及中间支座的内力值均按五跨连续梁（板）的中间跨和中间支座的内力值采用。如果跨数未超过五跨，则计算时应按实际跨数考虑。

通过以上分析，可以得到板、次梁和主梁的计算简图分别如图 2-36、图 2-37 和图 2-38 所示。

（二）框架结构的计算简图

某高校图书馆，为现浇钢筋混凝土高层框架结构，其平面布置图和剖面图如图 2-39（a）、（b）所示。

由平面图和剖面图可知，该建筑平面尺寸为 15 m×30 m，8 层，每层层高 4.2 m，室内外高差为 0.6 m，走廊宽度为 3 m。为使结构的整体刚度较好，楼面、屋面、楼梯、天沟等均采用现浇结构。基础为柱下独立基础。框架的计算单元如图 2-39（a）中阴影部分所示。框架柱嵌固于基础顶面，框架梁与柱刚接。由于各层柱的截面尺寸不变，故梁跨度等于柱截面形心轴线之间的距离。底层柱高从基础顶面算至二层楼面，室内外高差为 0.6 m，基础顶面至室外地坪通常取 0.5 m，故基础顶面标高为 −1.10 m，二层楼面标高为 4.20 m，故底层柱高为 5.30 m。其余各层柱高从本层楼面算至上一层楼面（即层高），故均为

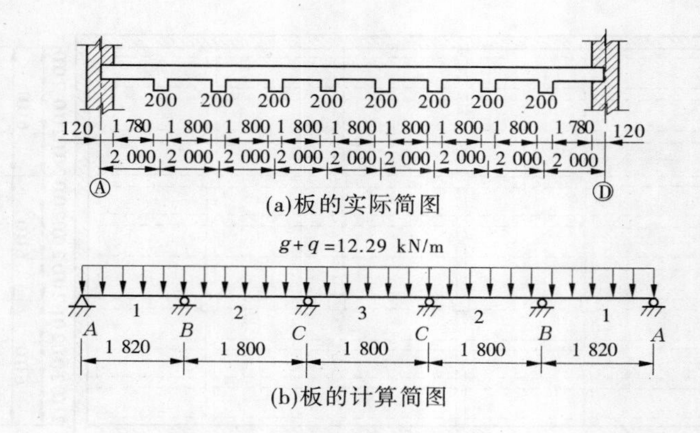

(a)板的实际简图

(b)板的计算简图

图 2-36 （单位:mm）

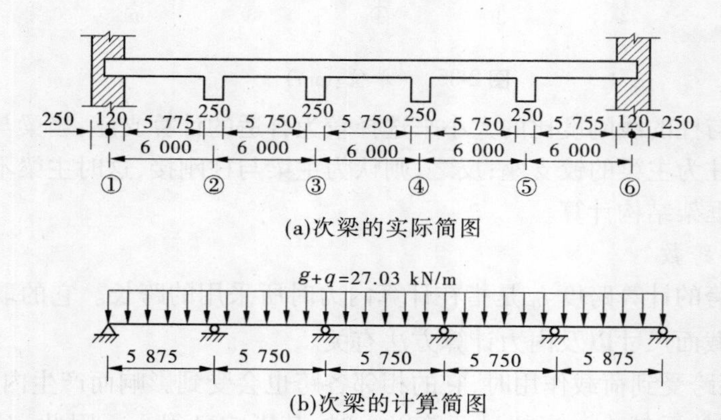

(a)次梁的实际简图

(b)次梁的计算简图

图 2-37 （单位:mm）

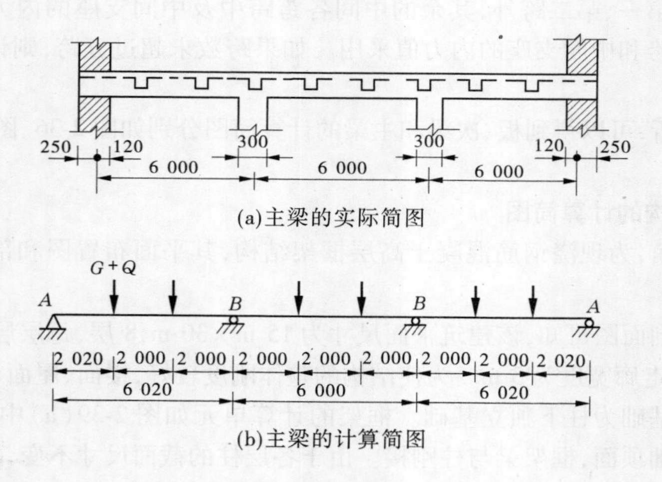

(a)主梁的实际简图

(b)主梁的计算简图

图 2-38 （单位:mm）

4.20 m。由此可绘出框架的计算简图如图 2-39(c)所示。

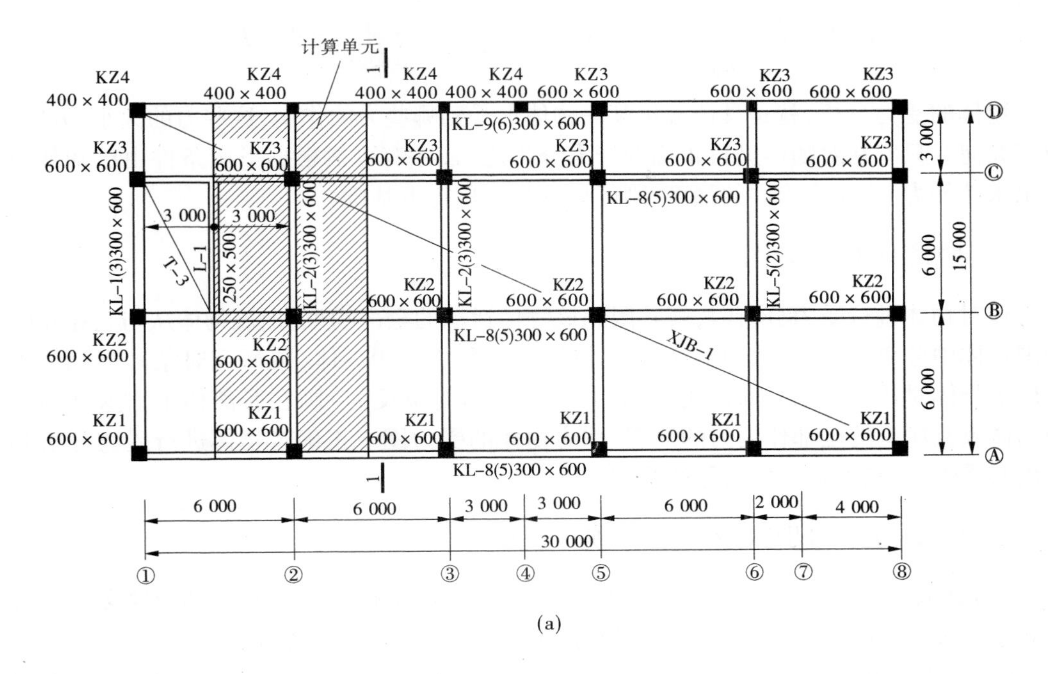

(a)

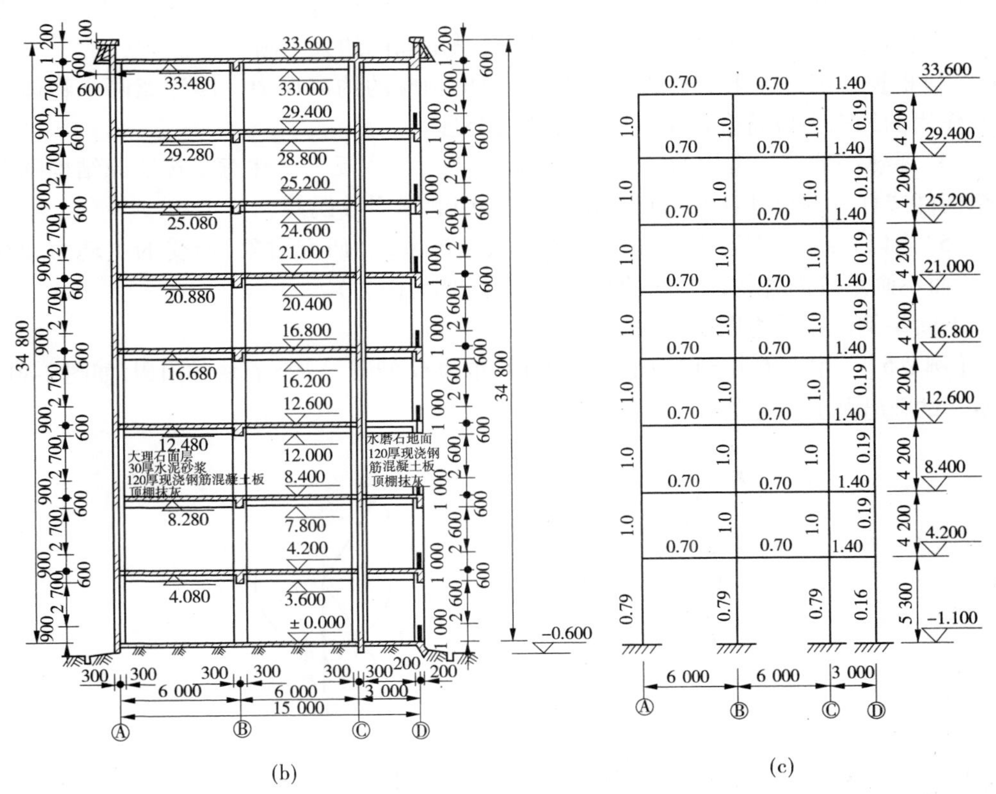

(b)

(c)

图 2-39 （单位:尺寸,mm;高程,m）

学习任务三　杆件的受力分析与受力图

物体的受力分析，就是具体分析某一物体上受到哪些力的作用，这些力的大小、方向、位置如何？只有在对物体进行正确的受力分析之后，才有可能根据平衡条件由已知外力求出未知外力，从而为构件的强度、刚度计算和校核打下基础。

一、脱离体和受力图

在对物体进行受力分析时，解除限制该物体运动的全部约束，把该物体从与它相联的周围物体中分离出来，单独画出这个物体的图形，称之为脱离体（或研究对象）。然后，再将周围物体对该物体的全部作用力（包括主动力与约束反力）画在脱离体上。这种画有脱离体及其所受的全部作用力的简图，称为物体的受力图。正确对物体进行受力分析并画出其受力图，是求解力学问题的关键。

二、画受力图的步骤及注意事项

（1）选取研究对象，将研究对象从与其联系的周围物体中分离出来，即取脱离体。研究对象的选取可以是一个物体，也可以是几个物体的组合或整个系统。

（2）根据已知条件，画出作用在研究对象上的全部主动力（一般是已知力）。受力图上只画脱离体的简图及其所受的全部外力，已被解除的约束不画。

（3）根据脱离体原来受到的约束类型，画出相应的约束反力。应注意两个物体之间相互作用的约束力应符合作用力与反作用力公理。

（4）要熟练地使用常用的字母和符号标注各个约束反力。注意要按照原结构图上每一个构件或杆件的尺寸和几何特征作图，以免引起错误或误差。

（5）当以系统为研究对象时，受力图上只画该系统（研究对象）所受的主动力和约束反力，而不画系统内各物体之间的相互作用力（称为内力）。

下面举例说明受力图的画法。

【例 2-5】　用力 $\boldsymbol{F}$ 拉动碾子以压平路面，重为 $\boldsymbol{G}$ 的碾子受到石块的阻碍，如图 2-40（a）所示。试画出碾子的受力图。

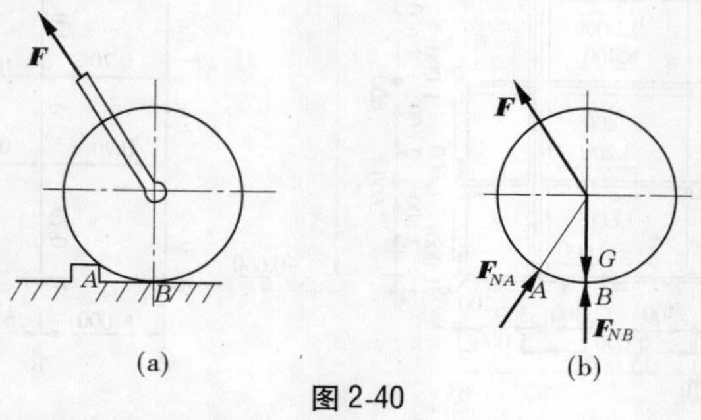

图 2-40

解　（1）取碾子为研究对象（即取脱离体），并单独画出其简图。

（2）画出主动力。有地球的引力 $\boldsymbol{G}$ 和杆对碾子中心的拉力 $\boldsymbol{F}$。

(3)画出约束反力。因碾子在 A 和 B 两处受到石块和地面的约束,如不计摩擦,均为光滑表面接触,故在 A 处受石块的法向反力 $\boldsymbol{F}_{NA}$ 的作用,在 B 处受地面的法向反力 $\boldsymbol{F}_{NB}$ 的作用,它们都沿着碾子上接触点的公法线而指向圆心。受力图如图 2-40(b)所示。

【例 2-6】 某简支梁 AB,如图 2-41(a)所示。梁跨中受集中荷载 $\boldsymbol{F}$ 作用。若不计梁的自重,试画出梁 AB 的受力图。

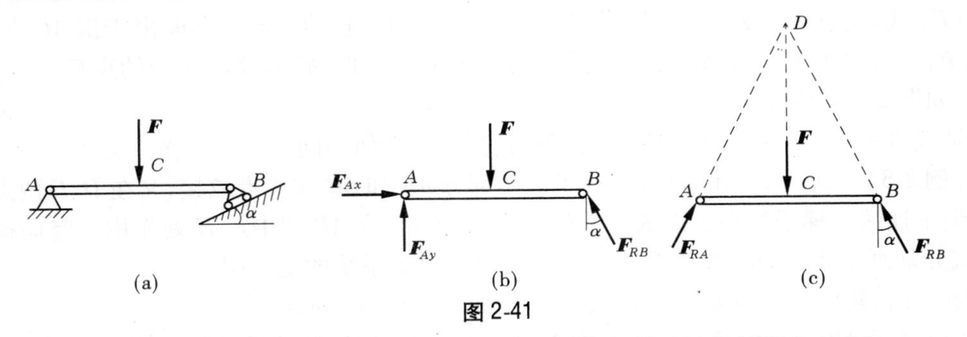

图 2-41

解 (1)以梁 AB 为研究对象,将梁两端支座约束解除,画出其脱离体图。

(2)画主动力。主动力为荷载 $\boldsymbol{F}$,作用在梁中点 C,方向铅直向下。

(3)画约束反力。A 端为固定铰支座,其约束反力 $\boldsymbol{F}_{RA}$ 通过铰链中心,用通过铰链中心的正交分力 $\boldsymbol{F}_{Ax}$ 和 $\boldsymbol{F}_{Ay}$ 表示。B 端为可动铰支座,其反力垂直支承面且通过铰链中心。梁 AB 的受力图如图 2-41(b)所示。图中未知力的指向均为假设。

此外,注意到梁只在 A、B、C 三点受到互不平行的三个力作用而处于平衡,因此也可以根据三力平衡汇交定理进行受力分析。已知 $\boldsymbol{F}$、$\boldsymbol{F}_{RB}$ 相交于 D 点,则 A 处的约束反力 $\boldsymbol{F}_{RA}$ 也应通过 D 点,从而可确定 $\boldsymbol{F}_{RA}$ 必沿 A、D 两点的连线,由此可画出如图 2-41(c)所示的受力图。

【例 2-7】 如图 2-42(a)所示的三铰拱桥,由左、右两部分铰接而成。设各部分自重不计,在拱 AC 上作用有荷载 $\boldsymbol{F}$。试分别画出拱 AC 和拱 CB 的受力图。

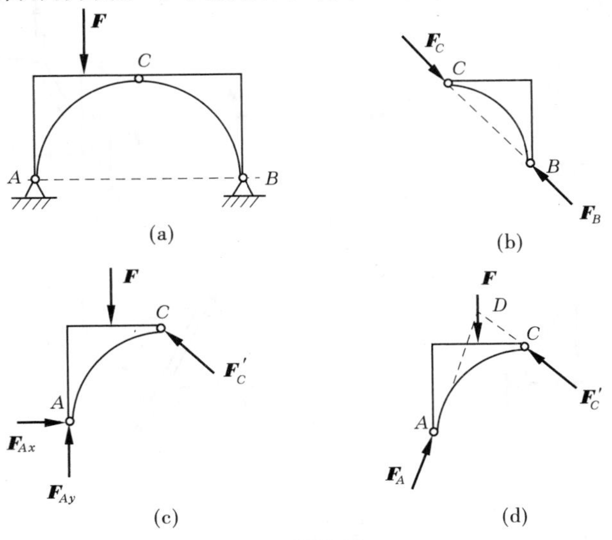

图 2-42

解　(1)先分析拱 BC 的受力。由于拱 BC 的自重不计,且只在 B、C 两处受到铰链约束,因此拱 BC 为二力构件,两个力的方向如图 2-42(b)所示。

(2)取拱 AC 为研究对象。由于自重不计,因此主动力只有荷载 $\boldsymbol{F}$。拱在铰链 C 处受到拱 BC 给它的约束反力 $\boldsymbol{F}'_C$的作用,根据作用和反作用定律,$F'_C = -F_C$。拱在 A 处受有固定铰支座给它的约束反力 $\boldsymbol{F}_A$ 的作用,由于方向未定,可用两个大小未知的正交分力 $\boldsymbol{F}_{Ax}$和 $\boldsymbol{F}_{Ay}$代替。拱 AC 的受力图如图 2-42(c)所示。再进一步分析可知,由于拱 AC 在 $\boldsymbol{F}$、$\boldsymbol{F}'_C$和 $\boldsymbol{F}_A$ 三个力作用下平衡,故可根据三力平衡汇交定理,确定铰链 A 处约束反力 F_A 的方向,如图 2-42(d)所示。

请读者考虑:若左右两拱都计入自重,各受力图有何不同?

【例 2-8】　如图 2-43(a)所示,梯子的两部分 AB 和 AC 在 A 点铰接,又在 D、E 两点用水平绳子连接。梯子放在光滑的水平面上,自重不计,在 AB 的中点 H 处作用一竖向荷载 $\boldsymbol{F}$。试分别画出绳子 DE 和梯子 AB、AC 部分以及整个系统的受力图。

解　(1)绳子 DE 为柔性约束,受力分析如图 2-43(b)所示。

(2)梯子 AB 部分的受力分析如图 2-43(c)所示,它在 H 处受已知荷载 $\boldsymbol{F}$ 的作用,在铰链 A 处受 AC 部分给它的约束反力 $\boldsymbol{F}_{Ax}$和 $\boldsymbol{F}_{Ay}$的作用;在点 D 受绳子对它的拉力 $\boldsymbol{F}'_D$(与$\boldsymbol{F}_D$互为作用力和反作用力);在点 B 受光滑地面对它的法向反力 $\boldsymbol{F}_B$的作用。

(3)梯子 AC 部分的受力分析如图 2-43(d)所示。在铰链 A 处受 AB 部分对它的作用力 $\boldsymbol{F}'_{Ax}$和 $\boldsymbol{F}'_{Ay}$(分别与 $\boldsymbol{F}_{Ax}$和 $\boldsymbol{F}_{Ay}$互为作用力与反作用力)。在点 E 受绳子对它的拉力$\boldsymbol{F}'_E$(与$\boldsymbol{F}_E$互为作用力与反作用力)。在 C 处受光滑地面对它的法向反力 $\boldsymbol{F}_C$。

(4)整个系统的受力分析如图 2-43(e)所示。由于铰链处所受的力、绳子与梯子连接点所受的力均互为作用力与反作用力关系,即 $F_{Ax} = -F'_{Ax}$, $F_{Ay} = -F'_{Ay}$, $F_D = -F'_D$, $F_E = -F'_E$,这些力以内力的形式成对地作用在整个系统内,在受力图上不必画出。荷载 $\boldsymbol{F}$ 和约束反力 $\boldsymbol{F}_B$、$\boldsymbol{F}_C$ 都是作用于整个系统的外力,需要准确画出。

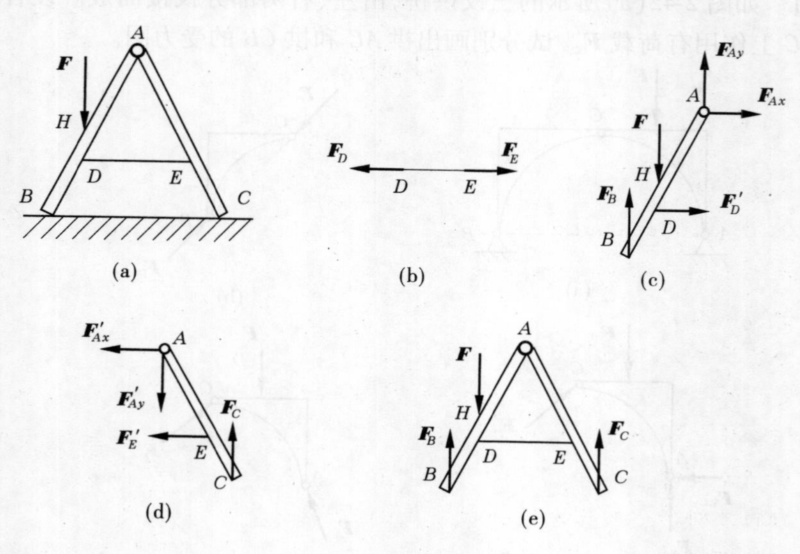

图 2-43

应该指出，内力与外力的区分不是绝对的。例如，当我们把梯子 AC 的部分作为研究对象时，$\boldsymbol{F}'_{Ax}$、$\boldsymbol{F}'_{Ay}$和 $\boldsymbol{F}'_{E}$均属外力，但取整体为研究对象时，$\boldsymbol{F}'_{Ax}$、$\boldsymbol{F}'_{Ay}$和 $\boldsymbol{F}'_{E}$又成为内力。可见，内力与外力的区分，只有相对于某一确定的研究对象才有意义。

小　结

（1）力是物体与物体之间相互的机械作用，力的大小、方向、作用点称为力的三要素。

（2）按照力的作用线是否位于同一平面将力系分为平面力系和空间力系；按照力的作用线的分布情况将力系分为汇交力系、平行力系和一般力系。

（3）静力学基本公理是建立静力学理论的基础，在静力学分析中经常用到的静力学基本公理有二力平衡公理、加减平衡力系公理、力的可传性原理、力的平行四边形法则、三力平衡汇交定理和作用力与反作用力公理。

（4）工程上常见的约束类型有柔体约束、光滑接触面约束、铰链约束、链杆约束、可以铰支座约束、固定铰约束、固定端支座约束和定向支座约束。

（5）力对刚体绕某一固定点的转动效应不仅与力的大小、方向有关，而且与固定点到该力的作用线的距离有关；力矩不会因该力的作用点沿其作用线移动而改变。力偶可在其作用平面内任意移动，而不改变它对刚体的作用效果；力偶无合力，力偶只能用力偶来平衡；力偶对刚体的转动效应，只与力偶矩的大小和正负有关。

（6）确定结构计算简图的原则是：①从工程实际出发，计算简图要能够反映实际结构的受力和变形特点，使计算结果安全可靠；②简化计算，抓住主要因素，略去次要因素，力求计算简便。

（7）结构计算简图的确定包括四个环节：荷载的抽象和简化；结点的抽象和简化；支座的抽象和简化；结构构件的抽象和简化。

能力训练

一、填空

1. 力的三要素是__________、__________、__________，所以力是矢量。

2. 对物体作用效果相同的力系称为__________。

3. 两个物体间相互作用的力总是大小__________、方向__________、沿同一直线，分别作用在两个物体上。

4. 在外力作用下大小和形状都不发生变化的物体称为__________。

5. 物体受到的力可以分为两类，一类是使物体有运动或有运动趋势的力称为______，另一类是周围物体限制物体运动的力称为______。

6. 物体在刚体上的力沿着__________移动时，不改变其作用效应。

7. 约束力的方向总是与约束所能限制的运动方向__________。

8. 如果力集中作用于一点，这种力称为__________；作用范围不能忽略的力，称为__________。

二、选择题

1. 固定端约束通常有(　　)个约束反力。

A. 1　　B. 2　　C. 3　　D. 4

2. 柔性约束的约束反力，其作用线沿柔索的中心线(　　)。

A. 其指向在标示时可以任意假设

B. 其指向在标示时有时可以任意假设

C. 其指向必定是背离被约束物体

D. 其指向也可能是指向被约束物体

3. 光滑面约束的约束反力，其指向是(　　)。

A. 其指向在标示时可以任意假设

B. 其指向在标示时有时可以任意假设

C. 其指向必定是背离被约束物体

D. 其指向也可能是指向被约束物体

4. 平衡是指物体相对于地球处于(　　)状态。

A. 静止　　B. 匀速运动　　C. 加速运动　　D. 静止或匀速直线运动

5. 题图 2-1 所示的刚架中 BC 段正确的受力图应为(　　)。

A. 图(a)　　B. 图(b)　　C. 图(c)　　D. 图(d)

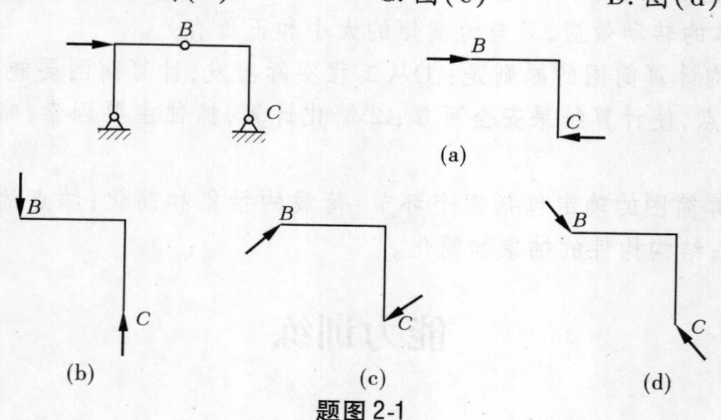

题图 2-1

6. 刚体 A 在外力作用下保持平衡，以下说法中(　　)是错误的。

A. 刚体 A 在大小相等、方向相反且沿同一直线作用的两个外力作用下必平衡

B. 刚体 A 在作用力与反作用力作用下必平衡

C. 刚体 A 在汇交于一点且力三角形封闭的三个外力作用下必平衡

D. 刚体 A 在两个力偶矩大小相等且转向相反的力偶作用下必平衡

7. 既限制物体向任何方向移动，又限制物体转动的支座称(　　)支座。

A. 固定铰　　B. 可动铰　　C. 固定端　　D. 光滑面

8. 只限制物体向任何方向移动，不限制物体转动的支座称(　　)支座。

A. 固定铰　　B. 可动铰　　C. 固定端　　D. 光滑面

9. 只限制物体垂直于支承面的移动，不限制物体其他方向运动的支座称(　　)支座。

A. 固定铰　　B. 可动铰　　C. 固定端　　D. 光滑面

三、判断题

1. 约束是限制物体自由度的装置。 ( )
2. 约束反力的方向一定与被约束体所限制的运动方向相反。 ( )
3. 力平移，力在坐标轴上的投影不变。 ( )
4. 作用于刚体上的力可沿其作用线移动而不改变其对刚体的运动效应。 ( )
5. 只要两个力大小相等、方向相反，这两个力就组成一力偶。 ( )
6. 力的可传性原理只适用于刚体。 ( )

四、绘图题

1. 画出题图 2-2 所示各物体的受力图。

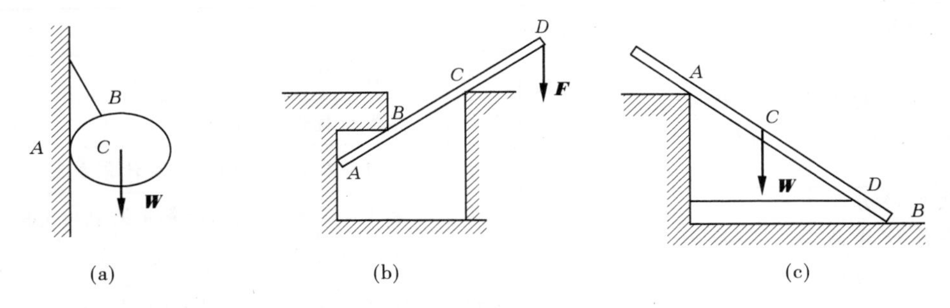

题图 2-2

2. 画出题图 2-3 所示梁的受力图。

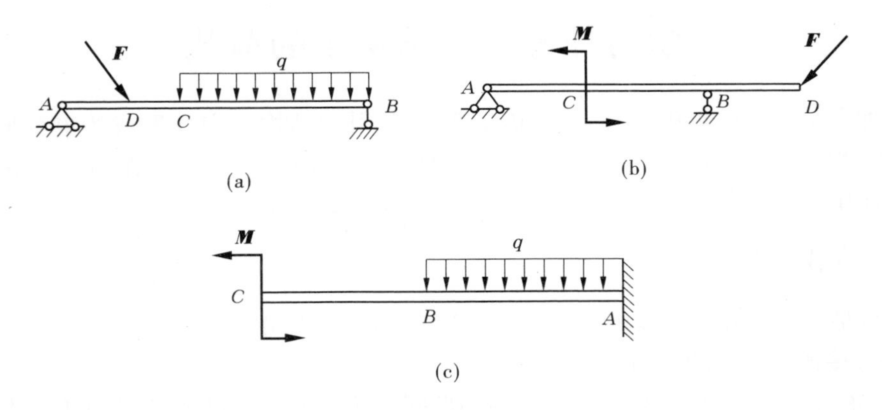

题图 2-3

3. 绘出题图 2-4 所示每个构件及整体的受力图。

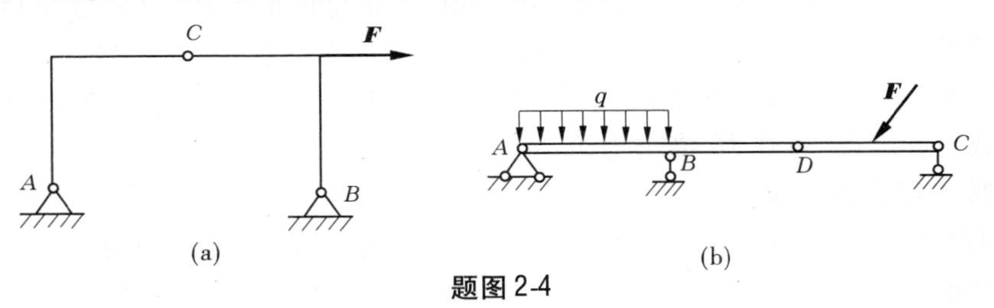

题图 2-4

学习情境三　结构构件上的荷载及支座反力

【学习目标】

掌握运用静力平衡条件计算简单静定结构的支座反力；熟悉荷载代表值的确定；了解结构上荷载的分类。

工作任务表

能力目标	主讲内容	学生完成任务	评价标准	
一般结构上荷载的计算	结构上的荷载	荷载代表值的确定	优秀	掌握极限状态设计值的计算
			良好	熟悉荷载代表值的确定
			合格	了解荷载代表值的分类及计算方法
利用静力平衡条件计算简单静定结构的支座反力	平面力系的平衡	平衡方程的应用	优秀	选择合理方程，灵活求解系统中的支座反力
			良好	熟练掌握平面力系基本方程的应用
			合格	掌握单个构件支座反力的求解方法

学习任务一　结构上的荷载

施加在结构上的集中荷载或分布荷载，以及引起结构外加变形或约束变形的原因(如地震、地基不均匀沉降、温度变化等)，都称为结构上的作用，简称作用。其中，前者称为直接作用，习惯上称为结构上的荷载；后者称为间接作用。

一、荷载的分类

荷载是一个不确定的随机变量，按以下原则可将荷载分别进行分类。

(一)按作用时间的长短分类

(1)永久荷载(又称恒载)：在结构使用期间内其值不随时间变化，或其变化与平均值相比可以忽略不计的荷载。如结构自重、土压力、预加应力等。

(2)可变荷载(又称活载)：在结构使用期间内其值随时间变化，且其变化与平均值相比不可忽略的荷载。如楼面活荷载、风荷载、雪荷载、吊车荷载等。

(3)偶然荷载：在结构使用期间内不一定出现，但一旦出现，其量值很大且持续时间很短的荷载。如地震、爆炸力、撞击力等。

(二)按作用位置分类

(1)固定荷载：在结构空间位置上具有固定分布的荷载。如楼面上的固定设备荷载、结构构件自重等。

(2)自由荷载：在结构空间位置上的一定范围内可以任意分布的荷载。如桥梁上行驶的汽车荷载、厂房中的吊车荷载等。

(三)按结构的动力反应分类

(1)静荷载:对结构或构件不产生加速度或产生的加速度很小可以忽略不计的荷载。如结构的自重、楼面的活荷载等。

(2)动荷载:对结构或构件产生不可忽略的加速度的荷载。如吊车荷载、作用在高耸结构上的风荷载、地震作用等。

(四)按荷载的分布形式分类

1. 集中荷载

当荷载的分布面远小于结构的受荷载表面时,可近似地将荷载看成作用在一点上,称为集中荷载。如楼盖中次梁传递给主梁的荷载、工业厂房中吊车传递给吊车梁的荷载、柱子的自重等都是集中荷载。

2. 分布荷载

当荷载连续地作用在整个构件或构件的一部分上(不能看作集中荷载)时,称为分布荷载。分布荷载的大小用单位面积或长度上的作用力来表示,称之为荷载集度,一般用 q 来表示,其常用单位为 N/m 或 N/m^2。

根据荷载分布的均匀与否,分布荷载又可分为均布荷载与非均布荷载。如板、梁的自重等,其荷载集度 q 为一定值,这些荷载视为均布荷载;水对坝体的静水压力、土对墙的压力等,其荷载集度 q 不是一定值,为非均布荷载。

如果荷载是分布在一个狭长范围内,则可以把它简化为沿狭长面的中心线分布的荷载,称为线荷载。例如,分布在梁面上的荷载就可以简化为沿梁面中心线分布的线荷载。

二、荷载的代表值

荷载代表值是指结构设计中用以验算极限状态所采用的荷载量值,建筑结构设计时,对不同荷载应采用不同的代表值。《建筑结构荷载规范》(GB 50009—2012)给出荷载的四种代表值:标准值、组合值、频遇值和准永久值。对永久荷载应采用标准值作为代表值;对可变荷载应根据设计要求采用标准值、组合值、频遇值或准永久值作为代表值;对偶然荷载应按建筑结构使用的特点确定其代表值。

(一)荷载标准值

荷载标准值是指结构在使用期间,在正常情况下出现的最大荷载值。

1. 恒载标准值

由于恒载的变异性不大,因此其标准值可按结构设计规定的尺寸和材料或结构构件单位体积的自重(或单位面积的自重)平均值确定。对于自重变异性较大的材料,如现场制的保温材料、混凝土薄壁构件等,考虑到结构的可靠性,在设计中应根据该荷载对结构有利或不利,分别取其自重的下限值或上限值。

2. 民用建筑楼面活荷载标准值

民用建筑楼面活荷载一般分为持久性活荷载和临时性活荷载两类。在设计基准期内,前者是经常出现的,如家具等产生的活荷载;后者是短暂出现的,如人员临时聚会等。

（二）荷载组合值

当结构或构件承受两种或两种以上的可变荷载时，由于各种可变荷载同时达到最大值（标准值）的可能性较小，因此除主导可变荷载（产生荷载效应最大的荷载）外，其余可变荷载均应在其标准值上乘以一个小于 1 的组合值系数 ψ_C，将此组合值作为其代表值，即 $Q_C = \psi_C Q_K$。

（三）荷载准永久值

在进行结构构件变形和裂缝验算时，要考虑荷载长期作用对构件刚度和裂缝的影响。永久荷载长期作用在结构上，因此可直接取荷载标准值。可变荷载不像永久荷载，在设计基准期内全部作用在结构上，因此在考虑荷载长期作用时，可变荷载不能取其标准值，而只能取对结构的影响类似于永久荷载的那部分荷载，即在设计基准期内经常作用在结构上的荷载，采用相应的可变荷载的标准值乘以准永久值系数 ψ_q，得到的便是可变荷载准永久值，即 $Q_q = \psi_q Q_K$。

（四）荷载频遇值

结构上偶尔会出现较大的荷载，但该荷载相对设计基准期具有持续时间较短或发生次数较少的特性，对结构的破坏性也就有所减弱。因此，在设计时考虑将这类荷载的标准值乘以频遇值系数 ψ_f 作为其代表值，即 $Q_f = \psi_f Q_K$，称为可变荷载的频遇值。

三、荷载分项系数与设计值

（一）荷载分项系数

荷载分项系数是在设计计算中，反映了荷载的不确定性并与结构可靠度概念相关联的一个数值。对永久荷载和可变荷载，规定了不同的分项系数。

（1）永久荷载分项系数 γ_G。当永久荷载对结构产生的效应对结构不利时，对由可变荷载效应控制的组合，取 $\gamma_G = 1.2$；对由永久荷载效应控制的组合，取 $\gamma_G = 1.35$。当产生的效应对结构有利时，一般情况下取 $\gamma_G = 1.0$；当验算倾覆、滑移或漂浮时，取 $\gamma_G = 0.9$；对其余某些特殊情况，应按有关规范采用。

（2）可变荷载分项系数 γ_Q。一般情况下取 $\gamma_Q = 1.4$，但对工业房屋的楼面结构，当其活荷载标准值大于 4 kN/m^2 时，考虑到活荷载数值已较大，则取 $\gamma_Q = 1.3$。

（二）荷载设计值

荷载设计值等于荷载代表值乘以荷载分项系数。按承载能力极限状态计算荷载效应时，需按上述要求考虑荷载分项系数；按正常使用极限状态计算荷载效应时（不管是考虑荷载的长期效应组合还是短期效应组合），对正常使用极限状态的可靠度要求比对承载能力极限状态的可靠度要求可以适当放松，因此可以不考虑分项系数，即分项系数取1.0。

学习任务二　平面力系的平衡

静力学主要是研究力系的合成和平衡问题。讨论物体在力系作用下处于平衡时，力系应该满足的条件，称为力系的平衡条件，这是静力学讨论的主要问题。

一、力系的简化

（一）力的平移定理

由力的可传性原理可知，作用于刚体上某点的力，可沿其作用线移动到刚体内任意一点，而不改变该力对刚体的作用效应。那么，如果力离开其作用线，平行移动到平面内任意一点上，会不会改变它对刚体的作用效应呢？

如图 3-1(a)所示，刚体的点 A 作用力 $\boldsymbol{F}$，在刚体上任取一点 B，并在点 B 加上一对平衡力 $\boldsymbol{F}'$ 和 $\boldsymbol{F}''$，令 $F'=F''=F$，如图 3-1(b)所示，显然，这三个力与原力 $\boldsymbol{F}$ 等效，这三个力又可视为力 $\boldsymbol{F}'$ 和一个附加力偶($\boldsymbol{F}$,$\boldsymbol{F}''$)，如图 3-1(c)所示。力偶矩等于原力 $\boldsymbol{F}$ 对 O 点之矩，即

$$M = M_O(\boldsymbol{F}) = Fd$$

据此，我们可以得到力的平移定理：作用于刚体上的力均可以从原来的作用位置平行移至刚体内任一指定点，但必须在该力与指定点所决定的平面内附加一力偶，其力偶矩等于原力对于指定点之矩。

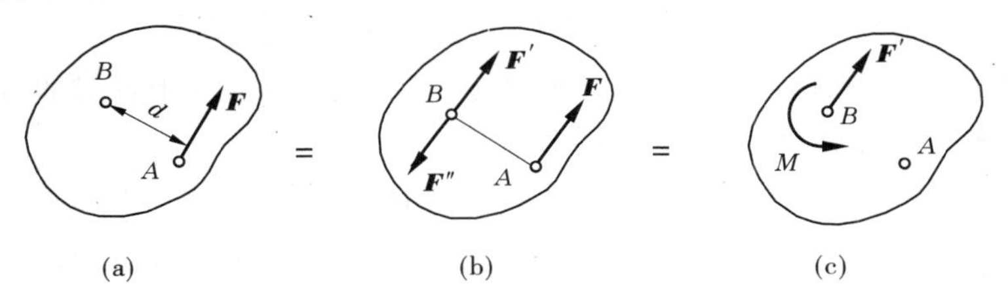

图 3-1

力的平移定理不仅是力系向一点简化的理论基础，也是分析力对物体作用效应的一个重要方法。如图 3-2 所示，厂房柱子受偏心荷载 $\boldsymbol{F}$ 的作用，为分析力 $\boldsymbol{F}$ 的作用效应，可将力 $\boldsymbol{F}$ 平移至柱子的轴线上成为力 $\boldsymbol{F}'$ 和附加力偶 M，轴向力 $\boldsymbol{F}'$ 使柱子压缩，而矩为 $\boldsymbol{M}$ 的力偶将使柱子弯曲。

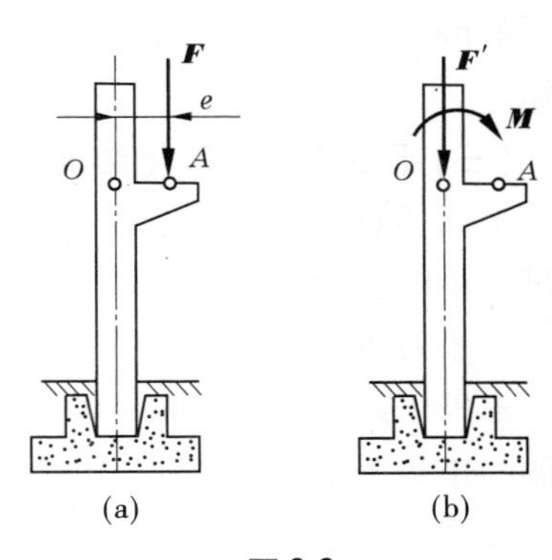

图 3-2

（二）平面力系向作用面内一点简化

如图 3-3(a)所示，设刚体上受一平面一般力系 $\boldsymbol{F}_1,\boldsymbol{F}_2,\cdots,\boldsymbol{F}_n$ 的作用，各力的作用点分别为 A_1，$A_2,\cdots,A_n$。在力系所在的平面内任选一点 O，称为简化中心。利用力的平移定理，将各力平移至简化中心 O 点，同时加入相应的附加力偶。这样，得到作用于点 O 的 $\boldsymbol{F}_1',\boldsymbol{F}_2',\cdots,\boldsymbol{F}_n'$，以及相应的附加力偶 $M_1,M_2,\cdots,M_n$，如图 3-3(b)所示。

这样，平面力系被分解成了两个力系：平面汇交力系和平面力偶系。然后再分别合成这两个力系。

在图 3-3(c)中，平面汇交力系 $\boldsymbol{F}_1',\boldsymbol{F}_2',\cdots,\boldsymbol{F}_n'$ 可合成为作用线通过点 O 的一个力 $\boldsymbol{F}_R'$，称为主矢，其大小和方向等于汇交力系的矢量和，即

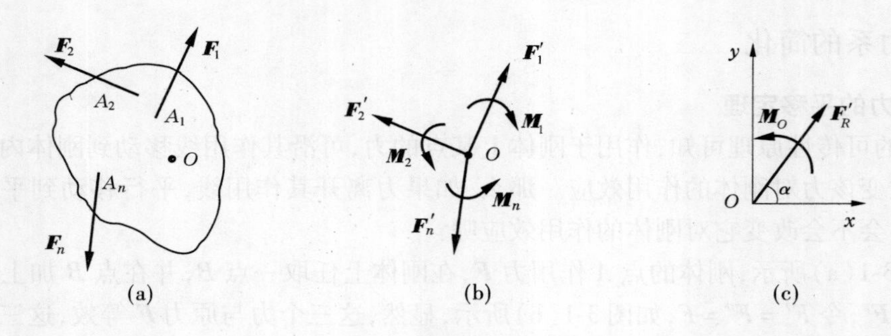

图 3-3

$$F'_R = F'_1 + F'_2 + \cdots + F'_n = \sum F'_i \tag{3-1}$$

而平面汇交力系中各力的大小和方向分别与原力系中对应的各力相同，即

$$F'_1 = F_1, F'_2 = F_2, \cdots, F'_n = F_n$$

所以，平面汇交力系的合力 F_R 等于原力系中各力的矢量和，即

$$F_R = F_1 + F_2 + F_3 + \cdots + F_n = \sum F_i \tag{3-2}$$

同理，平面力偶系可合成为一个力偶 M_O，称为主矩，其值等于各附加力偶矩的代数和，也等于原来各力对点 O 之矩的代数和，即

$$M_O = M_1 + M_2 + \cdots + M_n = \sum M_i \tag{3-3}$$

综上所述，平面力系向作用面内任意一点简化的结果一般可以得到一个力和一个力偶。该力作用于简化中心，它的矢量等于原力系中各力的矢量和，即等于原力系的主矢；该力偶的矩等于原力系中各力对简化中心的矩的代数和，即等于原力系对简化中心的主矩。

（三）平面力系的简化结果分析

平面任意力系向一点的简化结果并不是力系的最终简化结果，所以还需对其结果进行进一步的讨论分析。

1. 平面力系简化为一个力偶

主矢 $F'_R = 0$，主矩 $M_O \neq 0$ 时，力系与一个力偶等效，即力系可简化为一个合力偶，合力偶的矩等于主矩。此时，主矩与简化中心的位置无关。

2. 平面力系简化为一个合力

主矢 $F'_R \neq 0$，主矩 $M_O = 0$ 时，力系与一个力等效，即力系可简化为一个合力，合力等于主矢，合力的作用线通过简化中心。

3. 平面力系简化为一个力和一个力偶

主矢 $F'_R \neq 0$，主矩 $M_O \neq 0$。此时，可利用力的平移定理的逆过程，如图 3-4 所示，将作用于 O 点的力与主矩为 M_O 的力偶合成为作用线过 O_1 点的一个力 F_R，即最终合成为一个合力，该力 F_R 称为原平面一般力系的合力，且有 $F_R = \sum F_i$。

合力 F_R 的作用线到 O 点的垂直距离为 $d = \dfrac{|M_O|}{F_R}$。

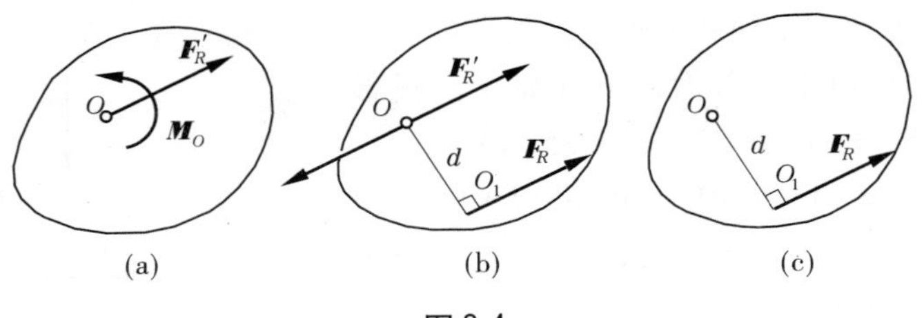

图 3-4

由以上情况可知，只要力系向简化中心 O 点简化所得主矢不为零，则无论主矩 M_O 是否为零，最终可将原力系合成为一个力 $\boldsymbol{F}_R$。

4. 平衡状态

主矢 $F_R'=0$，主矩 $M_O=0$ 时，简化后的平面汇交力系与附加力偶系分别相互平衡，故刚体在原平面一般力系作用下处于平衡状态。

二、力在平面直角坐标轴上的投影

力在平面直角坐标轴上的投影是将矢量运算转化为代数运算的基础。如图 3-5 所示，在力 $\boldsymbol{F}$ 作用的平面内建立直角坐标系 xOy。由力 $\boldsymbol{F}$ 的起点 A 和终点 B 分别向 x 轴引垂线，得垂足 a、b，则线段 ab 冠以适当的正负号称为力 $\boldsymbol{F}$ 在 x 轴上的投影，用 F_x 表示，即 $F_x = \pm ab$。同理，力 $\boldsymbol{F}$ 在 y 轴上的投影为 $F_y = \pm a'b'$。

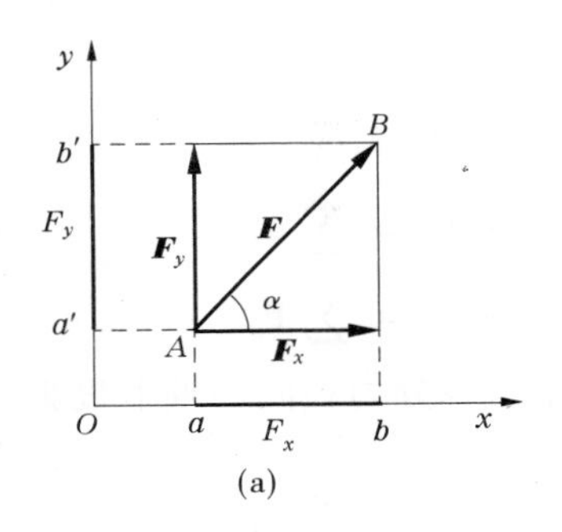

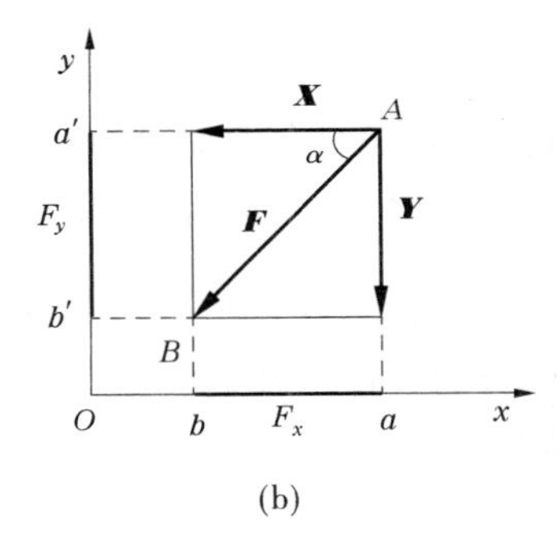

图 3-5

投影的正负号规定如下：当力的始端投影 a 到终端投影 b 的方向与投影轴的正向一致时，力的投影取正号；反之，取负号。由图 3-5 可知，投影 F_x 和 F_y 可用下列式子计算

$$\left.\begin{aligned} F_x &= \pm F\cos\alpha \\ F_y &= \pm F\sin\alpha \end{aligned}\right\} \tag{3-4}$$

若已知力 $\boldsymbol{F}$ 在坐标轴上的投影 X、Y，亦可求出该力的大小和方向

$$\left.\begin{aligned} F &= \sqrt{X^2+Y^2} \\ \tan\alpha &= \left|\frac{Y}{X}\right| \end{aligned}\right\} \tag{3-5}$$

式中，α 为力 $\boldsymbol{F}$ 与 x 轴所夹的锐角，其所在的象限由 X、Y 的正负号来确定。若将力 $\boldsymbol{F}$ 沿 x、y 轴进行分解，可得分力 X 和 Y。

【例 3-1】 已知 $F_1=50$ kN，$F_2=60$ kN，$F_3=80$ kN，$F_4=100$ kN，各力方向如图 3-6 所

示。试分别求出各力在 x 轴和 y 轴上的投影。

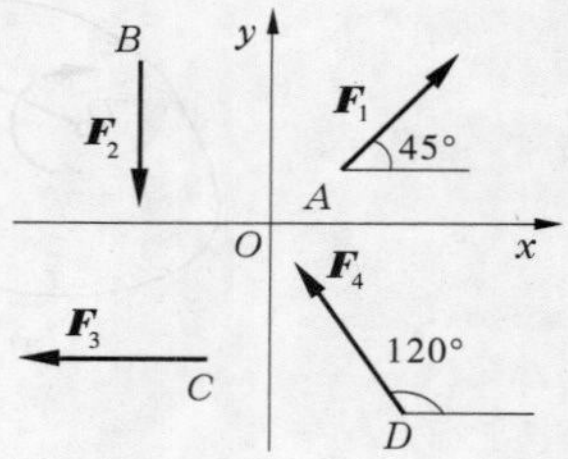

解 由式(3-4)可求出各力在 x、y 轴上的投影

$F_{1x}=F_1\cos45°=50\times0.707=35.35(\mathrm{kN})$

$F_{1y}=F_1\sin45°=50\times0.707=35.35(\mathrm{kN})$

$F_{2x}=0$

$F_{2y}=-F_2=-60(\mathrm{kN})$

$F_{3x}=-F_3=-80(\mathrm{kN})$

$F_{3y}=0$

$F_{4x}=F_4\cos120°=-100\times0.5=-50(\mathrm{kN})$

$F_{4y}=F_4\sin120°=100\times0.866=86.6(\mathrm{kN})$

图 3-6

三、合力投影定理

设有一平面汇交力系 $\boldsymbol{F}_1$、$\boldsymbol{F}_2$、$\boldsymbol{F}_3$ 作用在物体的 O 点，如图 3-7(a)所示。从任一点 A 作力多边形 $ABCD$，则矢量 $\overrightarrow{AD}$ 就表示该力系的合力 R 的大小和方向。取任一轴 x 所示，把各力都投影在 x 轴上，并且令 X_1、X_2、X_3 和 R_x 分别表示各分力 $\boldsymbol{F}_1$、$\boldsymbol{F}_2$、$\boldsymbol{F}_3$ 和合力 $\boldsymbol{R}$ 在 x 轴上的投影，由图 3-7(b)可见：

$$X_1=ab\quad X_2=bc\quad X_3=-cd\quad R_x=ad$$

$$ad=ab+bc-cd$$

$$R_x=X_1+X_2+X_3$$

此关系可推广到任意个汇交力的情形，即

$$R_x=X_1+X_2+X_3+\cdots+X_n=\sum X \tag{3-6}$$

$$R_y=Y_1+Y_2+Y_3+\cdots+Y_n=\sum Y \tag{3-7}$$

由此可见，合力在任一轴上的投影，等于力系中各分力在同一轴上投影的代数和，这就是合力投影定理。

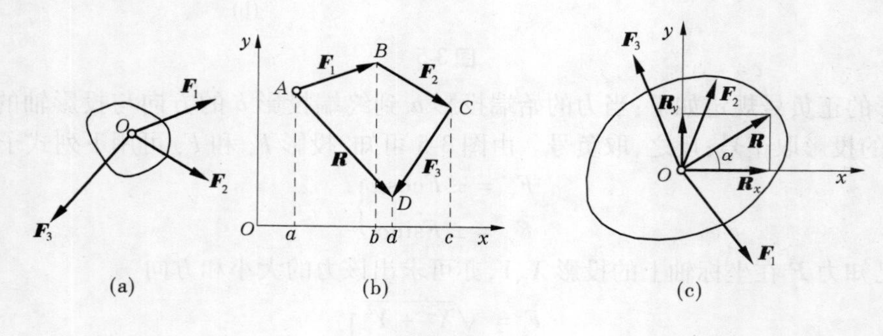

图 3-7

四、平面任意力系的平衡条件

一般情况下平面力系与一个力及一个力偶等效。若与平面力系等效的力和力偶均等于零，则原力系一定平衡。平面任意力系的平衡条件是：力系的主矢和对任意一点的主矩

都等于零，即

$$\left.\begin{aligned}F'_R &= 0\\ M_O &= 0\end{aligned}\right\}\qquad(3\text{-}8)$$

由式(3-2)和式(3-3)得出平面任意力系的平衡方程的基本形式

$$\left.\begin{aligned}\sum X &= 0\\ \sum Y &= 0\\ \sum M_O &= 0\end{aligned}\right\}\qquad(3\text{-}9)$$

它表示力系中所有各力在两个坐标轴上的投影的代数和等于零，力系中所有各力对任意一点的力矩的代数和等于零。

【例3-2】 外伸梁 AC 受荷如图3-8(a)所示，已知 $M_C=22\ \text{kN}\cdot\text{m}$，$q=20\ \text{kN/m}$，求支座反力。

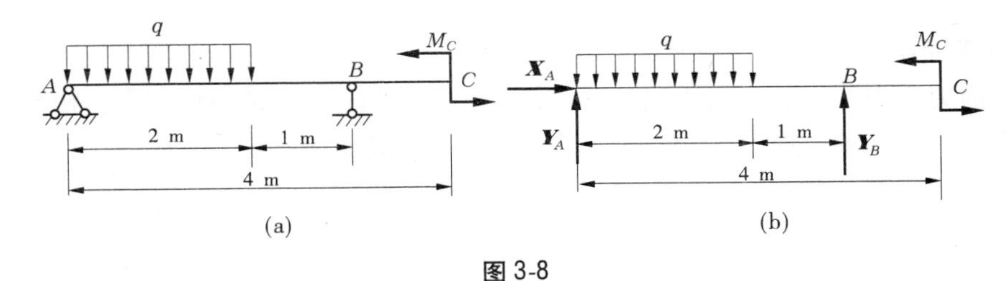

图3-8

解 (1)画受力图。去掉支座，用相应的支座反力代替，如图3-8(b)所示。

(2)列静力学平衡方程

$$\sum X = 0 \quad X_A = 0$$

$$\sum M_A = 0 \quad M_C + Y_B \cdot 3 - 2q \times 1 = 0$$

代入数值 $22+Y_B\cdot 3-2\times 20\times 1=0$，解得 $Y_B=6\ \text{kN}(\uparrow)$

$$\sum Y = 0 \quad Y_A + Y_B = 0$$

代入数值 $Y_A+6=0$，解得 $Y_A=-6\ \text{kN}(\downarrow)$

【例3-3】 如图3-9(a)所示为一不计自重的电线杆，A 端埋入地下，B 端作用有导线的最大拉力 $F_1=15\ \text{kN}$，$\alpha=5°$，在 C 点处用钢丝绳拉紧，其拉力 $F_2=18\ \text{kN}$，$\beta=45°$。试求 A 端的约束反力。

解 取电线杆为研究对象，其受力图如图3-9(b)所示，应用平面任意力系平衡方程

$$\sum F_x = 0 \quad F_{Ax} + F_1\cos\alpha - F_2\sin\beta = 0$$

$$\sum F_y = 0 \quad F_{Ay} - F_1\sin\alpha - F_2\cos\beta = 0$$

$$\sum M_A(\boldsymbol{F}) = 0 \quad M_A - 8F_1\cos\alpha + 5F_2\sin\beta = 0$$

由方程求解得

$$F_{Ax} = -F_1\cos\alpha + F_2\sin\beta = -15\cos5° + 18\sin45° = -2.2(\text{kN})$$

$$F_{Ay} = F_1\sin\alpha + F_2\cos\beta = 15\sin5° + 18\cos45° = 14.0(\text{kN})$$

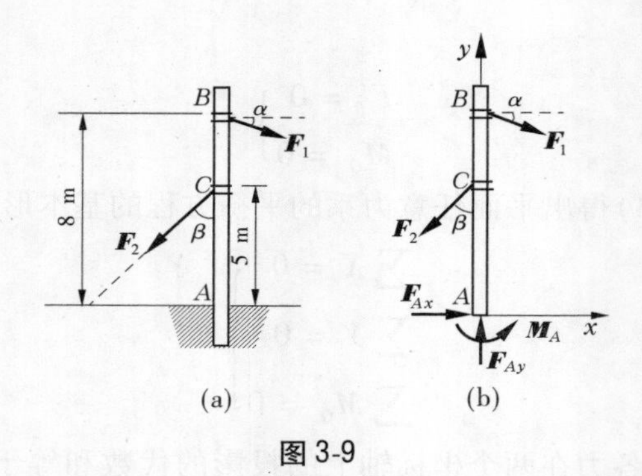

图 3-9

$$M_A = 8F_1\cos\alpha - 5F_2\sin\beta = 8 \times 15\cos5° - 5 \times 18\sin45° = 55.9(\text{kN} \cdot \text{m})$$

最后结果为正表示该力方向与假设方向相同,为负表示与假设方向相反。

五、平面力系的几个特殊情况

(一)平面平行力系

若平面力系中各力的作用线相互平行,则此力系可称为平面平行力系。由于平面平行力系在某一坐标轴 x 轴(或 y 轴)上的投影均为零。因此,平衡方程为

$$\left.\begin{array}{l}\sum X = 0 \text{ 或} \sum Y = 0 \\ \sum M_O(\boldsymbol{F}) = 0\end{array}\right\} \tag{3-10}$$

【例 3-4】 塔式起重机如图 3-10 所示,机架重 P = 700 kN,作用线通过塔架的中心。最大起重量 W = 200 kN,最大悬臂长为 12 m,轨道 AB 的间距为 4 m。平衡块重 G,到机身中心线距离为 6 m。试问:

(1)保证起重机在满载和空载时都不致翻倒,平衡块的重量 G 应为多少?

(2)当平衡块重 G = 180 kN 时,满载时轨道 A、B 给起重机轮子的反力应为多少?

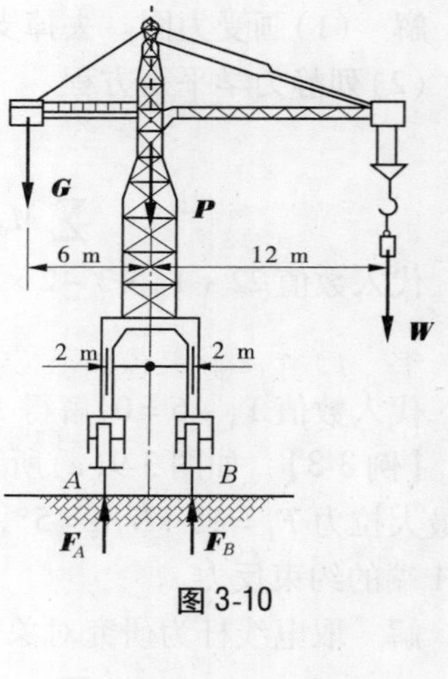

图 3-10

解 (1)以起重机整体为研究对象,其受到一平行力系作用,其中有主动力 $\boldsymbol{P}$、$\boldsymbol{G}$ 及 $\boldsymbol{W}$,被动力有轨道的约束反力 $\boldsymbol{F}_A$、$\boldsymbol{F}_B$。当满载时,应保证机身不会绕 B 轮翻转。在临界状态下,$F_A = 0$,此时 G 值应为所允许的最小值 $G_{\min}$。所以

由 $\sum M_B(\boldsymbol{F}) = 0 \quad G_{\min} \times (6+2) + P \times 2 - W \times (12-2) = 0$

得
$$G_{\min} = \frac{1}{8} \times (10W - 2P) = \frac{1}{8} \times (10 \times 200 - 2 \times 700) = 75(\text{kN})$$

当空载时,应保证机身不绕 A 轮翻转。在临界状态下,$F_B = 0$,此时 G 值应为所允许的最大值 $G_{\max}$。所以

由 $\sum M_A(\boldsymbol{F}) = 0 \quad G_{\max} \times (6-2) - P \times 2 = 0$

得 $$G_{\max}=\frac{2P}{4}=\frac{1}{2}\times700=350(\text{kN})$$

起重机在工作时是不允许处于极限状态的。所以,为保证其在工作时不致翻倒,平衡块的重量 G 应在所允许的 $G_{\min}$ 和 $G_{\max}$ 之间,即

$$75\ \text{kN} < G < 350\ \text{kN}$$

(2)当已知平衡块重 $G=180$ kN 时,同样可以整体机身为研究对象,由平面平行力系平衡方程

$$\sum M_A(\boldsymbol{F})=0 \quad F_B\times4+G\times(6-2)-P\times2-W\times(12+2)=0$$

得 $$F_B=\frac{2P+14W-4G}{4}=\frac{2\times700+14\times200-4\times180}{4}=870(\text{kN})(\uparrow)$$

$$\sum M_B(\boldsymbol{F})=0 \quad -F_A\times4+G\times(6+2)+P\times2-W\times(12-2)=0$$

得 $$F_A=\frac{2P-10W+8G}{4}=\frac{2\times700-10\times200+8\times180}{4}=210(\text{kN})(\uparrow)$$

可以利用平衡方程 $\sum F_y=0$ 来验证以上的计算结果是否正确。

由 $\sum F_y=0 \quad F_A+F_B-G-P-W=210+870-180-700-200=0$

说明计算结果正确。

(二)平面汇交力系

在一个平面力系中,若各力的作用线相交于同一点,则此力系称为平面汇交力系。根据力系的简化结果可知,汇交力系与一个力(即该力系的合力)等效。因此,平面汇交力系的平衡方程为

$$\left.\begin{aligned}\sum X&=0\\ \sum Y&=0\end{aligned}\right\} \qquad (3\text{-}11)$$

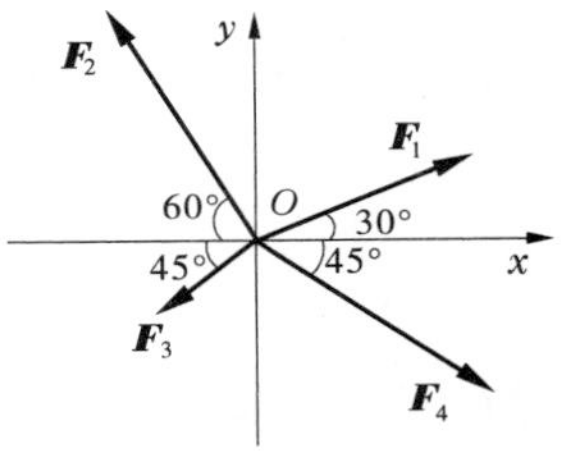

图 3-11

【例 3-5】 已知 $F_1=200$ kN,$F_2=300$ kN,$F_3=100$ kN,$F_4=250$ kN,各力方向如图 3-11所示。求此平面汇交力系的合力。

解 取直角坐标系如图 3-11 所示,合力 $\boldsymbol{F}_R$ 在坐标轴上的投影为

$$F_{Rx}=\sum X=F_1\cos30°-F_2\cos60°-F_3\cos45°+F_4\cos45°=129.3(\text{kN})(\rightarrow)$$

$$F_{Ry}=\sum Y=F_1\sin30°+F_2\sin60°-F_3\sin45°-F_4\sin45°=112.3(\text{kN})(\uparrow)$$

$$F_R=\sqrt{F_{Rx}^2+F_{Ry}^2}=\sqrt{129.3^2+112.3^2}=171.3(\text{kN})$$

F_R 与 x 轴的夹角 α 的取值为

$$\alpha=\arctan(112.3/129.3)=40.98°$$

因 F_{Rx}、F_{Ry} 均为正值,合力作用线通过汇交点 O。

六、构件的支座反力计算

支座反力是支座对构件的约束力。对结构或构件进行内力分析之前,一般应先求解

支座反力,求解支座反力的步骤如下:

(1)根据已知条件和待求的未知量选取适当的研究对象画出受力图(可以是整个系统,也可以是其中的某些部分。一般可先根据整个系统的平衡,求出某些未知量,然后根据需要选取适当的补充研究对象进一步研究)。

(2)选取适当的坐标轴和矩心,写出投影平衡方程和力矩平衡方程。使投影轴垂直于未知力,将矩心选取在未知力的交点处,可以减少平衡方程中出现的未知量的个数。力的投影和力矩均为代数量,注意其正、负号。

(3)依据静力平衡条件,根据受力图建立静力平衡方程,求解方程得出支座反力。平面一般力系有三个独立的平衡方程,平行力系和汇交力系独立平衡方程的数目为两个。不独立的平衡方程可用以验算。

【例 3-6】 图 3-12(a)所示为一悬臂式起重机,A、B、C 处都是铰链连接。梁 AB 自重 $G=1$ kN,作用在梁的中点,提升重量 $F=8$ kN,杆 BC 自重不计。求支座 A 的反力和杆 BC 所受的力。

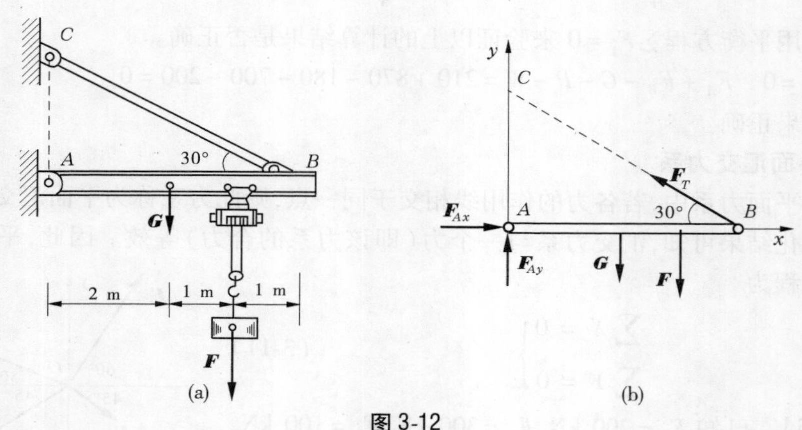

图 3-12

解 (1)取梁 AB 为研究对象,受力图如图 3-12(b)所示。A 处为固定铰支座,其反力用两分力 $\boldsymbol{F}_{Ax}$、$\boldsymbol{F}_{Ay}$ 表示;杆 BC 为二力杆,它的约束反力沿 BC 轴线,并假设受拉。

(2)选取投影坐标轴和矩心。为使每个方程中未知量尽可能少,避免解联立方程,以 A 点或 B 点为矩心,取图 3-12(b)所示的直角坐标系 xAy。

(3)列平衡方程并求解。梁 AB 所受各力组成平面一般力系,用平面任意力系平衡方程可以求解。

由 $\sum M_A=0$ $\qquad -G\times2-F\times3+F_T\sin30^\circ\times4=0$

得
$$F_T=\frac{2G+3F}{4\sin30^\circ}=\frac{2\times1+3\times8}{4\times0.5}=13(\text{kN})$$

由 $\sum M_B=0$ $\qquad -F_{Ay}\times4+G\times2+F\times1=0$

得
$$F_{Ay}=\frac{2G+F}{4}=\frac{2\times1+8}{4}=2.5(\text{kN})$$

由 $\sum M_C=0$ $\qquad F_{Ax}\times4\times\tan30^\circ-G\times2-F\times3=0$

得
$$F_{Ax}=\frac{2G+3F}{4\tan30^\circ}=\frac{2\times1+3\times8}{4\times0.577}=11.27(\text{kN})$$

(4)校核：

$$\sum F_x = F_{Ax} - F_T\cos30° = 11.26 - 13 \times 0.866 = 0$$

$$\sum F_y = F_{Ay} - G - F + F_T\sin30° = 2.5 - 1 - 8 + 13 \times 0.5 = 0$$

可见计算无误。

【例3-7】 图3-13所示为水平横梁AB，A端为固定铰支座，B端为一滚动支座。所受均布载荷$q=10$ kN/m，集中力$F=20$ kN，集中力偶的力偶矩为$m=20$ kN·m，梁的自重不计。试求A、B处的支座反力。

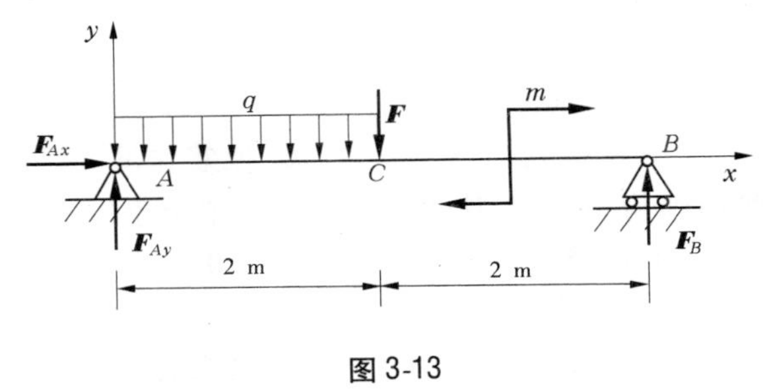

图3-13

解 (1)选梁AB为研究对象。

(2)画受力图。梁AB上所受的主动力有均布载荷q、集中力F和矩为m的集中力偶，所受的约束反力有铰链A处两个约束反力F_{Ax}和F_{Ay}、滚动支座B处沿竖直向上的约束反力F_B。

(3)列平衡方程并求解。建立坐标系xAy，如图3-13所示。

由$\sum F_x=0$　　　$F_{Ax}=0$

由$\sum F_y=0$　　　$F_{Ay}-q\times2-F+F_B=0$

由$\sum M_A(\boldsymbol{F}_i)=0$　　　$F_B\times4-m-F\times2-q\times2\times1=0$

代入已知量，解上述方程，得

$$F_B = 20\text{ kN} \qquad F_{Ax} = 0 \qquad F_{Ay} = 20\text{ kN}$$

(4)校核：

$$\sum M_B = -F_{Ay}\times4 + q\times2\times(1+2) + F\times2 - m$$
$$= -20\times4 + 10\times2\times3 + 20\times2 - 20 = 0$$

可见计算无误。

小　结

(1)作用在结构上的荷载按作用时间的长短可分为永久荷载、可变荷载和偶然荷载；按作用位置可分为固定荷载和自由荷载；按结构的动力反应特点可分为静荷载和动荷载；按荷载的分布形式可分为集中荷载和分布荷载。

(2)建筑结构设计时，对永久荷载应采用标准值作为代表值，对可变荷载应根据设计要求采用标准值、组合值、频遇值或准永久值作为代表值。

(3)平面任意力系平衡的条件是：力系中所有各力在两个坐标轴上的投影的代数和等于零，力系中所有各力对任意一点 O 的力矩代数和等于零。

(4)求解支座反力的步骤包括：①以构件整体或其中的某些部分为研究对象，进行受力分析，绘制受力图；②建立平面直角坐标系和选取适当的坐标轴与矩心；③依据静力平衡条件，根据受力图建立静力平衡方程，求解方程得支座反力。

能力训练

一、单选题

1. 下面荷载属于永久荷载的是(　　)。

A. 结构自重　B. 风荷载　C. 地震作用　D. 吊车荷载

2. 安全等级为一级的结构构件，其结构重要性系数不小于(　　)。

A. 1.2　B. 1.35　C. 1.0　D. 1.1

3. 永久荷载取(　　)作为代表值。

A. 标准值　B. 组合值　C. 准永久值　D. 频遇值

4. 结构在使用期间，在正常情况下出现的最大荷载值是(　　)。

A. 荷载标准值　B. 荷载组合值　C. 荷载准永久值　D. 荷载频遇值

5. 平面一般力系有(　　)个独立的平衡方程，可用来求解未知量。

A. 1　B. 2　C. 3　D. 4

6. 一平面任意力系先后向平面内 A、B 两点简化，分别得到力系的主矢 F_A、F_B和主矩 m_A、m_B，它们之间的关系在一般情况下(A、B 两点连线不在 F_A 或 F_B 的作用连线上)应是(　　)。

A. $F_A = F_B, m_A \neq m_B$　B. $F_A = F_B, m_A = m_B$

C. $F_A \neq F_B, m_A = m_B$　D. $F_A \neq F_B, m_A \neq m_B$

7. 平面一般力系向一点 O 简化结果，得到一个主矢 F'和一个主矩 m_O，下列四种情况，属于平衡的应是(　　)。

A. $F' \neq 0, m_O = 0$　B. $F' = 0, m_O = 0$　C. $F' \neq 0, m_O \neq 0$　D. $F' = 0, m_O \neq 0$

8. 若平面任意力系向某点简化后合力矩为零，则合力(　　)。

A. 一定为零　B. 一定不为零　C. 不一定为零　D. 与合力矩相等

9. 平面任意力系平衡的必要和充分条件也可以用三力矩式平衡方程 $\sum M_A(F_i) = 0$，$\sum M_B(F_i) = 0$，$\sum M_C(F_i) = 0$ 表示，欲使这组方程是平面任意力系的平衡条件，其附加条件为(　　)。

A. 投影轴 x 轴不垂直于 A、B 或 B、C 连线

B. 投影轴 y 轴不垂直于 A、B 或 B、C 连线

C. 投影轴 x 轴垂直于 y 轴

D. A、B、C 三点不在同一直线上

10. 一般情况下，平面任意力系向平面内任选的简化中心简化，可以得到一个主矢与主矩，则(　　)。

A. 主矢与简化中心的位置无关,主矩一般与简化中心的位置有关

B. 主矢一般与简化中心的位置有关,主矩与简化中心的位置无关

C. 主矢与主矩一般均与简化中心的位置有关

D. 主矢与主矩一般均与简化中心的位置无关

二、多选题

1. 平面任意力系向简化中心简化时一般得到一个力和一个力偶,当(　　),力系可简化为一个合力。

A. 主矢不为零,主矩为零　　B. 主矢、主矩均不为零

C. 主矢为零,主矩不为零　　D. 主矢、主矩均为零

2. 荷载按随时间的变异性和出现的可能性分类,有(　　)。

A. 永久荷载　　B. 普通荷载　　C. 特殊荷载　　D. 偶然荷载

E. 可变荷载

3. 结构设计中的荷载代表值,一般有(　　)。

A. 标准值　　B. 设计值　　C. 准永久值　　D. 平均值

E. 组合值

三、简答题

1.“作用”和“荷载”有什么区别?

2. 一个平面力系是否总可用一个力来平衡?为什么?

3. 平面汇交力系向汇交点以外一点简化,其结果可能是一个力吗?可能是一个力偶吗?可能是一个力和一个力偶吗?

4. 题图3-1所示的刚体上A、B、C三点分别作用三个力$\boldsymbol{F}_1$、$\boldsymbol{F}_2$、$\boldsymbol{F}_3$,各力方向如图所示,大小恰好与$\triangle ABC$的边长成比例。问此力系是否平衡?为什么?

5. 如题图3-2所示,若选取的坐标系的y轴不与各力平行,则平面平行力系的平衡方程是否可写出$\sum F_x=0$,$\sum F_y=0$和$\sum M_O=0$三个独立的平衡方程?为什么?

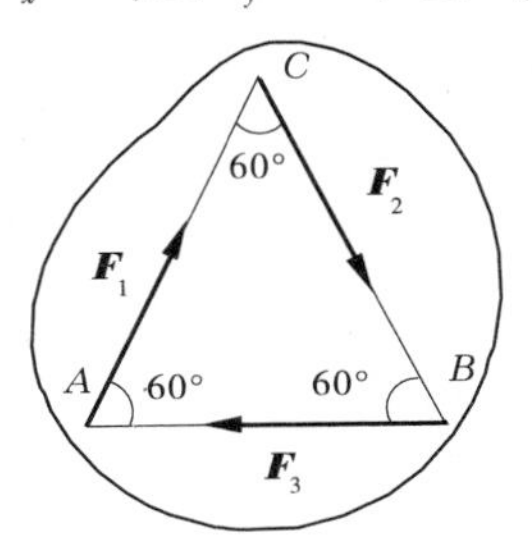

题图3-1

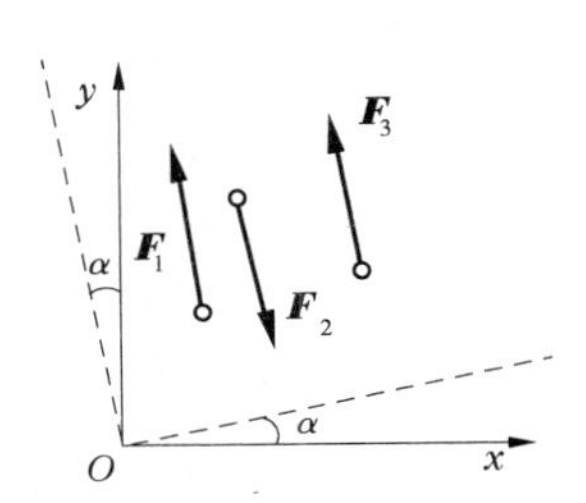

题图3-2

四、计算题

1. 求题图3-3所示各梁的支座反力。

2. 求题图3-4所示刚架的支座反力。

3. 如题图3-5所示的铰拱,求其支座A、B的反力及铰链C的约束反力。

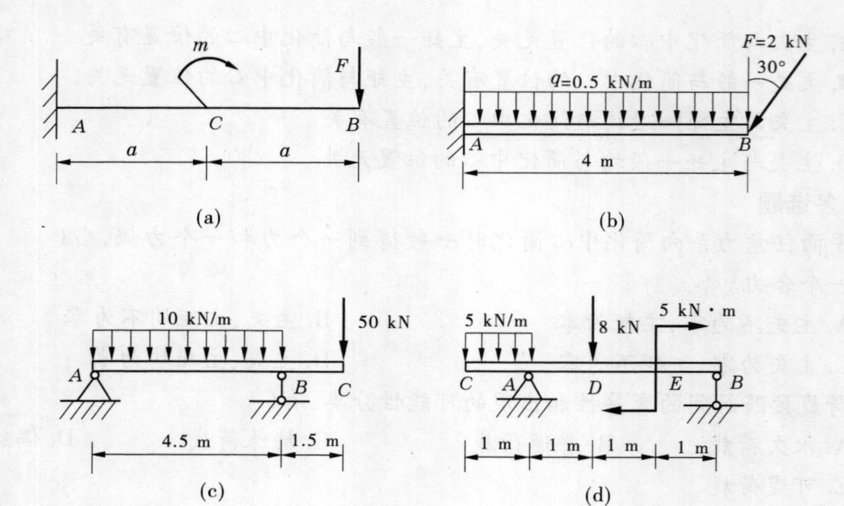

题图 3-3

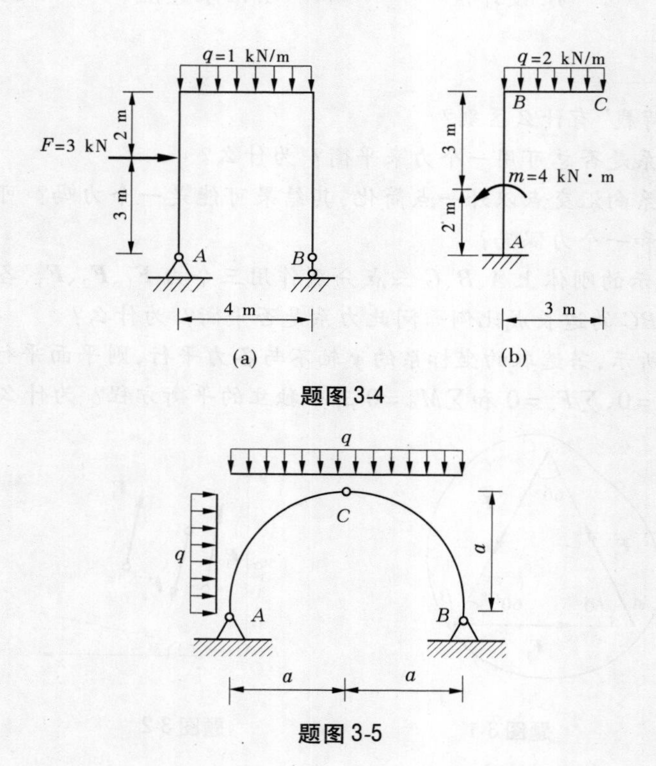

题图 3-4

题图 3-5

学习情境四　构件的内力计算

【学习目标】

掌握内力的概念及计算方法；熟悉内力变化规律，并能正确地绘制简单结构内力图；了解超静定结构的内力计算方法。

工作任务表

<table>
<tr><th>能力目标</th><th>主讲内容</th><th>学生完成任务</th><th colspan="2">评价标准</th></tr>
<tr><td rowspan="3">运用截面法计算杆件的内力</td><td rowspan="3">内力计算</td><td rowspan="3">能熟练使用截面法计算内力</td><td>优秀</td><td>能熟练应用截面法计算各种复杂构件的内力</td></tr>
<tr><td>良好</td><td>能熟练应用截面法计算各种基本构件的内力</td></tr>
<tr><td>合格</td><td>能应用截面法计算各种简单构件的内力</td></tr>
<tr><td rowspan="3">熟练掌握梁的内力图规律，能够用简捷法绘制简单梁的剪力图和弯矩图，并通过弯矩图确定危险截面</td><td rowspan="3">绘制内力图</td><td rowspan="3">独立完成简单梁内力图绘制</td><td>优秀</td><td>能熟练应用荷载与梁的微分关系来绘制内力图</td></tr>
<tr><td>良好</td><td>能基本应用荷载与梁的微分关系来绘制内力图</td></tr>
<tr><td>合格</td><td>能应用截面法计算内力后绘制内力图</td></tr>
<tr><td rowspan="3">理解应力的概念；能够熟练计算各类杆件的应力，并能够进行强度校核</td><td rowspan="3">应力的计算，强度校核</td><td rowspan="3">能够进行杆件的校核</td><td>优秀</td><td>能够对各类复杂杆件进行应力计算和强度校核</td></tr>
<tr><td>良好</td><td>能够对各类基本构件进行应力计算和强度校核</td></tr>
<tr><td>合格</td><td>能够对各类简单构件进行应力计算和强度校核</td></tr>
<tr><td rowspan="3">明确刚架、桁架、三铰拱内力计算方法及内力特征</td><td rowspan="3">刚架、桁架和三铰拱的内力计算</td><td rowspan="3">能够完成刚架及桁架内力计算</td><td>优秀</td><td>能够计算刚架、桁架的内力并准确绘制各类刚架内力图</td></tr>
<tr><td>良好</td><td>能够计算刚架、桁架的内力并绘制简单刚架内力图</td></tr>
<tr><td>合格</td><td>能够计算刚架、桁架的内力并绘制三铰刚架内力图</td></tr>
<tr><td rowspan="3">了解求解超静定结构的几种方法及超静定结构内力图形状，并能计算超静定结构</td><td rowspan="3">超静定结构的内力计算</td><td rowspan="3">明确力法、位移法，作超静定结构内力图</td><td>优秀</td><td>能够应用力法、位移法计算三次超静定结构，并绘制内力图</td></tr>
<tr><td>良好</td><td>能够应用力法、位移法计算简单超静定结构并绘制内力图</td></tr>
<tr><td>合格</td><td>能够应用力法、位移法计算一次超静定结构并绘制内力图</td></tr>
</table>

学习任务一　内力的基本概念

一、内力的概念

杆件在外力作用下产生变形,从而杆件内部各部分之间就产生相互作用力,这种由外力引起的杆件内部之间的相互作用力,称为内力。内力是由外力引起的,且随着外力的增大而增大,但外力可无限增大,而内力增大到某一数值时就不再增加,物体就会发生破坏,因而内力与材料的强度和刚度有密切关系。

杆系结构的内力主要有轴力、剪力、弯矩和扭矩。由于市政、桥梁工程中受扭构件较少,本书不再具体介绍。

轴力:作用线与杆件轴线相重合的内力,用大写字母 N 表示。背离截面的轴力,称为拉力;而指向截面的轴力,称为压力。轴力的单位为牛顿(N)或千牛顿(kN)。

剪力:作用于同一物体上的两个距离很近(但不为零),大小相等、方向相反的平行力,用大写字母 V 表示。剪力的单位为牛顿(N)或千牛顿(kN)。

弯矩:荷载作用在构件上产生的一种效应,其大小为一截面截取的构件部分上所有外力对该截面形心矩的代数和,用大写字母 M 表示。弯矩的单位为牛顿·米(N·m)或千牛顿·米(kN·m)。

二、截面法

截面法是求构件内力的基本方法。下面通过求解图 4-1 所示拉杆 $m—m$ 横截面上的内力来具体阐明截面法。

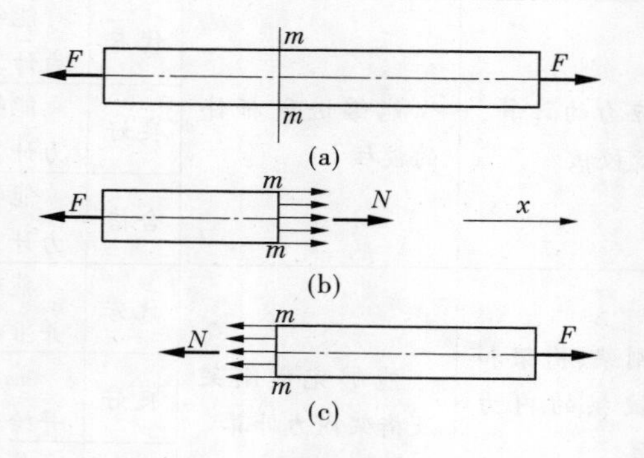

图 4-1

为了显示内力,假想地沿横截面 $m—m$ 将杆截开成两段,任取其中一段,例如取左段作为研究对象。左段上除受到力 F 的作用外,还受到右段对它的作用力,即横截面 $m—m$ 上的内力如图 4-1(b)所示。根据均匀连续性假设,横截面 $m—m$ 上将有连续分布的内力,以后称其为分布内力,而把内力这一名词用来代表分布内力的合力(力或力偶)。现要求的内力就是图 4-1(b)中的合力 N。因左段处于平衡状态,故列出平衡方程

$$\sum X = 0 \quad N - F = 0$$

得 $$N = F$$

这种假想地将构件截开成两部分,从而显示并求解内力的方法称为截面法。

截面法计算内力的基本步骤如下:

(1)截开:沿需求内力的截面,假想地将构件截开成两部分。

(2)取出:取截开后的任一部分作为研究对象。

(3)代替:把弃去部分对留下部分的作用以截面上的内力代替。

(4)平衡:列出研究对象的静力平衡方程,解出需求的内力。

以上介绍的截面法也适用于其他变形构件的内力计算,以后会经常用到。

学习任务二 静定结构的内力计算

静定结构是指结构的支座反力和各截面的内力可以用静力平衡方程完全求解出来的结构。结构的内力计算包括计算结构构件指定截面的内力与绘制整个结构构件内力图两大部分。

一、指定截面的内力计算

不同的结构构件承担的荷载与支承条件不同,截面上产生的内力也不同。例如,仅受轴向外力作用的杆件,截面上产生的内力只有轴力。又如,外力作用下产生平面弯曲的梁,截面上产生的内力有剪力与弯矩;而平面刚架上的截面内力一般有轴力、剪力和弯矩。

(一)轴向受力杆件的内力计算

图 4-1(a)所示拉杆横截面 $m—m$ 上的内力 N 的作用线与杆轴线相重合,故 N 称为轴力。

若取右端为研究对象,同样可求得轴力 $N = F$(见图 4-1(c)),但其方向与用左端求出的轴力方向相反。为了使两种算法得到的同一截面上的轴力大小和方向相同,轴力的正负号规定如下:轴力 N 与横截面的外法线同向时为正轴力(拉力);反之,为负轴力(压力)。

【例 4-1】 杆件受力如图 4-2(a)所示,在力 $\boldsymbol{P}_1$、$\boldsymbol{P}_2$、$\boldsymbol{P}_3$ 作用下处于平衡。已知 $P_1 = 25\ \text{kN}$,$P_2 = 35\ \text{kN}$,$P_3 = 10\ \text{kN}$,求杆件 AB 和 BC 段的轴力。

解 杆件承受多个轴向力作用时,若外力将杆分为几段,各段杆的内力将不相同,因此要分段求出杆的力。

(1)求 AB 段的轴力。

用截面 1—1 在 AB 段内将杆截开,取左段为研究对象(见图 4-2(b)),截面上的轴力用 N_1 表示,并假设为拉力,由平衡方程

$$\sum X = 0 \quad N_1 - P_1 = 0$$

得 $$N_1 = P_1 = 25\ \text{kN}$$

结果为正,说明假设方向与实际方向相同,AB 段的轴力为拉力。

(2)求 BC 段的轴力。

用截面 2—2 在 BC 段内将杆截开,取左段为研究对象(见图 4-2(c)),截面上的轴力用 N_2 表示,由平衡方程

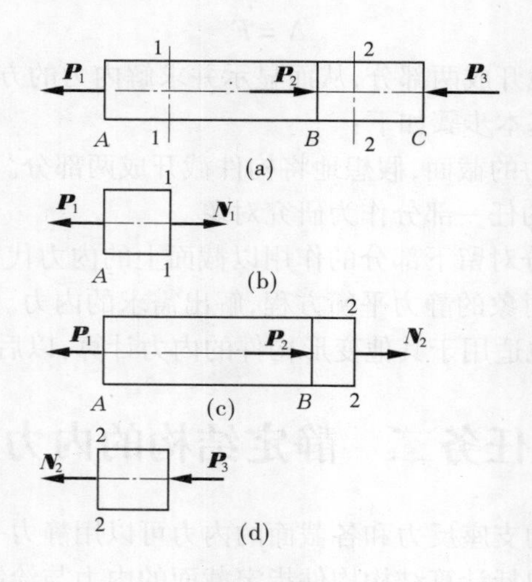

图 4-2

$$\sum X = 0 \quad N_2 + P_2 - P_1 = 0$$

得

$$N_2 = P_1 - P_2 = 25 - 35 = -10(\text{kN})$$

结果为负，说明假设方向与实际方向相反，BC 杆的轴力为压力。

取 BC 段右段为研究对象（见图 4-2(d)），可得出相同的结论，请同学们自行验证。

（二）单跨静定梁的基本形式

单跨静定梁在工程中应用广泛，是组成结构的基本构件之一。单跨梁的基本形式有简支梁、悬臂梁和外伸梁。

简支梁：一端为固定铰支座，另一端为可动铰支座，如图 4-3(a)所示。

悬臂梁：一端为固定（端）支座，另一端自由，如图 4-3(b)所示。

外伸梁：简支梁的一端或两端伸出支座之外，如图 4-3(c)、(d)所示。

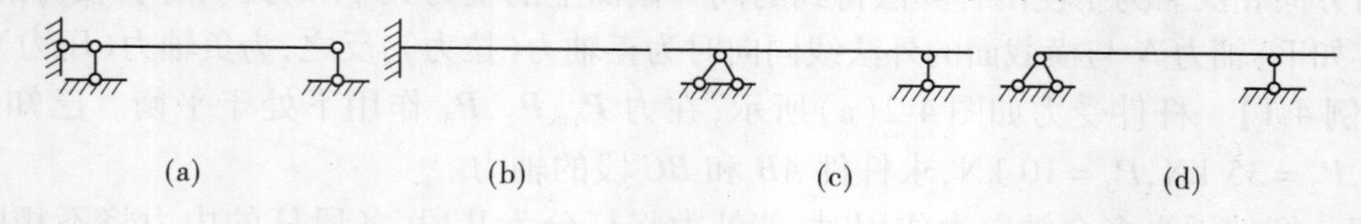

图 4-3

（三）单跨静定梁的内力计算

一般情况下，平面弯曲梁截面上有两个内力分量，如图 4-4 所示。与截面相切的内力分量，称为剪力，用 V 表示；作用面在纵向对称面内的内力偶，称为弯矩，用 M 表示。

剪力的正负号规定：当截面上的剪力使梁段有顺时针转动趋势时为正，反之为负，即“左上右下，剪力为正”，如图 4-5(a)、(b)所示。

弯矩的正负号规定：使梁段产生下侧受拉的弯矩为正，反之为负，即“左顺右逆”弯矩为正，如图 4-5(c)、(d)所示。

截面法是计算梁剪力和弯矩的基本方法。在截面法的基础上可总结出由截面一侧的外力直接计算剪力和弯矩的方法，称为简捷法。简捷法的主要内容如下：

(1)梁内任一横截面上的剪力等于该截面一侧（左侧或右侧）所有横向外力的代数

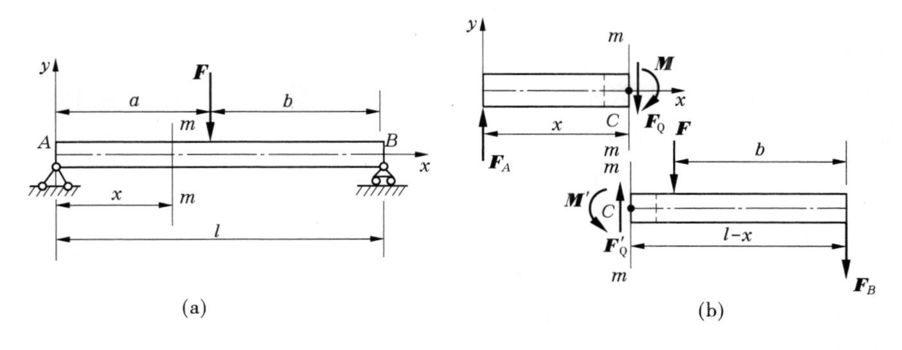

图 4-4

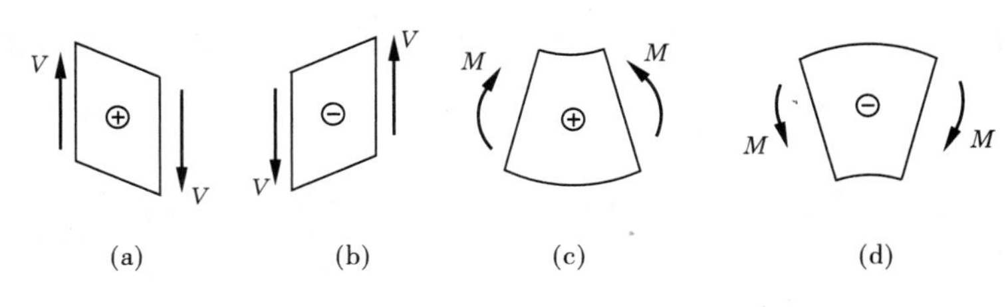

图 4-5

和。其中,截面以左向上的外力或截面以右向下的外力在该截面上产生正的剪力;反之,则产生负的剪力。

(2)梁内任一横截面的弯矩等于截面一侧(左侧或右侧)所有外力(包括外力偶)对该截面形心力矩的代数和。其中,截面以左对截面形心顺时针的力矩或截面以右对截面形心逆时针的力矩,在该截面上产生正的弯矩;反之,产生负的弯矩。或向上的外力产生正弯矩,向下的外力产生负弯矩。

【例 4-2】 简支梁如图 4-6(a)所示。已知 $P_1=30$ kN,$P_2=30$ kN,试求截面 1—1 上的剪力和弯矩。

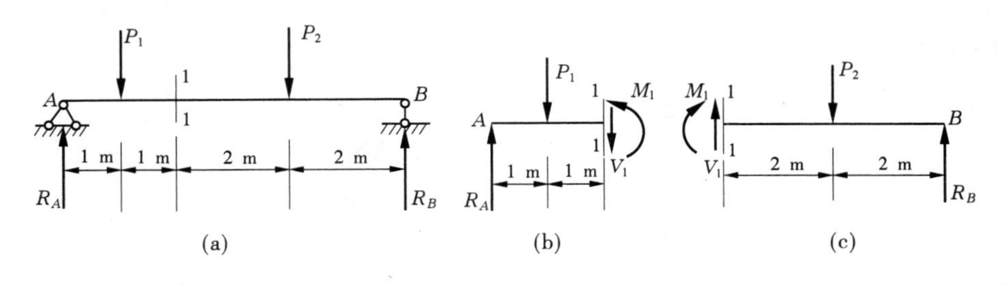

图 4-6

解 (1)求支座反力。考虑梁的整体平衡

$$\sum M_B=0 \quad P_1\times 5+P_2\times 2-R_A\times 6=0$$

得

$$R_A=35\ \text{kN}(\uparrow)$$

$$\sum Y=0 \quad R_A-P_1-P_2+R_B=0$$

得 $$R_B = 25\ \text{kN}(\uparrow)$$

(2)求截面1—1上的内力。

在截面1—1处将梁截开,取左段梁为研究对象,画出受力图,内力 V_1 和 M_1 均假设为正方向,如图4-6(b)所示,列平衡方程

$$\sum Y = 0 \quad R_A - P_1 - V_1 = 0$$

得 $$V_1 = 5\ \text{kN}$$

$$\sum M_1 = 0 \quad -R_A \times 2 + P_1 \times 1 + M_1 = 0$$

得 $$M_1 = 40\ \text{kN} \cdot \text{m}$$

求得 V_1 和 M_1 均为正值,表示截面1—1上弯矩和剪力的实际方向与假设的相同。如果取右半段作为研究对象(见图4-6(c)),可得出相同结论,请同学们自行验证。

【例4-3】 外伸梁受力如图4-7(a)所示,求截面1—1、2—2上的剪力和弯矩。

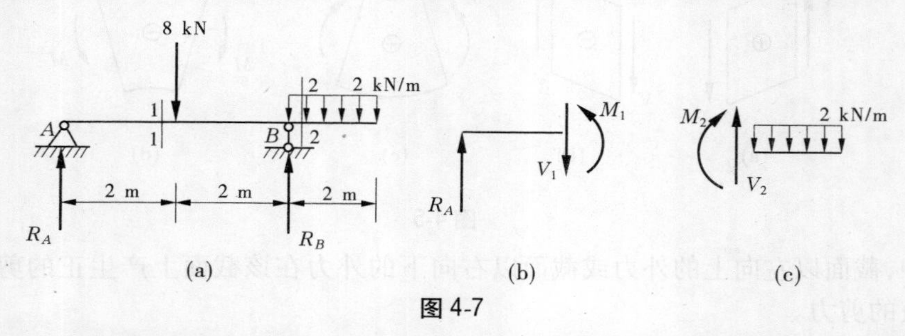

图4-7

解 (1)求支座反力。取整体为研究对象,设支座反力 R_A、R_B 的方向向上,列平衡方程

$$\sum M_A = 0 \quad -8 \times 2 + R_B \times 4 - 2 \times 2 \times 5 = 0$$

得 $$R_B = 9\ \text{kN}(\uparrow)$$

$$\sum Y = 0 \quad R_A - 8 + R_B - 2 \times 2 = 0$$

得 $$R_A = 3\ \text{kN}(\uparrow)$$

(2)求截面1—1的内力。将梁沿截面1—1处切开,取左半部分为研究对象,其受力如图4-6(b)所示。列平衡方程

$$\sum Y = 0 \quad R_A - V_1 = 0$$

得 $$V_1 = R_A = 3\ \text{kN}$$

$$\sum M_1 = 0 \quad -2R_A + M_1 = 0$$

得 $$M_1 = 2R_A = 6\ \text{kN} \cdot \text{m}$$

(3)求截面2—2的内力。将梁沿截面2—2切开,取右半部为研究对象,其受力如图4-6(c)所示。列平衡方程

$$\sum Y = 0 \quad V_2 - 2 \times 2 = 0$$

得 $$V_2 = 4\ \text{kN}$$

$$\sum M_2 = 0 \quad -M_2 - 2 \times 2 \times 1 = 0$$

得 $$M_2 = -4\ \text{kN} \cdot \text{m}$$

二、内力图

结构在外力作用下，不同截面上的内力大小往往是不同的，为了形象直观地表示内力沿截面位置变化的规律，通常将内力随截面位置变化的情况绘成图形，这种图形叫内力图，它包括轴力图（N 图）、剪力图（V 图）和弯矩图（M 图）。根据内力图可以找出构件内力最大值及其所在截面的位置。

（一）轴向受力杆件的内力图——轴力图

用平行于杆轴线的坐标表示横截面的位置，用垂直于杆轴线的坐标（按适当比例）表示相应截面上的轴力数值，绘出表示轴力与截面位置关系的图线，称为轴力图。画图时，习惯上将正值的轴力画在上侧，将负值的轴力画在下侧。

绘制轴力图的步骤如下：

（1）求解支座反力。

（2）根据施加荷载情况分段。

（3）求出每段内任一截面上的轴力值。

（4）绘制轴力图。

【例 4-4】 等截面杆件受力如图 4-8（a）所示，试作出该杆件的轴力图。

解 （1）求支座反力。如图 4-8（b）所示，取整根杆为研究对象，列平衡方程

$$\sum X = 0 \quad -X_A - F_1 + F_2 - F_3 + F_4 = 0$$

得

$$X_A = -F_1 + F_2 - F_3 + F_4 = -20 + 60 - 40 + 25 = 25(\text{kN})(\leftarrow)$$

（2）求各段杆的轴力。如图 4-8（b）所示，杆件在五个集中力作用下保持平衡，根据 $\sum X = 0$，分别求得 AB 段、BC 段、CD 段、DE 段的轴力 $N_1 = 25$ kN（拉力），$N_2 = 45$ kN（拉力），$N_3 = -15$ kN（压力），$N_4 = 25$ kN（拉力），如图 4-8（c）～（f）所示。

（3）画轴力图。轴力图如图 4-8（g）所示，由图可知，BC 段截面上的轴力值最大，最大轴力 $N_{max} = 45$ kN，我们称这种内力较大的截面为危险截面。

（二）梁的内力图——剪力图和弯矩图

1. 用内力方程法绘制剪力图和弯矩图

为了形象地表达剪力和弯矩随截面位置的变化规律，将梁截面的位置用 x 表示，然后利用截面法求解出 x 截面的剪力和弯矩，即

$$V = V(x) \qquad M = M(x)$$

以上两个函数式表示梁内剪力和弯矩沿梁轴线的变化规律，分别称为剪力方程和弯矩方程。

在列出剪力方程和弯矩方程之后，便可以建立坐标系，绘制剪力图和弯矩图了，我们习惯上以梁轴线所在直线为 x 轴，以垂直于 x 轴的 y 坐标表示相应截面上剪力或弯矩的大小。在土建工程中，习惯上把正的剪力画在 x 轴上方，把负的剪力画在 x 轴下方；而把弯矩图画在梁的受拉侧，即正弯矩画在 x 轴下方，负弯矩画在 x 轴上方，如图 4-9 所示。

【例 4-5】 简支梁受均布荷载作用如图 4-10（a）所示，试画出梁的剪力图和弯矩图。

解 （1）求支座反力。

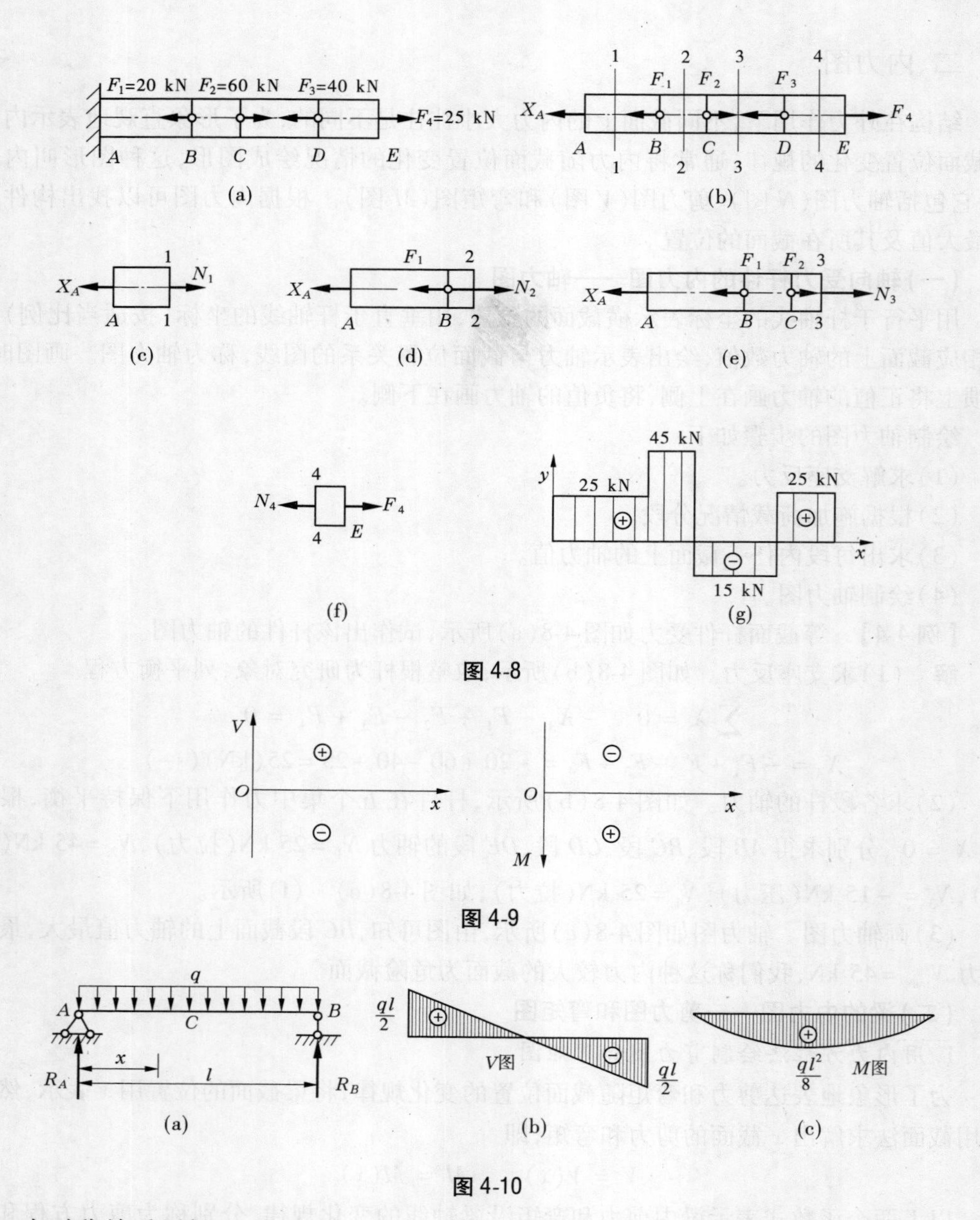

图 4-8

图 4-9

图 4-10

由对称关系可得

$$R_A = R_B = \frac{1}{2}ql(\uparrow)$$

(2)列剪力方程和弯矩方程。

以 A 点为坐标原点,水平向右的直线为 x 轴,取距 A 点为 x 处的任意截面,则梁的剪力方程和弯矩方程为

$$V(x) = R_A - qx = \frac{1}{2}ql - qx \qquad (0 \leqslant x \leqslant l) \qquad ①$$

$$M(x)=R_Ax-\frac{1}{2}qx^2=\frac{1}{2}qlx-\frac{1}{2}qx^2\qquad(0\leqslant x\leqslant l)\qquad ②$$

(3)绘制剪力图和弯矩图。

由式①知，$V(x)$是x的一次函数，即剪力图为一直线。

当$x=0$时　　　　$V_A=\dfrac{ql}{2}$

当$x=l$时　　　　$V_B=-\dfrac{ql}{2}$

根据这两个截面的剪力值，画出剪力图，如图4-10(b)所示。

由式②知，$M(x)$是x的二次函数，说明弯矩图是一条二次抛物线，应至少计算三个截面的弯矩值，才可描绘出曲线的大致形状。

当$x=0$时　　　　$M_A=0$

当$x=\dfrac{l}{2}$时　　　　$M_C=\dfrac{ql^2}{8}$

当$x=l$时　　　　$M_B=0$

根据以上计算结果，画出弯矩图，如图4-10(c)所示。

2.绘制剪力图和弯矩图的基本步骤

由上面例子我们可以得出用内力方程法绘制剪力图和弯矩图的基本步骤如下：

(1)求支座约束反力(悬臂梁可以不求)。

(2)分段(集中力、集中力偶作用点及分布荷载的起、止点为分界点)。

(3)逐段列出内力方程，由内力方程判断各段剪力图、弯矩图的形状。

(4)求控制截面(分界点、极值点所在的截面)的剪力值、弯矩值。

(5)逐段作出剪力图、弯矩图。

【例4-6】 简支梁受集中力作用如图4-11(a)所示，试画出梁的剪力图和弯矩图。

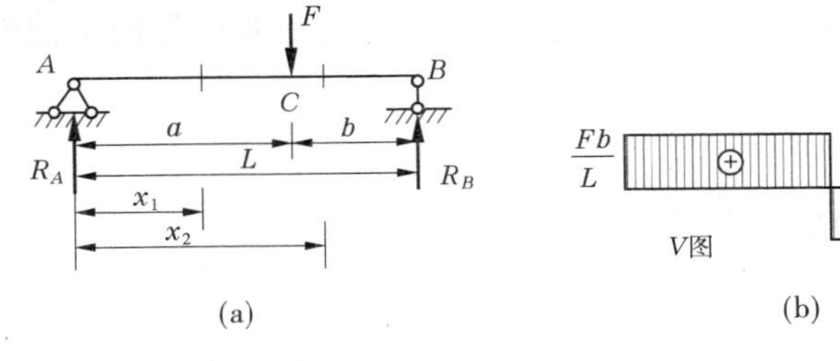

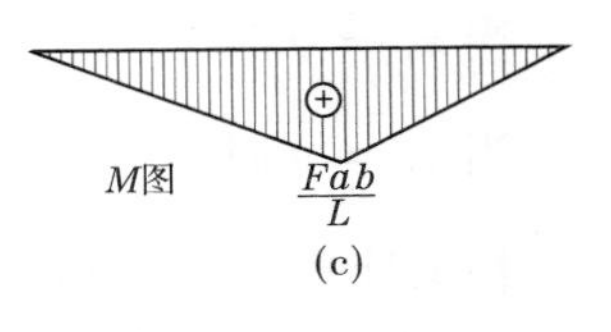

图4-11

解 (1)求支座反力。

由梁的整体平衡条件

$$\sum M_B=0\qquad -R_AL+Fb=0$$

得
$$R_A=\frac{Fb}{L}(\uparrow)$$

$$\sum M_A=0\qquad -Fa+R_BL=0$$

得 $$R_B = \frac{Fa}{L}(\uparrow)$$

校核:

$$\sum Y = R_A + R_B - F = \frac{Fb}{L} + \frac{Fa}{L} - F = 0$$

计算无误。

(2)列剪力方程和弯矩方程。

梁在 C 处有集中力作用,故 AC 段和 CB 段的剪力方程和弯矩方程不相同,要分段列出。

AC 段:在距 A 端为 x_1 的任意截面处将梁假想截开,并考虑左段梁平衡,则剪力方程和弯矩方程为

$$V(x_1) = R_A = \frac{Fb}{L} \quad (0 < x_1 < a)$$

$$M(x_1) = R_A x_1 = \frac{Fb}{L}x_1 \quad (0 \leqslant x_1 \leqslant a)$$

CB 段:在距 A 端为 x_2 的任意截面处假想截开,并考虑左段的平衡,列剪力方程和弯矩方程

$$V(x_2) = R_A - F = \frac{Fb}{L} - F = -\frac{Fa}{L} \quad (a < x_2 < L)$$

$$M(x_2) = R_A x_2 - F(x_2 - a) = \frac{Fa}{L}(L - x_2) \quad (a \leqslant x_2 \leqslant L)$$

(3)画剪力图和弯矩图。

根据剪力方程和弯矩方程画剪力图和弯矩图。

V 图:AC 段剪力方程 $V(x_1)$ 为常数,其剪力值为 Fb/L,剪力图是一条平行于 x 轴的直线,且在 x 轴上方。CB 段剪力方程 $V(x_2)$ 也为常数,其剪力值为 $-Fa/L$,剪力图也是一条平行于 x 轴的直线,但在 x 轴下方。画出全梁的剪力图,如图 4-11(b)所示。

M 图:AC 段弯矩 $M(x_1)$ 是 x_1 的一次函数,弯矩图是一条斜直线,只要计算两个截面的弯矩值,就可以画出弯矩图。

当 $x_1 = 0$ 时 $$M_A = 0$$

当 $x_1 = a$ 时 $$M_C = \frac{Fab}{L}$$

根据计算结果,可画出 AC 段的弯矩图。

CB 段弯矩 $M(x_2)$ 也是 x_2 的一次函数,弯矩图仍是一条斜直线,计算两个截面的弯矩值,可得

当 $x_2 = a$ 时 $$M_C = \frac{Fab}{L}$$

当 $x_2 = L$ 时 $$M_B = 0$$

由上面两个弯矩值,可画出 CB 段的弯矩图。整梁的弯矩图如图 4-11(c)所示。

3. 剪力图和弯矩图的规律

从以上计算过程,可得到绘制剪力图和弯矩图的几点规律,并将梁的荷载、剪力和弯

矩之间的关系在表 4-1 中进行归纳。

表 4-1　梁的荷载、剪力和弯矩之间的关系

梁上荷载情况	剪力图	弯矩图
无分布荷载 $q=0$	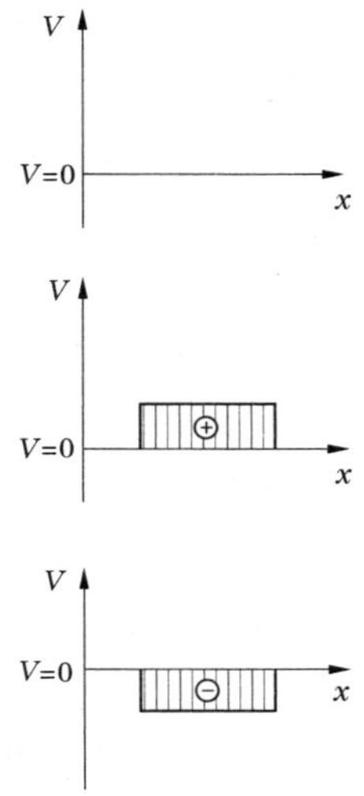 V $V=0$ x V $V=0$ ⊕ x V $V=0$ ⊖ x	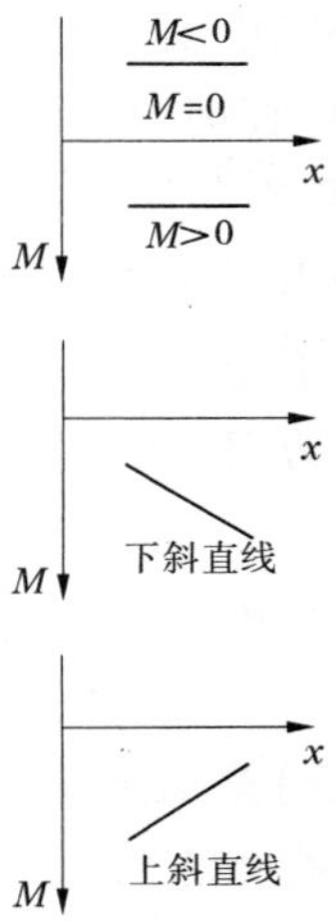 $M<0$ $M=0$ x $M>0$ M x 下斜直线 M x 上斜直线 M
均布荷载向上作用 $q>0$ 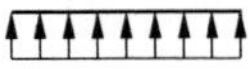	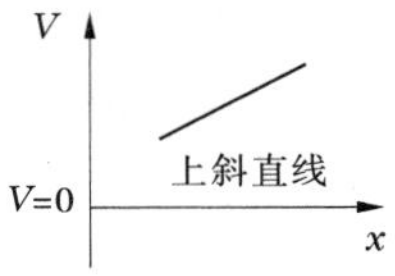 V 上斜直线 $V=0$ x	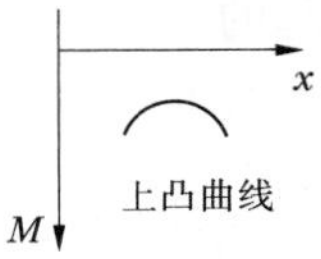 x 上凸曲线 M
均布荷载向下作用 $q<0$	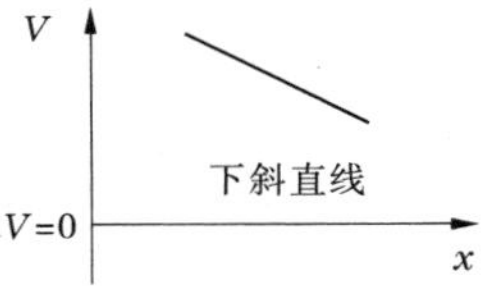 V 下斜直线 $V=0$ x	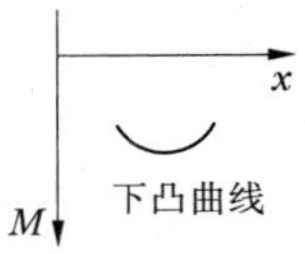 x 下凸曲线 M
集中力作用 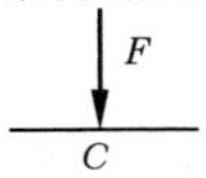 F C	C截面有突变 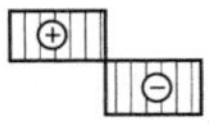 ⊕ ⊖	C截面有突变 
集中力偶作用 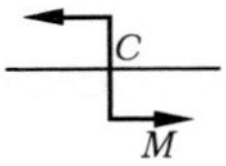 C M	C截面无变化 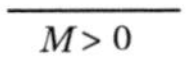 $M>0$	C截面有突变 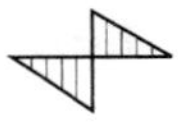
	$V=0$ 截面	M 有极值

(1)在均布荷载作用的梁段,剪力图为斜直线,弯矩图为二次抛物线。

(2)在集中力作用处,左右截面上的剪力图发生突变,其突变值等于该集中力的大小,突变方向与该集中力的方向一致;而弯矩图出现转折,即出现尖角,尖角指向与该集中力方向一致。

(3)在无荷载梁段,剪力图为平直线,弯矩图为斜直线。

(4)在剪力等于零的截面上弯矩有极值。

(5)在集中力偶作用处,左右截面上的剪力无变化,而弯矩出现突变,其突变值等于该集中力偶矩。

为了便于记忆,可以用下面的口诀简述。

剪力图:无荷载是平直线,均布荷载斜直线,
　　　力偶作用无影响,集中荷载有突变。

弯矩图:无荷载是斜直线,均布荷载抛物线,
　　　集中荷载有尖点,力偶作用有突变。

(三)叠加法绘制弯矩图

1. 叠加原理

由于在小变形条件下,梁的内力、支座反力,应力和变形等参数均与荷载呈线性关系,每一荷载单独作用时引起的某一参数不受其他荷载的影响,所以梁在几个荷载共同作用时所引起的某一参数(内力、支座反力、应力和变形等),等于梁在各荷载单独作用时所引起同一参数的代数和,这种关系称为叠加原理,如图 4-12 所示。

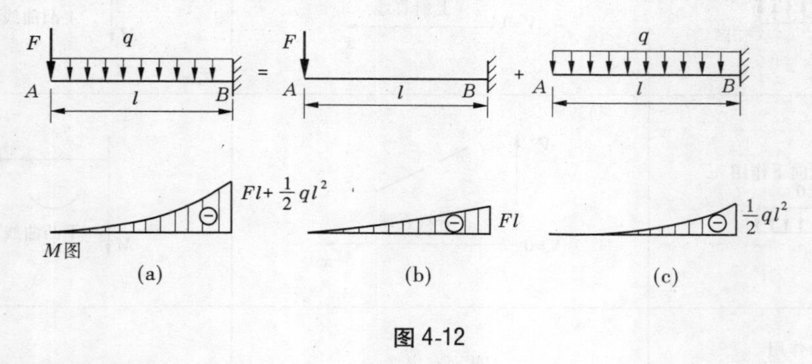

图 4-12

2. 叠加法画弯矩图

根据叠加原理来绘制梁的内力图的方法称为叠加法。由于剪力图一般比较简单,因此不用叠加法绘制。下面只讨论用叠加法作梁的弯矩图,其方法为:先分别作出梁在每一个荷载单独作用下的弯矩图,然后将各弯矩图中同一截面上的弯矩代数相加,即可得到梁在所有荷载共同作用下的弯矩图。

需要强调的是,叠加法作弯矩图是将同一截面的弯矩值代数相加,而不是将弯矩图形简单拼合。

为了便于应用叠加法绘内力图,在表 4-2 中给出了梁在简单荷载作用下的剪力图和弯矩图,可供查用。

表 4-2　单跨梁在简单荷载作用下的弯矩图

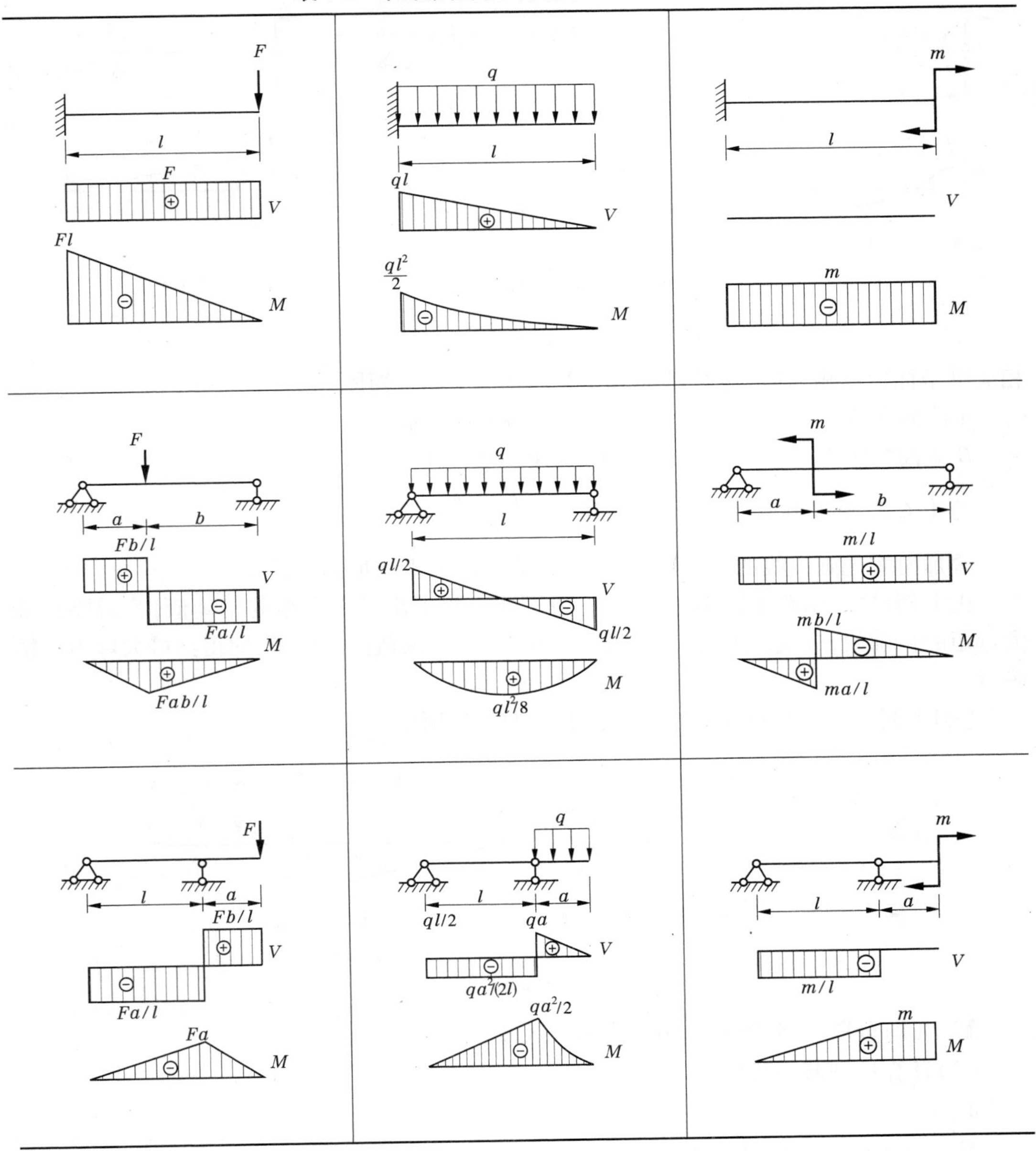

【例 4-7】　试用叠加法画出图 4-13(a)所示简支梁的弯矩图。

解　(1)先将梁上荷载分为集中力偶 m 和均布荷载 q 两组。

(2)分别画出 m 和 q 单独作用时的弯矩图(见图 4-13(b)、(c)),然后将这两个弯矩图相叠加。

叠加时,是将相应截面的纵坐标代数相加。叠加方法如图 4-13(a)所示,先作出直线图形(即 ab 直线,可用虚线表示),再以 ab 为基准线作出曲线形弯矩图。这样,将弯矩图

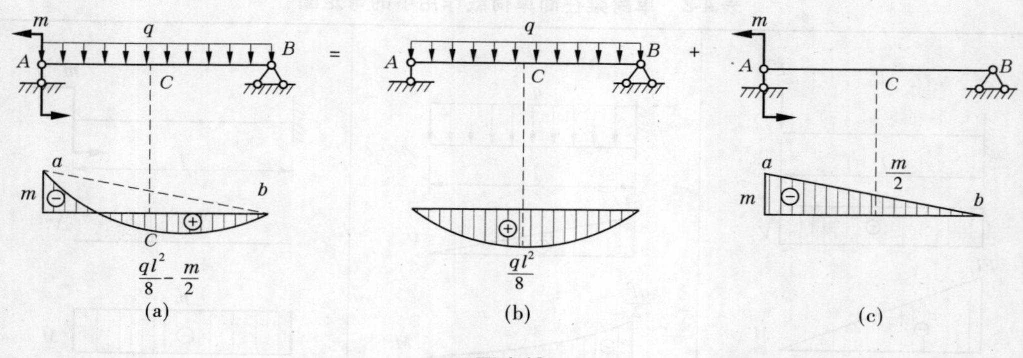

图 4-13

相应纵坐标代数相加后，就得到 m 和 q 共同作用下的弯矩图（见图 4-13（a））。

A 截面弯矩为 $$M_A=-m+0=-m$$

B 截面弯矩为 $$M_B=0+0=0$$

跨中 C 截面弯矩为 $$M_C=\frac{ql^2}{8}-\frac{m}{2}$$

叠加时宜先画直线的弯矩图，再叠加上曲线形或折线形的弯矩图。

由上例可知，用叠加法作弯矩图，一般不能直接求出最大弯矩的精确值，若需要求最大弯矩的精确值，应找出剪力 $V=0$ 的截面位置，求出该截面的弯矩，即得到最大弯矩的精确值。

【例 4-8】 试作出图 4-14（a）所示外伸梁的弯矩图。

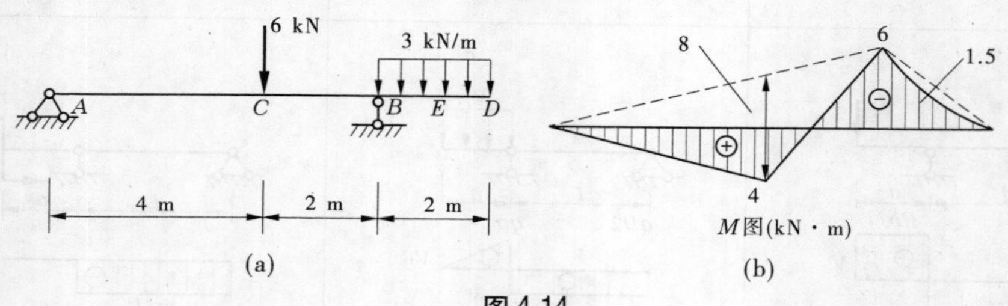

图 4-14

解 （1）分段。将梁分为 AB、BD 两个区段。

（2）计算控制截面弯矩。

$M_A=0$

$M_B=-3\times2\times1=-6(\text{kN}\cdot\text{m})$

$M_D=0$

AB 区段 C 点处的弯矩叠加值为

$$\frac{Fab}{l}=\frac{6\times4\times2}{6}=8(\text{kN}\cdot\text{m})$$

$$M_C=\frac{Fab}{l}-\frac{2}{3}M_B=8-\frac{2}{3}\times6=4(\text{kN}\cdot\text{m})$$

BD 区段中点 E 的弯矩叠加值为

$$M_E = \frac{M_B}{2} - \frac{ql^2}{8} = \frac{6}{2} - \frac{3 \times 2^2}{8} = 1.5(\text{kN} \cdot \text{m})$$

(3)作 M 图,如图 4-14(b)所示。

由上例可以看出,用区段叠加法作外伸梁的弯矩图时,不需要求支座反力,就可以画出其弯矩图。所以,用区段叠加法作弯矩图是非常方便的。

三、静定平面刚架内力计算

(一)刚架的特点

刚架是由若干根直杆组成的具有刚性结点的结构。所谓刚架中的刚结点,就是在任何荷载作用下,梁、柱在变形前后夹角保持不变的结点。如图 4-15 中虚线所示,刚结点连接的各杆有线位移和角位移,但原来结点处梁、柱轴线的夹角大小保持不变。

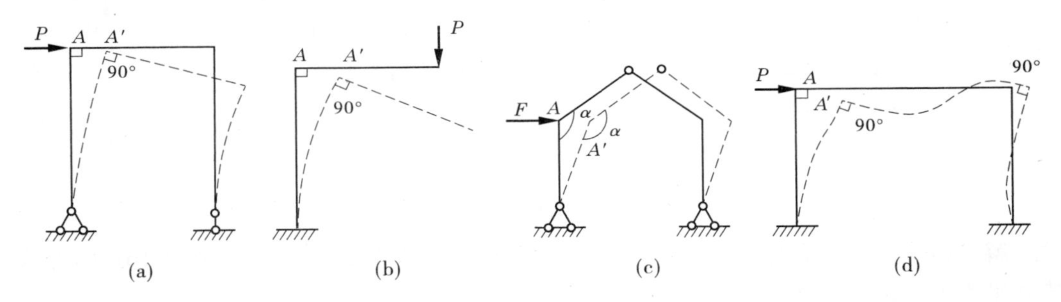

图 4-15

在受力方面,由于刚架具有刚结点,梁和柱能作为一个整体共同承受和传递荷载的作用,结构整体性好,刚度大,内力分布较均匀,在大跨度、重荷载的情况下,是一种较好的承重结构,所以刚架结构在工程中被广泛应用。

静定平面刚架常见的形式有简支刚架、悬臂刚架、三铰刚架、门式刚架等,分别如图 4-15(a)、(b)、(c)、(d)所示。

(二)静定平面刚架内力计算

一般情况下,刚架受荷载作用时各杆的内力有弯矩、剪力和轴力。

1. 静定平面刚架内力计算的步骤

(1)由整体或部分的平衡条件,求出支座反力和铰结点处的约束反力。

(2)按刚架内力计算规律,计算控制截面上的内力。

(3)按单跨静定梁内力图的绘制方法,逐杆绘制内力图。

(4)将各杆内力图连在一起,得刚架的内力图。

2. 静定平面刚架内力计算规律

(1)任一截面上的弯矩,在数值上等于该截面任一侧所有外力(包括支座反力)对该截面形心之矩的代数和。

(2)任一截面上的剪力,在数值上等于该截面任一侧所有外力(包括支座反力)沿该截面方向上投影的代数和。

(3)任一截面上的轴力,在数值上等于该截面任一侧所有外力(包括支座反力)在垂直于该截面方向上投影的代数和。

3. 静定平面刚架内力符号规定

刚架的内力计算中，弯矩可自行规定正负，但须注明受拉一侧，弯矩图绘在杆的受拉一侧。弯矩和轴力的正负号规定同前，剪力图和轴力图可绘在杆的任一侧，但须注明正负号。

【例 4-9】 求图 4-16(a)所示刚架 E 截面的内力。

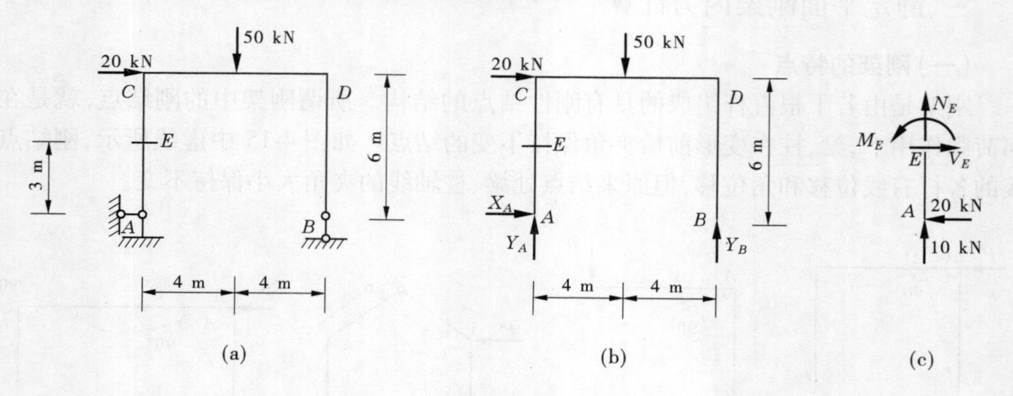

图 4-16

解 (1)求支座反力。取整个刚架为脱离体，画出刚架的受力图，如图 4-16(b)所示，建立平衡方程求解支座反力。

$$\sum X = 0 \quad X_A + 20 = 0$$

$$\sum M_B(F) = 0 \quad -Y_A \times 8 - 20 \times 6 + 50 \times 4 = 0$$

$$\sum M_A(F) = 0 \quad Y_B \times 8 - 50 \times 4 - 20 \times 6 = 0$$

解得

$$X_A = -20\ \text{kN}(\leftarrow) \quad Y_A = 10\ \text{kN}(\uparrow) \quad Y_B = 40\ \text{kN}(\uparrow)$$

(2)求 E 截面内力。取 AE 段为脱离体，画出脱离体的受力图，如图 4-16(c)所示。建立平衡方程，求解剪力 V_E 和弯矩 M_E

$$\sum X = 0 \quad V_E - 20 = 0$$

$$\sum Y = 0 \quad N_E + 10 = 0$$

$$\sum M_E(F) = 0 \quad M_E - 20 \times 3 = 0$$

解得

$$V_E = 20\ \text{kN} \quad N_E = -10\ \text{kN} \quad M_E = 60\ \text{kN} \cdot \text{m}$$

【例 4-10】 绘制图 4-17(a)所示平面刚架的内力图。

解 (1)求支座反力。取整个刚架为脱离体，画出刚架的受力图，如图 4-17(b)所示，建立平衡方程求解支座反力

$$\sum X = 0 \quad X_A = 0$$

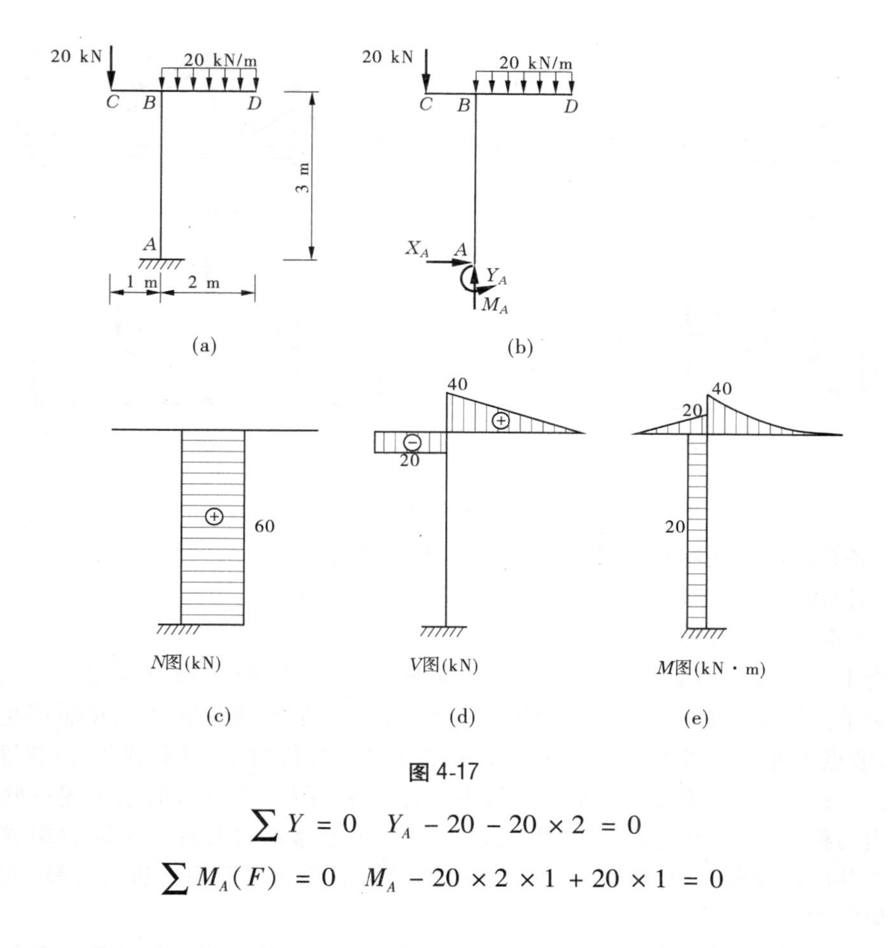

图 4-17

$$\sum Y = 0 \quad Y_A - 20 - 20 \times 2 = 0$$

$$\sum M_A(F) = 0 \quad M_A - 20 \times 2 \times 1 + 20 \times 1 = 0$$

解得

$$X_A = 0 \quad Y_A = 60 \text{ kN}(\uparrow) \quad M_A = 20 \text{ kN} \cdot \text{m}$$

(2)绘制轴力图。用截面法求各杆件的轴力，BC 杆、BD 杆的荷载与杆件垂直，轴力为零。AB 杆：$N_{AB} = -Y_A = -60$ kN，轴力图如图 4-17(c)所示。

(3)绘制剪力图。AB 杆：$X_A = 0$，故 AB 杆剪力为零；应用刚架内力计算基本规律，绘制 BC 杆、BD 杆的剪力图，如图 4-17(d)所示。

(4)绘制弯矩图。应用刚架内力计算基本规律，绘制 AB 杆、BC 杆及 BD 杆的弯矩图，如图 4-17(e)所示。

四、静定平面桁架内力计算

(一)静定平面桁架的基本特点

桁架是由若干根直杆在其两端用铰连接而成的结构，在建筑工程中，是常用于跨越较大跨度的一种结构形式，如民用房屋和工业厂房中的物架、托架，大跨度的铁路、公路和桥梁，起重设备中的塔架，以及建筑施工中的支架等。

实际桁架的受力情况比较复杂，为了便于计算，通常对工程实际中的平面桁架的计算简图作如下假设(见图 4-18)：

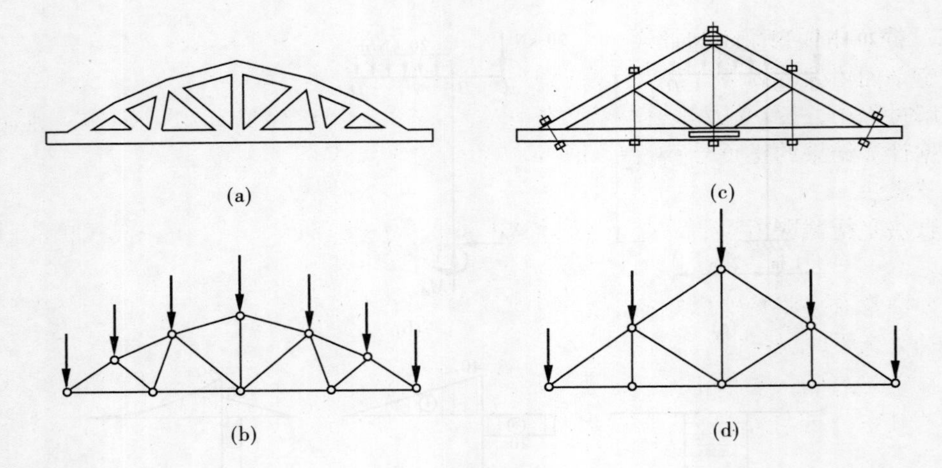

图 4-18

（1）各杆的两端用绝对光滑而无摩擦的理想铰连接。

（2）各杆轴均为直线，在同一平面内且通过铰的中心。

（3）荷载均作用在桁架节点上。

符合上述假设的桁架称为理想桁架，实际桁架与上述理想桁架存在着一定的差距。比如桁架节点可能具有一定的刚性，有些杆件在节点处是连续不断的，杆的轴线也不完全为直线，节点上各杆轴线也不交于一点，存在着类似于杆件自重、风荷载、雪荷载等非节点荷载等。因此，通常把按理想桁架算得的内力称为主内力（轴力），而把上述一些原因所产生的内力称为次内力（弯矩、剪力）。此外，工程中通常是将几片桁架联合组成一个空间结构来共同承受荷载，计算时，一般是将空间结构简化为平面桁架进行计算，而不考虑各片桁架间的相互影响。

在图 4-19 中，组成桁架的各杆依其所在的位置可分为弦杆和腹杆两类。弦杆是指桁架外围的杆件，上部的称为上弦杆，下部的称为下弦杆；上、下弦杆之间的杆件统称为腹杆，其中竖向的称为直腹杆，斜向的称为斜腹杆。从上弦最高点至下弦的距离称为矢高，也称为桁架高；杆件与杆件的连接点称为节点；弦杆上两相邻节点间的区间称为节间；桁架两支座之间的距离称为跨度。

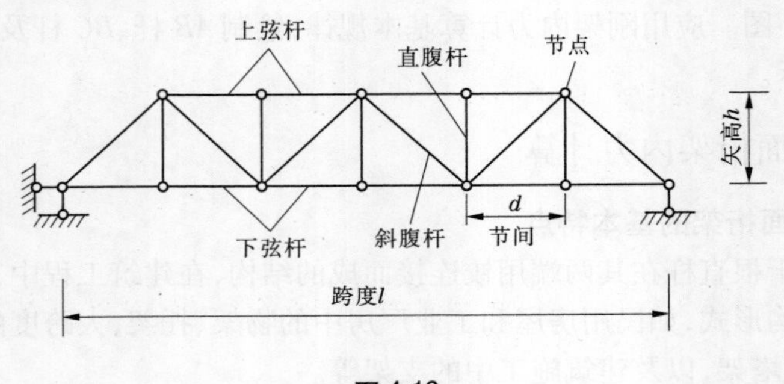

图 4-19

(二)静定平面桁架内力计算

静定平面桁架的内力计算方法有两种:节点法和截面法。

求解过程中,进行受力分析和作受力图时,习惯上假定杆件轴力为拉力,其实际轴力方向根据计算结果的正负号判断,正值为拉,负值为压。

1. 节点法

节点法是指截取桁架的节点为脱离体,由节点的平衡条件求解与节点相连的各杆件的内力。

桁架中常有一些特殊形式的节点,掌握这些特殊节点的平衡条件,可使计算大为简化。当轴力为零时,杆件被称为零杆。

L 形节点:不在一直线上的两杆节点,当节点不受外力时,两杆均为零杆,如图 4-20(a)所示。若其中一杆与外力 F 共线,则此杆内力与外力 F 相等,另一杆为零杆,如图 4-20(d)所示。

T 形节点:两杆在同一直线上的三杆节点,当节点不受外力时,第三杆为零杆,如图 4-20(b)所示。若外力 F 与第三杆共线,则第三杆内力等于外力 F,如图 4-20(e)所示。

X 形节点:四杆节点两两共线,如图 4-20(c)所示,当节点不受外力时,则共线的两杆内力相等且符号相同。

K 形节点:这也是四杆节点,其中两杆共线,另两杆在该直线同侧且与直线夹角相等,如图 4-20(f)所示,当节点不受外力时,则非共线的两杆内力大小相等但符号相反。

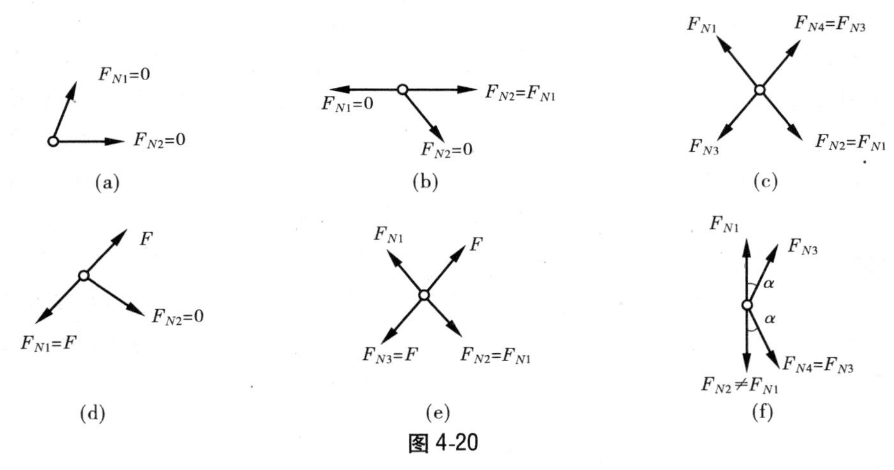

图 4-20

应用上述结论可判定出图 4-21 所示结构中虚线各杆均为零杆。这里所讲的零杆是

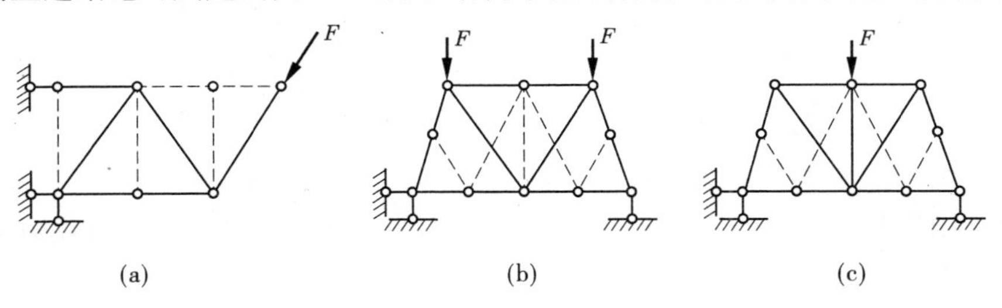

图 4-21

对某种荷载而言的，当荷载变化时，零杆也随之变化，如图 4-21(b)、(c)所示。此处的零杆也决非多余联系。

【例 4-11】 试用节点法求图 4-22(a)所示桁架各杆件的内力。

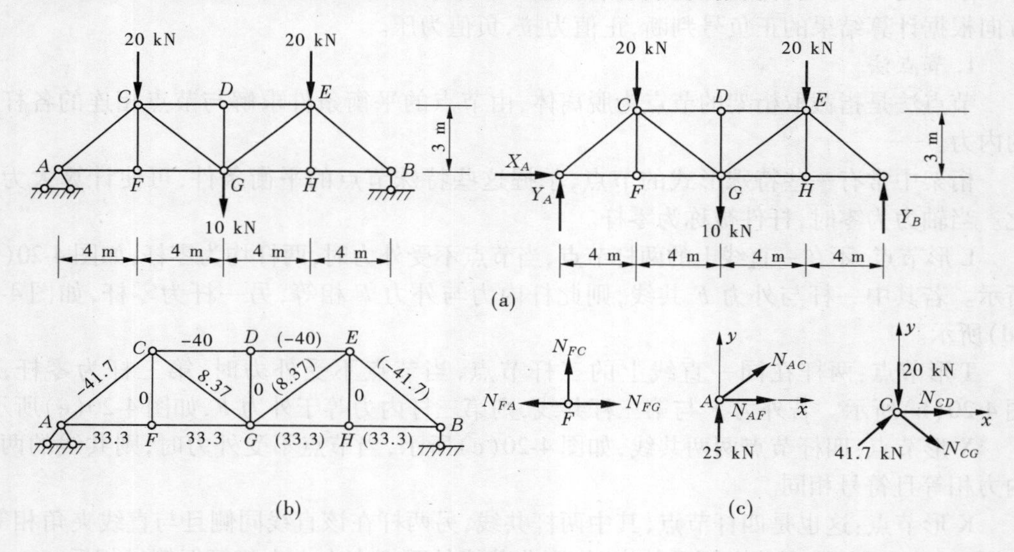

图 4-22

解 (1)求支座反力。由于结构和荷载均对称，故

$$Y_A = Y_B = 25\ \text{kN}(\uparrow)$$

由于结构上只有竖向荷载，故

$$X_A = 0$$

(2)求各杆件内力。以图 4-22(c)节点 F 为例，经判断，以 F、D、H 为节点，无竖向力作用，故 CF、DG 及 EH 杆件均为零杆。

节点 A：受力图如图 4-22(c)所示，建立平衡方程

$$\sum X = 0 \quad N_{AF} + N_{AC} \times \frac{4}{5} = 0$$

$$\sum Y = 0 \quad N_{AC} \times \frac{3}{5} + 25 = 0$$

解得 $N_{AF} = 33.3\ \text{kN}$(拉) $N_{AC} = -41.7\ \text{kN}$(压)

节点 C：受力图如图 4-22(c)所示，建立平衡方程

$$\sum X = 0 \quad N_{CG} \times \frac{4}{5} + N_{CD} + 41.7 \times \frac{4}{5} = 0$$

$$\sum Y = 0 \quad -N_{CG} \times \frac{3}{5} - 20 + 41.7 \times \frac{3}{5} = 0$$

解得 $N_{CG} = 8.37\ \text{kN}$(拉) $N_{CD} = -40\ \text{kN}$(压)

将计算结果写于图 4-22(b)所示的桁架上(右半桁架各杆件括号内所注数字是根据对称关系求得的结果)。

2. 截面法

截面法是假想用一个截面将桁架切开分成两部分，取其任一部分为脱离体，画出作用

在该部分桁架的外力及被截断杆件的内力，由平衡条件求解被截断各杆件的内力。

【例 4-12】 试用截面法求图 4-23(a)所示桁架 a、b、c 杆件的内力。

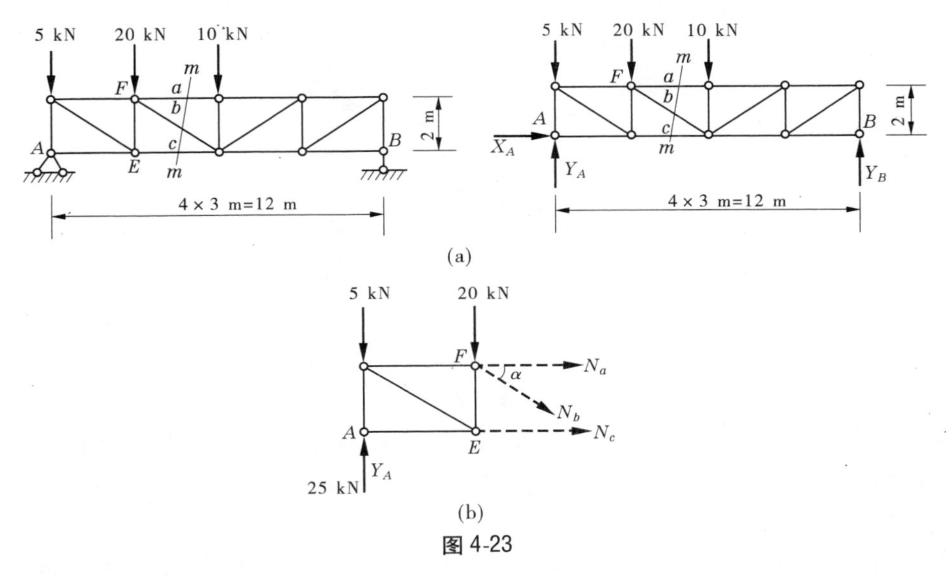

图 4-23

解 (1)求支座反力。

$$\sum X = 0 \quad X_A = 0$$

$$\sum Y = 0 \quad Y_A + Y_B - 5 - 20 - 10 = 0$$

$$\sum M_B(F) = 0 \quad -Y_A \times 12 + 5 \times 12 + 20 \times 9 + 10 \times 6 = 0$$

解得 $X_A = 0$ $Y_A = 25$ kN(↑) $Y_B = 10$ kN(↑)

(2)求指定杆件的内力。用截面 $m—m$ 将杆件 a、b、c 截开，取左半部分为脱离体，画受力图如图 4-23(b)所示。

$$\sum X = 0 \quad N_a + N_c + N_b\cos\alpha = 0$$

$$\sum Y = 0 \quad Y_A - 5 - 20 - N_b\sin\alpha = 0$$

$$\sum M_F(F) = 0 \quad 5 \times 3 - Y_A \times 3 + N_c \times 2 = 0$$

解得 $N_b = 0$ $N_a = -30$ kN(压) $N_c = 30$ kN(拉)

五、三铰拱内力计算

杆轴线为曲线，并在竖向荷载作用下产生水平推力的结构称为拱。拱结构由于在竖向荷载下存在水平推力，其弯矩比相同跨度和荷载的梁式结构小得多，这是拱式结构的优点。但与梁比较，拱式结构有水平反力，使拱截面上产生轴力，而且对支座和地基的要求较高，所以拱式结构多用砖、石、混凝土等抗压性能好而抗拉性能差的材料制造，这样可以物尽其用，提高经济效益。拱结构在桥梁中得到了广泛应用。另外，由于水平推力的存在，拱比梁必须具备更坚固的基础，以承担拱传来的水平推力，这也是拱的主要缺点。如

图 4-24所示的三铰拱，是一种静定的拱式结构。

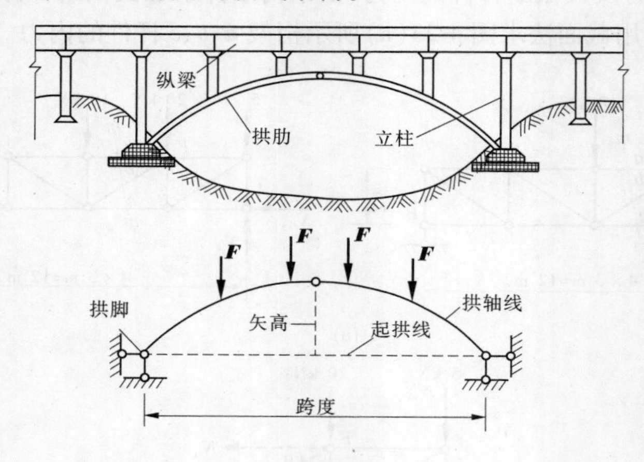

图 4-24

在拱式结构中，拱与基础的连接处称为拱脚，拱轴的最高点称为拱顶，拱顶到两拱脚的连线的竖向垂直距离 f 称为拱高（也称矢高），两个拱脚的水平距离 l 称为跨度。拱高与跨度的比值 f/l 称为高跨比。

在竖向荷载作用下有无水平推力是拱式结构和梁式结构的主要区别。水平推力是指拱两个支座处指向拱内部的水平支座反力。如图 4-25（a）所示结构，虽然杆轴线为曲线，但在竖向荷载作用下支座处不产生水平反力，故为简支曲梁；如图 4-25（b）所示结构有水平推力 H_A、H_B 存在，故为拱。

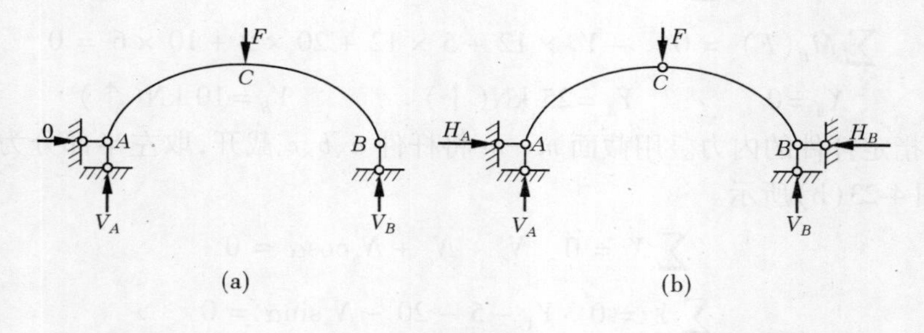

图 4-25

目前，三铰拱有较成熟的软件工具可计算拱的内力，这里不再详细介绍。

学习任务三　结构的强度计算

一、应力

（一）应力的基本概念

内力是构件横截面上分布内力系的合力，从其求解步骤来看，截面的内力只与杆件的支座、荷载及长度有关，而与构件的材料和截面尺寸无关。因此，内力的大小不足以反映杆件截面的强度。为了研究构件的强度问题,必须研究内力在截面上的分布规律,为此引入应力的概念。

内力在截面上某点处的分布集度,称为该点的应力。通常将应力分解为与截面垂直的法向分量 σ 和与截面相切的切向分量 τ。垂直于截面的应力分量 σ 称为正应力或法向应力,相切于截面的应力分量 τ 称为剪应力或切向应力。应力的单位为 Pa,常用单位是 MPa 或 GPa。

$$1\ \text{Pa} = 1\ \text{N/m}^2 \qquad 1\ \text{kPa} = 10^3\ \text{Pa}$$

$$1\ \text{MPa} = 10^6\ \text{Pa} = 1\ \text{N/mm}^2 \qquad 1\ \text{GPa} = 10^9\ \text{Pa}$$

(二)极限应力和许用应力

我们在研究材料的力学性能时,知道塑性材料达到屈服极限时,有较大的塑性变形;脆性材料达到强度极限时,会引起断裂。构件在正常工作时,这两种情况都是不允许的。我们把构件发生显著变形或断裂时的最大应力,称为极限应力,用 σ^0 表示。因此

塑性材料以屈服极限为极限应力,即

$$\sigma^0 = \sigma_s$$

脆性材料以强度极限为极限应力,即

$$\sigma^0 = \sigma_b$$

式中:σ_s 为材料的屈服极限;σ_b 为材料的强度极限。

为了保证构件安全、正常工作,仅把工作应力限制在极限应力以内是不够的。因实际构件的工作条件受许多外界因素及材料本身质量的影响,故必须把工作应力限制在更小的范围,以保证有必要的强度储备。

我们把保证构件安全、正常工作所允许承受的最大应力,称为许用应力,用$[\sigma]$表示,即

$$[\sigma] = \frac{\sigma^0}{K}$$

式中:K 为安全系数,$K>1$。

在确定安全系数 K 时,主要考虑的因素有材料质量的均匀性、荷载估计的准确性、计算方法的准确性、构件在结构中的重要性及工作条件等。目前,国内有关部门编制了一些规范和手册(如《公路桥涵设计规范》和《公路桥涵设计手册》),可供选取安全系数时参考。一般构件在常温、静载条件下:塑性材料安全系数 $K_s = 1.5 \sim 2.5$,脆性材料安全系数 $K_b = 2 \sim 3.5$。

二、杆件的截面应力和强度计算

(一)轴向拉压杆件横截面上的应力

轴向拉伸(压缩)时,杆件横截面上的应力为正应力。根据材料的均匀连续假设,可知应力在某截面上是均匀分布的。等直杆轴向拉伸(压缩)时横截面上正应力 σ 的计算公式为

$$\sigma = \frac{N}{A} \tag{4-1}$$

式中：N 为杆件横截面上的轴力；A 为杆件的横截面面积。

当杆件受轴向压缩时，正应力也随轴力 N 而有正负之分，即拉应力为正，压应力为负。

【例 4-13】 如图 4-26(a)所示正方形等截面直杆，截面尺寸为 50 mm×50 mm，试求杆件各段横截面上的应力。

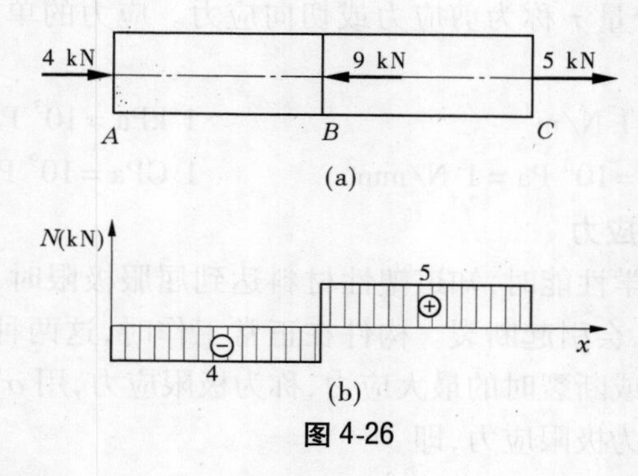

图 4-26

解 杆的横截面面积

$$A = 50 \times 50 = 2\ 500(\text{mm}^2)$$

绘出杆的轴力图如图 4-26(b)所示，由式(4-1)可得：

AB 段内任一横截面上的应力

$$\sigma_{AB} = \frac{N_1}{A} = \frac{-4 \times 10^3}{2\ 500} = -1.6(\text{MPa})$$

BC 段内任一横截面上的应力

$$\sigma_{BC} = \frac{N_2}{A} = \frac{5 \times 10^3}{2\ 500} = 2(\text{MPa})$$

(二)拉压杆的强度计算

拉压杆横截面上的正应力为 $\sigma = \dfrac{N}{A}$，这是拉压杆件工作时由荷载所引起的应力，故称为工作应力。为了保证杆件的安全正常工作，杆内最大工作应力不得超过材料的许用应力，即拉压杆件的强度条件为

$$\sigma_{\max} = \frac{N_{\max}}{A} \leqslant [\sigma] \tag{4-2}$$

式中：$\sigma_{\max}$ 为最大工作应力；$N_{\max}$ 为杆件横截面上的最大轴力；A 为杆件的横截面面积；$[\sigma]$为材料的许用应力。

对等直杆，轴力最大的截面就是危险截面；对轴力不变而杆截面变化的杆，则截面面积最小的截面就是危险截面。

根据强度条件式(4-2)，可以解决工程实际中有关构件强度的三类问题：

(1)强度校核。已知外载荷、构件截面尺寸、材料性能，要求校核构件的强度，即构件是否安全。即

$$\sigma_{\max} \leqslant [\sigma] \tag{4-3}$$

(2)设计截面。已知构件承受的载荷及所用材料性能，确定构件截面尺寸，即

$$A \geqslant \frac{N_{max}}{[\sigma]} \tag{4-4}$$

由式(4-4)可算出横截面面积,再根据截面形状确定尺寸。

(3)确定许可荷载。已知构件尺寸、材料性能,按强度条件确定构件能承受的最大载荷,即

$$N_{max} \leqslant A[\sigma] \tag{4-5}$$

由 N_{max} 再根据静力平衡条件,确定构件所能承受的最大荷载。

【例 4-14】 图 4-27(a)所示为一刚性梁 ACB 由圆杆 CD 在 C 点悬挂连接,B 端作用有集中载荷 $F=25$ kN。已知:CD 杆的直径 $d=20$ mm,许用应力$[\sigma]=160$ MPa。

(1)校核 CD 杆的强度;

(2)试求结构的许可载荷$[F]$;

(3)若 $F=50$ kN,试设计 CD 杆的直径 d。

解 (1)校核 CD 杆的强度。

作 AB 杆的受力图,如图 4-27(b)所示。

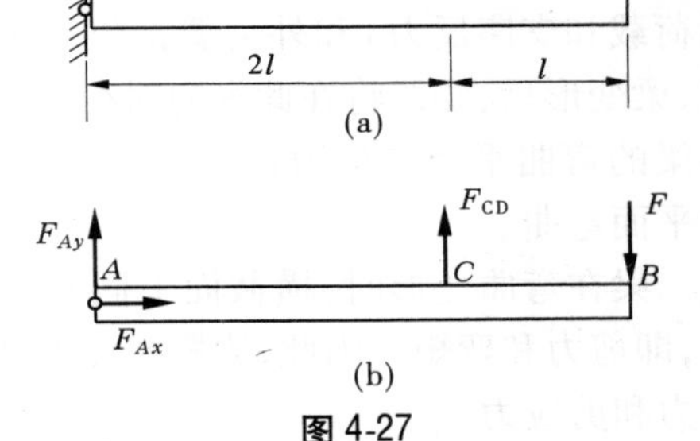

图 4-27

由平衡条件 $\sum M_A = 0$ 得

$$2F_{CD}l - 3Fl = 0$$

故

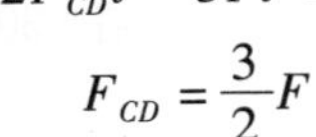

$$F_{CD} = \frac{3}{2}F$$

求 CD 杆的应力,杆上的轴力 $F_N = F_{CD}$,故

$$\sigma_{CD} = \frac{F_{CD}}{A} = \frac{6F}{\pi d^2} = \frac{6 \times 25 \times 10^3}{\pi \times 20^2} = 119.4(\text{MPa}) < [\sigma]$$

所以 CD 杆安全。

(2)求结构的许可载荷$[F]$。

由

$$\sigma_{CD} = \frac{F_{CD}}{A} = \frac{6F}{\pi d^2} \leqslant [\sigma]$$

得

$$F \leqslant \frac{\pi d^2[\sigma]}{6} = \frac{\pi \times 20^2 \times 160}{6} = 33.5 \times 10^3(\text{N}) = 33.5(\text{kN})$$

由此得结构的许可载荷$[F]=33.5$ kN。

(3)若 $F=50$ kN,设计圆柱直径 d。

由

$$\sigma_{CD} = \frac{F_{CD}}{A} = \frac{6F}{\pi d^2} \leqslant [\sigma]$$

得

$$d \geqslant \sqrt{\frac{6F}{\pi[\sigma]}} = \sqrt{\frac{6 \times 50 \times 10^3}{\pi \times 160}} = 24.4(\text{mm})$$

取 $d=25$ mm。

(三)平面弯曲杆件横截面上的应力

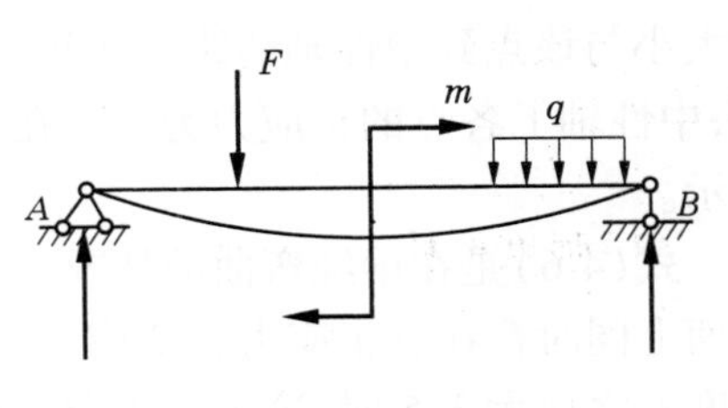

图 4-28

如图 4-28 所示,当杆件受到垂直于杆轴的外力作用或在纵向平面内受到力偶作用时,杆轴由直

线弯成曲线，这种变形称为弯曲。以弯曲变形为主的杆件称为受弯构件。

弯曲变形是工程中最常见的一种基本变形。例如，楼面梁和阳台挑梁受到楼面荷载和梁自重的作用，将发生弯曲变形，如图 4-29 所示。

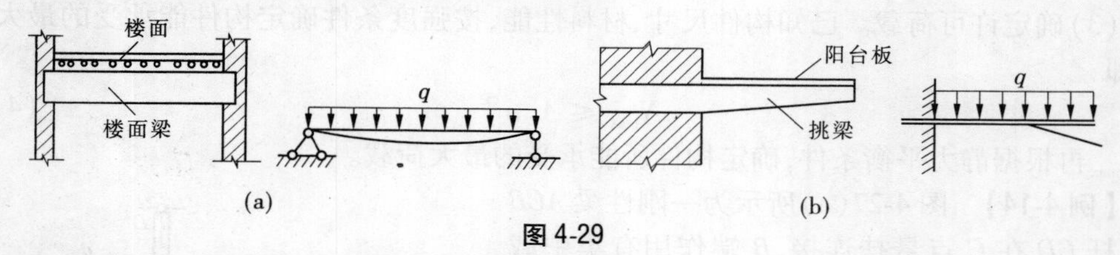

图 4-29

工程中常见的梁，其横截面往往有一根对称轴，这根对称轴与梁轴线所组成的平面，称为纵向对称平面，如图 4-30 所示。如果作用在梁上的外力（包括荷载和支座反力）和外力偶都位于纵向对称平面内，梁变形后，轴线将在此纵向对称平面内弯曲。这种梁的弯曲平面与外力作用平面相重合的弯曲，称为平面弯曲。

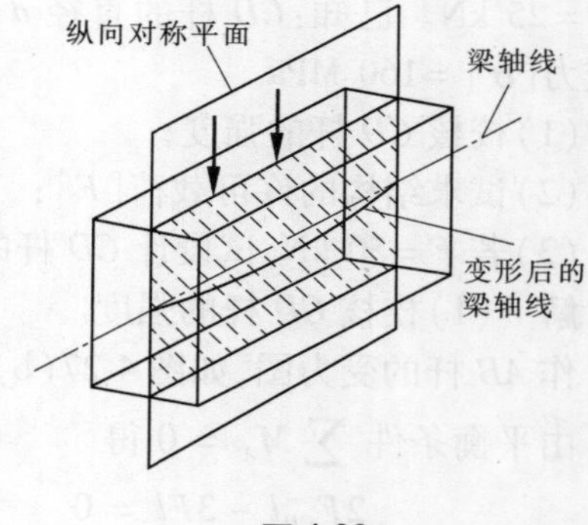

图 4-30

梁在弯曲变形时，横截面上同时存在着两个内力，即剪力和弯矩。因此，梁横截面上必然存在着正应力和剪应力。

1. 弯曲正应力

如果设想梁是由无数层纵向纤维组成的，由于横截面保持平面，说明纵向纤维从缩短到伸长是逐渐连续变化的，其中必定有一层既不缩短也不伸长的纤维（不受压也不受拉），该层是梁上拉伸区与压缩区的分界面，称为中性层。中性层与横截面的交线，称为中性轴，如图 4-31 所示。变形时横截面是绕中性轴旋转的。

平面弯曲梁的横截面上任一点的正应力计算公式为

$$\sigma = \frac{M}{I_z}y \tag{4-6}$$

式中：M 为横截面上的弯矩；I_z 为截面对中性轴的惯性矩，矩形截面取 $I_z = \frac{1}{12}bh^3$，圆形截面取 $I_z = \frac{\pi}{64}d^4$（d 为圆形截面直径）；y 为应力计算点到中性轴的距离。

由式(4-6)知，对于同一截面，弯矩 M 和惯性矩 I_z 为常量，截面上任一点的正应力 σ 的大小与该点到中性轴的距离成正比，沿截面高度呈线性变化，y 值相同的点，正应力相等；中性轴上各点的正应力为零。在中性轴的上、下两侧，一侧受压，一侧受拉，如图 4-32 所示。

式(4-6)是在梁纯弯曲的情况下导出的，但工程中弯曲问题多为横力弯曲，即梁的横截面上同时存在有正应力和切应力。但大量的分析和试验证实，当梁的跨度 l 与横截面高度 h 之比大于 5 时，这个公式用来计算梁在横力弯曲时横截面上的正应力还是足够精确的。对于短梁或载荷靠近支座以及腹板较薄的组合截面梁，还必须考虑其切应力的存在。

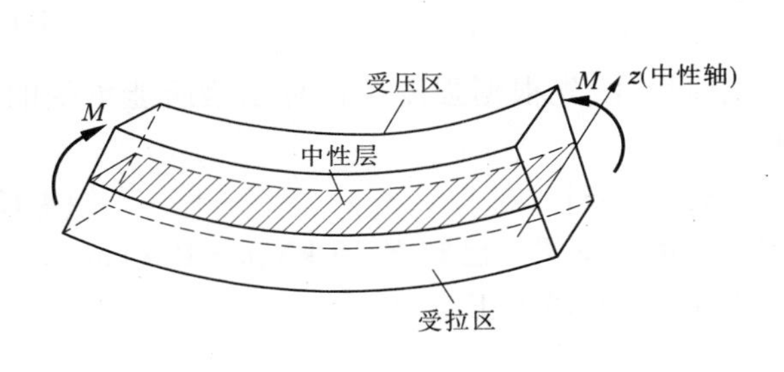

图 4-31

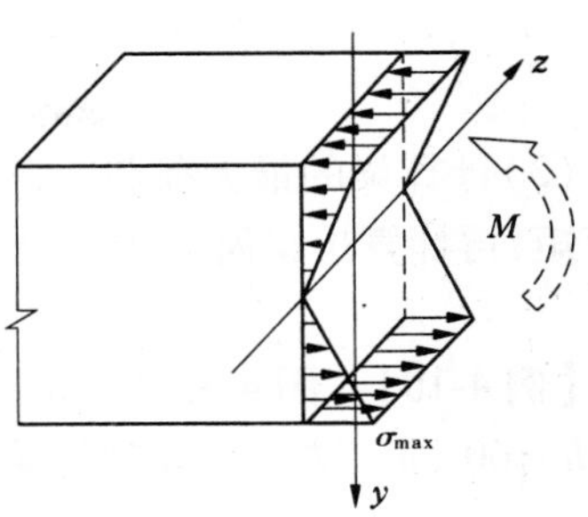

图 4-32

2. 梁的正应力强度计算

1) 梁的最大正应力

在实际工程上,为了保证梁安全工作,梁内最大正应力不能超过一定的限度,由式(4-6)就可以计算出梁的最大正应力,从而建立正应力强度条件,对梁进行强度校核。

对于等截面梁的某一横截面,最大正应力应在距中性轴最远的位置($y = y_{max}$)。对于整个梁结构,最大正应力值应发生在最大弯矩所在的截面(危险截面)上,故有

$$\sigma_{max} = \frac{M_{max} y_{max}}{I_z} \tag{4-7}$$

令 $W_z = I_z / y_{max}$,得

$$\sigma_{max} = \frac{M_{max}}{W_z} \tag{4-8}$$

式中,W_z 称为截面对于中性轴的抗弯截面系数,是一个与截面形状和尺寸有关的几何量,常用的单位是 m^3 或 mm^3。W_z 反映截面形状和尺寸对弯曲强度的影响,W_z 值越大,σ_{max}就越小,从强度的角度看,就越有利。

对于矩形截面,抗弯截面系数 $W_z = \frac{1}{6} bh^2$;对于直径为 D 的圆形截面,抗弯截面系数 $W_z = \frac{\pi}{32} D^3$;对于各种型钢截面的抗弯截面系数,可以从型钢表中查得。

2) 梁的正应力强度条件

为保证梁能够在安全范围内工作,必须使梁的最大正应力 σ_{max}不超过材料的许用应力$[\sigma]$,即

$$\sigma_{max} = \frac{M_{max}}{W_z} \leqslant [\sigma] \tag{4-9}$$

根据强度条件,一般可对梁进行强度校核、截面设计及确定许可载荷。

(1) 强度校核。在已知梁的材料和横截面的形状、尺寸以及所受荷载的情况下,检查梁是否满足强度条件,即

$$\sigma_{max} \leqslant [\sigma] \tag{4-10}$$

(2) 选择截面尺寸。已知荷载和所用材料时,可根据强度条件,先计算出所需截面的

抗弯截面系数,然后根据梁的截面形状确定截面的具体尺寸。

$$W_z \geqslant \frac{M_{\max}}{[\sigma]} \tag{4-11}$$

(3)计算梁的最大荷载。已知梁的截面尺寸,先根据强度条件算出梁所能承受的最大弯矩,再计算出梁所承受的最大荷载。

$$M_{\max} \leqslant W_z[\sigma] \tag{4-12}$$

【例 4-15】 图 4-33(a)所示为一矩形截面简支梁。已知 $F=5$ kN, $a=180$ mm, $b=30$ mm, $h=60$ mm,试求竖放时与横放时梁横截面上的最大正应力。

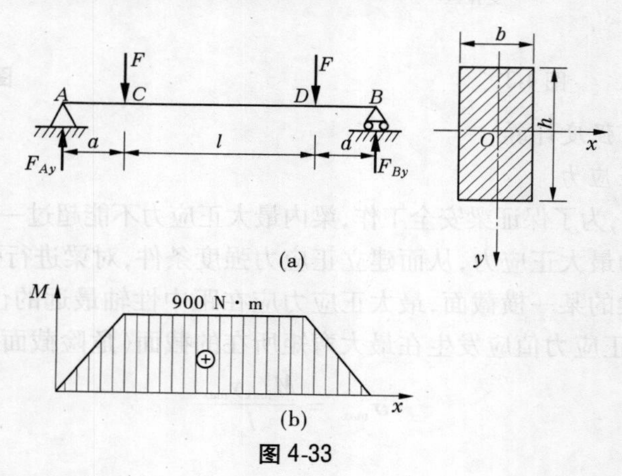

图 4-33

解 (1)求支座反力。

$$F_{Ay} = F_{By} = 5 \text{ kN}$$

(2)画弯矩图,如图 4-33(b)所示。

竖放时最大正应力

$$\sigma_{\max} = \frac{M}{W_z} = \frac{M}{\frac{bh^2}{6}} = \frac{900 \times 10^3}{\frac{30 \times 60^2}{6}} = 50(\text{MPa})$$

横放时最大正应力

$$\sigma_{\max} = \frac{M}{W_z} = \frac{M}{\frac{hb^2}{6}} = \frac{900 \times 10^3}{\frac{60 \times 30^2}{6}} = 100(\text{MPa})$$

由以上计算可知,对相同截面形状的梁,放置方法不同,可使截面上的最大应力也不同。对矩形截面,竖放要比横放合理。

【例 4-16】 图 4-34 所示为 T 形铸铁梁。已知 $F_1=10$ kN, $F_2=4$ kN,铸铁的许用拉应力$[\sigma_t]=36$ MPa,许用压应力$[\sigma_c]=60$ MPa,截面对形心轴 z 的惯性矩 $I_z=763$ cm^4, $y_1=52$ mm。试校核梁的强度。

解 (1)求支座反力。

$$\sum M_C = 0 \quad F_{Ay} = 3 \text{ kN}$$

$$\sum M_A = 0 \quad F_{Cy} = 11 \text{ kN}$$

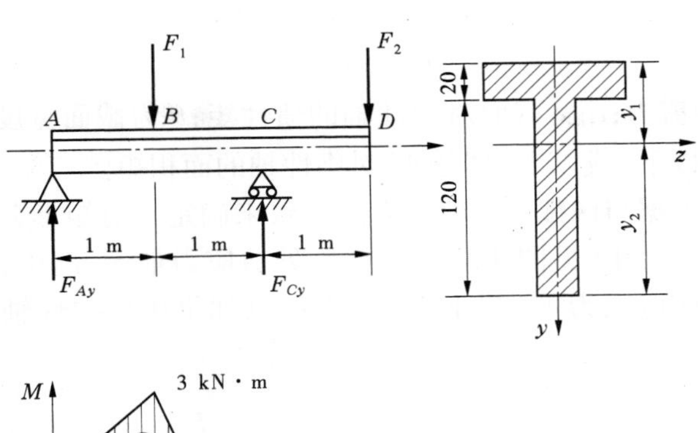

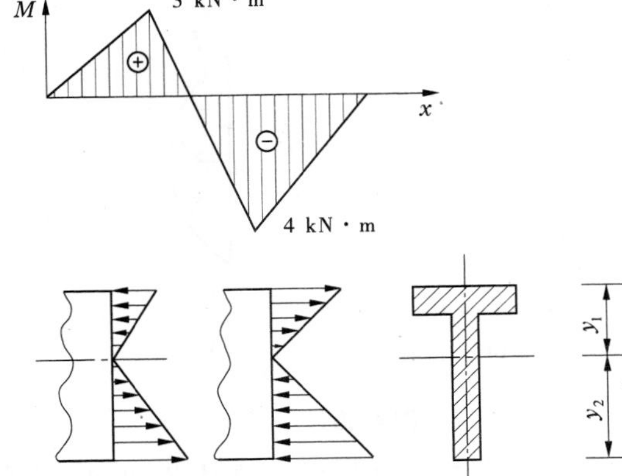

图 4-34

(2)画弯矩图。

$$M_A = M_D = 0$$

$$M_B = F_{Ay} \times 1 = 3\ \text{kN} \cdot \text{m}$$

$$M_C = -F_2 \times 1 = -4\ \text{kN} \cdot \text{m}$$

(3)强度校核。

$$M_{\max} = M_C = -4\ \text{kN} \cdot \text{m}$$

C 截面

$$\sigma_{\text{c,max}} = \frac{M_C y_2}{I_z} = \frac{4 \times 10^6 \times (120 + 20 - 52)}{763 \times 10^4} = 46.1(\text{MPa}) \leqslant [\sigma_{\text{c}}]$$

由于 M_B 为正弯矩,其值虽然小于 M_C 的绝对值,但应注意到在截面 B 处最大拉应力发生在距离中性轴较远的截面下边缘各点,有可能发生比截面 C 还要大的拉应力,故还应对这些点进行强度校核。

B 截面

$$\sigma_{\text{t,max}} = \frac{M_B y_2}{I_z} = \frac{3 \times 10^6 \times (120 + 20 - 52)}{763 \times 10^4} = 34.6(\text{MPa}) \leqslant [\sigma_{\text{t}}]$$

梁满足强度条件。

3. 弯曲剪应力

平面弯曲的梁,横截面是矩形截面,截面上任一点处的剪应力计算公式为

$$\tau = \frac{VS_z^*}{I_z b} \tag{4-13}$$

式中:V 为横截面上的剪力;I_z 为截面对中性轴的惯性矩;b 为截面宽度;S_z^*为横截面上所求剪应力处的水平线以下(或以上)部分 A^* 对中性轴的面积矩。

剪应力的方向可根据与横截面上剪力方向一致来确定。对矩形截面梁,其剪应力沿截面高度呈二次抛物线变化(见图 4-35),中性轴处剪应力最大,离中性轴越远剪应力越小,截面上、下边缘处剪应力为零。中性轴上、下两点如果距离中性轴相同,其剪应力也相同。

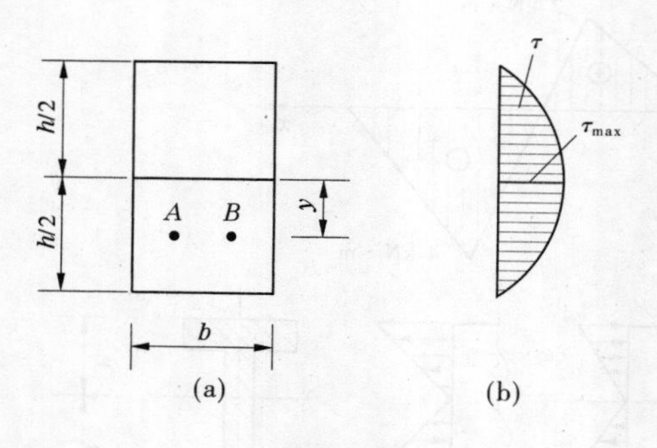

图 4-35

对于其他截面形式的梁,最大剪应力也都发生在中性轴处,分布情况与矩形截面类似。

对于不同的截面形状,梁的最大剪应力值也不同,在此不一一阐述。经过理论分析,梁的最大剪应力发生在剪力最大的横截面的中性轴上。与梁的正应力强度计算一样,为了保证梁安全工作,梁在荷载作用下产生的最大剪应力不得超过材料的许用剪应力[τ],即梁的剪应力强度条件为

$$\tau_{\max} = \frac{V_{\max} S_z^*}{I_z b} \leqslant [\tau] \tag{4-14}$$

学习任务四　静定结构的位移计算

一、位移的概念

建筑结构在施工和使用过程中,结构构件的形状会发生改变,称为结构的变形。由于结构变形,其上各点或截面位置发生移动或转动,称为结构位移。

使结构产生位移的主要原因有三种,分别是荷载作用、温度改变和材料胀缩。

如图 4-36(a)所示的刚架,在荷载作用下,结构产生变形如图中虚线所示,截面的形心 A 点沿某一方向移到 A'点,线段 AA'称为 A 点的线位移或挠度,一般用符号 ΔA 表示。它也可用竖向线位移 Δ_A^V 和水平线位移 Δ_A^H 两个位移分量来表示,如图 4-36(b)所示。同时,此截面还转动了一个角度,称为该截面的角位移或转角,用 φ_A 表示。

静定结构的位移计算是结构分析的一个重要内容,在工程设计和施工过程中,都要计

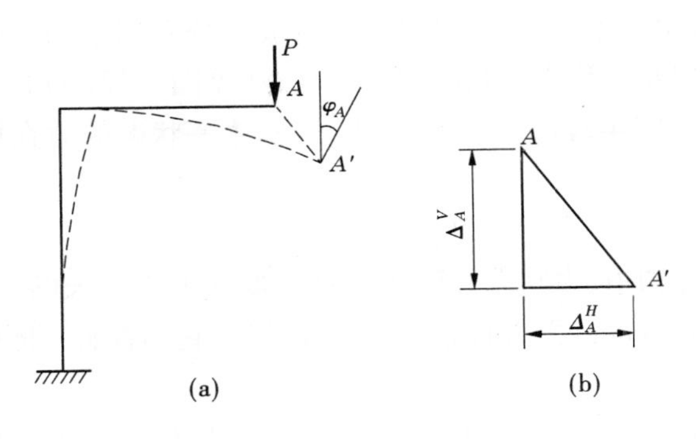

图 4-36

算结构的位移。同时,静定结构的位移计算也是超静定结构内力分析的基础。概括地说,它有以下三个目的:

(1)确定结构的刚度。在结构设计中除满足强度要求外,还要求结构有足够的刚度,即在荷载作用下(或在其他因素作用下)不致发生过大的位移。

(2)为计算超静定结构打下基础。因为超静定结构的内力仅由静力平衡条件是不能全部确定的,还必须考虑变形条件,而建立变形条件时就需要计算结构的位移。

(3)确定结构变形后的位置。在结构的制作、安装等施工过程中,经常需要预先知道结构变形后的位置,以便采取相应的施工措施,因而也需要计算结构的位移。

二、虚功原理

(一)实功和虚功

我们知道,功包含了两个要素——力和位移。当做功的力与相应位移彼此相关,即当位移是由此力本身引起时,此功称为实功。当做功的力与相应于力的位移彼此独立无关时,就把这种功称为虚功。如图 4-37(a)所示,简支梁受力 P_1 作用,待其达到实曲线所示的弹性平衡位置后,如果由于某种外因(如其他荷载或温度变化等)使梁继续发生微小变形而达到虚曲线所示的位置,力 P_1 对相应位移 Δ_2 所做的功就是虚功。在虚功中,力与位

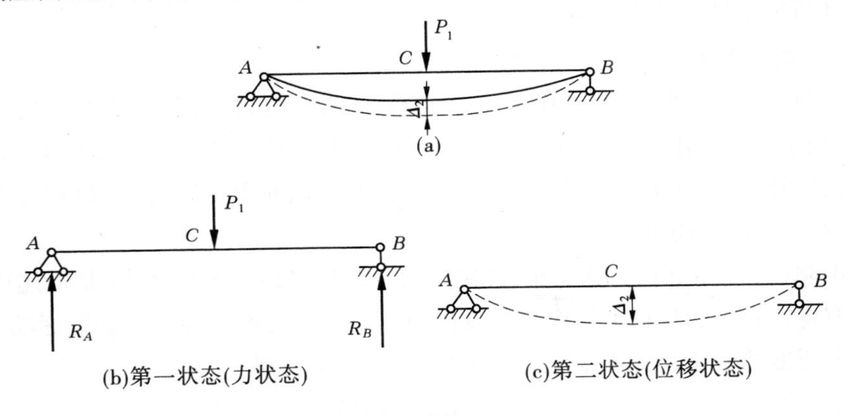

(b)第一状态(力状态)　(c)第二状态(位移状态)

图 4-37

移是彼此独立无关的两个因素。因此,可将两者看成是分别属于同一体系的两种彼此无关的状态,其中力系所属状态称为力状态或第一状态(见图4-37(b)),位移所属状态称为位移状态或第二状态(见图4-37(c))。如用 W_{12} 表示第一状态的力在第二状态的位移上所做的虚功,则有

$$W_{12} = P_1 \Delta_{12}$$

必须指出的是,在虚功中,力状态和位移状态是彼此独立无关的。因此,不仅可以把位移状态看作是虚设的,也可以把力状态看作是虚设的,它们各有不同的应用。

(二)虚功原理

首先讨论质点系的虚功原理。它表述为:当质点系在力系作用下处于平衡状态时,如果给质点系任何方向的虚位移,则在此过程中,所有外力所做的虚功之和为零。这里的虚位移,是为约束条件所允许的任意微小位移。在刚体中,因任何两点间的距离均保持不变,可以认为任何两点间有刚性链杆连接,故刚体是属于具有理想约束的质点系,刚体外力在刚体虚位移上所做的功恒等于零。因此,刚体在外力作用下处于平衡的充分条件和必要条件是:对于任何虚位移,外力所做的虚功之和恒等于零。这即是刚体的虚功原理。

虚功原理应用于变形体时,外力虚功之和不等于零。对于杆系结构,变形体系的虚功原理可表述为:变形体系处于平衡的充分和必要条件是,对于任何虚位移,外力所做的虚功总和等于各微段上的内力在其变形上所做的虚功总和。或简单地说,外力虚功等于变形虚功,可写为

$$W_{外} = W_{变}$$

为了简要说明上述原理的正确性,只需从物理概念上来论证其必要条件。即论证:若已知变形体系处于平衡状态,则上述关系成立。

图4-38(a)表示一平面杆系结构在力系作用下处于平衡,图4-38(b)表示该结构由于别的原因而产生的虚位移状态,这两个状态分别称为力状态和位移状态。这里虚位移是与力无关的其他原因(另一组力系、温度变化、支座位移)等引起的,甚至是假想的,但虚位移必须是微小的,并满足约束条件和变形协调条件。

可通过两种途径来计算虚功:

(1)将力系分解为外力和内力来计算虚功。

在图4-38(a)所示的力状态中取出一个微段 ds 来研究,作用在微段 ds 上的力除外力 q 外,两侧截面上还作用有轴力、弯矩和剪力。这些力对整个结构而言是内力,对于所取微段而言则是外力,虚功的计算是考虑整个结构,所以截面上的轴力、弯矩和剪力所做的虚功便称为内力虚功,用 $W_{内}$ 表示。

在图4-38(b)所示的位移状态中,此微段由 $ABCD$ 移到 $A'B'C'D'$,于是上述作用在微段上的各力将在相应的位移上做虚功。设作用于微段上的所有各力所做的虚功为 $dW_{总}$,微段上外力所做的虚功为 $dW_{外}$,内力所做的虚功为 $dW_{内}$,则

$$dW_{总} = dW_{外} + dW_{内} \tag{4-15}$$

将其沿杆段积分并将各杆段积分总和起来,使得整个结构的虚功为

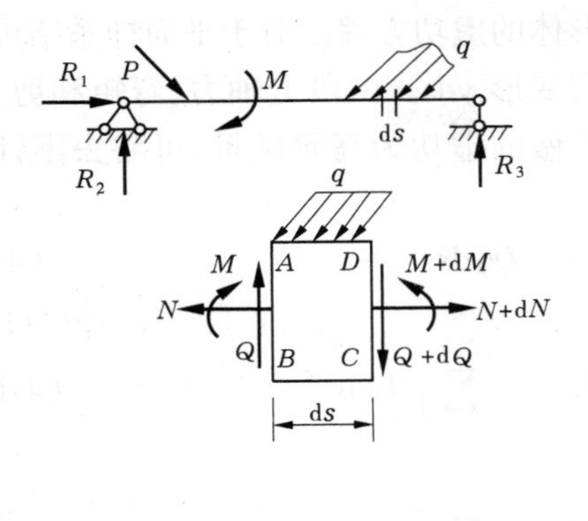

(a)力状态

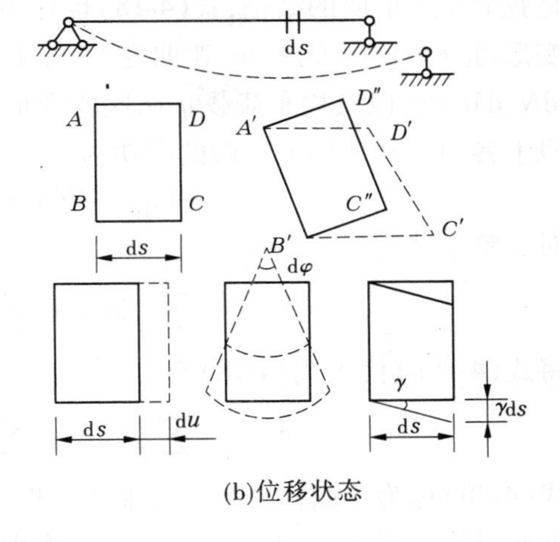

(b)位移状态

图 4-38

$$W_{总} = W_{外} + W_{内} \tag{4-16}$$

这里,$W_{外}$ 表示整个结构的所有外力(包括荷载和支座反力)在相应位移(见图 4-38(b)中虚线)上所做虚功的总和,$W_{内}$ 则是所有微段截面上内力所做虚功的总和。由于任意相邻微段的相邻截面上的内力互为作用力与反作用力,又由于虚位移满足变形连续条件,两微段相邻的截面总是紧贴在一起而具有相同的位移,因此每一对相邻截面上的内力所做的功总是大小相等、正负号相反而互相抵消,因此所有微段截面上内力所做的功的总和必然为零,即

$$W_{内} = 0 \tag{4-17}$$

于是整个结构的总虚功便等于外力虚功,即

$$W_{总} = W_{外} \tag{4-17a}$$

(2)将位移分解为刚体位移和变形位移来计算虚功。

在图 4-38(b)所示的位移状态中,把微段的虚位移分解为两步:先只发生刚体位移(由 $ABCD$ 移到 $A'B'C''D''$),然后发生变形位移(截面 $A'B'$ 先不动,$C''D''$ 移到 $C'D'$),作用在微段上的所有各力在刚体位移上所做的虚功为 $\mathrm{d}W_{刚}$,在变形位移上所做的虚功为 $\mathrm{d}W_{变}$,于是微段上的总虚功为

$$\mathrm{d}W_{总} = \mathrm{d}W_{刚} + \mathrm{d}W_{变}$$

由于微段处于平衡状态,故由刚体虚功原理可知

$$\mathrm{d}W_{刚} = 0$$

于是 $\mathrm{d}W_{总} = \mathrm{d}W_{变}$ 对于全结构有

$$\sum \int \mathrm{d}W_{总} = \sum \int \mathrm{d}W_{变} \tag{4-17b}$$

即

$$W_{总} = W_{变} \tag{4-17c}$$

比较式(4-17a)、式(4-17b)两式可得

$$W_{外} = W_{变} \tag{4-18}$$

这就是我们所要证明的结论，式(4-18)也称为变形体的虚功方程。对于平面杆系结构，微段的变形可分为轴向变形 du，弯曲变形 $d\varphi$ 和剪切变形 γds。微段上轴力、弯矩和剪力的增量 dN、dM、dQ 以及均布荷载 q 在这些变形上所做的虚功为高阶微量，可略去不计，因此微段上各力在其变形上所做的虚功为

$$dW_{总} = Ndu + Md\varphi + Q\gamma ds \tag{4-19}$$

对于整个结构

$$W_{变} = \sum\int Ndu + \sum\int Md\varphi + \sum\int Q\gamma ds \tag{4-19a}$$

将式(4-19a)代入式(4-18)有

$$W_{外} = \sum\int Ndu + \sum\int Md\varphi + \sum\int Q\gamma ds \tag{4-20}$$

式(4-20)称为平面杆系结构的虚功方程。

上面讨论过程中，并没有涉及材料的物理性质，因此无论对于弹性、非弹性、线性、非线性的变形体系，虚功原理都适用。

虚功原理在具体应用时有两种方式：一种是对给定的力状态，另虚设一个位移状态，利用虚功原理求解力状态中的未知力，这时的虚功原理又可称为虚位移原理；另一种是给定位移状态，另虚设一个力状态，利用虚功原理求解位移状态中的未知位移，这时的虚功原理又可称为虚力原理。

三、结构位移计算的一般公式

利用虚功方程式(4-20)可推导出计算结构位移的一般公式。

图 4-39(a)所示刚架由于某种实际原因(荷载、温度改变、支座位移等)而发生图中虚线所示的变形，这一状态叫作结构的实际状态。现在要求实际状态中 K 点沿任一指定方向 $K—K$ 上的位移 Δ_k。

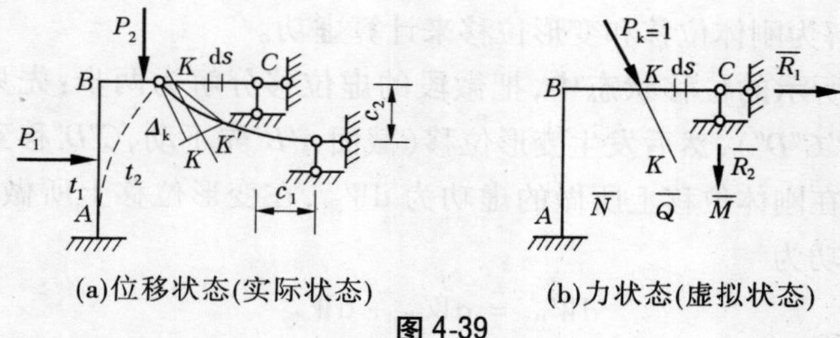

(a)位移状态(实际状态)　　(b)力状态(虚拟状态)

图 4-39

为了利用虚功方程求得 Δ_k，应选取图 4-39(b)所示虚设的力状态，即在 K 点沿 $K—K$ 方向加上一个单位集中力($P_k=1$)。这时 A 点的支座反力和 C 点的支座反力 $\overline{R}_1$、$\overline{R}_2$ 与单位力 $P_k=1$ 构成一组平衡力系。由于力状态是虚设的，故称为虚拟状态。虚设力系的外力(包括支座反力)对实际状态的位移所做的总虚功为

$$W_{外} = P_k\Delta_k + \overline{R}_1 c_1 + \overline{R}_2 c_2$$

简写为

$$W_{外} = \Delta_k + \sum \overline{R}_i c_i$$

式中：$\overline{R}_i$ 为虚拟状态中的支座反力；c_i 为实际状态中的位移；$\sum\overline{R}_i c_i$ 为支座反力所做的虚功之和。

以 $\mathrm{d}u$、$\mathrm{d}\varphi$、$\gamma\mathrm{d}s$ 表示实际状态中微段 $\mathrm{d}s$ 的变形，以 $\overline{N}$、$\overline{M}$、$\overline{Q}$ 表示虚拟状态中同一微段 $\mathrm{d}s$ 的内力，则总变形虚功为

$$W_{变} = \sum\int\overline{N}\mathrm{d}u + \sum\int\overline{M}\mathrm{d}\varphi + \sum\int\overline{Q}\gamma\mathrm{d}s$$

根据虚功方程，有

$$\Delta_{\mathrm{k}} + \sum\overline{R}_i C_i = \sum\int\overline{N}\mathrm{d}u + \sum\int\overline{M}\mathrm{d}\varphi + \sum\int\overline{Q}\gamma\mathrm{d}s$$

即

$$\Delta_{\mathrm{k}} = \sum\int\overline{N}\mathrm{d}u + \sum\int\overline{M}\mathrm{d}\varphi + \sum\int\overline{Q}\gamma\mathrm{d}s - \sum\overline{R}_i C_i \tag{4-21}$$

这就是计算位移的一般公式。

四、静定结构在荷载作用下的位移计算

（一）单位荷载法

由式(4-21)的推导过程可知，这种利用虚功原理，沿所求位移方向虚设单位荷载($P_{\mathrm{k}}=1$)求结构位移的方法，称为单位荷载法。应用这种方法，每次可以计算一种位移。在虚设单位力时，其指向可以任意假设，如计算结果为正，即表示位移方向与所虚设的单位力指向相同，否则相反。

单位荷载法不仅可以用于计算结构的线位移，还可以计算任意的广义位移，只要所设的虚单位力与所计算的广义位移相对应即可。在计算位移时，可按以下方法假设虚拟状态下的单位力：

(1)设要求图4-40(a)、(b)所示结构上 C 点的竖向线位移，可在该点沿所求位移方向加一单位力。

(2)设要求图4-40(c)、(d)所示结构上截面 A 的角位移，可在该处加一单位力偶。若要求图4-40(e)所示桁架中 AB 杆的角位移，则应加一单位力偶，构成这一力偶的两个集中力，各作用于该杆的两端并与杆轴垂直，其值为 $1/l$，l 为该杆长度。

(3)设要求图4-40(f)、(g)所示结构上 A、B 两点沿其连线方向的相对线位移，可在该两点沿其连线加上两个方向相反的单位力。

(4)设要求梁或刚架上两个截面的相对角位移，可在这两个截面上加两个方向相反的单位力偶，如图4-40(h)所示。若要求桁架中两根杆件的相对角位移，也应加两个方向相反的单位力偶，如图4-40(i)所示。

如果结构只受到荷载作用，且不考虑支座位移的影响($C_i=0$)时，则式(4-21)可简化为

$$\Delta_{\mathrm{k}} = \sum\int\overline{N}\mathrm{d}u + \sum\int\overline{M}\mathrm{d}\varphi + \sum\int\overline{Q}\gamma\mathrm{d}s \tag{4-21a}$$

式中微段的变形是由荷载引起的；设 N_{p}、M_{p}、Q_{p} 表示实际位移状态中微段 $\mathrm{d}s$ 上所受的轴力、弯矩和剪力，如图4-41(a)所示，在线弹性范围内，由材料力学可知，N_{p}、M_{p}、Q_{p} 引起的微段 $\mathrm{d}s$ 上的变形可写为

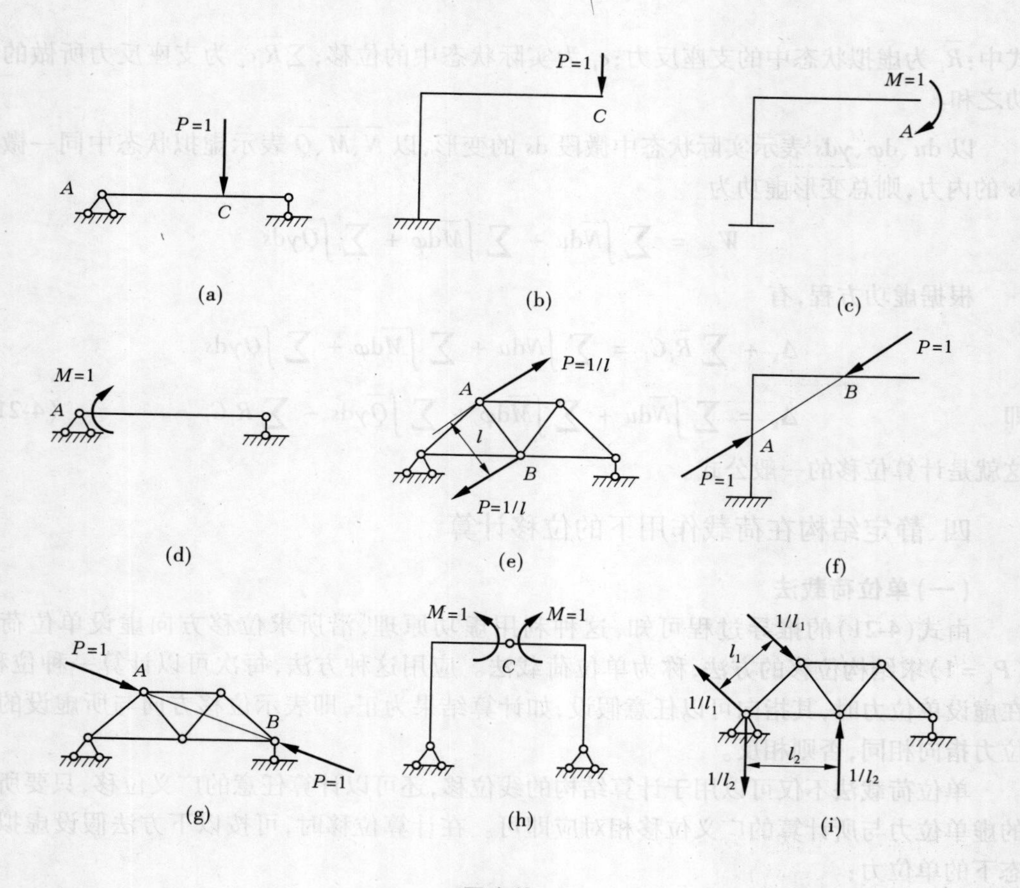

图 4-40

$$du = \frac{N_p}{EA}ds \tag{4-21b}$$

$$d\varphi = \frac{M_p}{EI}ds \tag{4-21c}$$

$$\gamma = k\frac{Q_p}{GA}ds \tag{4-21d}$$

式中：EA、EI、GA 分别为杆件截面的抗拉、抗弯、抗剪刚度；k 为剪应力不均匀分布系数，它与截面的形状有关，对于矩形截面 $k=5/6$，对于圆形截面 $k=10/9$，对于薄壁圆环截面 $k=2$。

用 Δ_{kp} 表示荷载引起的 K 截面的位移。把式(4-21b)、式(4-21c)、式(4-21d)代入式(4-21a)得

$$\Delta_{kp} = \sum\int\frac{N_p\overline{N}}{EA}ds + \sum\int\frac{M_p\overline{M}}{EI}ds + \sum\int k\frac{Q_p\overline{Q}}{GA}ds \tag{4-22}$$

这就是平面杆系结构在荷载作用下的位移计算公式。

式(4-22)中，$\overline{N}$、$\overline{M}$、$\overline{Q}$ 表示虚拟状态中单位力所产生的内力。在静定结构中，上述内力均可通过静力平衡条件求得，故不难利用式(4-22)求出相应的位移。

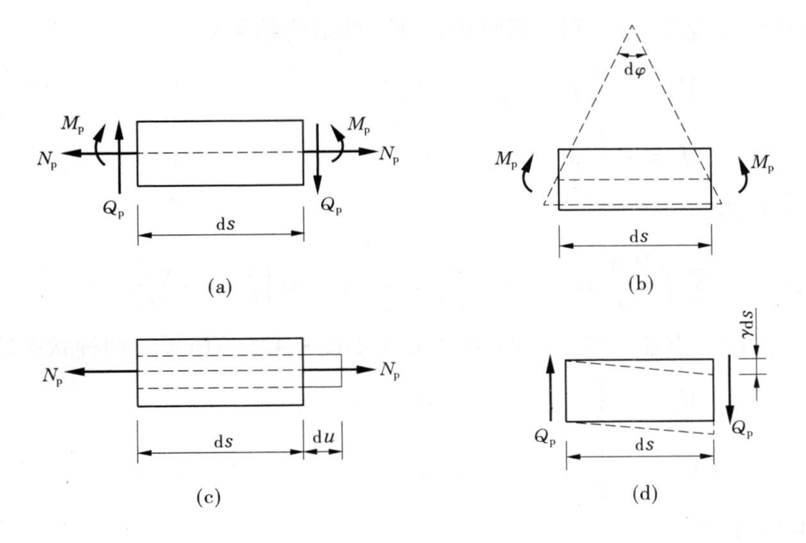

图 4-41

在实际计算中，根据结构的具体情况，常常可以只考虑其中的一项（或两项）。例如，对于梁和刚架，位移主要是由弯矩引起的，轴力和剪力的影响很小，一般可略去，故式(4-22)可简化为

$$\Delta_{kp} = \sum \int \frac{M_p \overline{M}}{EI} ds \tag{4-23}$$

在桁架中只有轴向变形一项的影响，且每一根杆件的轴力 $\overline{N}$、N_p 及 EA 沿杆长 l 均为常数，故式(4-22)可简化为

$$\Delta_{kp} = \sum \int \frac{N_p \overline{N}}{EA} ds = \sum \frac{N_p \overline{N}}{EA} \tag{4-24}$$

【例 4-17】 试求图 4-42(a)所示刚架 C 端的水平位移 Δ_{CH} 和角位移 φ_C。已知 AB、BD 段的抗弯刚度为 EI，DC 段的抗弯刚度为 $\frac{1}{2}EI$。

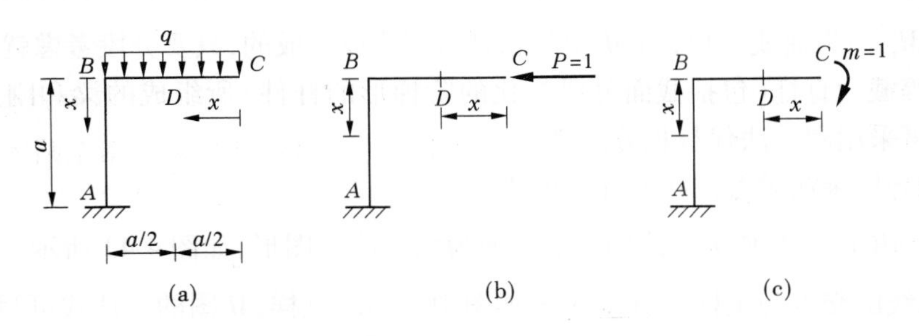

图 4-42

解 (1)求 Δ_{CH} 时，可在 C 点加一水平单位力，得虚力状态如图 4-42(b)所示，并分别设各杆的 x 坐标。实际荷载和单位荷载所引起的弯矩分别为（假定内侧受拉为正，只要两

种状态的弯矩正负号规定一致，则不影响位移计算的最终结果）

横梁 BC $M_p = -\frac{1}{2}qx^2$ $\overline{M} = 0$

竖柱 AB $M_p = -\frac{1}{2}qa^2$ $\overline{M} = x$

代入式(4-23)得

$$\Delta_{CH} = \sum\int\frac{M_p\overline{M}}{EI}dx = \left[0 + \int_0^a\left(-\frac{1}{2}qa^2\right)xdx\right]\frac{1}{EI} = -\frac{qa^4}{4EI}(\rightarrow)$$

(2)求 φ_C 时，在 C 点加一单位力偶，虚力状态如图 4-42(c)所示。两种状态的弯矩为

横梁 BC $M_p = -\frac{1}{2}qx^2$ $\overline{M} = -1$

竖柱 AB $M_p = -\frac{1}{2}qa^2$ $\overline{M} = -1$

代入式(4-23)得

$$\varphi_C = \left[\int_0^{\frac{a}{2}}(-1)\times\left(-\frac{1}{2}qx^2\right)dx\right]\times\frac{1}{2}\times\frac{1}{EI} + \left[\int_{\frac{a}{2}}^a(-1)\times\left(-\frac{1}{2}qx^2\right)dx\right]\frac{1}{EI} +$$
$$\left[\int_0^a(-1)\times\left(-\frac{1}{2}qa^2\right)dx\right]\frac{1}{EI} = \frac{21qa^3}{32EI}(\text{顺时针})$$

(二)图乘法

在求梁和刚架的位移时，用单位荷载法给出的公式(4-23)计算位移时，必须进行积分运算。在杆件数目较多，荷载复杂的情况下，上述积分运算是很麻烦的。但是，在一定条件下，上述积分可用 M_p 和 $\overline{M}$ 两个弯矩图相乘的方法来代替，从而简化计算工作。其条件如下：

(1) EI = 常数。

(2)杆件轴线是直线。

(3) M_p 图和 $\overline{M}$ 图中至少有一个是直线图形。

对于等截面直杆，上述前两个条件能够自动满足。至于第三个条件，虽然在均布荷载作用下，其 M_p 图为曲线图形，但 $\overline{M}$ 图却总是由直线段组成的，只要分段考虑就可以满足。于是，对于等截面直杆(包括截面分段变化的阶梯形的杆件)所组成的梁和刚架，在位移计算中，均可采用图乘法代替积分运算。

下面推导图乘法求解位移的计算公式。

设杆件 AB 长为 l，$\overline{M}$ 为直线图形，M_p 图为任意曲线图形，如图 4-43 所示。选 $\overline{M}$ 图形的直线与基线的交点为坐标原点，x、y 轴如图中给出。这样，$\overline{M}$ 图的表达式可写作

$$\overline{M} = x\tan\alpha(x_A \leqslant x \leqslant x_B) \tag{4-24a}$$

将式(4-24a)代入式(4-23)

$$\Delta = \sum\frac{1}{EI}\int x\tan\alpha M_p dx$$

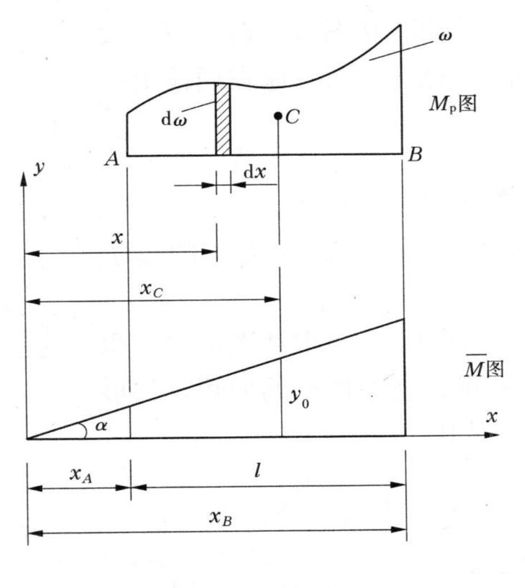

图 4-43

即
$$\Delta = \sum \frac{\tan\alpha}{EI}\int xM_p\mathrm{d}x \tag{4-24b}$$

积分号下 $M_p\mathrm{d}x$ 是 M_p 图上的微面积 $\mathrm{d}\omega$。积分 $\int x\mathrm{d}\omega$ 是图形 M_p 相对于 y 轴的静矩，同时我们知道，一个图形相对于某轴的静矩等于该图形的面积乘以该图形的形心 C 到 y 轴的距离，则

$$\int_L xM_p\mathrm{d}x = \int_w x\mathrm{d}\omega = \omega x_C \tag{4-24c}$$

将式(4-24c)代入式(4-24b)得

$$\Delta = \sum \frac{1}{EI}\omega x_C\tan\alpha$$

从 $\overline{M}$ 图上看，如将与 M_p 图形心 C 相对应的 $\overline{M}$ 图的纵坐标用 y_0 表示，显然有

$$y_0 = x_C\tan\alpha$$

于是得到图乘法的位移计算公式

$$\Delta = \sum \frac{1}{EI}\omega y_0 \tag{4-25}$$

结论：当前述三个条件被满足时，位移 Δ 等于 M_p 图、$\overline{M}$ 图两图中曲线图形的面积乘以其形心所对应的直线图形的纵坐标，再除以抗弯刚度 EI。

应用式(4-25)求杆件位移时，要注意以下几点：

(1)当 M_p 图和 $\overline{M}$ 图在基线的同侧时，乘积 ωy_0 取正号；反之，取负号。

(2)当 M_p 图和 $\overline{M}$ 图都为直线图形时，可任选一图形计算面积 ω，以该图形形心所对应的另一图形的纵坐标做 y_0。

(3)$\overline{M}$ 图不可能是曲线，只能是直线或折线。当 M_p 图为曲线，$\overline{M}$ 图是折线时，可分段进行图乘。如图 4-44 所示的情况，$\overline{M}$ 图是由两段直线段组成的，相应地将 M_p 图分为两部分，图乘应在两段上分别进行，然后叠加，即

$$\Delta = \frac{1}{EI}(\omega_1 y_{01} + \omega_2 y_{02})$$

应用图乘法时，至关重要的是，y_0 必须在直线图形上取得。

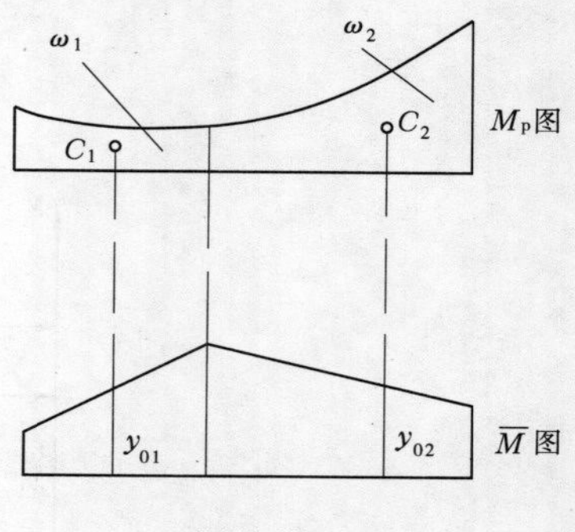

图 4-44

(4)为顺利地进行图乘，需知道常见曲线图形的面积及其形心位置。现将二次标准抛物线图形的面积及其形心位置示于图 4-45 中，以便使用。

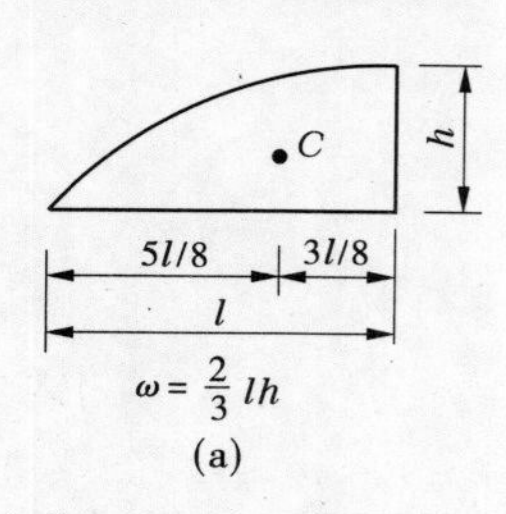

(a)

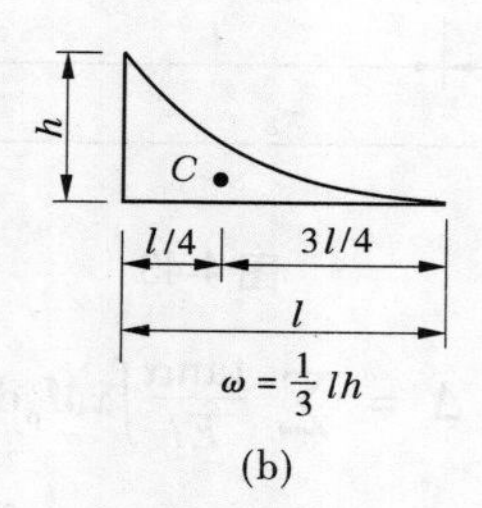

(b)

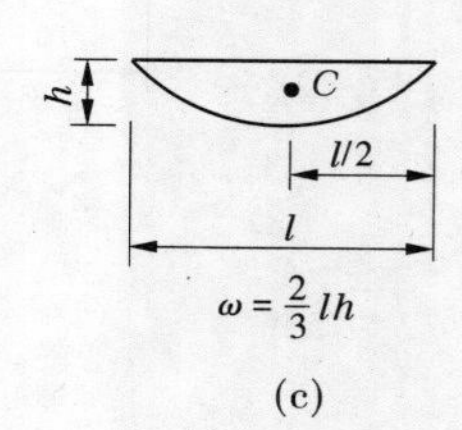

(c)

图 4-45

【例 4-18】 试求图 4-46(a)所示简支梁在力 P 作用下 B 支座处的转角 θ_B。

解 作 M_p 图，如图 4-46(b)所示。

在 B 支座处施加单位力偶 $\overline{m}=1$，并作 $\overline{M}$ 图，如图 4-46(c)所示。

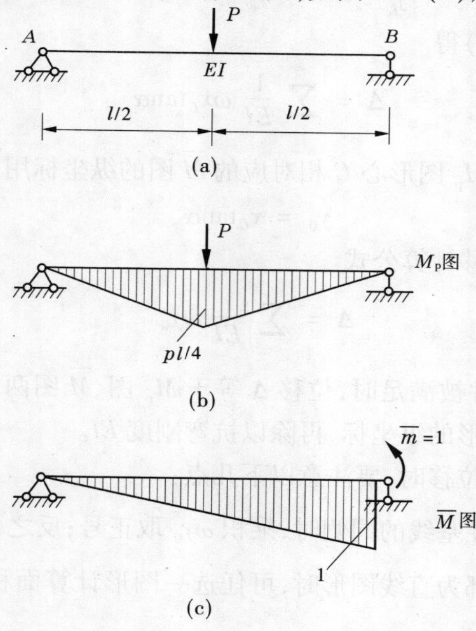

图 4-46

$\overline{M}$ 图为直线图形，应在 M_p 图上计算面积 ω，在 $\overline{M}$ 图上取纵坐标 y_0。

M_p 图的面积 $\omega = -\frac{1}{8}pl^2$

M_p 形心所对应的 $\overline{M}$ 图的纵坐标 $y_0 = 1/2$，由式(4-25)知

$$\theta_B = \frac{1}{EI}\omega y_0 = \frac{Pl^2}{16EI}$$

学习任务五　超静定结构的内力计算

一、超静定结构概述

(一)超静定结构的概念

一个结构，如果它的支座反力和各截面的内力都可以由静力平衡条件唯一确定，这种结构称为静定结构。图 4-47 所示刚架是一个静定结构，它的支座反力和各截面的内力都可以由静力平衡条件唯一确定。一个结构，如果它的支座反力和各截面的内力不能完全由静力平衡条件唯一确定，则称为超静定结构。图 4-48 所示刚架是一个超静定结构，有四个反力，却只能列出三个独立的平衡方程，它的支座反力和各截面的内力不能由静力平衡条件唯一确定，我们把相对静力平衡方程数目多出的一个未知力称为多余约束。

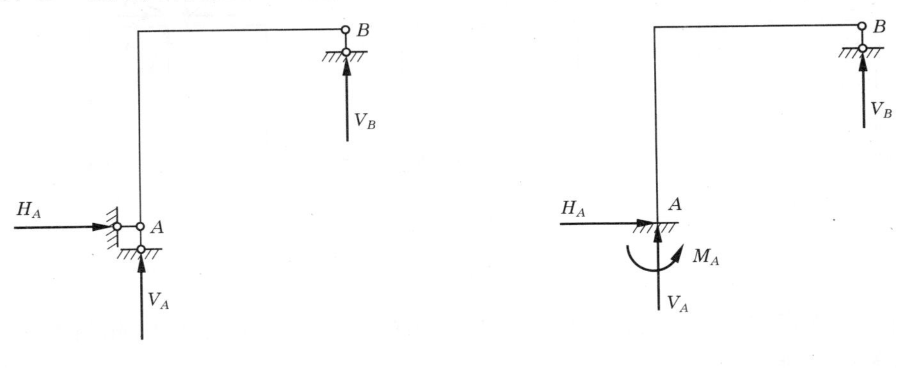

图 4-47　　图 4-48

多余约束是超静定结构区别于静定结构的基本特点。多余约束增加了结构的强度和刚度，因而超静定结构在工程中得到广泛的应用。

(二)超静定次数的确定

超静定结构中多余约束的数目，称为超静定次数，即多余未知力的个数。所以，确定结构超静定次数的方法，就是把结构中的多余约束去掉，使之变成静定结构，所去掉的多余约束的个数即为结构的超静定次数。

通常情况下，将超静定结构去掉多余约束变成静定结构，可以采用以下方法：

(1)去掉一个链杆支座或切断一根链杆，相当于去掉一个约束，如图 4-49 所示。

(2)去掉一个铰支座或一个单铰，相当于去掉两个约束，如图 4-50 所示。

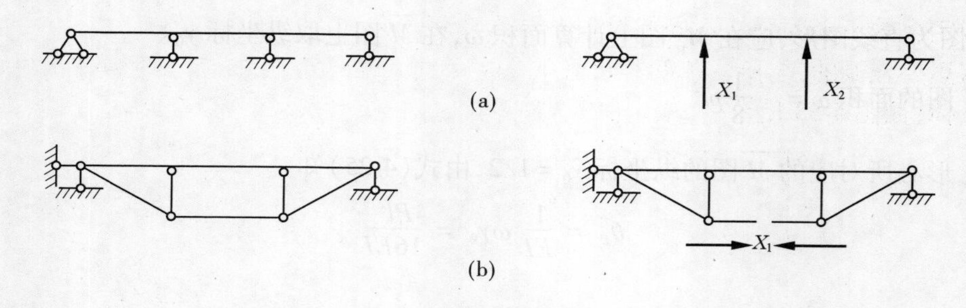

图 4-49

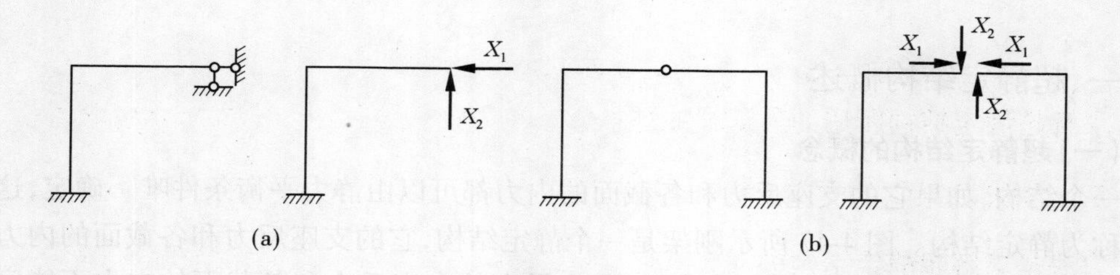

图 4-50

(3)去掉一个固定端支座或切断一根梁式杆，相当于去掉三个约束，如图 4-51 所示。

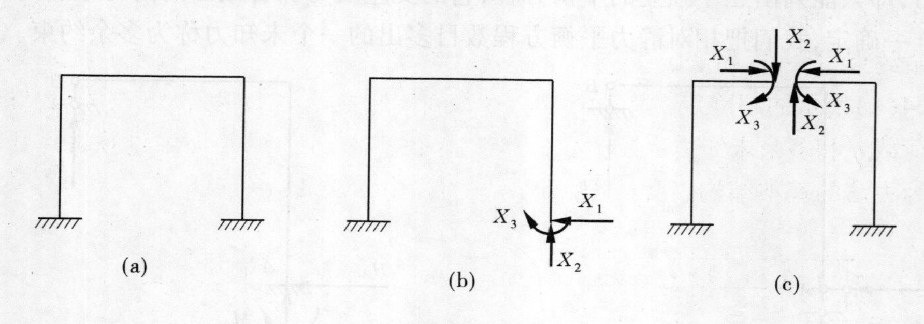

图 4-51

(4)将一个固定端支座改为铰支座或者将一刚性连接改为单铰连接，相当于去掉一个约束，如图 4-52 所示。

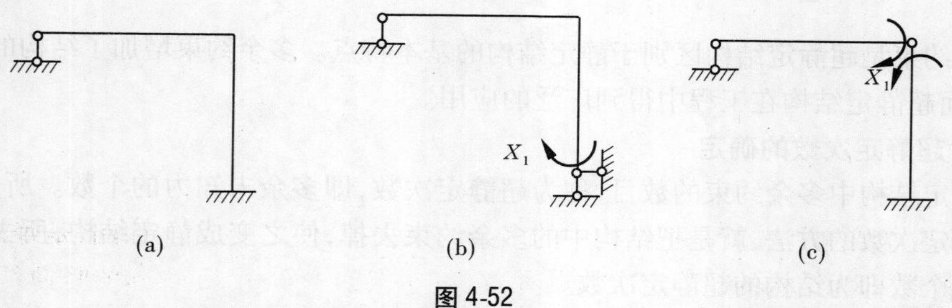

图 4-52

对于同一个超静定结构来说，可以采用不同的方法去掉多余约束，因而可以得到不同形式的静定结构体系。但不论是采用哪种形式，所去掉的多余约束的数目必然是相同的，即超静定次数不会因采用不同的静定结构体系而改变。

这里要强调的是，所去掉的约束必须是多余约束，原结构中维持平衡的必要约束绝对不能去掉，如图 4-53 所示。

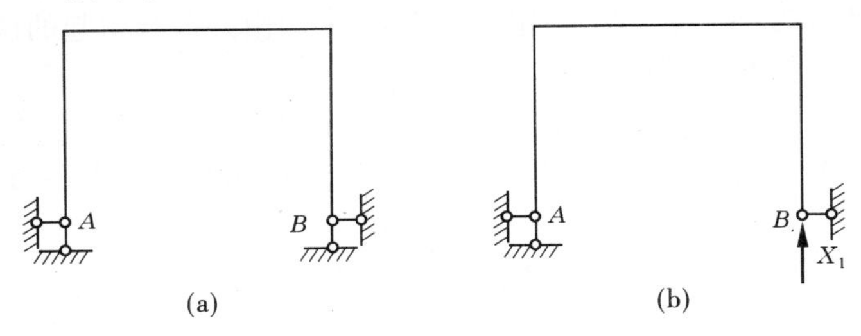

图 4-53

求解超静定结构所用的最基本的计算方法是力法和位移法。本书只介绍力法。

二、力法

力法是求解超静定结构的基本方法，可以分析任何类型的超静定结构。

（一）力法的基本原理

下面通过对一次超静定梁的分析，来说明力法的基本原理。

图 4-54(a)所示为一端固定、另一端铰支的梁承受荷载 q 的作用，EI 为常数，该梁有一个多余约束，是一次超静定结构。如果把支杆 B 去掉，并以相应的约束反力 X_1 代替，则图 4-54(a)所示的超静定结构就转化为 4-54(b)所示的静定结构。它承受着与原结构相同的荷载 q 和多余未知力 X_1，这种去掉多余约束并用多余未知力来代替后得到的静定结构称为力法的基本结构。我们把多余未知力称为力法的基本未知量。

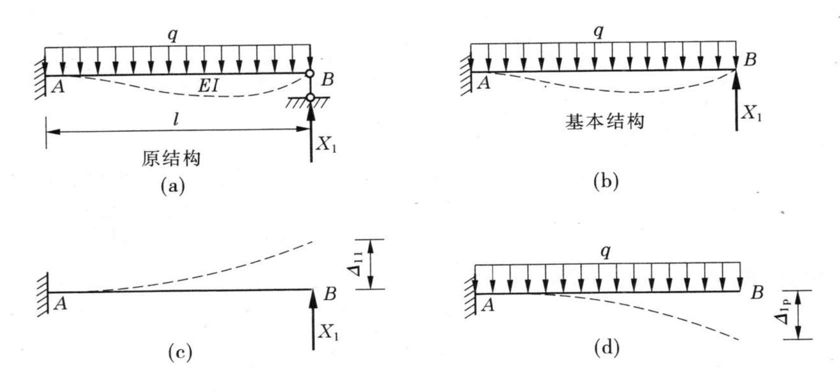

图 4-54

由于基本结构上的 X_1 等于原结构支座 B 的反力，两个结构受力相同，是等效的。因此，在外荷载 q 和多余未知力 X_1 共同作用下，基本结构 B 处沿 X_1 方向的竖向位移 Δ_1 与原结构 B 处的竖向位移相等（等于零），即

$$\Delta = 0 \tag{4-26}$$

下面先介绍求解基本未知量的方法。

设以 Δ_{11} 和 Δ_{1p} 分别表示多余约束力 X_1 和荷载 q 单独作用在基本结构时，B 点沿 X_1 方向上的位移，如图 4-54(c)、(d)所示。符号 Δ 右下角两个角标的含义：第一个角标表示位移的位置和方向，第二个角标表示引起此位移的原因。例如 Δ_{11} 表示在 X_1 作用点沿 X_1 方向由 X_1 引起的位移；Δ_{1p} 表示在 X_1 作用点沿 X_1 方向由外荷载引起的位移。为了求得 B 点的竖向总位移，根据叠加原理，应有

$$\Delta_1 = \Delta_{11} + \Delta_{1p} = 0 \tag{4-27}$$

若以 δ_{11} 表示 $X_1 = 1$ 时，基本结构在 X_1 作用点沿 X_1 方向产生的位移，则有

$$\Delta_{11} = \delta_{11} X_1$$

于是

$$\delta_{11} X_1 + \Delta_{1p} = 0 \tag{4-28}$$

$$X_1 = -\frac{\Delta_{1p}}{\delta_{11}}$$

式(4-28)称为力法的基本方程，式中 δ_{11} 称为方程的系数，Δ_{1p} 称为方程的自由项。

由于基本结构为静定结构，根据前面静定结构求位移的方法，可以利用图乘法求出式(4-28)中的 Δ_{1p} 和 δ_{11}。图 4-55(a)、(b)所示为基本结构在荷载 P 及单位荷载 $X_1 = 1$ 分别作用下的弯矩图，称为 M_p 图和 $\overline{M}_1$ 图，则：

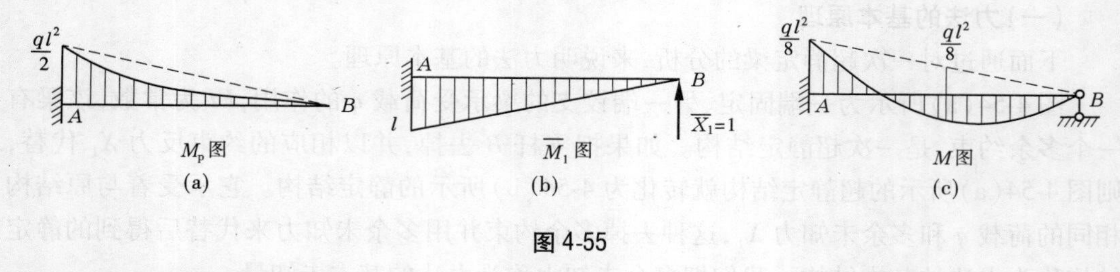

图 4-55

计算 δ_{11} 时可用图"自乘"，即

$$\delta_{11} = \sum\int \frac{\overline{M}_1 \overline{M}_P}{EI} dx = \frac{1}{EI} \times \frac{l^2}{2} \times \frac{2l}{3} = \frac{l^3}{3EI}$$

计算 Δ_{1p} 时可用 $\overline{M}_1$ 和 M_p 图乘，即

$$\Delta_{1p} = \sum\int \frac{\overline{M}_1 \overline{M}_p}{EI} dx = -\frac{1}{EI}\left(\frac{1}{3} \times l \times \frac{ql^2}{2} \times \frac{3l}{4}\right) = -\frac{ql^4}{8EI}$$

将 δ_{11} 和 Δ_{1p} 的值代入式(4-28)，即可解出基本未知量 X_1。

$$X_1 = -\frac{\Delta_{1p}}{\delta_{11}} = -\frac{-\dfrac{ql^4}{8EI}}{\dfrac{l^3}{3EI}} = \frac{3ql}{8}(\uparrow)$$

所得结果为正，表明 X_1 的实际方向与基本结构中所假设的方向一致。

基本未知量 X_1 求出后，其余所有的力都可利用静力平衡条件确定。原结构的最终弯矩图 M 图，可利用已知的 $\overline{M}_1$ 图与 M_p 图按叠加原理绘制，即

$$M = \overline{M}_1 X_1 + M_p \tag{4-29}$$

应用式(4-29)绘制弯矩图时,可将 $\overline{M}_1$ 图的纵标乘以 X_1,再与 M_p 图的相应纵标叠加,即可绘制 M 图,如图 4-55(c)所示。

综上所述,力法的基本原理就是以多余约束的约束反力作为基本未知量,以去掉多余约束的基本结构为研究对象,根据多余约束处的几何位移条件建立力法基本方程,求解出多余约束反力,然后求解出整个超静定结构的内力。

(二)力法典型方程

上面讨论了一次超静定结构的力法原理,下面以一个三次超静定结构来说明力法解超静定结构的典型方程。

图 4-56 所示为一个三次超静定刚架,在荷载作用下结构的变形如图中虚线所示。这里我们取基本结构如图 4-56(b)所示,去掉固定支座 C 处的多余约束,用基本未知量 X_1、X_2、X_3 代替。由于原结构 C 处为固定支座,其线位移和转角位移都为零。所以,基本结构在荷载 P 及 X_1、X_2、X_3 共同作用下,C 点沿 X_1、X_2、X_3 方向的位移都等于零,即基本结构的几何位移条件为 $\Delta_1=0$ $\Delta_2=0$ $\Delta_3=0$

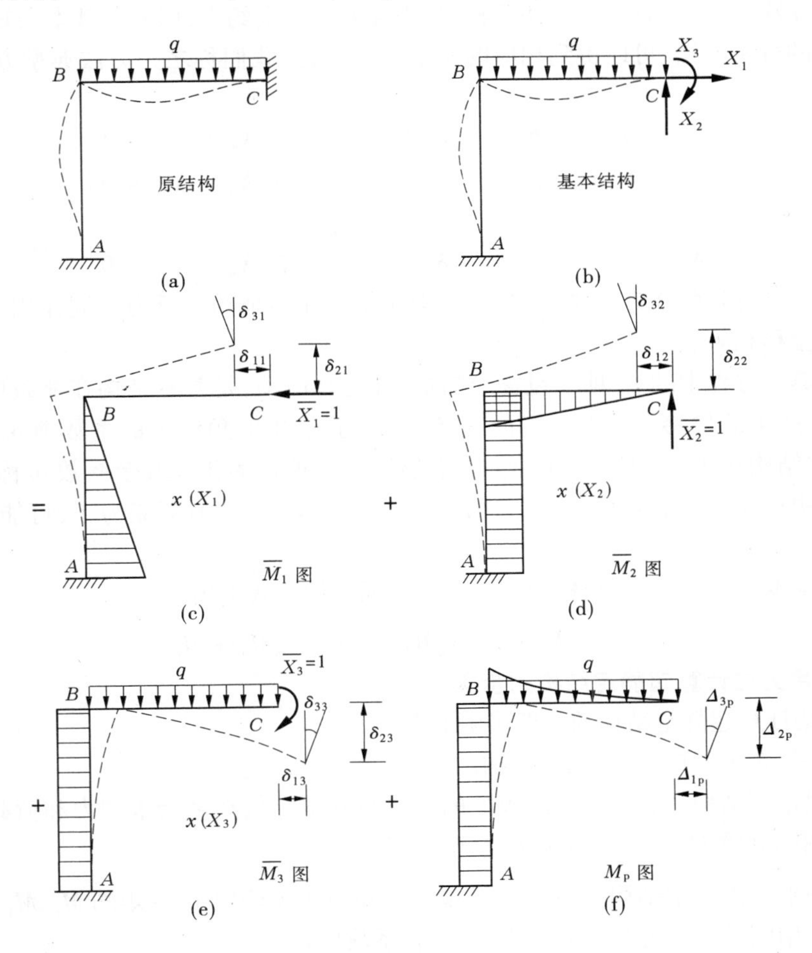

图 4-56

根据叠加原理，上面的几何条件可以表示为

$$\left.\begin{aligned}\Delta_1 &= \Delta_{1p} + \Delta_{11} + \Delta_{12} + \Delta_{13} = 0\\ \Delta_2 &= \Delta_{2p} + \Delta_{21} + \Delta_{22} + \Delta_{23} = 0\\ \Delta_3 &= \Delta_{3p} + \Delta_{31} + \Delta_{32} + \Delta_{33} = 0\end{aligned}\right\} \quad (4\text{-}30)$$

第一式中Δ_{1p}、Δ_{11}、Δ_{12}、Δ_{13}分别为荷载P及多余未知力X_1、X_2、X_3分别作用在基本结构上沿X_1方向产生的位移，如果用δ_{11}、δ_{12}、δ_{13}表示单位力$X_1=1$、$X_2=1$、$X_3=1$分别作用于基本结构上产生的沿X_1方向的相应位移，如图4-56(c)～(f)所示，上面几何条件中的第一式可以写为

$$\Delta_1 = \delta_{11}X_1 + \delta_{12}X_2 + \delta_{13}X_3 + \Delta_{1p} = 0$$

另外两式以此类推，则可得出基本结构满足的位移条件为

$$\left.\begin{aligned}\Delta_1 &= \delta_{11}X_1 + \delta_{12}X_2 + \delta_{13}X_3 + \Delta_{1p} = 0\\ \Delta_2 &= \delta_{21}X_1 + \delta_{22}X_2 + \delta_{23}X_3 + \Delta_{2p} = 0\\ \Delta_3 &= \delta_{31}X_1 + \delta_{32}X_2 + \delta_{33}X_3 + \Delta_{3p} = 0\end{aligned}\right\} \quad (4\text{-}31)$$

对于n次超静定结构，用力法分析时，去掉n个多余约束，以n个基本未知量代之，用上面同样的分析方法，可以得到相应的n个力法方程，我们称之为力法典型方程，具体形式如下

$$\left.\begin{aligned}\Delta_1 &= \delta_{11}X_1 + \delta_{12}X_2 + \delta_{13}X_3 + \cdots + \delta_{1n}X_n + \Delta_{1p} = 0\\ \Delta_2 &= \delta_{21}X_1 + \delta_{22}X_2 + \delta_{23}X_3 + \cdots + \delta_{2n}X_n + \Delta_{2p} = 0\\ &\vdots\\ \Delta_n &= \delta_{n1}X_1 + \delta_{n2}X_2 + \delta_{n3}X_3 + \cdots + \delta_{nn}X_n + \Delta_{np} = 0\end{aligned}\right\} \quad (4\text{-}32)$$

力法典型方程的物理意义是：基本结构在荷载和多余约束反力共同作用下的位移和原结构的位移相等。

力法典型方程中的Δ_{ip}项不包含未知量，称为自由项，是基本结构在荷载单独作用下沿X_i方向产生的位移。从左上方的δ_{11}到右下方δ_{nn}主对角线上的系数项δ_{ii}，称为主系数，是基本结构在$X_i=1$作用下沿x_i方向的位移，其值恒为正。其余系数δ_{ij}称为副系数，是基本结构在$X_j=1$作用下沿X_i方向的位移，且$\delta_{ij}=\delta_{ji}$，其值可能为正，可能为负，也可能为零。

求得基本未知量后，原结构的弯矩可按下面叠加公式求出

$$M = X_1\overline{M}_1 + X_2\overline{M}_2 + \cdots + X_n\overline{M}_n + M_p \quad (4\text{-}33)$$

（三）用力法计算超静定结构的步骤

用力法计算超静定结构的一般步骤如下：

（1）去掉多余约束，选取基本结构。

（2）根据原结构在去掉多余约束处的位移与基本结构在多余未知力和荷载作用下相应的位移相同的条件，建立力法典型方程。

（3）分别作出基本结构在荷载P及单位未知力X_i作用下的弯矩图M_p、$\overline{M}_1$。

（4）利用图乘法求方程中的自由项Δ_{ip}和系数项δ_{ij}。

（5）解力法方程，求解多余未知力X_i。

(6)用分析静定结构的方法或叠加法作出原结构的内力图。

【例 4-19】 用力法求作图 4-57(a)所示超静定刚架的内力图。刚度 EI 为常数。

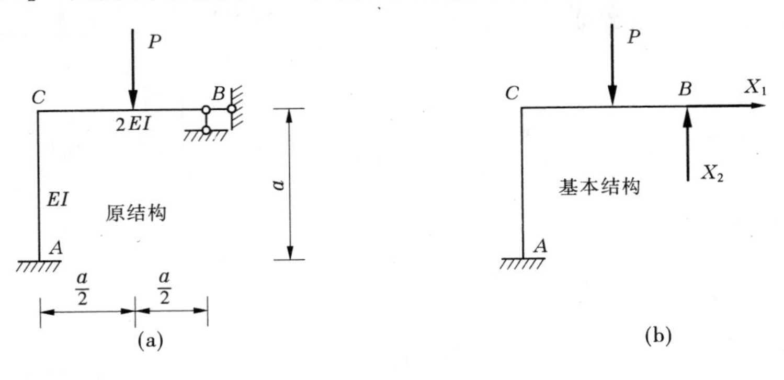

图 4-57

解 (1)选取基本结构如图 4-57(b)所示。

(2)建立力法典型方程

$$\delta_{11}X_1+\delta_{12}X_2+\Delta_{1p}=0$$
$$\delta_{21}X_1+\delta_{22}X_2+\Delta_{2p}=0$$

(3)作出 $\overline{M}_1$、$\overline{M}_2$、M_p 图,如图 4-58(a)、(b)、(c)所示,用图乘法求出方程中的各系数项和自由项。

$$\delta_{11}=\frac{1}{EI}\left(\frac{a^2}{2}\times\frac{2a}{3}\right)=\frac{a^3}{3EI}$$

$$\delta_{12}=\delta_{21}=-\frac{1}{EI}\left(\frac{a^2}{2}\times a\right)=-\frac{a^3}{2EI}$$

$$\delta_{22}=\frac{1}{2EI}\left(\frac{a^2}{2}\times\frac{2a}{3}\right)+\frac{1}{EI}(a^2\times a)=\frac{7a^3}{6EI}$$

$$\delta_{12}=\delta_{21}=-\frac{1}{EI}\left(\frac{a^2}{2}\times a\right)=-\frac{a^3}{2EI}$$

$$\Delta_{1p}=\frac{1}{EI}\left(\frac{a^2}{2}\times\frac{Pa}{2}\right)=\frac{Pa^3}{4EI}$$

$$\Delta_{2p}=-\frac{1}{2EI}\left(\frac{1}{2}\times\frac{Pa}{2}\times\frac{a}{2}\times\frac{5a}{6}\right)-\frac{1}{EI}\left(\frac{Pa^2}{2}\times a\right)=-\frac{53Pa^3}{96EI}$$

(4)代入力法典型方程化简得

$$\frac{P}{4}+\frac{1}{3}X_1-\frac{1}{2}X_2=0$$

$$-\frac{53P}{96}-\frac{1}{2}X_1+\frac{7}{6}X_2=0$$

解得 $$X_1=-\frac{9}{80}P \qquad X_2=\frac{17}{40}P$$

作出弯矩图、剪力图和轴力图如图 4-58(d)、(e)、(f)所示。

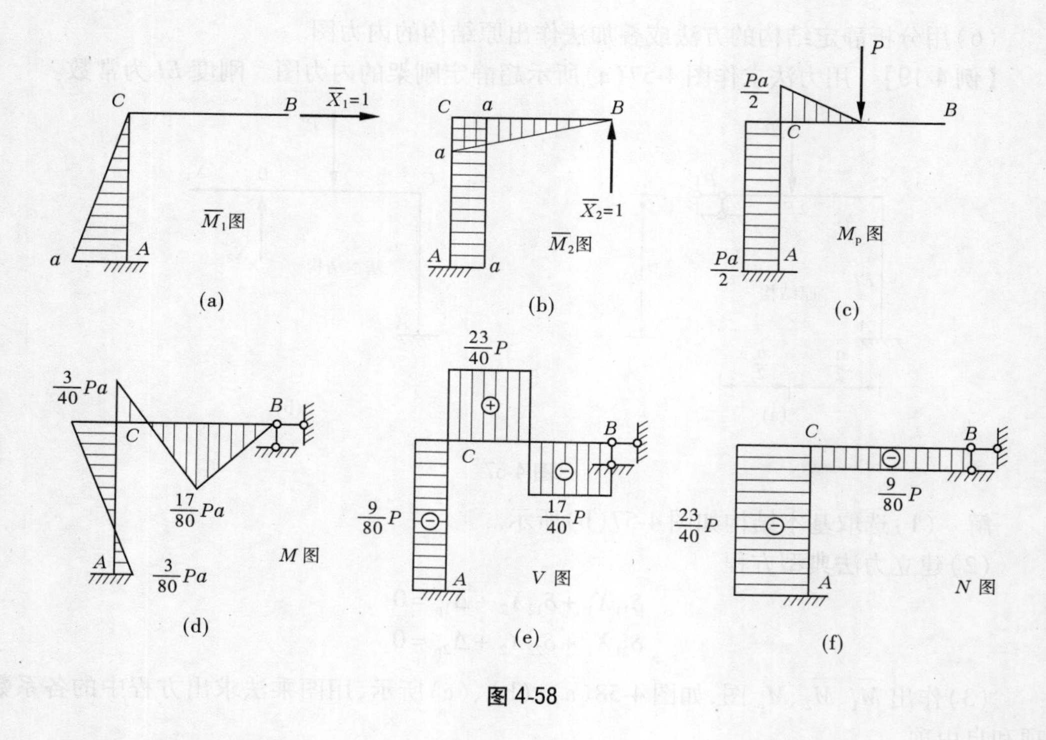

图 4-58

三、位移法

(一)位移法的基本原理

位移法是以独立的节点线位移和角位移为基本未知量,通过平衡方程和变形条件建立位移法方程求出未知量,再利用杆端内力与荷载及节点位移之间的关系计算结构的内力,作出内力图。下面以图 4-59(a)所示刚架为例,说明位移法的基本原理。

在荷载 P 的作用下,刚架将发生虚线所示变形,在忽略轴线变形的情况下,A 点没有水平向和竖向位移,即没有节点线位移。而节点 A 为刚节点,杆件 AB、AC 在节点 A 处发生相同的转角 Z_1,称为节点 A 的角位移。只要求出转角 Z_1,由力法可知,杆件 AB、AC 的内力和变形就可完全确定。

在刚节点 A 上加一个限制转动(不限制线位移)的约束,称为附加刚臂,如图 4-59(b)所示。因为不计轴向变形,杆件 AB 相当于一端固定,另一端铰支的梁,杆件 AC 相当于一根两端固定的梁,原刚架变成单跨超静定梁系,称为位移法基本结构。

在基本结构上施加原结构的荷载,杆件 AC 发生图 4-59(c)所示变形,但在杆端 A 截面被刚臂制约,不产生角位移,使得刚臂中出现了反力矩 R_{1F}(称为自由项),如图 4-59(c)所示。荷载引起的刚臂反力矩规定以顺时针方向为正。

为使基本结构与原结构一致,需将刚臂带动刚节点转动角度 Z_1,使得基本结构的节点 A 的转角与原结构在自然状态下的转角相同。刚臂转动角度 Z_1 引起的刚臂反力矩用 R_{11} 表示,并规定以顺时针方向为正,如图 4-59(d)所示。

R_{11} 可以用未知量 Z_1 表示为

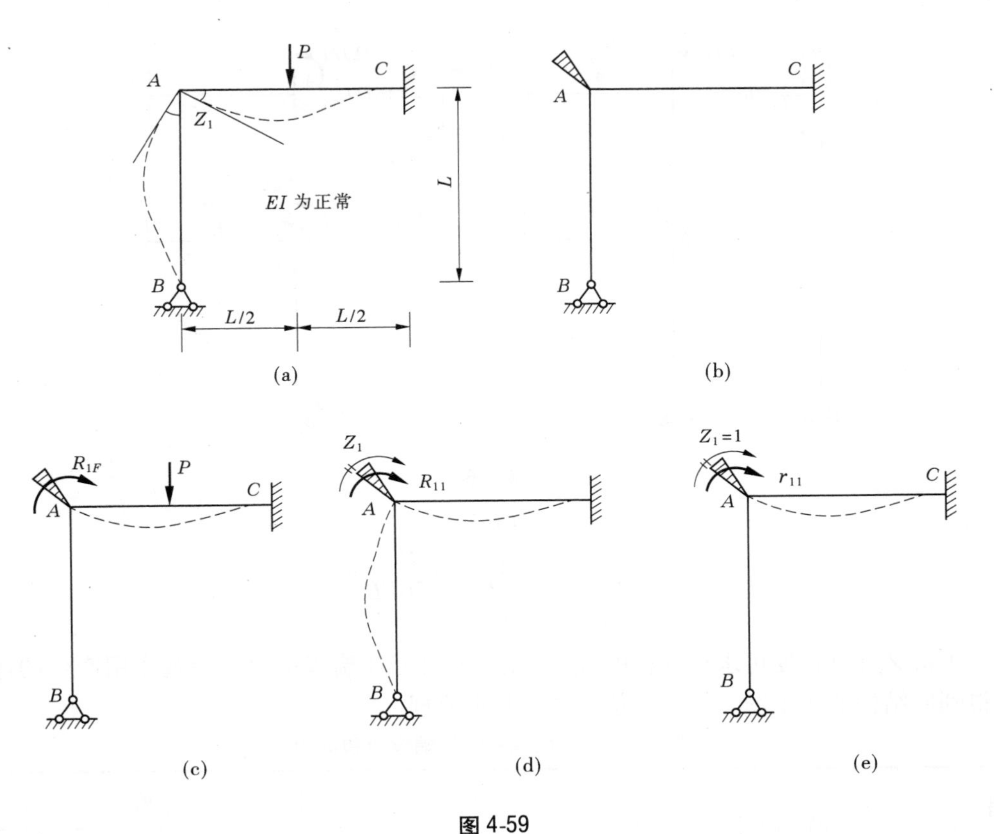

图 4-59

$$R_{11} = r_{11}Z_1 \tag{4-34}$$

式中：r_{11}为刚臂产生单位转角 $Z_1=1$ 时所引起的刚臂反力矩，如图 4-59(e)所示。

荷载作用于基本结构引起的刚臂反力矩 R_{1F}，节点转角 Z_1 引起的 R_{11}，二者之和为总反力矩 R，即

$$R = R_{11} + R_{1F}$$

在基本结构上施加原结构荷载，令基本结构的刚臂转动原结构的转角，这使得基本结构和原结构的受力状态及变形状态完全一致。这时，即使没有刚臂存在，刚节点也能自身处于平衡状态，即刚臂失去了约束作用，表明总反力矩

$$R = R_{11} + R_{1F} = 0$$

即

$$r_{11}Z_1 + R_{1F} = 0 \tag{4-35}$$

求出系数 r_{11}和自由项 R_{1F}后，式(4-35)可用于求解基本未知量，称为位移法基本方程。它的物理意义是：基本结构在节点转角及外荷载共同作用下，附加刚臂的总反力矩为零。

下面说明如何求解 r_{11}和 R_{1F}。在基本结构中，杆件 AB 相当于一端固定、另一端铰支的梁，杆件 AC 相当于一根两端固定的梁，如图 4-60 所示，用力法可求得(可查表 4-3)

$$R_{1F} = -\frac{PL}{8} \qquad r_{11} = \frac{7EL}{L}$$

解得角位移为

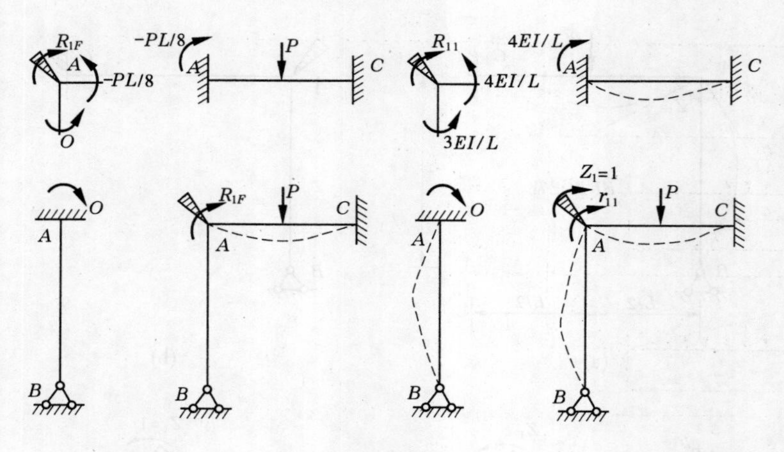

图 4-60

$$Z_1 = -\frac{\frac{PL}{8}}{\frac{7EL}{L}} = -\frac{PL^2}{56EL}$$

求得 Z_1 值后，便可求得各杆的杆端弯矩，进而由杆端弯矩加上荷载作用产生的弯矩可得到原结构的弯矩图。这就是位移法的基本原理。

表 4-3　等截面直杆的杆端弯矩和剪力

编号	梁的简图	弯矩		剪力	
		M_{AB}	M_{BA}	Q_{AB}	Q_{BA}
1	$\varphi=1$，A，EI，B，l	$4i$ $\left(i=\frac{EI}{l}\text{,下同}\right)$	$2i$	$-\frac{6i}{l}$	$-\frac{6i}{l}$
2	A，B，1，l	$-\frac{6i}{l}$	$-\frac{6i}{l}$	$\frac{12i}{l^2}$	$\frac{12i}{l^2}$
3	a，F，b，A，B，l	$-\frac{Fab^2}{l^2}$ 当 $a=b=l/2$ 时，$-\frac{Fl}{8}$	$\frac{Fa^2b}{l^2}$ $\frac{Fl}{8}$	$\frac{Fb^2(l+2a)}{l^3}$ $\frac{F}{2}$	$-\frac{Fa^2(l+2b)}{l^3}$ $-\frac{F}{2}$
4	q，A，B，l	$\frac{ql^2}{12}$	$\frac{ql^2}{12}$	$\frac{ql}{2}$	$-\frac{ql}{2}$

续表 4-3

编号	梁的简图	弯矩		剪力	
		M_{AB}	M_{BA}	Q_{AB}	Q_{BA}
5	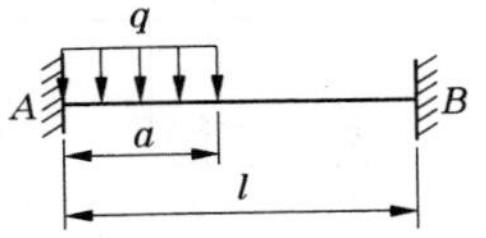	$-\dfrac{qa^2}{12l^2}\times(6l^2-8la+3a^2)$	$\dfrac{qa^3}{12l^2}\times(4l-3a)$	$\dfrac{qa}{2l^3}\times(2l^3-2la^2+a^3)$	$-\dfrac{qa^3}{2l^3}\times(2l-a)$
6	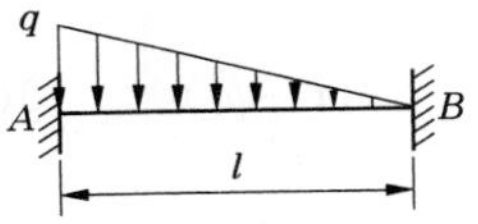	$-\dfrac{ql^2}{20}$	$\dfrac{ql^2}{30}$	$\dfrac{7ql}{20}$	$-\dfrac{3ql}{20}$
7	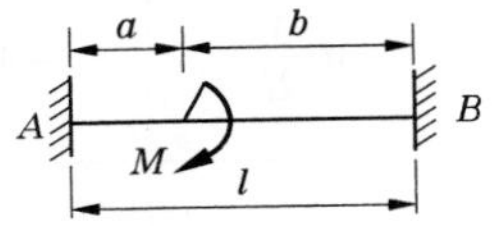	$M\dfrac{b(3a-l)}{l^2}$	$M\dfrac{a(3b-l)}{l^2}$	$-M\dfrac{6ab}{l^3}$	$-M\dfrac{6ab}{l^3}$
8	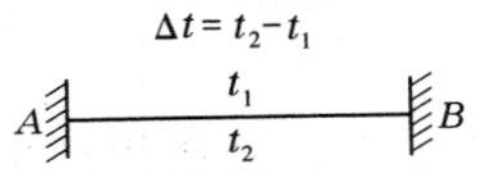 $\Delta t=t_2-t_1$	$-\dfrac{EI\alpha\Delta t}{h}$（$h$ 为横截面高度，α 为线膨胀系数，下同）	$\dfrac{EI\alpha\Delta t}{h}$	0	0
9	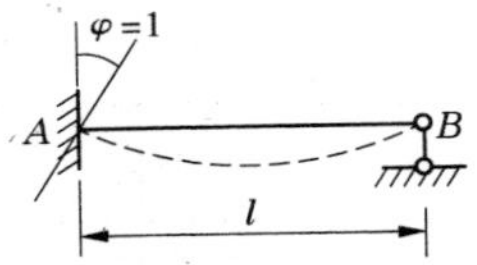 $\varphi=1$	$3i$	0	$-\dfrac{3i}{l}$	$-\dfrac{3i}{l}$
10	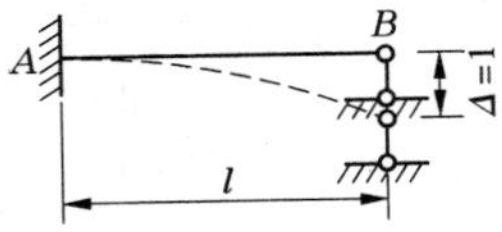 $\Delta=1$	$-\dfrac{3i}{l}$	0	$\dfrac{3i}{l^2}$	$\dfrac{3i}{l^2}$
11	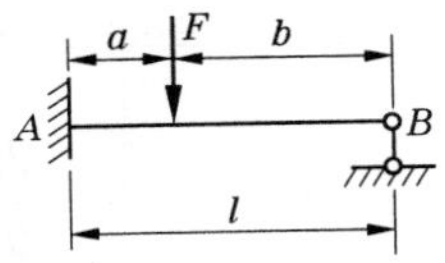	$-\dfrac{Fab(l+b)}{2l^2}$	0	$\dfrac{Fb(3l^2-b^2)}{2l^3}$	$\dfrac{Fa^2(2l+b)}{2l^3}$
		当 $a=b=l/2$ 时，$-\dfrac{3Fl}{16}$	0	$\dfrac{11F}{16}$	$-\dfrac{5F}{16}$
12	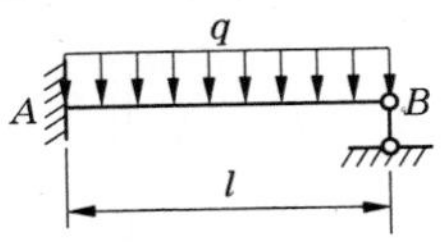	$-\dfrac{ql^2}{8}$	0	$\dfrac{5ql}{8}$	$-\dfrac{3ql}{8}$
13	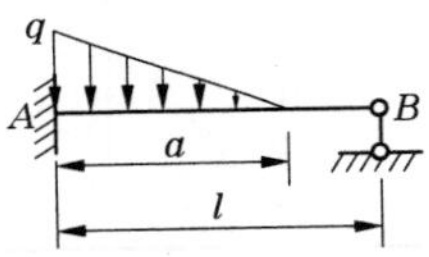	$-\dfrac{qa^2}{24}\left(4-\dfrac{3a}{l}+\dfrac{3a^2}{5l^2}\right)$	0	$\dfrac{qa}{8}\left(4-\dfrac{a^2}{l^2}+\dfrac{a^3}{5l^3}\right)$	$-\dfrac{qa^3}{8l^2}\left(1-\dfrac{a}{5l}\right)$
		当 $a=l$ 时，$-\dfrac{ql^2}{15}$	0	$\dfrac{4ql}{10}$	$-\dfrac{ql}{10}$

续表 4-3

编号	梁的简图	弯矩 M_{AB}	弯矩 M_{BA}	剪力 Q_{AB}	剪力 Q_{BA}
14	q; A; B; l	$-\frac{7ql^2}{120}$	0	$\frac{9ql}{40}$	$-\frac{11ql}{40}$
15	a; b; A; M; B; l	$M\frac{l^2-3b^2}{2l^2}$	0	$-M\frac{3(l^2-b^2)}{2l^3}$	$-M\frac{3(l^2-b^2)}{2l^3}$
		当 $a=l$ 时，$\frac{M}{2}$	$M_{BA}^{左}=M$	$-M\frac{3}{2l}$	$-M\frac{3}{2l}$
16	$\Delta t=t_2-t_1$; t_1; t_2; A; B; l	$-\frac{3EI\alpha\Delta t}{2h}$	0	$\frac{3EI\alpha\Delta t}{2hl}$	$\frac{3EI\alpha\Delta t}{2hl}$
17	$\varphi=1$; A; B; l	i	$-i$	0	0
18	a; F; b; A; B; l	$-\frac{Fa}{2l}(2l-a)$	$-\frac{Fa^2}{2l}$	F	0
		当 $a=\frac{l}{2}$ 时，$\frac{3Fl}{8}$	$-\frac{Fl}{8}$	F	0
19	F; A; B; l	$-\frac{Fl}{2}$	$-\frac{Fl}{2}$	F	$Q_{BA}^{左}=F$ $Q_{BA}^{右}=0$
20	q; A; B; l	$-\frac{ql^2}{3}$	$-\frac{ql^2}{6}$	ql	0
21	$\Delta t=t_2-t_1$; t_1; t_2; A; B	$\frac{EI\alpha\Delta t}{h}$	$\frac{EI\alpha\Delta t}{h}$	0	0

（二）单跨超静定梁的转角位移方程

在荷载作用和杆端位移的共同影响下，单跨超静定梁杆端弯矩的表达式称为转角位移方程。

1. 两端固定梁的转角位移方程

图 4-61（a）所示为一两端固定梁 AB，杆长为 l，抗弯刚度为 EI，其上承受荷载 P，并且两端发生转角 θ_A、θ_B 和线位移 Δ_{AB}。A 端转角以 θ_A 表示，B 端转角以 θ_B 表示；AB 两端在垂直于杆轴方向的线位移分别以 Δ_A、Δ_B 表示，杆件两端的相对线位移 Δ_{AB}，其方向也与杆轴线垂直。

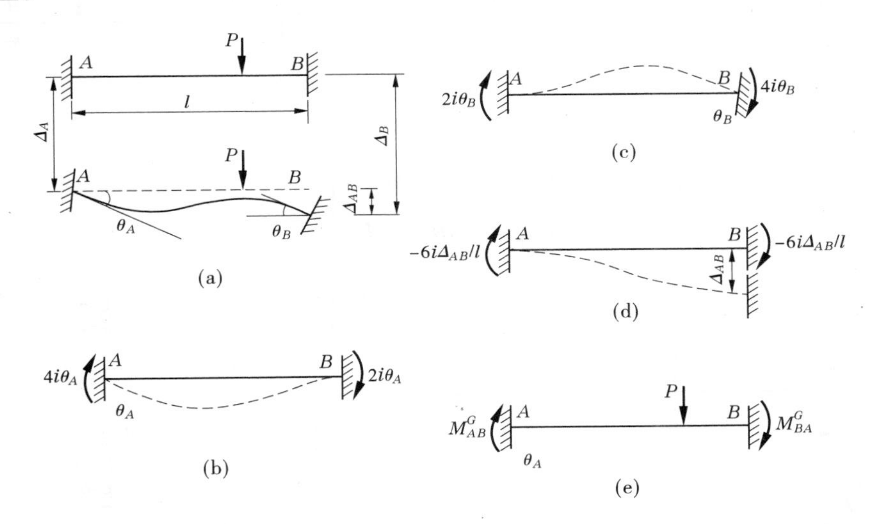

图 4-61

查表 4-3 可得到梁在三种位移（θ_A、θ_B 和 Δ_{AB}）情况下的杆端弯矩，如图 4-61（b）、（c）、（d）所示。荷载 P 作用产生的固端弯矩如图 4-61（e）所示。

根据叠加原理，两端固定梁的转角位移方程为

$$\left.\begin{aligned} M_{AB} &= 4i\theta_A + 2i\theta_B - \frac{6i}{l}\Delta_{AB} + M_{AB}^G \\ M_{BA} &= 2i\theta_A + 4i\theta_B - \frac{6i}{l}\Delta_{AB} + M_{BA}^G \end{aligned}\right\} \tag{4-36}$$

2. 一端固定、另一端与铰接点或铰支座连接杆件的转角位移方程

图 4-62 所示为等截面杆，当其上作用有荷载 P，并且 A 端发生转角 θ_A，AB 两端发生相对线位移 Δ_{AB} 时，同样可利用叠加原理，并查表 4-3，推导出其转角位移方程为

$$\left.\begin{aligned} M_{AB} &= 3i\theta_A - \frac{3i}{l}\Delta_{AB} + M_{AB}^G \\ M_{BA} &= 0 \end{aligned}\right\} \tag{4-37}$$

3. 一端固定、一端与定向支座连接杆件的转角位移方程

图 4-63 所示为等截面杆，已知 θ_A 和 Δ_{AB} 时，亦可用上述方法推导出其转角位移方程为

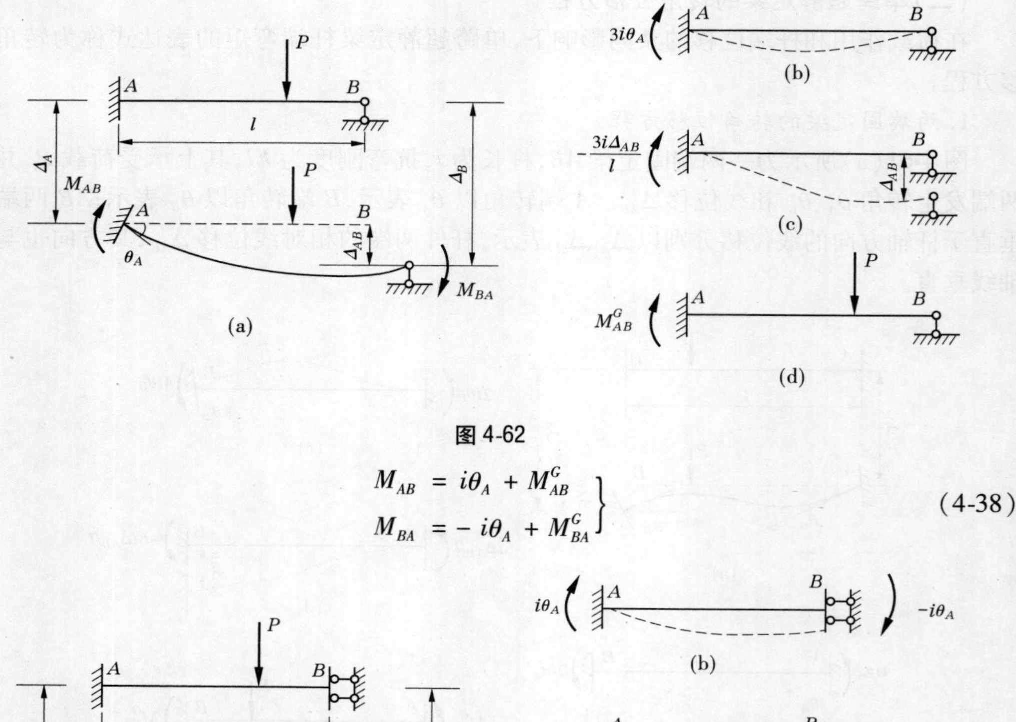

图 4-62

$$
\left.\begin{aligned}
M_{AB} &= i\theta_A + M_{AB}^G \\
M_{BA} &= -i\theta_A + M_{BA}^G
\end{aligned}\right\} \tag{4-38}
$$

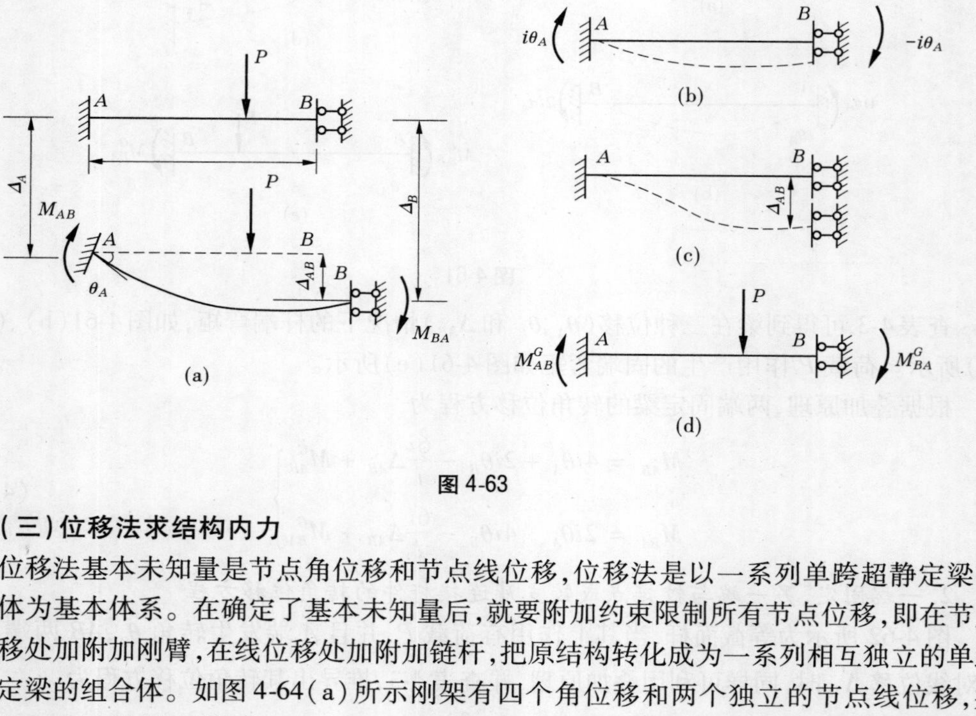

图 4-63

(三)位移法求结构内力

位移法基本未知量是节点角位移和节点线位移，位移法是以一系列单跨超静定梁的组合体为基本体系。在确定了基本未知量后，就要附加约束限制所有节点位移，即在节点角位移处加附加刚臂，在线位移处加附加链杆，把原结构转化成为一系列相互独立的单跨超静定梁的组合体。如图 4-64(a)所示刚架有四个角位移和两个独立的节点线位移，共六个基本未知量，在刚节点 C、D、E、F 上加附加刚臂，在刚结点 D、F 处各增设一根链杆，原刚架变成单跨超静定梁体系，称为位移法基本结构，如图 4-64(b)所示。

【例 4-20】 绘制如图 4-65(a)所示连续梁的弯矩图。

解 首先计算各杆的线刚度，取 $i_{AB} = i_{BC} = \dfrac{EI}{6} = i$。

(1)基本结构。连续梁在荷载作用下，节点 B 只有角位移，没有线位移，因此只有一

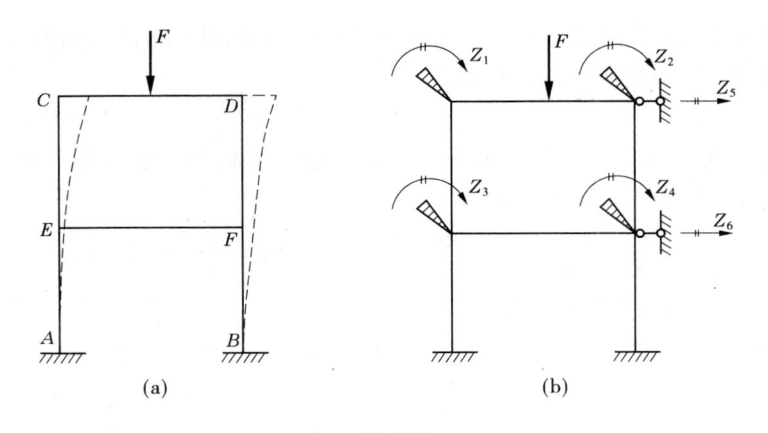

图 4-64

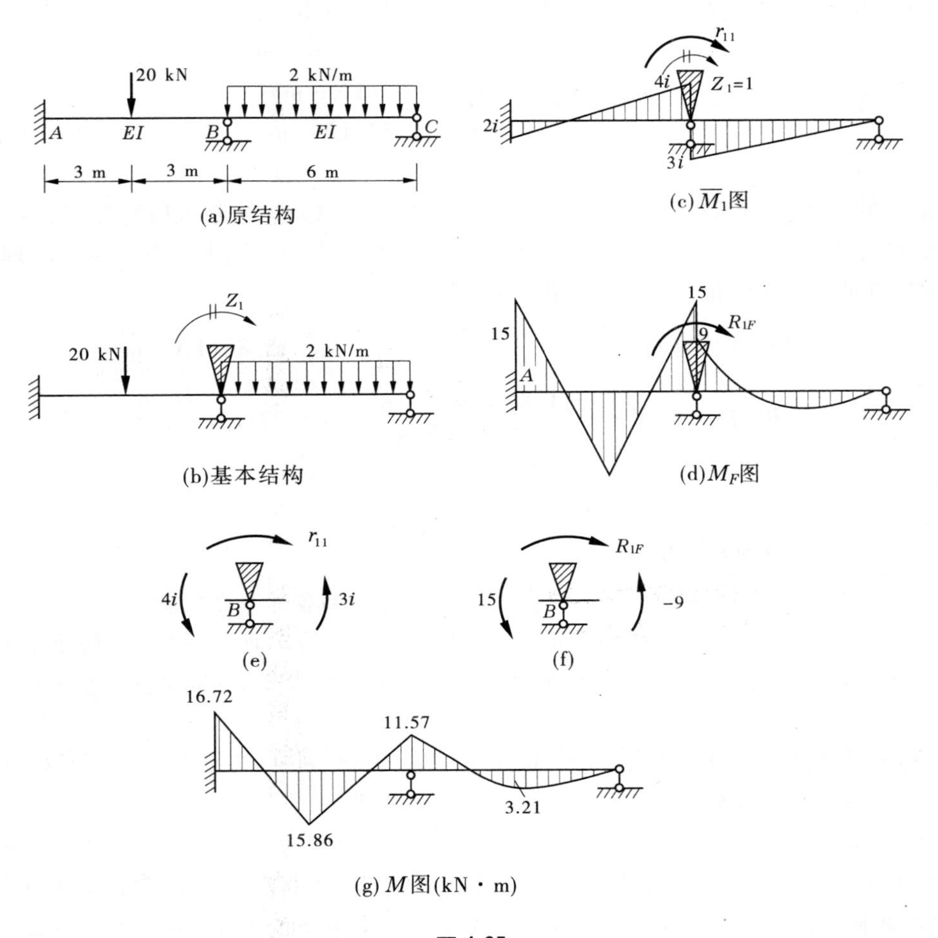

图 4-65

个基本未知量，即节点 B 的角位移 Z_1。在节点 B 上附加刚臂得基本结构，如图 4-65(b)所示。

(2)绘制单位弯矩图$\overline{M_1}$图，求 r_{11}。查形常数见表4-3，绘出$\overline{M_1}$图，如图4-65(c)所示。根据节点平衡条件，如图4-65(e)所示，得

$$r_{11} = 4i + 3i = 7i$$

(3)绘制荷载弯矩图 M_F 图，求 R_{1F}。查载常数表，绘制 M_F 图，如图4-65(d)所示。根据节点平衡条件，如图4-65(f)所示，得

$$R_{1F} = \frac{Pl}{8} - \frac{ql^2}{8} = \frac{20 \times 6}{8} - \frac{2 \times 6^2}{8} = 15 - 9 = 6(\text{kN} \cdot \text{m})$$

(4)列位移法方程，求解未知量。

$$r_{11}Z_1 + R_{1F} = 0$$

求得

$$Z_1 = \frac{-R_{1F}}{r_{11}} = \frac{-6}{7i}$$

(5)用叠加法绘制弯矩图。由叠加原理，$M = \overline{M_1}Z_1 + M_F$，得

$$M_{AB} = 2iZ_1 - 15 = -16.72(\text{kN} \cdot \text{m})$$

$$M_{BA} = 4iZ_1 + 15 = 11.57(\text{kN} \cdot \text{m})$$

$$M_{BC} = 3iZ_1 - 9 = -11.57(\text{kN} \cdot \text{m})$$

$$M_{CB} = 0$$

最后的弯矩图如图4-65(g)所示。AB 杆跨中有集中力。绘制该段弯矩时，应先将杆端弯矩纵标连一虚线，以此虚线为基线叠加简支梁在集中力作用下的弯矩图。同理，绘制 BC 杆叠加简支梁在均布荷载作用下的弯矩图。

$$AB\text{ 杆跨中弯矩} = \frac{16.72 + 11.57}{2} - \frac{20 \times 6}{4} = -15.86(\text{kN} \cdot \text{m})$$

$$BC\text{ 杆跨中弯矩} = \frac{11.57 + 0}{2} - \frac{2 \times 6^2}{8} = -3.22(\text{kN} \cdot \text{m})$$

小　结

(1)内力杆件在外力作用下产生变形，从而杆件内部各部分之间就产生相互作用力。

(2)轴力的正负号规定：拉力为正，压力为负。剪力的正负号规定：当截面上的剪力使梁段有顺时针转动趋势时为正，反之为负。弯矩的正负号规定：使梁段产生下侧受拉的弯矩为正，反之为负。

(3)杆件变形的基本形式有：轴向拉伸和压缩、剪切、扭转、弯曲。

(4)单跨梁的基本形式有简支梁、悬臂梁和外伸梁。

(5)在均布荷载作用的梁段，剪力图为斜直线，弯矩图为二次抛物线。在剪力等于零的截面上弯矩有极值。在无荷载梁段剪力图为平行线，弯矩图为斜直线。在集中力作用处，左右截面上的剪力图发生突变，其突变值等于该集中力的大小，突变方向与该集中力的方向一致；而弯矩图出现转折，即出现尖角，尖角指向与该集中力方向一致。梁在集中力偶作用处，左右截面上的剪力无变化，而弯矩出现突变，其突变值等于该集中力偶矩。

(6)利用虚功原理，沿所求位移方向虚设单位荷载($P_k = 1$)求结构位移的方法，称为

单位荷载法。

(7)利用图乘法的条件:①EI=常数;②杆件轴线是直线;③M_p 图和 $\overline{M}$ 图中至少有一个是直线图形。

(8)超静定结构是指支座反力和各截面的内力不能完全由静力平衡条件唯一确定的结构,或者说超静定结构是指有多余约束的几何不变体系。

(9)力法的基本未知量是结构的多余约束力,基本结构为用多余约束力代替多余约束后对应的静定结构。

能力训练

一、单选题

1. 与截面上的内力有关的因素是(　　)。

A. 位置　　B. 形状　　C. 材料

2. 与截面上的内力无关的因素是(　　)。

A. 外力　　B. 形状　　C. 位置

3. 轴向拉压杆截面上的应力与(　　)因素无关。

A. 轴力　　B. 面积　　C. 形状

4. 剪力使所在脱离体有(　　)转动趋势时为正,反之为负。

A. 顺时针　　B. 逆时针

5. 弯矩使所在脱离体产生(　　)的变形为正,反之为负。

A. 下凸　　B. 上凸　　C. 下凹

6. 梁的内力图在集中力作用处(　　)不发生突变,但有尖角。

A. 剪力　　B. 弯矩　　C. 轴力

7. 梁的内力图在集中力偶作用处(　　)发生突变。

A. 剪力　　B. 弯矩　　C. 轴力

8. 两根跨度相同、荷载相同的简支梁,当材料相同,截面形状和尺寸不同时,其弯矩图的关系是(　　)。

A. 相同　　B. 不同　　C. 不一定

9. 两根材料不同,截面不同的杆,受同样的轴向拉力作用时它们的内力(　　)。

A. 相同　　B. 不同　　C. 不一定

10. 一根钢杆,一根铝杆,长度不同,截面积相同,受同样拉力作用,则它们应力(　　)。

A. 相同　　B. 不同　　C. 不确定

二、多选题

1. 截面上的应力与(　　)因素有关?

A. 截面形状　　B. 截面尺寸　　C. 荷载　　D. 材料

2. 等于 1 MPa 的有(　　)。

A. 1 000 kPa　　B. 1 N/mm^2　　C. 1 kN/mm^2　　D. 1×10^9 Pa

3. 计算超静定结构的方法有(　　)。

A. 力法　　B. 位移法　　C. 力矩分配法　　D. 简捷法

4. 作梁弯矩图的方法有(　　)。

A. 截面法　　B. 简捷法　　C. 叠加法　　D. 几何法

5. 计算桁架内力的方法有(　　)。

A. 结点法　　B. 截面法　　C. 联合法　　D. 渐进法

6. 矩形截面受弯构件中性轴上其(　　)。

A. 正应力最大　　B. 剪应力最大　　C 正应力为零　　D 剪应力为零

7. 平面刚架截面上的内力有(　　)。

A. 轴力　　B. 剪力　　C. 弯矩　　D. 扭矩

8. 结构构件内力图包括(　　)。

A. 受力图　　B. 轴力图　　C. 剪力图　　D. 弯矩图

三、判断题图 4-1 各桁架的零杆

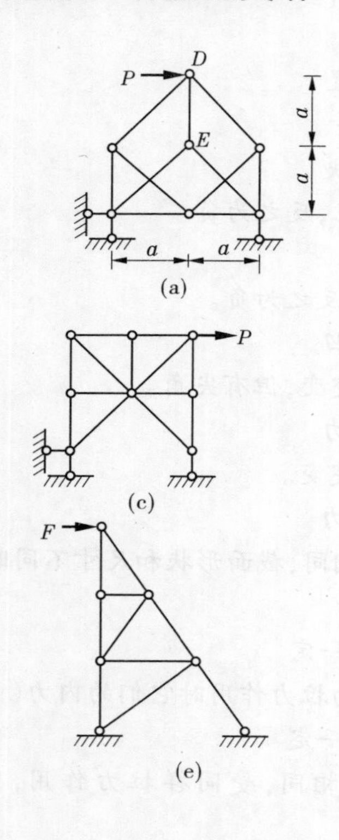

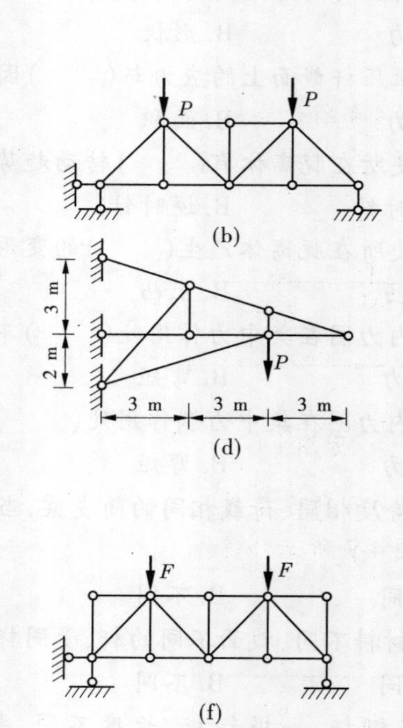

题图 4-1

四、简答题

1. 什么是中性层？什么是中性轴？中性轴位置在何处？

2. 超静定结构与静定结构的区别是什么？

五、计算题

1. 作题图 4-2 所示等截面直杆的轴力图。

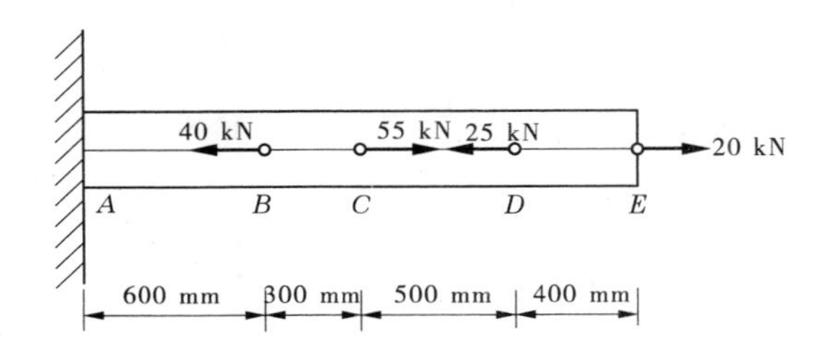

题图 4-2

2. 求题图 4-3 所示梁的支座反力及截面 C 的弯矩和截面 1—1 的剪力。

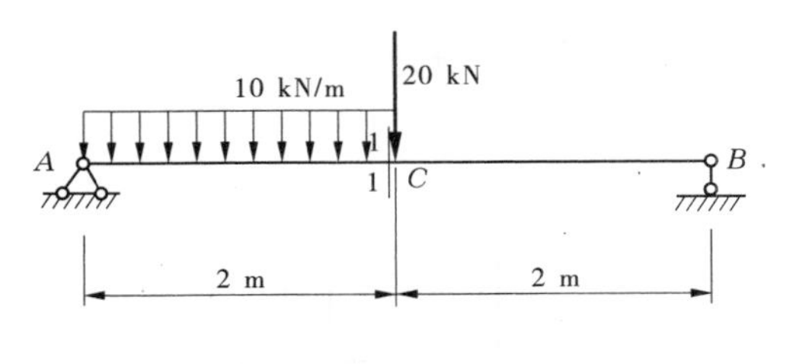

题图 4-3

3. 求题图 4-4 所示梁的支座反力及截面 B 和截面 C 的弯矩。

4. 求题图 4-5 所示梁的支座反力及截面 1—1 和截面 2—2 的弯矩。

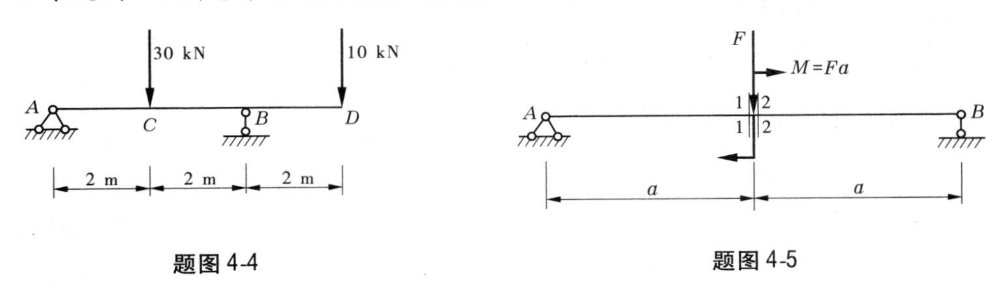

题图 4-4　　　　题图 4-5

5. 求题图 4-6 所示梁的支座反力及截面 C 的弯矩和截面 1—1 的剪力。

6. 作题图 4-7 所示外伸梁内力图。

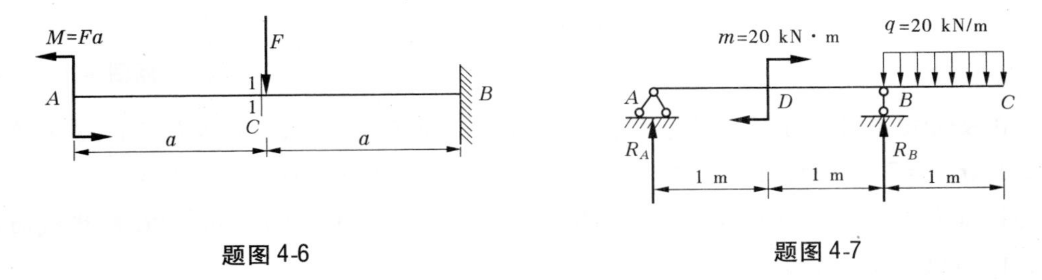

题图 4-6　　　　题图 4-7

7. 作题图 4-8 所示平面刚架内力图。

8. 求题图 4-9 所示桁架的支座反力及 a 杆和 b 杆的内力。

9. 如题图 4-10 所示变截面柱子，力 $F=100$ kN，柱段Ⅰ的截面面积 $A_1=240$ mm × 240 mm，柱段Ⅱ的截面面积 $A_2=240$ mm × 370 mm，许可应力 $[\sigma]=4$ MPa，试校核该柱子的强度。

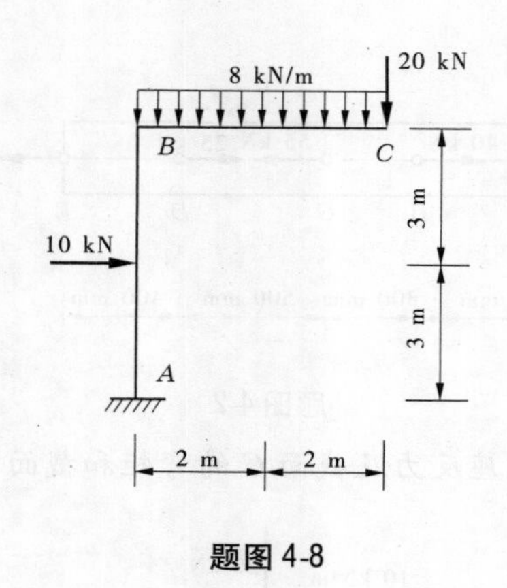

题图 4-8

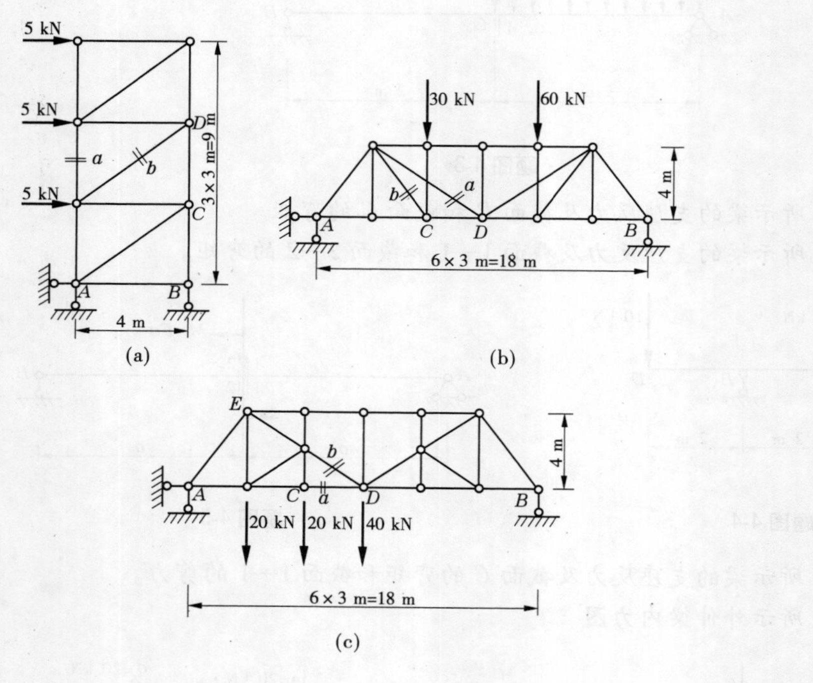

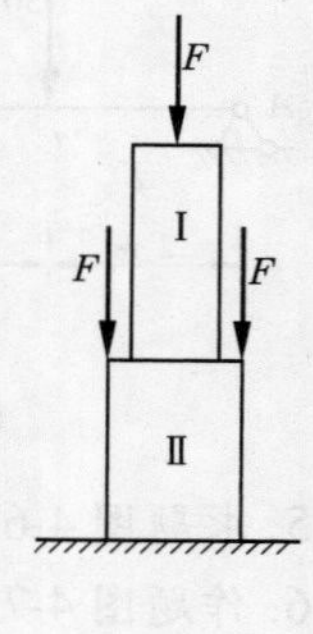

题图 4-9

题图 4-10

10. 如题图 4-11 所示简支梁受均布荷载 $q=2$ kN/m 的作用，梁的跨度 $l=3$ m，梁的许可拉应力$[\sigma_1]=7$ MPa，许可压应力$[\sigma_2]=30$ MPa。试校核该梁的正应力强度。

11. 如题图 4-12 所示轴向拉压杆，AB 段横截面面积为 $A_2=800\ \text{mm}^2$，BC 段横截面面积为 $A_1=600\ \text{mm}^2$。试求各段的工作应力。

12. 悬臂梁受力如题图 4-13 所示，已知材料的许可应力$[\sigma]=10$ MPa，试校核该梁的弯曲正应力强度。

13. 用力法计算题图 4-14 所示超静定刚架，并作出弯矩图（EI 为常数）。

14. 试用位移法计算题图 4-15 所示结构支座反力，并作弯矩图。

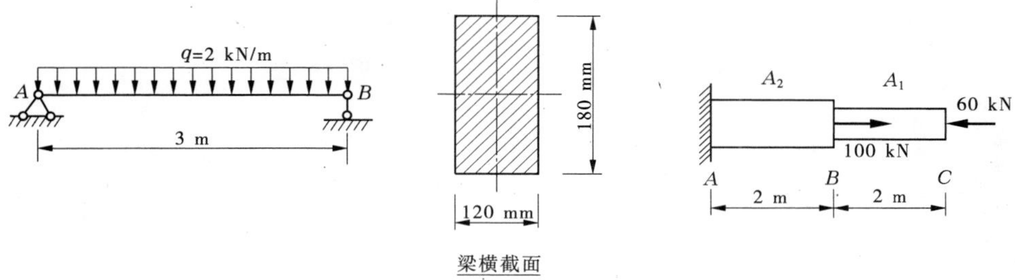

题图 4-11

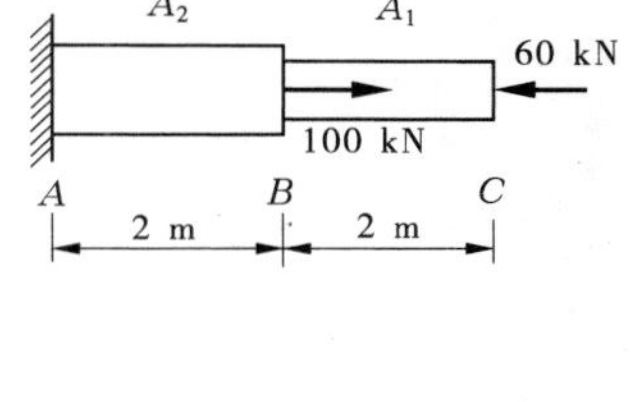

题图 4-12

10 kN/m

A B C

1 m 2 m

400

200

(单位:mm)

题图 4-13

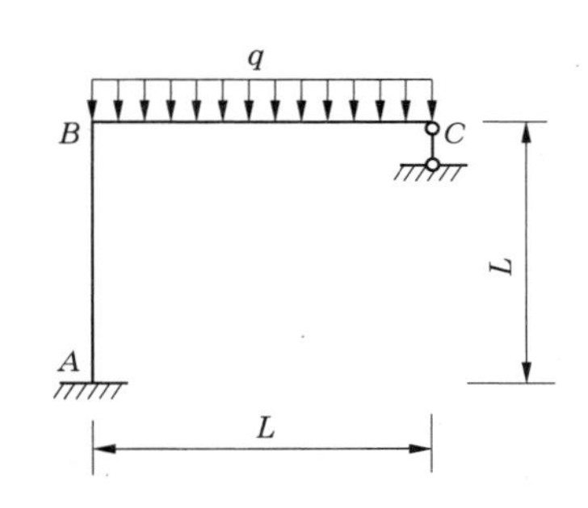

题图 4-14

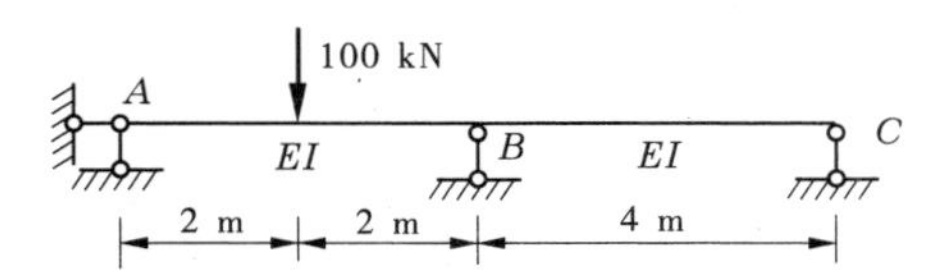

题图 4-15

15. 试用位移法计算题图 4-16 所示结构支座反力,作弯矩图。

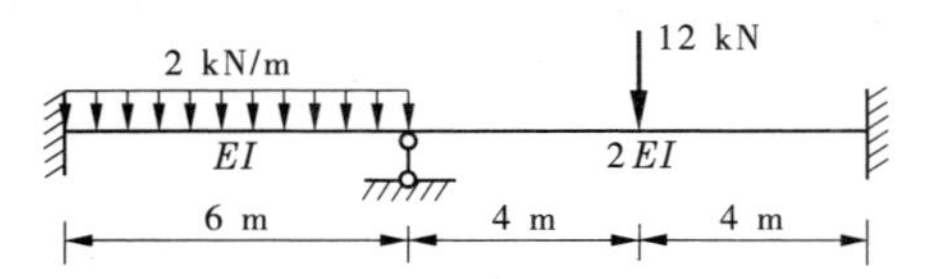

题图 4-16

模块二　建筑结构

学习情境五　钢筋混凝土结构

【学习目标】

了解钢筋与混凝土的物理力学性能及钢筋与混凝土共同工作的原理；熟练掌握钢筋混凝土梁、板、柱的计算方法；了解预应力的概念及其构造要求；掌握钢筋混凝土梁、板、柱的施工图识读方法。

工作任务表

能力目标	主讲内容	学生完成任务	评价标准	
利用钢筋混凝土材料性能解决实际工程问题的能力	钢筋、混凝土材料的强度等级、种类，钢筋与混凝土的黏结力	钢筋、混凝土材料力学性能试验	优秀	能熟练掌握钢筋及混凝土的等级、种类，并熟练掌握混凝土保护层在不同构件中的取值
			良好	能掌握钢筋及混凝土的等级、种类，并掌握混凝土保护层在不同构件中的取值
			合格	能掌握钢筋及混凝土的等级、种类，并基本掌握混凝土保护层在不同构件中的取值
具有混凝土结构构件的初步设计能力	概率极限状态设计法的基本概念，我国《公路桥涵设计通用规范》（JTG D60—2004）的计算原则，材料强度的取值	学习概率极限状态设计方法，学会用规范解决实际问题，能对材料强度进行正确取值	优秀	能熟练掌握概率极限状态设计方法，并能对材料进行正确的取值
			良好	掌握概率极限状态设计方法的概念，并能对材料进行正确的取值
			合格	掌握概率极限状态设计方法的基本概念，并能对材料进行正确的取值
具有混凝土梁、板、柱的设计、校核的能力和构件的设计与构造施工能力	梁、板、柱的承载力计算公式及适用条件，受弯、受压构件的构造	受弯构件设计与构造施工，受压构件设计与构造施工	优秀	能熟练计算梁板柱各类构件的配筋并绘制配筋图
			良好	能计算梁板柱各类基本构件的配筋并绘制配筋图
			合格	能计算简单构件的配筋并绘制配筋图

学习任务一　钢筋混凝土结构材料的力学性能

钢筋混凝土结构所用的钢筋和混凝土是两种力学性能不同的材料，钢筋混凝土结构或构件的受力性能与钢筋和混凝土的力学性能及其相互作用的特性密切相关。对钢筋和混凝土材料的物理力学性能的了解，是掌握钢筋混凝土结构的构件性能、结构分析和设计的基础。

一、混凝土

（一）混凝土的强度

1. 混凝土立方体抗压强度标准值 $f_{cu,k}$

我国《混凝土结构设计规范》（GB 50010—2010）（以下简称《混凝土规范》）采用按标准方法制作的边长为 150 mm 的立方体作为标准试件，在标准养护条件（温度(20 ± 3)℃，相对湿度在 90% 以上）下养护28 d，按照标准试验方法（试件的承压面不涂润滑剂，加荷速度为每秒 0.15 ~ 0.30 N/mm²）测得的具有 95% 保证率的抗压强度作为立方体抗压强度标准值，并用 $f_{cu,k}$ 表示。依此将混凝土划分为 14 个强度等级：C15、C20、C25、C30、C35、C40、C45、C50、C55、C60、C65、C70、C75、C80。其中，C50 ~ C80 属高强度混凝土范畴。C 代表混凝土强度等级，数字表示混凝土立方体抗压强度标准值，单位是 MPa（或 N/mm²）。

2. 混凝土轴心抗压强度 f_c

实际工程中，混凝土受压构件（如框架柱）大多是棱柱体，采用棱柱体的抗压强度能更好地反映混凝土结构的实际抗压能力。用棱柱体试件测得的抗压强度称为棱柱体抗压强度或轴心抗压强度。我国采用 150 mm × 150 mm × 300 mm 的棱柱体作为轴心抗压强度的标准试件。

3. 混凝土轴心抗拉强度 f_t

混凝土试件的轴心抗拉强度是确定混凝土抗裂度的重要指标。混凝土的抗拉强度远小于其抗压强度，一般只有抗压强度的 5% ~ 10%，抗拉强度与立方体抗压强度间不呈线性关系，混凝土强度等级越高，比值 f_t/f_{cu} 越小。

4. 混凝土的强度应用

混凝土的强度等级按照立方体抗压强度来划分，混凝土的抗压强度还与试件尺寸有关。试验表明，立方体试件尺寸愈小，摩阻力的影响愈大，测得的强度也愈高。在实际工程中也有采用边长为 200 mm 和边长为 100 mm 的混凝土立方体试件，则所测得的立方体强度应分别乘以换算系数 1.05 和 0.95 来折算成边长为 150 mm 的混凝土立方体抗压强度。混凝土的轴心抗压强度标准值 f_{ck} 和轴心抗拉强度标准值 f_{tk} 应具有不小于 95% 的保证率；混凝土强度设计值为混凝土强度标准值除以混凝土的材料分项系数 γ_c 后的值，即

$$f_c = f_{ck}/\gamma_c \quad f_t = f_{tk}/\gamma_c$$

混凝土的材料分项系数 $\gamma_c = 1.4$。混凝土的各强度值见表 5-1 ~ 表 5-4。

表 5-1　混凝土轴心抗压强度的标准值 f_{ck}　（单位：N/mm^2）

强度	混凝土强度等级													
	C15	C20	C25	C30	C35	C40	C45	C50	C55	C60	C65	C70	C75	C80
f_{ck}	10.0	13.4	16.7	20.1	23.4	26.8	29.6	32.4	35.5	38.5	41.5	44.5	47.4	50.2

表 5-2　混凝土轴心抗压强度的设计值 f_c　（单位：N/mm^2）

强度	混凝土强度等级													
	C15	C20	C25	C30	C35	C40	C45	C50	C55	C60	C65	C70	C75	C80
f_c	7.2	9.6	11.9	14.3	16.7	19.1	21.1	23.1	25.3	27.5	29.7	31.8	33.8	35.9

表 5-3　混凝土轴心抗拉强度的标准值 f_{tk}　（单位：N/mm^2）

强度	混凝土强度等级													
	C15	C20	C25	C30	C35	C40	C45	C50	C55	C60	C65	C70	C75	C80
f_{tk}	1.27	1.54	1.78	2.01	2.20	2.39	2.51	2.64	2.74	2.85	2.93	2.99	3.05	3.11

表 5-4　混凝土轴心抗拉强度的设计值 f_t　（单位：N/mm^2）

强度	混凝土强度等级													
	C15	C20	C25	C30	C35	C40	C45	C50	C55	C60	C65	C70	C75	C80
f_t	0.91	1.10	1.27	1.43	1.57	1.71	1.80	1.89	1.96	2.04	2.09	2.14	2.18	2.22

（二）混凝土的变形

1. 混凝土的收缩

混凝土在空气中结硬时体积缩小的现象称为混凝土的收缩。一般认为产生收缩的原因主要是混凝土结硬过程中胶凝体本身体积缩小引起的凝缩和混凝土内部自由水蒸发产生的干缩。

影响混凝土收缩的因素主要有：①水泥用量越多，收缩越大；②水灰比越大，收缩越大；③水泥等级越高，收缩越大；④骨料的级配越好、弹性模量越大，收缩越小；⑤养护时温度越高、湿度越大，收缩越小；⑥使用环境温度越低、湿度越大，收缩越小；⑦混凝土越密实，收缩越小；⑧构件的体积与表面积的比值越大，收缩越小。

收缩对混凝土构件的危害很大。当混凝土结构或构件处于完全自由状态时，收缩只会引起结构或构件的体积缩小；若混凝土结构或构件受到约束，收缩会使结构成构件产生收缩应力，收缩应力过大，会产生收缩裂缝。混凝土收缩还会使预应力混凝土构件产生预应力损失。

2. 混凝土的徐变

在荷载的长期作用下，混凝土的变形将随时间而增加，即在应力不变的情况下，混凝土的应变随时间继续增长，这种现象称为混凝土的徐变。

影响混凝土徐变的主要因素有:①水泥用量越多,水灰比越大,徐变越大;②增加混凝土骨料的含量,徐变将变小;③养护和使用环境的温度越高、湿度越小,徐变越大;④加荷时混凝土的龄期越长,徐变越小;⑤构件截面中应力越大,徐变越大。

3. 混凝土的弹性模量与变形模量

在实际工程中,为了计算结构的变形、混凝土及钢筋的应力分布和预应力损失等,都必须要有一个材料常数——弹性模量。混凝土的应力应变关系图形是一条曲线,只有在应力很小时,才接近直线,因为它的应力与应变之比是一个常数,即弹性模量;而在应力较大时,应力与应变之比是一个变数,称为变形模量。

混凝土的弹性模量见表5-5。混凝土出现塑性变形后,其变形模量低于弹性模量,则有

$$E'_c = \nu E_c$$

一般,当 $\sigma \leqslant f_c/3$,$\nu = 1.0$;当 $\sigma = 0.8f_c$ 时,$\nu = 0.4 \sim 0.7$。

表5-5 混凝土弹性模量 E_c (单位:$\times 10^4$ N/mm²)

弹性模量	C15	C20	C25	C30	C35	C40	C45	C50	C55	C60	C65	C70	C75	C80
E_c	2.20	2.55	2.80	3.00	3.15	3.25	3.35	3.45	3.55	3.60	3.65	3.70	3.75	3.80

《混凝土规范》规定:受拉时的弹性模量与受压时的弹性模量基本相似,可取相同的数值,当混凝土受拉达到极限应变时,取弹性特征系数 $\nu = 0.5$。

(三)混凝土的耐久性

混凝土的耐久性是指混凝土结构在外部因素及材料内部因素的作用下,在设计要求的目标使用期内,不需要花费大量资金加固处理而保持安全、使用功能和外观要求的能力,是混凝土结构经久耐用的重要指标。外部因素指的是酸、碱、盐的腐蚀作用,冰冻的破坏作用,水压的渗透作用、碳化作用,干湿循环引起的风化作用,荷载应力作用和振动冲击作用等。内部因素主要指的是碱-骨料反应和自身体积变化。通常用混凝土的抗渗性、抗冻性、抗碳化性能、抗腐蚀性能和碱-骨料反应综合评价混凝土的耐久性。

在钢筋混凝土应用于土木工程结构至今的100多年间,大量的钢筋混凝土结构由于结构的耐久性不足而提前失效,达不到规定的使用年限。例如:钢筋混凝土梁的裂缝过宽;混凝土中钢筋锈蚀,严重时会造成混凝土剥落;钢筋混凝土梁下挠度变形过大等,都会降低结构的使用性能。许多工程实践表明,早期损坏的结构需要花费大量的财力进行修补,造成了巨大的经济损失。因此,钢筋混凝土结构的耐久性问题是一个十分迫切需要解决的问题。

提高混凝土耐久性的措施,主要包括以下几个方面:①消除混凝土自身的结构破坏因素;②掺用高效活性矿物掺合料;③掺用外加剂;④改善混凝土工程的施工方法;⑤加强混凝土结构的日常维护。

二、钢筋

钢筋混凝土结构使用的钢筋，不仅要强度高，而且要具有良好的塑性和可焊性，同时还要求与混凝土有较好的黏结性能。

（一）钢筋的种类和级别

我国用于混凝土结构的钢筋，按加工工艺不同，主要有热轧钢筋、冷拉钢筋、热处理钢筋、冷轧钢筋（冷轧带肋钢筋、冷轧扭钢筋）、冷拔低碳钢丝、消除应力钢丝、钢绞线等。按外形不同分为光面钢筋和变形钢筋。按在结构中是否施加预应力，分为普通钢筋和预应力钢筋。按化学成分分为碳素钢和普通低合金钢。钢筋的含碳量越高，强度越高，但塑性和可焊性下降。普通低合金钢是在碳素钢的基础上，再加入微量的合金元素，如硅、锰、钒、钛、铌等，目的是提高钢材的强度，改善钢材的塑性性能。建筑工程中常用低碳钢。

1. 普通钢筋

我国《混凝土规范》对混凝土结构用钢做了调整，目前钢筋混凝土结构用钢共 4 个级别 8 种钢筋，分别是 HPB300、HRB335、HRBF335、HRB400、RRB400、HRBF400、HRB500、HRBF500。其中，HPB300 级钢筋为光圆钢筋，其余钢筋均为变形钢筋（钢筋的外形如图 5-1 所示）；HRB335、HRB400、HRB500 级钢筋分别是指屈服强度为 335 MPa、400 MPa、500 MPa 的普通热轧带肋钢筋；RRB400 级钢筋是指屈服强度为 400 MPa 的余热处理带肋钢筋；HRBF335、HRBF400、HRBF500 级钢筋分别是指屈服强度为 335 MPa、400 MPa、500 MPa 的细晶粒式热轧带肋钢筋。

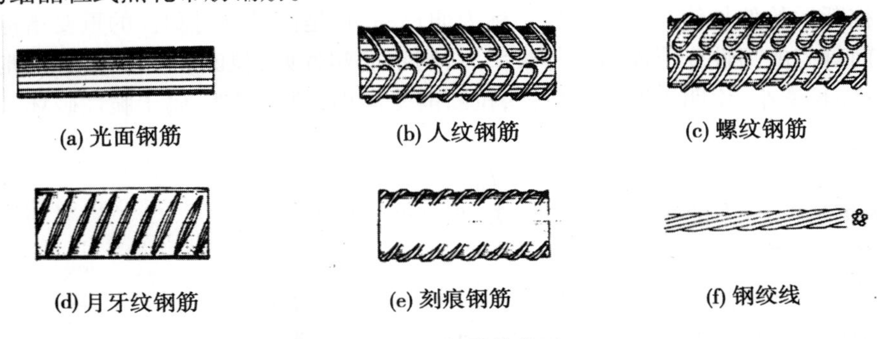

图 5-1　钢筋的外形

2. 预应力钢筋

预应力混凝土结构所用钢材一般为预应力钢丝、钢绞线和预应力螺纹钢筋。钢绞线是由多根高强钢丝绞织在一起而形成的，有 3 股和 7 股两种，多用于后张法大型构件。预应力钢丝主要是消除应力钢丝，其外形有光面、螺旋肋、三面刻痕三种。

（二）钢筋的力学性能

1. 钢筋的强度

如图 5-2（a）所示，有明显流幅的钢筋应力—应变曲线上有一个明显的台阶，称为屈服台阶。轴向拉伸时，在达到比例极限 a 点之前，材料处于弹性阶段，应力与应变的比值为常数，该常数即为钢筋的弹性模量 E_s。当应力达到 b 点后，材料开始屈服。对于有屈服台阶的钢筋来讲，有两个屈服点，即屈服上限和屈服下限。屈服上限受试验加载速度、表面光洁度等因素影响而波动;屈服下限则较稳定,故一般以屈服下限为依据,称为屈服强度。当钢筋屈服到一定程度,即到达 c 点以后,应力—应变曲线又开始上升,抗拉能力有所提高,随着曲线上升到最高点 d,相应的应力称为钢筋的抗拉极限强度,cd 段称为钢筋的强化阶段。过了 d 点以后,钢筋在薄弱处的断面将明显缩小,发生局部颈缩现象,变形迅速增加,应力随之下降,直到过 e 点时试件被拉断。

对于无明显屈服点钢筋,设计时取残余应变为0.2%时的应力 $\sigma_{0.2}$ 作为假想屈服强度,称为条件屈服强度。应用时统一取 $\sigma_{0.2}=0.85\sigma_b$($\sigma_b$ 为国家标准中规定的极限抗拉强度),应力—应变曲线如图5-2(b)所示。

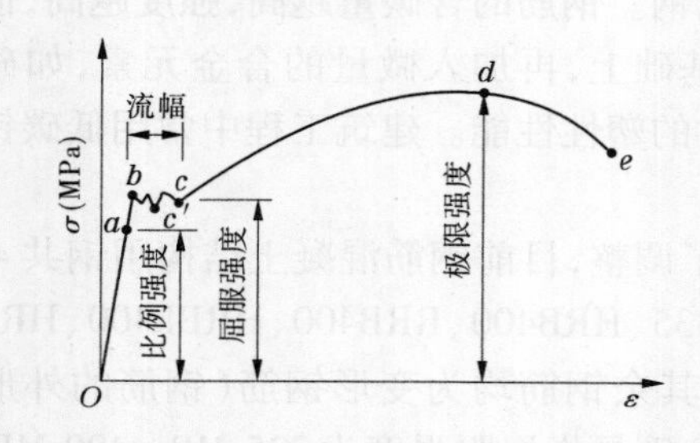

(a)有明显屈服点钢筋的应力—应变曲线

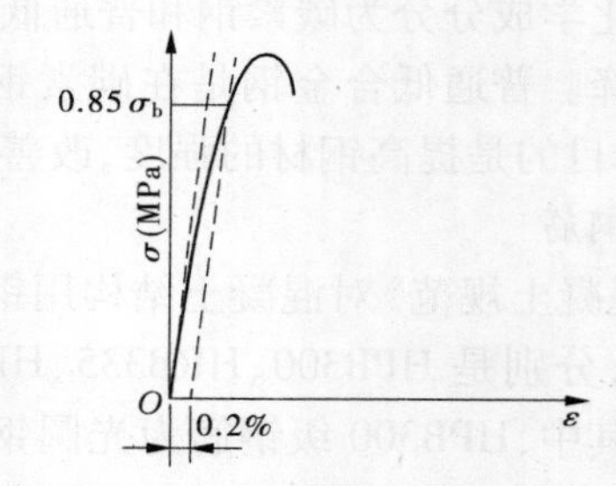

(b)无明显屈服点钢筋的应力—应变曲线

图5-2　钢筋的应力—应变曲线

2. 钢筋的塑性性能

钢筋拉断后的伸长值与原长的比率称为伸长率,它是衡量钢材塑性的重要指标,代表材料断裂前具有的塑性变形能力。伸长率大,则钢筋塑性好,拉断前有明显的预兆,属于延性破坏;伸长率小,说明钢筋塑性较差,拉断前变形小,破坏突然,属于脆性破坏。

伸长率

$$\delta=\frac{L_1-L_0}{L_0}\times 100\% \tag{5-1}$$

式中:δ 为伸长率;L_1 为试件拉断后长度;L_0 为试件原长度。

3. 钢筋的冷弯性能

钢筋的冷弯性能由冷弯试验来确定(见图5-3)。冷弯试验不仅能直接检验钢材的弯曲变形能力或塑性性能,还能暴露钢材内部的冶金缺陷,如硫、磷偏析和硫化物与氧化物的掺杂情况,这些都将降低钢材的冷弯性能。因此,冷弯性能是鉴定钢材在弯曲状态下的塑性应变能力和钢材质量的综合指标。

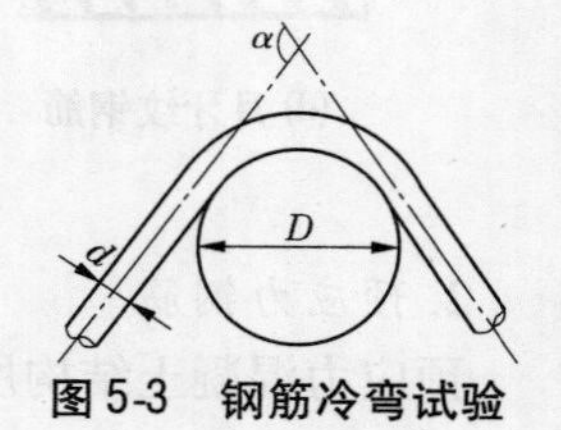

图5-3　钢筋冷弯试验

(三)钢筋的冷加工

1. 冷拉

冷拉是在常温下将热轧钢筋拉到超过其屈服强度进入强化阶段的某一应力值,然后卸荷至零,使钢筋产生塑性变形以达到提高钢筋屈服点强度和节约钢材为目的。

2. 冷拔

冷拔是将热轧钢筋用强力拔过比它本身直径还小的硬质合金拔丝模,可使钢筋强度大幅提高,但塑性大幅度下降。

3. 冷轧

冷轧是在常温下将热轧钢筋表面轧制成不同的形状，其材料内部组织变得更加密实，钢筋的强度及与混凝土的黏结力有所提高，但塑性性能有所下降。目前常用的冷轧钢筋有冷轧带肋钢筋和冷轧扭钢筋两种。

(四)钢筋的强度指标

1. 钢筋的强度标准值

钢材的强度具有变异性。按同一标准生产的钢材或不同时生产的各批钢材之间的强度不会完全相同，即使同一炉钢轧制的钢材，其强度也会有差异。因此，在结构设计中采用其强度标准值作为基本代表值。《混凝土规范》规定，钢筋的强度标准值应具有不小于95%的保证率。普通钢筋的强度标准值、强度设计值按表5-6、表5-7采用，弹性模量按表5-8采用。

表5-6 普通钢筋的强度标准值 （单位：N/mm^2）

牌号	符号	公称直径 d(mm)	屈服强度标准值 f_{yk}	极限强度标准值 f_{stk}
HPB300	Φ	6～22	300	420
HRB335 HRBF335	Φ $Φ^{F}$	6～50	335	455
HRB400 HRBF400 RRB400	Φ $Φ^{F}$ $Φ^{R}$	6～50	400	540
HRB500 HRBF500	Φ $Φ^{F}$	6～50	500	630

表5-7 普通钢筋的强度设计值 （单位：N/mm^2）

牌号	抗拉强度设计值 f_y	抗压强度设计值 f_y'
HPB300	270	270
HRB335、HRBF335	300	300
HRB400、HRBF400、RRB400	360	360
HRB500、HRBF500	435	410

表5-8 钢筋的弹性模量 （单位：$\times 10^5$ N/mm^2）

牌号或种类	弹性模量 E_s
HPB300钢筋	2.10
HRB335、HRB400、HRB500钢筋 HRBF335、HRBF400、HRBF500钢筋 RRB400钢筋 预应力螺纹钢筋	2.00
消除应力钢丝、中强度预应力钢丝	2.05
钢绞线	1.95

注：必要时可采用实测的弹性模量。

2. 钢筋的强度设计值

强度标准值除以材料分项系数 γ_s,即为材料的强度设计值。热轧钢筋的材料分项系数取1.10,预应力钢筋的材料分项系数取1.20。

三、混凝土和钢筋之间的黏结力

在钢筋混凝土结构中,钢筋和混凝土两种性质截然不同的材料之所以能够共同工作,主要有下面几方面原因:①钢筋和混凝土的线膨胀系数相近;②钢筋和混凝土之间具有足够的黏结强度;③混凝土保护层保护钢筋不致锈蚀。

钢筋混凝土受力后会沿钢筋和混凝土接触面上产生剪应力,通常把这种剪应力称为黏结应力。若构件中的钢筋和混凝土之间既不黏结,钢筋端部也不加锚具,在荷载作用下,钢筋与混凝土就不能共同受力。

钢筋与混凝土的黏结力由三部分组成:

(1)钢筋与混凝土接触处的化学吸附作用力,也称为化学胶结力。

(2)混凝土收缩将钢筋紧紧包裹而产生的摩阻力。

(3)钢筋表面凹凸不平与混凝土之间产生的机械咬合力。

学习任务二　结构按极限状态法设计的计算原则

一、概率极限状态设计法的基本概念

(一)结构的可靠性

结构设计的目的,就是要使所设计的结构,在规定的时间内能够在具有足够可靠性的前提下,完成全部预定功能的要求。结构的功能是由其使用要求决定的,具体有如下四个方面:

(1)结构应能承受在正常施工和正常使用期间可能出现的各种荷载、外加变形、约束变形等的作用。

(2)结构在正常使用条件下具有良好的工作性能,例如不发生影响正常使用的过大变形或局部损坏。

(3)结构在正常使用和正常维护的条件下,在规定的时间内,具有足够的耐久性,例如,不发生开展过大的裂缝宽度,不发生由于混凝土保护层碳化导致钢筋的锈蚀。

(4)在偶然荷载(如地震、强风)作用下或偶然事件(如爆炸)发生时和发生后,结构仍能保持整体稳定性,不发生倒塌。

(二)结构的可靠度与极限状态

结构在使用期间的工作情况,称为结构的工作状态。

结构能够满足各项功能要求而良好地工作,称为结构"可靠";反之,则称结构"失效"。结构工作状态是处于可靠还是失效用"极限状态"来衡量。

当整个结构或结构的一部分超过某一特定状态而不能满足设计规定的某一功能要求时,则此特定状态称为该功能的极限状态。对于结构的各种极限状态,均应规定明确的标志和限值，一般将结构的极限状态分为如下三类。

1. 承载能力极限状态

承载能力极限状态对应于结构或结构构件达到最大承载能力或不适于继续承载的变形或变位的状态。当结构或结构构件出现下列状态之一时，即认为超过了承载能力极限状态：

（1）整个结构或结构的一部分作为刚体失去平衡（如滑动、倾覆等）。

（2）结构构件或连接处因超过材料强度而破坏（包括疲劳破坏），或因过度的塑性变形而不能继续承载。

（3）结构转变成机动体系。

（4）结构或结构构件丧失稳定（如柱的压屈失稳等）。

2. 正常使用极限状态

正常使用极限状态对应于结构或结构构件达到正常使用或耐久性能的某项限值的状态。当结构或结构构件出现下列状态之一时，即认为超过了正常使用极限状态：

（1）影响正常使用或外观的变形。

（2）影响正常使用或耐久性能的局部损坏。

（3）影响正常使用的振动。

（4）影响正常使用的其他特定状态。

3."破坏—安全"极限状态

"破坏—安全"极限状态又称为条件极限状态。超过这种极限状态而导致的破坏，是指允许结构物发生局部损坏，而对已发生局部破坏结构的其余部分，应该具有适当的可靠度，能继续承受降低了的设计荷载。其指导思想是，当偶然事件发生后，要求结构仍保持完整无损是不现实的，也是没有必要和不经济的，故只能要求结构不致因此而造成更严重的损失。所以，这种设计理论可应用于桥梁抗震和连拱推力墩的计算等方面。

我国的《工程结构可靠度设计统一标准》（GB 50153—1992）将极限状态划分为承载能力极限状态和正常使用极限状态两类。同时提出，随着技术进步和科学发展，在工程结构上还应考虑"连续倒塌极限状态"，即万一个别构件局部破坏，整个结构仍能在一定时间内保持必需的整体稳定性，防止发生连续倒塌。广义地说，这是为了避免出现与破坏原因不相称的结构破坏。这种状态主要是针对偶然事件，如撞击、爆炸等而言的。《公路工程结构可靠度设计统一标准》（GB/T 50283—1999）暂未考虑连续倒塌极限状态。

目前，结构可靠度设计一般是将赋予概率意义的极限状态方程转化为极限状态设计表达式，此类设计均可称为概率极限状态设计。工程结构设计中应用概率意义上的可靠度、可靠概率或可靠指标来衡量结构的安全程度，表明工程结构设计思想和设计方法产生了质的飞跃。实际上，结构的设计不可能是绝对可靠的，至多是说它的不可靠概率或失效概率相当小，关键是结构设计的失效概率小到何种程度才能使人们比较放心地接受。以往采用的容许应力和定值极限状态等传统设计方法实际上也具有一定的设计风险，只是其失效概率未像现在这样被人们明确地揭示出来。

工程结构的可靠度通常受各种作用效应、材料性能、结构几何参数、计算模式准确程度等诸多因素的影响。在进行结构可靠度分析和设计时，应针对所要求的结构各种功能，把这些有关因素作为基本变量 $X_1, X_2, \cdots, X_n$ 来考虑。由基本变量组成的描述结构功能的函数 $Z = g(X_1, X_2, \cdots, X_n)$ 称为结构功能函数,结构功能函数是用来描述结构完成功能状况的、以基本变量为自变量的函数。实用上,也可以将若干基本变量组合成综合变量,例如将作用效应方面的基本变量组合成综合作用效应 S,将抗力方面的基本变量组合成综合抗力 R,从而结构的功能函数为 $Z = R - S$。

如果对功能函数 $Z = R - S$ 作一次观测,可能出现如下三种情况:

(1) $Z = R - S > 0$,结构处于可靠状态。

(2) $Z = R - S < 0$,结构已失效或破坏。

(3) $Z = R - S = 0$,结构处于极限状态。

(三)结构的失效概率与可靠指标

所有结构或结构构件中都存在着对立的两个方面:作用效应 S 和结构抗力 R。

作用是指使结构产生内力、变形、应力和应变的所有原因,它分为直接作用和间接作用两种。直接作用是指施加在结构上的集中力或分布力,如汽车、人群、结构自重等;间接作用是指引起结构外加变形和约束变形的原因,如地震、基础不均匀沉降、混凝土收缩、温度变化等。作用效应 S 是指结构对所受作用的反应,例如由于作用产生的结构或构件内力(如轴力、弯矩、剪力、扭矩等)和变形(如挠度、转角等)。结构抗力 R 是指结构构件承受内力和变形的能力,如构件的承载能力和刚度等,它是结构材料性能和几何参数等的函数。

作用效应 S 和结构抗力 R 都是随机变量,因此结构不满足或满足其功能要求的事件也是随机的。一般把出现前一事件的概率称为结构的失效概率,记为 P_f,把出现后一事件的概率称为可靠概率,记为 P_r。由概率论可知,这二者是互补的,即 $P_f + P_r = 1.0$。

如前所述,当只有作用效应 S 和结构抗力 R 两个基本变量时,则功能函数为

$$Z = g(R,S) = R - S \tag{5-2}$$

相应的极限状态方程可写作

$$Z = g(R,S) = R - S = 0 \tag{5-3}$$

式(5-3)为结构或构件处于极限状态时,各有关基本变量的关系式,它是判别结构是否失效和进行可靠度分析的重要依据。

二、我国《公路钢筋混凝土及预应力混凝土桥涵设计规范》(JTG D62—2004)的计算原则

我国《公路钢筋混凝土及预应力混凝土桥涵设计规范》(JTG D62—2004)(以下简称《公路桥规》)采用的是近似概率极限状态设计法,具体设计计算应满足承载能力和正常使用两类极限状态的各项要求。下面介绍这两类极限状态的计算原则。

(一)三种设计状况

设计状况是结构从施工到使用的全过程中,代表一定时段的一组物理条件,设计时必须做到使结构在该时段内不超越有关极限状态。按照《公路工程结构可靠度设计统一标准》(GB/T 50283—1999)的要求并与国际标准衔接,《公路桥规》根据桥梁在施工和使用过程中面临的不同情况,规定了结构设计的三种状况:持久状况、短暂状况和偶然状况。这三种设计状况的结构体系、结构所处的环境条件、经历的时间长短都是不同的,所以设

计时采用的计算模式、作用（或荷载）、材料性能的取值及结构可靠度水平也是有差异的。

1. 持久状况

持久状况是指桥涵建成后承受自重、车辆荷载等作用持续时间很长的状况。该状况对应桥梁的使用阶段。这个阶段持续的时间很长，结构可能承受的作用（或荷载）在设计时均需考虑，需接受结构是否能完成其预定功能的考验，因而必须进行承载能力极限状态和正常使用极限状态的设计。

2. 短暂状况

短暂状况是指在桥涵施工过程中承受临时性作用（或荷载）的状况。短暂状况所对应的是桥梁的施工阶段。这个阶段的持续时间相对于使用阶段是短暂的，结构体系、结构所承受的荷载与使用阶段也不同，设计时要根据具体情况而定。因为这个阶段是短暂的，一般只进行承载能力极限状态计算（规范中以计算构件截面应力表达），必要时才作正常使用极限状态计算。

3. 偶然状况

偶然状况是指在桥涵使用过程中偶然出现的状况，如可能遇到的地震等作用的状况。这种状况出现的概率极小，且持续的时间极短。结构在极短时间内承受的作用以及结构可靠度水平等在设计中都需特殊考虑。偶然状况的设计原则是主要承重结构不致因非主要承重结构发生破坏而导致丧失承载能力，或允许主要承重结构发生局部破坏而剩余部分在一段时间内不发生连续倒塌。显然，偶然状况只需进行承载能力极限状态计算，不必考虑正常使用极限状态。

（二）承载能力极限状态计算表达式

公路桥涵承载能力极限状态对应于桥涵及其构件达到最大承载能力或出现不适于继续承载的变形或变位的状态。

按照《公路工程结构可靠度设计统一标准》（GB/T 50283—1999）的规定，公路桥涵进行持久状况承载能力极限状态设计时为使桥涵具有合理的安全性，应根据桥涵结构破坏所产生后果的严重程度，按表 5-9 划分的三个安全等级进行设计，以体现不同情况的桥涵的可靠度差异。在计算上，不同安全等级是用结构重要性系数 γ_0（对不同安全等级的结构，为使其具有规定的可靠度而采用的作用效应附加的分项系数）来体现的，γ_0 的取值如表 5-9 所示。

表 5-9　公路桥涵结构的安全等级

安全等级	破坏后果	桥涵类型	结构重要性系数 γ_0
一级	很严重	特大桥、重要大桥	1.1
二级	严重	大桥、中桥、重要小桥	1.0
三级	不严重	小桥、涵洞	0.9

表 5-9 中所列特大桥、大桥、中桥等是按《公路桥涵设计通用规范》（JTG D60—2004）的单孔跨径确定的，对多跨不等跨桥梁，以其中最大跨径为准；表中重要大桥和重要小桥，是指高速公路上、国防公路上及城市附近交通繁忙的城郊公路上的桥梁。

在一般情况下，同一座桥梁只宜取一个设计安全等级，但对个别构件，也允许在必要时作安全等级的调整，但调整后的级差不应超过一个等级。

公路桥涵的持久状况设计按承载能力极限状态的要求，对构件进行承载力及稳定计算，必要时还应对结构的倾覆和滑移进行验算。在进行承载能力极限状态计算时，作用（或荷载）的效应（其中汽车荷载应考虑冲击系数）应采用其组合设计值，结构材料性能采用其强度设计值。

《公路桥规》规定桥梁构件的承载能力极限状态的计算以塑性理论为基础，设计的原则是作用效应最不利组合（基本组合）的设计值必须小于或等于结构抗力的设计值，其基本表达式为

$$\gamma_0 S_d \leqslant R \tag{5-4}$$

$$R = R(f_d, a_d) \tag{5-5}$$

式中：γ_0 为桥梁结构的结构重要性系数，按表 5-9 取用；S_d 为作用（或荷载）效应（其中汽车荷载应考虑冲击系数）的基本组合设计值；R 为构件承载力设计值；f_d 为材料强度设计值；a_d 为几何参数设计值，当无可靠数据时，可采用几何参数标准值 a_k，即设计文件规定值。

（三）持久状况正常使用极限状态计算表达式

公路桥涵正常使用极限状态是指对应于桥涵及其构件达到正常使用或耐久性的某项限值的状态。正常使用极限状态计算在构件持久状况设计中占有重要地位，尽管不像承载能力极限状态计算那样直接涉及结构的安全可靠问题，但如果设计不好，也有可能间接引发结构的安全问题。

公路桥涵的持久状况设计按正常使用极限状态的要求进行计算是以结构弹性理论或弹塑性理论为基础，采用作用（或荷载）的短期效应组合、长期效应组合或短期效应组合并考虑长期效应组合的影响，对构件的抗裂、裂缝宽度和挠度进行验算，并使各项计算值不超过《公路桥规》规定的相应限值，采用的极限状态设计表达式为

$$S \leqslant C_1 \tag{5-6}$$

式中：S 为正常使用极限状态的作用（或荷载）效应组合设计值；C_1 为结构构件达到正常使用要求所规定的限值，例如变形、裂缝宽度和截面抗裂的应力限值。

对公路桥涵结构的设计计算，《公路桥规》除要求进行上述持久状况承载能力极限状态计算和持久状况正常使用极限状态计算外，还要求按照公路桥梁的结构受力特点和设计习惯，对钢筋混凝土和预应力混凝土受力构件按短暂状况设计时计算其在制作、运输及安装等施工阶段由自重、施工荷载产生的应力，并不应超过规定的限值；按持久状况设计预应力混凝土受弯构件，应计算其使用阶段的应力，并不应超过规定的限值。构件应力计算的实质是进行构件强度验算，这是对构件承载能力计算的补充。采用极限状态设计的表达式为

$$S \leqslant C_2 \tag{5-7}$$

式中：S 为作用（或荷载）标准值（其中汽车荷载应考虑冲击系数）产生的效应（应力），当有组合时不考虑荷载组合系数；C_2 为结构的功能限值（应力）。

三、材料强度的取值

钢筋混凝土结构和预应力混凝土结构的主要材料是普通钢筋、预应力钢筋和混凝土。

按照承载能力极限状态和正常使用极限状态进行设计计算时，结构构件的抗力计算中必须用到钢筋和混凝土这两种材料的强度值。

(一)材料强度指标的取值原则

在实际工程中，按同一标准生产的钢筋或混凝土各批之间的强度是有差异的，不可能完全相同，即使是同一炉钢轧成的钢筋或按同一配合比搅拌而得的混凝土试件，按照同一方法在同一台试验机上进行试验，所测得的强度值也不完全相同，这就是材料强度的变异性。为了在设计中合理取用材料强度值，《公路桥规》对材料强度的取值采用了标准值和设计值。

1. 材料强度的标准值

材料强度的标准值是材料强度的一种特征值，也是设计结构或构件时采用的材料强度的基本代表值。材料的强度标准值是由标准试件按标准试验方法经数理统计以概率分布的0.05分位值确定的强度值，即其取值原则是在符合规定质量的材料强度实测值的总体中，材料强度的标准值应具有不小于95%的保证率。所以，材料强度的标准值确定基本表达式为

$$f_k = f_m(1 - 1.645\delta_f) \tag{5-8}$$

式中：f_k 为材料强度的标准值；f_m 为材料强度的平均值；δ_f 为材料强度的变异系数。

2. 材料强度的设计值

材料强度的设计值是材料强度标准值除以材料性能分项系数后的值，基本表达式为

$$f = f_k / \gamma_m \tag{5-9}$$

式中的 γ_m 称为材料性能分项系数，须根据不同材料，进行构件分析的可靠指标达到规定的目标可靠指标及工程经验校准来确定。

(二)混凝土的强度标准值和强度设计值

1. 混凝土立方体抗压强度标准值 $f_{cu,k}$

按照标准方法制作和养护的边长为150 mm的立方体试件，在28 d龄期用标准试验方法测得的具有95%保证率的抗压强度称为混凝土立方体抗压强度标准值，按式(5-8)确定。

《公路桥规》根据混凝土立方体抗压强度标准值进行了强度等级的划分，称为混凝土强度等级，以符号 C 来表示。同时，规定公路桥梁受力构件的混凝土强度等级有13级，即C20～C80，中间以5 N/mm^2 进级。C50以下为普通强度混凝土，C50以上为高强度混凝土，C50表示混凝土立方体抗压强度标准值为 $f_{cu,k}=50$ N/mm^2。

《公路桥规》规定受力构件的混凝土强度等级应按下列规定采用：

(1)钢筋混凝土构件不应低于C20，用HRB400、KL400级钢筋配筋时，不应低于C25。

(2)预应力混凝土构件不应低于C40。

2. 混凝土轴心抗压强度标准值 f_{ck} 和轴心抗拉强度标准值 f_{tk}

1)混凝土轴心抗压强度标准值 f_{ck}

设计应用的混凝土棱柱体抗压强度 f_c 与立方体抗压强度 f_{cu} 有一定的关系，其平均值的关系为

$$f_{c,m} = 0.88\alpha_{c1}\alpha_{c2}f_{cu,m} \tag{5-10}$$

式中：$f_{c,m}$、$f_{cu,m}$分别为混凝土轴心抗压强度平均值和立方体抗压强度平均值；α_{c1}为混凝土轴心抗压强度与立方体抗压强度的比值；α_{c2}为混凝土脆性折减系数，对C40取$\alpha_{c2}=1.0$，对C80取$\alpha_{c2}=0.87$，其间按线性插入。

设混凝土轴心抗压强度f_c的变异系数与立方体抗压强度f_{cu}的变异系数相同，则混凝土轴心抗压强度标准值f_{ck}可由下式确定

$$f_{ck}=f_{c,m}(1-1.645\delta_f)=0.88\alpha_{c1}\alpha_{c2}f_{cu,m}(1-1.645\delta_f)$$
$$=0.88\alpha_{c1}\alpha_{c2}f_{cu,k} \tag{5-11}$$

2）混凝土轴心抗拉强度标准值f_{tk}

根据试验数据分析，混凝土轴心抗拉强度f_t与立方体抗压强度f_{cu}之间的平均值关系为

$$f_{t,m}=0.88\times0.395\alpha_{c2}(f_{cu,m})^{0.55} \tag{5-12}$$

式中：$f_{t,m}$和$f_{cu,m}$分别为混凝土轴心抗拉强度平均值和立方体抗压强度平均值。

设混凝土轴心抗拉强度f_t的变异系数与立方体抗压强度f_{cu}的变异系数相同，将式(5-12)代入式(5-8)，整理后可得到

$$f_{tk}=0.348\alpha_{c2}(f_{cu,k})^{0.55}(1-1.645\delta_f) \tag{5-13}$$

由混凝土立方体抗压强度标准值$f_{cu,k}$，分别通过式(5-11)和式(5-13)可以得到相应混凝土强度级别的混凝土轴心抗压强度标准值和轴心抗拉强度标准值。

3.混凝土轴心抗压强度设计值f_{cd}和轴心抗拉强度设计值f_{td}

《公路桥规》取混凝土轴心抗压强度和轴心抗拉强度的材料性能分项系数为1.45，接近按二级安全等级结构分析的脆性破坏构件目标可靠指标的要求。

将$\gamma_m=1.45$代入式(5-9)，可得到混凝土轴心抗压强度设计值f_{cd}和轴心抗拉强度设计值f_{td}，如表5-10所示。

表5-10　混凝土强度设计值

（单位：MPa）

强度种类	强度等级													
	C15	C20	C25	C30	C35	C40	C45	C50	C55	C60	C65	C70	C75	C80
f_{cd}	6.9	9.2	11.5	13.8	16.1	18.4	20.5	22.4	24.4	26.5	28.5	30.5	32.4	34.6
f_{td}	0.88	1.06	1.23	1.39	1.52	1.65	1.74	1.83	1.89	1.96	2.02	2.07	2.10	2.14

注：计算现浇钢筋混凝土轴心受压和偏心受压构件时，若截面的长边或直径小于300 mm，表中数值应乘以系数0.8；当构件质量（混凝土成型、截面和轴线尺寸等）确有保证时，可不受此限制。

（三）钢筋的强度标准值和强度设计值

为了使钢筋强度标准值与钢筋的检验标准统一，对有明显流幅的热轧钢筋，钢筋的抗拉强度标准值f_{sk}采用国家标准中规定的屈服强度标准值，国家标准中规定的屈服强度标准值即为钢筋出厂检验的废品限值，其保证率不小于95%；对于无明显流幅的钢筋，如钢丝、钢绞线等，也根据国家标准中规定的极限抗拉强度值确定，其保证率也不小于95%。

这里应注意，对钢绞线、预应力钢丝等无明显流幅的钢筋，取$0.85\sigma_b$（σ_b为国家标准中规定的极限抗拉强度）作为设计取用的条件屈服强度（指相应于残余应变为0.2%时的钢筋应力）。

《公路桥规》对热轧钢筋和精轧螺纹钢筋的材料性能分项系数取1.20，对钢绞线、钢

丝等的材料性能分项系数取 1.47。将钢筋的强度标准值除以相应的材料性能分项系数 1.20 或 1.47，则得到钢筋的强度设计值。

《公路桥规》规定的热轧钢筋的抗拉强度标准值 f_{sk} 和设计值 f_{sd} 见表 5-11 和表 5-12，钢绞线、钢丝、精轧螺纹钢筋的抗拉强度标准值 f_{pk} 和设计值 f_{pd} 见表 5-13 和表 5-14。

表 5-11　普通钢筋抗拉强度标准值　（单位：MPa）

钢筋种类	符号	f_{sk}	钢筋种类	符号	f_{sk}
R235　$d=8\sim20$	Φ	235	HRB400　$d=6\sim50$	Φ	400
HRB335　$d=6\sim50$	Φ	335	KL400　$d=8\sim40$	$Φ^R$	400

注：表中 d 是指国家标准中的钢筋公称直径，单位为 mm。

表 5-12　普通钢筋抗拉、抗压强度设计值　（单位：MPa）

钢筋种类	f_{sd}	f'_{sd}	钢筋种类	f_{sd}	f'_{sd}
R235　$d=8\sim20$	195	195	HRB400　$d=6\sim50$	330	330
HRB335　$d=6\sim50$	280	280	KL400　$d=8\sim40$	330	330

注：1. 钢筋混凝土轴心受拉和小偏心受拉构件的钢筋抗拉强度设计值大于 330 MPa 时，仍应按 330 MPa 取用。

2. 构件中配有不同种类的钢筋时，每种钢筋应采用各自的强度设计值。

表 5-13　预应力钢筋抗拉强度标准值　（单位：MPa）

钢筋种类			符号	f_{pk}
钢绞线	1×2（二股）	$d=8.0$、10.0	$Φ^S$	1 470、1 570、1 720、1 860
		$d=12.0$		1 470、1 570、1 720
	1×3（三股）	$d=8.6$、10.8		1 470、1 570、1 720、1 860
		$d=12.9$		1 470、1 570、1 720
	1×7（七股）	$d=9.5$、11.1、12.7		1 860
		$d=15.2$		1 720、1 860
消除应力钢丝	光面 螺旋肋	$d=4.5$	$Φ^P$	1 470、1 570、1 670、1 770
		$d=6$		1 570、1 670
		$d=7$、8、9	$Φ^H$	1 470、1 570
	刻痕	$d=5$、7	$Φ^T$	1 470、1 570
精轧螺纹钢筋		$d=40$	JL	540
		$d=18$、25、32		540、785、930

注：表中 d 是指国家标准中钢绞线、钢丝和精轧螺纹钢筋的公称直径，单位为 mm。

钢筋抗压强度设计值按 $f'_{sd}=\varepsilon'_s E'_s$ 或 $f'_{pd}=\varepsilon'_p E'_p$ 确定。E_s 和 E_p 分别为热轧钢筋和钢绞线的弹性模量；ε'_s 和 ε'_p 为相应钢筋种类的受压应变，取 ε'_s（ε'_p）等于 0.002。f'_{sd}（或 f'_{pd}）不得大于相应的钢筋抗拉强度设计值。

表 5-14　预应力钢筋抗拉、抗压强度设计值　（单位:MPa）

钢筋种类		f_{pd}	f'_{pd}
钢绞线 1×2(二股) 1×3(三股) 1×7(七股)	$f_{pk}=1\ 470$	1 000	390
	$f_{pk}=1\ 570$	1 070	
	$f_{pk}=1\ 720$	1 170	
	$f_{pk}=1\ 860$	1 260	
清除应力光面钢丝和螺旋肋钢丝	$f_{pk}=1\ 470$	1 000	410
	$f_{pk}=1\ 570$	1 070	
	$f_{pk}=1\ 670$	1 140	
	$f_{pk}=1\ 770$	1 200	
消除应力刻痕钢丝	$f_{pk}=1\ 470$	1 000	410
	$f_{pk}=1\ 570$	1 070	
精轧螺纹钢筋	$f_{pk}=540$	450	400
	$f_{pk}=785$	650	
	$f_{pk}=930$	770	

学习任务三　钢筋混凝土受弯构件

一、一般规定

(一)混凝土保护层

普通钢筋和预应力直线形钢筋的最小混凝土保护层厚度(钢筋外缘或管道外缘至混凝土表面的距离)不应小于公称直径,后张法构件预应力直线形钢筋不应小于其管道直径的1/2,且符合表5-15的规定。

表 5-15　普通钢筋和预应力直线形钢筋混凝土保护层的最小厚度 c　（单位:mm）

序号	构件类别	环境条件		
		Ⅰ	Ⅱ	Ⅲ、Ⅳ
1	基础、桩基承台(1)基坑底面有垫层或侧面有模板(受力主筋)	40	50	60
	(2)基坑底面无垫层或侧面无模板(受力主筋)	60	75	85
2	墩台身、挡土结构、涵洞、梁、板、拱圈、拱上建筑(受力主筋)	30	40	45
3	人行道构件、栏杆(受力主筋)	20	25	30
4	箍筋	20	25	30
5	缘石、中央分隔带、护栏等行车道构件	30	40	45
6	收缩、温度、分布、防裂等表层钢筋	15	20	25

注:对于环氧树脂涂层钢筋,可按环境类别Ⅰ取用。

(二)钢筋的锚固

钢筋混凝土构件中，某根钢筋若要发挥其在某个截面的强度，则必须从该截面向前延伸一个长度，以借助该长度上钢筋与混凝土的黏结力把钢筋锚固在混凝土中，这一长度称为锚固长度。钢筋的锚固长度取决于钢筋强度及混凝土强度，并与钢筋外形有关。当计算中充分利用钢筋的强度时，其最小锚固应符合表 5-16 的规定。

表 5-16　钢筋最小锚固长度 l_a

钢筋种类 / 混凝土强度等级 / 项目		R235 级				HRB335 级				HRB400 级，KL400 级			
		C20	C25	C30	≥C40	C20	C25	C30	≥C40	C20	C25	C30	≥C40
受压钢筋(直端)		$40d$	$35d$	$30d$	$25d$	$35d$	$30d$	$25d$	$20d$	$40d$	$35d$	$30d$	$25d$
受拉钢筋	直端	—	—	—	—	$40d$	$35d$	$30d$	$25d$	$45d$	$40d$	$35d$	$30d$
	弯钩端	$35d$	$30d$	$25d$	$20d$	$30d$	$25d$	$25d$	$20d$	$35d$	$30d$	$30d$	$25d$

注：(1) d 为钢筋直径。

(2) 对于受压束筋和等代直径 $d_e \leq 28$ mm 的受拉速筋的锚固长度，应以等代直径按表值确定，束筋的各单根钢筋在同一锚固终点截断；对于等代直径 $d_e > 28$ mm 的受拉束筋，束筋内各单根钢筋，应自锚固起点开始，以表内规定的单根钢筋的锚固长度的 1.3 倍，呈阶梯形逐根延伸后截断，即自锚固起点开始，第一根延伸 1.3 倍单根钢筋的锚固长度，第二根延伸 2.6 倍单根钢筋的锚固长度，第三根延伸 3.9 倍单根钢筋的锚固长度。

(3) 采用环氧树脂涂层钢筋时，受拉钢筋最小锚固长度应增加 25%。

(4) 当混凝土在凝固过程中易受扰动时，锚固长度应增加 25%。

箍筋的末端应做成弯钩。弯钩角度可取 135°，弯钩的弯曲直径应大于被箍的受力主筋的直径，且 R235 级钢筋不应小于箍筋直径的 2.5 倍，HRB335 级钢筋不应小于箍筋直径的 4 倍。弯钩平直段长度，一般结构不应小于箍筋直径的 5 倍，抗震结构不应小于箍筋直径的 10 倍，受拉钢筋端部弯钩应符合表 5-17 的规定。

表 5-17　受拉钢筋端部弯钩

弯曲部位	弯曲角度	形状	钢筋种类	弯曲直径(D)	平直段长度
末端弯钩	180°	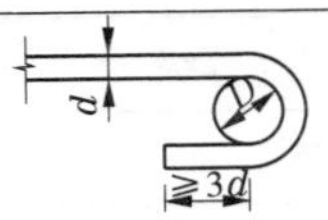	R235 级	$\geq 2.5d$	$\geq 3d$
	135°	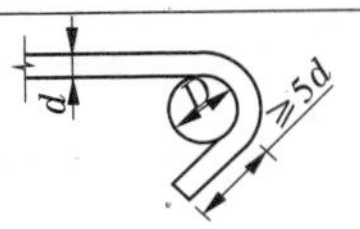	HRB335 级	$\geq 4d$	$\geq 5d$
			HRB400 级 KL400 级	$\geq 5d$	
	90°	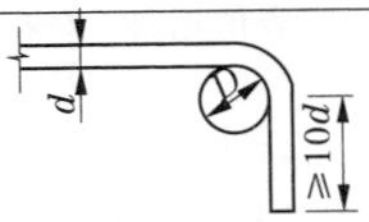	HRB335 级	$\geq 4d$	$\geq 10d$
			HRB400 级 KL400 级	$\geq 5d$	
中间弯折	≤90°	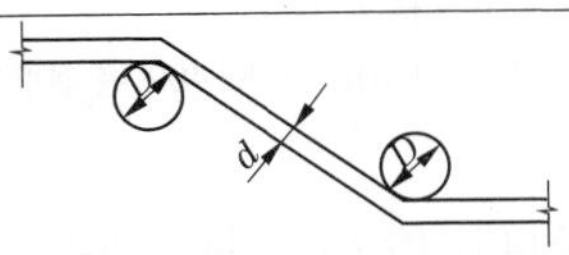	各种钢筋	$\geq 20d$	

(三)钢筋的连接

钢筋连接宜采用焊接接头和机械连接接头(套筒挤压接头、镦粗直螺纹接头),仅当钢筋构造复杂,施工困难,且钢筋直径不大于28 mm时,均可采用绑扎接头。轴心受拉和小偏心受拉构件不宜采用绑扎接头。

钢筋焊接接头宜采用闪光接触对焊。当闪光接触对焊条件不具备时,也可采用电弧焊(帮条焊或搭接焊)、电渣压力焊和气压焊。电弧焊应采用双面焊缝,不得已时方可采用单面焊缝。帮条焊接的帮条应采用与被焊接钢筋同强度等级的钢筋,其总截面面积不应小于被焊接钢筋的截面面积。采用搭接焊时,梁的钢筋端部应预先折向一侧,搭接的两根钢筋轴线应保持一致。对于电弧焊接接头的焊缝长度,双面焊缝不应小于钢筋直径的5倍,单面焊缝不应小于钢筋直径的10倍。

在任一焊接接头中心至长度为钢筋直径的35倍,且不小于500 mm的区段 l 内(见图5-4),同一根钢筋不得有两个接头;在该区段内有接头的受力钢筋截面面积占受力钢筋总截面面积的百分数,普通钢筋在受拉区不宜超过50%,而在受压区和装配式构件间的连接钢筋不受限制。

帮条焊或搭接焊接头部分钢筋的横向净距不应小于钢筋直径,且不应小于25 mm。

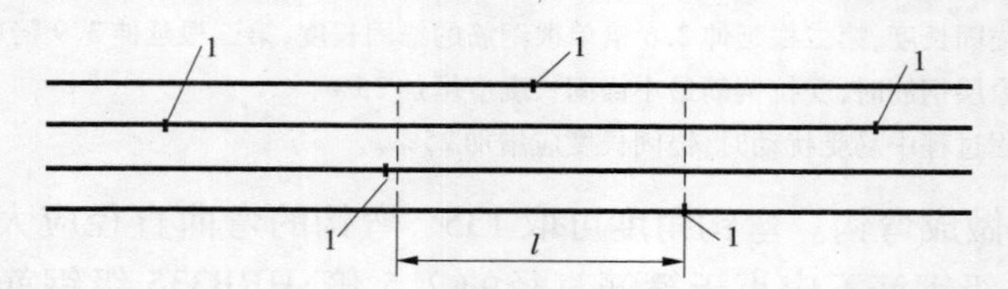

1—焊接接头中心(图中所示区段 l 内接头钢筋截面面积按两根计)

图5-4 焊接接头设置

受拉钢筋绑扎接头的搭接长度,应符合表5-18的规定;受压钢筋绑扎接头的搭接长度,应取受拉钢筋绑扎接头搭接长度的0.7倍。

表5-18 受拉钢筋绑扎接头搭接长度

钢筋种类	混凝土强度等级		
	C20	C25	>C25
R235级	35d	30d	25d
HRB335级	45d	40d	35d
HRB400级,KL400级	—	50d	45d

注:(1)当带肋钢筋直径 d 大于25 mm时,其受拉钢筋的搭接长度应按表值增加5d采用;当带肋钢筋直径小于25 mm时,搭接长度可按表值减少5d采用。

(2)受力钢筋在混凝土凝固过程中易受扰动时,其搭接长度应增加5d。

(3)在任何情况下,受拉钢筋的搭接长度不应小于300 mm,受压钢筋的搭接长度不应小于200 mm。

(4)环氧树脂涂层钢筋的绑扎接头搭接长度,受拉钢筋按表值的1.5倍采用。

(5)受拉区段内,R235级钢筋绑扎接头的末端应做成弯钩,HRB335、HRB400、KL400级钢筋的末端可不做成弯钩。

在任一绑扎接头中心至搭接长度 l_s 的1.3倍长度区段 l 内(见图5-5),同一根钢筋不得有两个接头；在该区段内有绑扎接头的受力钢筋截面面积占受力钢筋总截面面积的百分数，受拉区不宜超过25%，受压区不宜超过50%。当绑扎接头的受力钢筋截面面积占受力钢筋总截面面积超过上述规定时，应按表5-18的规定取值，并乘以下列系数：

（1）当受拉钢筋绑扎接头截面面积大于25%，但不大于50%时，乘以1.4；当大于50%时，乘以1.6。

（2）当受压钢筋绑扎接头截面面积大于50%时，乘以1.4（受压钢筋绑扎接头长度仍为表5-18中受拉钢筋绑扎接头长度的0.7倍）。

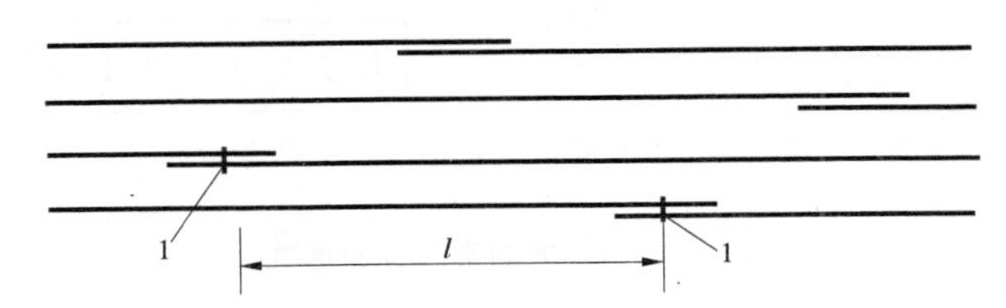

1—绑扎接头搭接长度中心（图中所示区段l内有接头的钢筋截面面积按两根计）

图5-5　受力钢筋绑扎接头

钢筋机械连接接头适用于HRB335级和HRB400级带肋钢筋的连接。机械连接接头应符合《钢筋机械连接通用技术规程》（JGJ 107—2010）的有关规定。

钢筋机械连接件的最小混凝土保护层厚度，宜符合表5-15受力主筋保护层层厚的规定，但不得小于20 mm。连接件之间或连接件与钢筋之间横向净距不应小于25 mm。

二、构造要求

（一）板

钢筋混凝土板在桥涵过程中应用很广，有板桥的承重板、梁桥的行车道板、人行道板等。当跨径较小（≤8 m）时，板的截面多采用实心矩形；当跨径较大（8～13 m），板的截面多采用空心矩形，如图5-6所示。

1. 板厚

板的厚度主要是由控制截面的最大弯矩和刚度要求决定的。但是，为了保证结构的耐久性和施工质量，《公路桥规》规定了各种板的最小厚度：行车道板100 mm，就地浇筑的人行道板80 mm，预制人行道板60 mm，空心板顶板及底板80 mm。

2. 钢筋

如图5-7所示，板的钢筋由纵向的主钢筋和横向的分布钢筋组成。

主钢筋布置在板的受拉区，沿构件的轴线布置，数量由强度计算确定。为了使板的受力尽可能均匀，主钢筋应采用小直径、小间距的布置方式（即多根密排）。但直径过小，又会增加施工上的麻烦。因此，行车道板内的主钢筋直径不应小于10 mm，人行道内的主钢筋直径不应小于8 mm。

在板的跨中，板内受力钢筋间距不应大于200 mm。通过支点的不弯起的主钢筋，每米板宽内设置不应少于3根，并不应少于主钢筋截面面积的1/4。

行车道内应设置垂直于主钢筋的分布钢筋。分布钢筋设置在主钢筋的内侧，在交叉

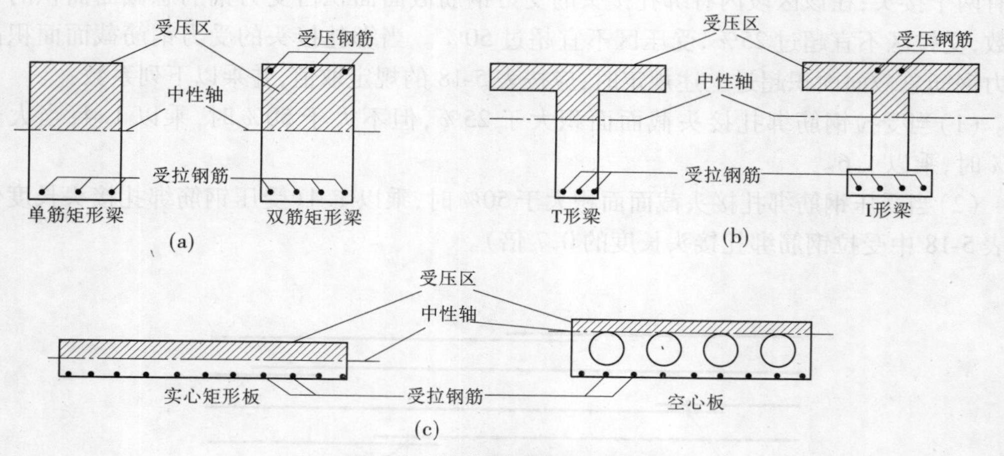

图 5-6 梁、板的常用截面形式

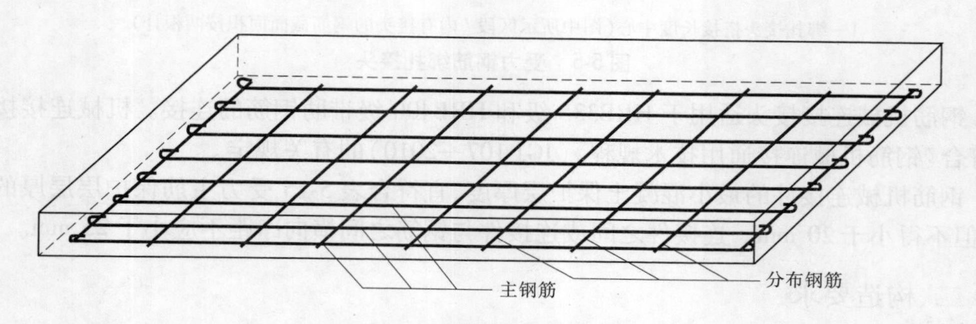

图 5-7 钢筋混凝土板内钢筋构造图

处用铁丝绑扎或点焊,以固定相互的位置。行车道板内的分布钢筋的直径应不小于 8 mm,其间距不应大于 200 mm,截面面积不宜小于板的截面面积的 0.1%。在主钢筋的弯折处,应布置分布钢筋。人行道内板的分布钢筋的直径不应小于 6 mm,其间距不应大于 20 mm。

(二)梁

1. 梁的截面形式及尺寸

钢筋混凝土梁的截面形式,常见地有矩形、T 形、I 形和箱形(见图 5-6),一般中、小跨径时常采用矩形或 T 形截面,大跨径时可采用 I 形或箱形截面。

整体现浇矩形截面梁的高宽比 h/b 一般取 2.0~3.5;T 形截面的高宽比 h/b(b 为梁宽)一般取 2.5~4.0。当采用焊接钢筋骨架的装配式 T 形梁时,其高宽比 h/b 一般为 7~8,高度与跨径之比一般为 1/11~1/16,跨径较大时取用偏小比值。为了使截面尺寸规格化和考虑施工制模的方便,特此将梁的截面尺寸模数化,即以 50 mm 或 100 mm 为一级增加;一般梁肋的宽度取用 150~220 mm。

2. 钢筋构造

一般结构中,钢筋混凝土梁内的钢筋构造如图 5-8 所示。梁内钢筋骨架多由主钢筋、斜筋(弯起钢筋)、箍筋、架立钢筋和纵向防裂钢筋等组成。

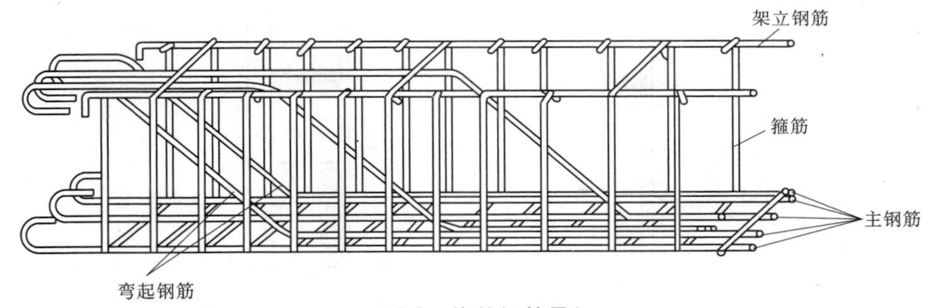

图 5-8　绑扎钢筋骨架

梁内的钢筋常常采用骨架形式,一般分为绑扎钢筋骨架和焊接钢筋骨架两种形式。

绑扎钢筋骨架是用细铁丝将各种钢筋绑扎而成(见图 5-8)。焊接钢筋骨架是将纵向受拉钢筋、弯起钢筋和架立钢筋焊接成平面骨架,然后用箍筋将数片焊接的平面骨架组成立体骨架形式(见图 5-9)。

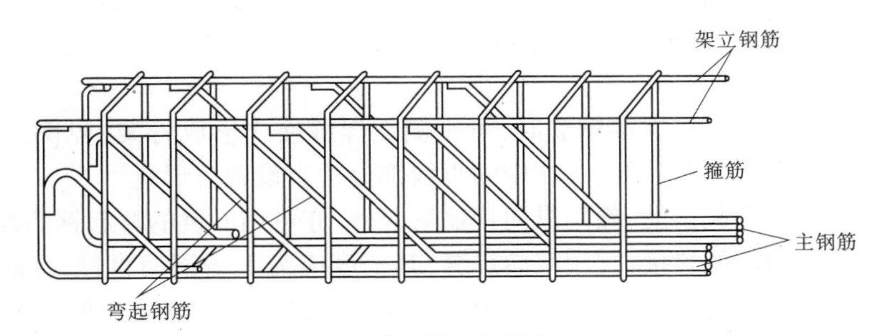

图 5-9　焊接钢筋骨架

1)主钢筋

主钢筋常设置在梁的受拉区,数量由计算确定。主钢筋一般采用 HRB335 级钢筋,直径一般为 12 ~ 32 mm,但不超过 40 mm,以满足抗裂要求。在同一片(批)梁中最好采用相同钢种、相同直径的主钢筋,但有时为了选配钢筋及节约钢材,也可采用两种不同直径的主钢筋,直径相差不应小于 2 mm。

梁内主钢筋应尽量布置成最少的层数。在满足保护层厚度的前提下,简支梁的主钢筋应尽量布置在底层,以获得较大的内力偶臂而节约钢材。主钢筋的排列应满足下列原则:由下至上,先粗后细,左右对称,上下对齐,便于混凝土的浇筑。

绑扎钢筋骨架中,各主钢筋间横向净距应满足:当钢筋为三层及以下时,不应小于 30 mm,并不小于钢筋直径;当钢筋为三层以上时,不应小于 40 mm,并不小于钢筋直径的 1.25倍,对于束筋,此处直径采用等代直径,如图 5-10(a)所示。

焊接钢筋骨架中,多层主钢筋竖向不留空隙,用焊缝连接,其叠高一般不超过 (0.15 ~0.2)h(h 为梁高)。焊接钢筋骨架的净距如图 5-10(b)所示。

当梁内主钢筋与梁底面间保护层厚度大于 50 mm 时应设防裂钢筋网。靠梁边缘的主钢筋与梁侧面的净距应不小于 30 mm(见图 5-10)。

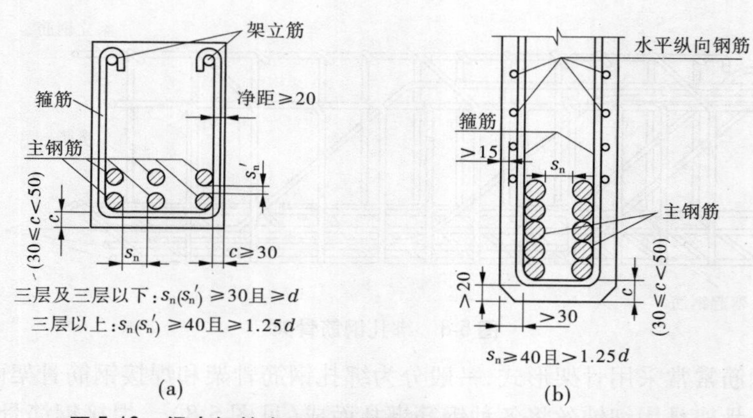

图 5-10　梁内钢筋净距及保护层厚度　（Ⅰ类环境，单位：mm）

2）弯起钢筋

弯起钢筋是为满足斜截面抗剪承载力而设置的，一般由受拉主钢筋弯起而成，有时也需要加设专门的斜筋，一般与梁纵轴成45°。弯起钢筋的直径、数量及位置均由抗剪计算确定。

钢筋混凝土梁采用多层焊接钢筋时，可用侧面焊缝使之形成骨架（见图 5-9）。侧面焊缝设置在弯起钢筋的弯折点处，并在中间直线部分适当设置短焊缝。

焊接钢筋骨架的弯起钢筋，除用纵向钢筋弯起外，亦可用专设的弯起钢筋焊接。

斜钢筋与纵向钢筋的焊接，宜用双面焊缝，其长度应为 5 倍钢筋直径，纵向钢筋之间的短焊缝应为 2.5 倍钢筋直径；当必须采用单面焊缝时，其长度应加倍（见图 5-11）。

焊接骨架的钢筋层数不应多于 6 层，单面钢筋直径不应大于 32 mm。

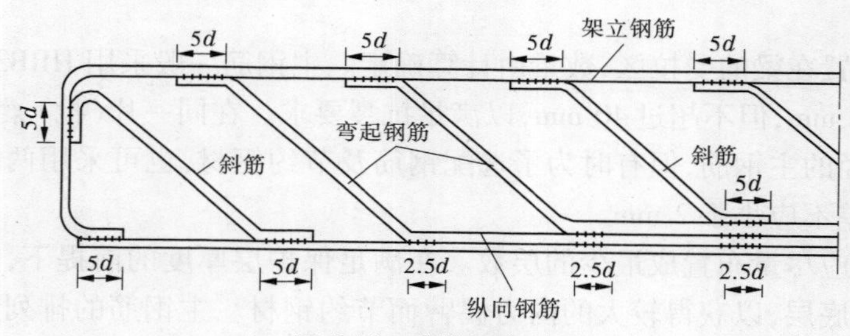

图 5-11　弯起钢筋焊接

3）箍筋

箍筋除满足斜截面的抗剪强度外，还起到连接受拉钢筋和受压区混凝土使其共同工作的作用。此外，还可用箍筋来固定主钢筋的位置而使梁内各种钢筋构成钢筋骨架。工程上使用的箍筋有开口和闭口两种形式，如图 5-12 所示。

无论计算上是否需要，梁内均应设置箍筋。该箍筋的直径不小于 8 mm 且不小于 1/4 倍主钢筋直径，其最小配箍率 ρ_{sv} 应满足：R235 级钢筋不应小于 0.18%，HRB335 级钢筋不应小于 0.12%。每根箍筋所箍的受拉钢筋每排应不多于 5 根，所箍的受压钢筋每排应不多于 3 根。

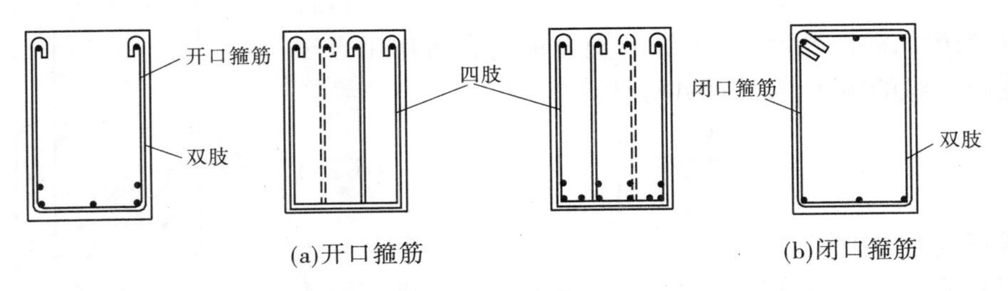

图 5-12　箍筋的形式

箍筋间距应不大于梁高的1/2且不大于400 mm；当所箍钢筋为受压钢筋时，箍筋间距应不大于所箍钢筋直径的15倍，且不应大于400 mm。在钢筋绑扎搭接接头范围内的箍筋间距应满足：当搭接钢筋受拉时，不应大于主钢筋直径的5倍，且不大于100 mm；当搭接钢筋受压时，不应大于主钢筋直径的10倍，且不大于200 mm。在支座中心向跨径方向长度不小于1倍梁高的范围内，箍筋间距不宜大于100 mm。

箍筋的末端应做成弯钩，弯钩角度可取135°，弯钩的平直段长度不应小于箍筋直径的5倍。

近梁端的第一根箍筋应设置在距端面一个保护层的距离处。梁与梁或梁与柱的交叉范围内可不设箍筋；靠近它们交界面的第一根箍筋，其与交界面的距离不宜大于50 mm。

混凝土表面至箍筋的净距不应小于20 mm。

4）架立钢筋

钢筋混凝土梁内需要设置架立钢筋，以便在施工时形成钢筋骨架，保持箍筋的间距，防止钢筋因浇筑振捣混凝土及其他意外因素而产生的偏斜。钢筋混凝土T形梁的架立钢筋直径多为16～22 mm，而矩形截面梁一般为10～14 mm。

5）梁侧防裂纵向钢筋

T形、I形截面梁或箱形截面梁的腹板两侧应设置防裂纵向钢筋，以抵抗温度应力及混凝土收缩应力。这类钢筋的直径一般为6～8 mm，两侧面的钢筋截面面积合计取用(0.001～0.002)bh，对薄壁梁宜取上限。

纵向防裂钢筋应下密上疏地固定在箍筋上，混凝土表面至纵向防裂钢筋的净距应不小于15 mm。

三、正截面承载力计算

(一)单筋矩形截面及其破坏形态

受拉区配置有纵向受力钢筋的矩形截面梁，称为单筋矩形截面梁，如图5-13所示。梁内纵向受力钢筋数量用配筋率表示。配筋率是指纵向受力钢筋截面面积与正截面有效面积的比值，即

$$\rho = \frac{A_s}{bh_0} \tag{5-14}$$

式中：A_s 为纵向受力钢筋截面面积；b 为梁的截面的宽度；h_0 为梁的截面的有效高度，按式(5-14a)计算。

$$h_0 = h - a_s \tag{5-14a}$$

式中：h 为梁的截面高度；a_s 为纵向受力钢筋合力作用点至截面受拉边缘的距离，按式(5-15)计算。

$$a_s = \frac{\sum f_{sdi} A_{si} a_{si}}{\sum f_{sdi} A_{si}} \tag{5-15}$$

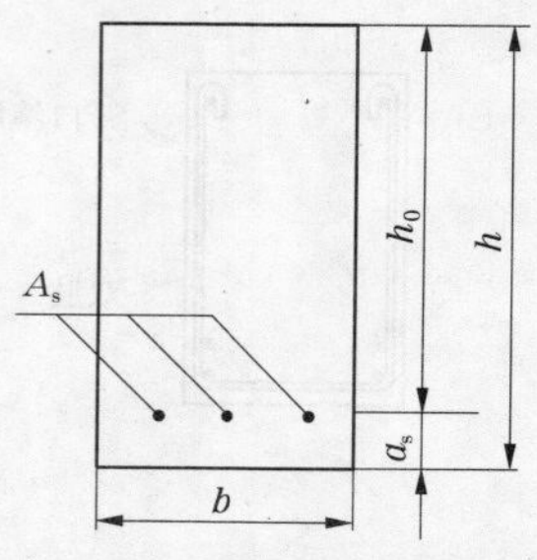

图 5-13 单筋矩形截面梁

梁正截面的破坏形式与配筋率的大小及钢筋和混凝土的强度有关。其中，配筋率的大小是决定梁正截面破坏形式的主要原因。按照梁的破坏形式不同，可将其划分为以下三种破坏形态。

1. 适筋梁——延性破坏

配筋率适当的钢筋混凝土梁称为适筋梁。适筋梁的破坏特征是破坏始于受拉钢筋屈服。在受拉钢筋应力达到屈服点之前，受压区混凝土外边缘的应变尚未达到混凝土的极限压应变，此时混凝土未被压碎。荷载稍增，钢筋的屈服使得构件产生较大的塑性伸长，随之引起受拉区混凝土裂缝急剧开展，受压区逐渐缩小，直到受压区混凝土应力达到抗压强度后，构件即遭破坏。这种梁在破坏前，由于梁的裂缝开展较宽，挠度较大，给人以明显的破坏预兆，属于延性破坏，其破坏形式如图 5-14 所示。

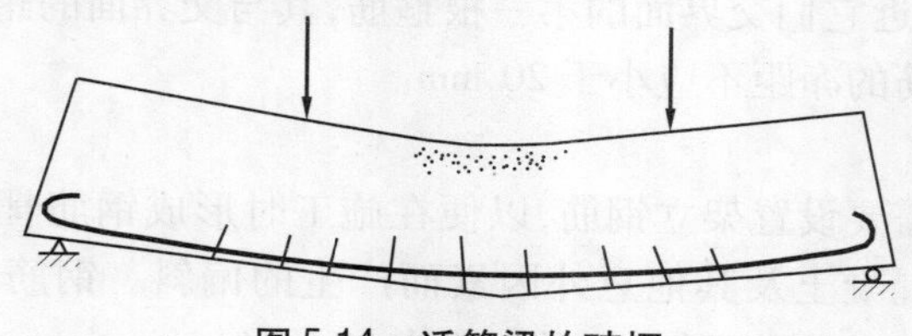

图 5-14 适筋梁的破坏

2. 超筋梁——脆性破坏

配筋率过高的钢筋混凝土梁称为超筋梁。超筋梁的破坏特征是破坏始于受压区混凝土被压碎。在钢筋混凝土梁内钢筋配置多到一定限度时，钢筋抗拉能力过强，而荷载的增加，使受压区混凝土应力首先达到抗压强度，混凝土即被压碎，导致梁的破坏。此时，钢筋仍处于弹性工作阶段，钢筋应力低于屈服点。由于梁在破坏前裂缝开展不宽，梁的挠度不大，梁是在没有明显预兆情况下由于受压区混凝土突然压碎而破坏，属于脆性破坏，其破坏形式如图 5-15 所示。

3. 少筋梁——脆性破坏

配筋率过低的钢筋混凝土梁称为少筋梁。少筋梁在开始加荷时，作用在截面上的拉力主要由受拉区混凝土来承担。当截面出现第一条裂缝后，拉力几乎全部转由钢筋来承担，使裂缝处的钢筋应力突然增大，由于钢筋配置过少，就使钢筋即刻达到和超过屈服点并进入钢筋的强化阶段。此时，裂缝往往集中出现一条，且开展宽度较大，沿梁高向上延伸较高，即使受压区混凝土暂未压碎，但由于裂缝宽度较大，也标志着梁的破坏。故少筋梁也属脆性破坏，其破坏形式如图 5-16 所示。

由上可知，适筋梁能充分发挥材料的强度，符合安全、经济的要求；超筋梁破坏预兆不明显，用钢量又多，故在工程中不常采用；少筋梁虽然配置了钢筋，但因钢筋数量过少，作用不大，其承载能力实际上与素混凝土梁差不多，工作中不应采用。因此，正常的设计应将梁设计成适筋梁，且使梁的配筋率为最大配筋率与最小配筋率之间的一经济合理的数值。

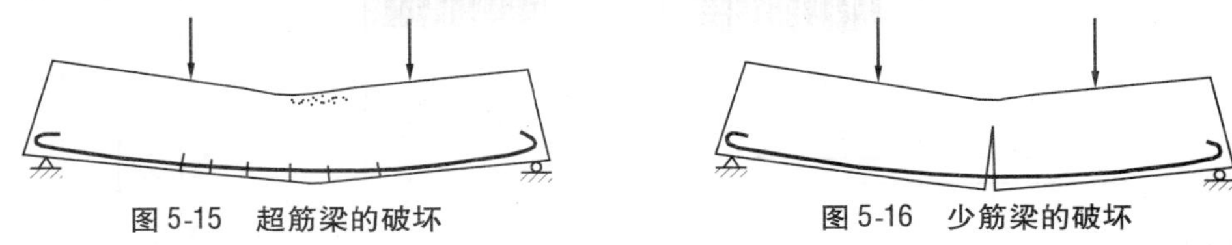

图 5-15　超筋梁的破坏

图 5-16　少筋梁的破坏

(二) 公式及适用条件

1. 基本假定

构件正截面的承载力应按下列基本假定进行计算。

(1) 构件弯曲后，其截面仍保持为平面。

(2) 截面受压区混凝土的应力图形简化为矩形，其强度取混凝土的轴心抗压强度设计值；截面受拉区混凝土的抗拉强度不予考虑。

(3) 极限状态计算时，受拉区钢筋应力取抗拉强度设计值 f_{cd}。

(4) 钢筋应力等于钢筋应变与其弹性模量系数的乘积，但不大于其强度设计值。

2. 混凝土相对界限受压区高度系数 ξ_b

如前面所述，当钢筋混凝土梁的纵向受拉钢筋和受压区混凝土同时达到强度设计值时，受压区混凝土边缘也同时达到其极限压应变 ε_{max} 而破坏，此时被称为界限破坏。

由试验可知，界限破坏是适筋梁截面和超筋梁截面的鲜明界限。当截面实际受压区高度 $x_c > \xi_b h_0$ 时，为超筋截面。当截面实际受压区高度 $x_c \leqslant \xi_b h_0$ 时，为适筋截面。

在使用中，一般以 ξ_b 为界限条件，ξ_b 的取值见表 5-19。

表 5-19　相对界限受压区高度 ξ_b

钢筋种类	C50 及以下	C50、C60	C65、C70
R235 级	0.62	0.60	0.58
HRB335 级	0.56	0.54	0.52
HRB400、KL400 级	0.53	0.53	0.49

注：截面受拉区内配置不同种类钢筋的受弯构件，其 ξ_b 应选用相应各种钢筋的较小者。

3. 截面最小配筋率 ρ_{min}

为了防止界面配筋过少而出现脆性破坏，必须确定钢筋混凝土受弯构件的最小配筋率 ρ_{min}。

(三) 正截面承载力计算基本公式及适用条件

1. 基本公式

根据前述钢筋混凝土受弯构件按承载力计算能力极限状态设计时的假定，并根据适筋梁的破坏形态，可得出单筋矩形截面受弯构件正截面承载力计算简图，如图 5-17 所示。

由水平力平衡，即 $\sum H = 0$，可得

$$f_{cd} bx = f_{sd} A_s \tag{5-16}$$

对受拉钢筋合力作用点取矩，可得

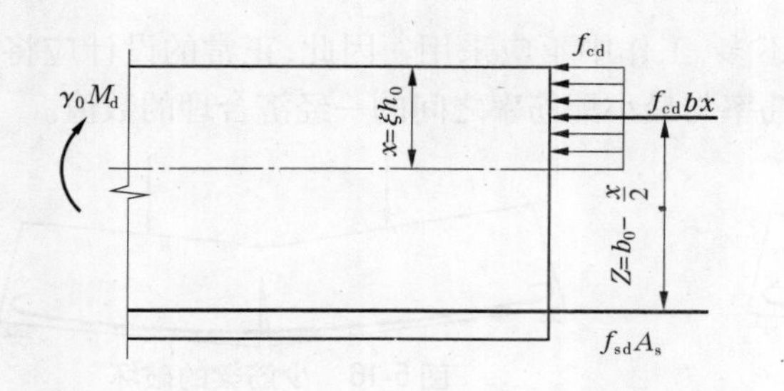

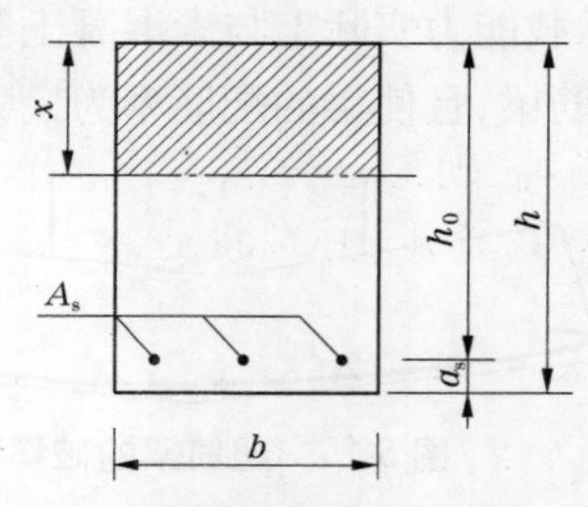

图 5-17　单筋矩形截面受弯构件正截面承载力计算简图

$$M_u = \sum M_s = f_{cd}bx\left(h_0 - \frac{x}{2}\right) \tag{5-17a}$$

对受压区混凝土合力作用点取矩，可得

$$M_u = \sum M_c = f_{sd}A_s\left(h_0 - \frac{x}{2}\right) \tag{5-17b}$$

根据承载能力极限状态设计的原则得出如下公式：

$$\gamma_0 M_d \leqslant f_{cd}bx\left(h_0 - \frac{x}{2}\right) \tag{5-18a}$$

或

$$\gamma_0 M_d \leqslant f_{sd}A_s\left(h_0 - \frac{x}{2}\right) \tag{5-18b}$$

式中：M_u 为构件承载力的设计值，即截面总的抗弯内力矩；M_d 为弯矩组合的设计值，即荷载最不利效应组合产生的最大弯矩；f_{cd}为混凝土轴心抗压强度设计值；f_{sd}为普通钢筋的抗拉强度设计值；b 为矩形截面的宽度；h_0 为矩形截面的有效高度；x 为混凝土受压区高度；γ_0 为桥梁结构的重要性系数，按公路桥涵的设计安全等级，一级、二级、三级分别取用1.1、1.0、0.9；桥梁的抗震设计不考虑结构的重要性系数。

2. 公式的适用条件

(1)$x \leqslant \xi_b h_0$。该条件是为了避免超筋梁。

(2)$\rho \geqslant \rho_{min}$或$A_s \geqslant \rho_{min} bh_0$。该条件是为了避免少筋梁。

(四)计算方法

单筋矩形截面受弯构件正截面受弯承载力计算包括截面设计与截面复核两项内容。

1. 截面设计

已知：弯矩组合的设计值 M_d，构件的重要性系数 γ_0，混凝土及钢筋强度等级，构件截面尺寸 b、h_0。

求：受拉钢筋截面面积 A_s。

计算步骤如下：

(1)定 h_0。先假定一个 a_s(假设一层钢筋时，可近似设 a_s = 40 mm；假设两层钢筋时，可近似设 a_s = 70 mm)，可得 $h_0 = h - a_s$。

(2)计算 x，并判断是否超筋。

$$x = h_0 - \sqrt{h_0^2 - \frac{2\gamma_0 M_d}{f_{cd} b}} \tag{5-19}$$

若 $x > \xi_b h_0$，则为超筋梁，应加大截面尺寸或提高混凝土强度等级后重新计算。

(3)计算 A_s，并判断是否少筋。

$$A_s = \frac{f_{cd} b x}{f_{sd}} \tag{5-20}$$

若 $A_s \geqslant \rho_{min} b h_0$，不少筋；若 $A_s < \rho_{min} b h_0$，应取 $A_s = \rho_{min} b h_0$。

(4)选配钢筋，并验算 a_s。按所求 A_s 值的大小，根据表 5-20 选择合适的钢筋直径及根数。实际采用的钢筋截面面积宜为计算所需的钢筋截面面积的 0.95～1.05 倍。

在所选择的钢筋面积情况下，按构造要求进行钢筋的布置，求实际的 a_s。若实际的 a_s 与假定的 a_s 大小接近，则计算的钢筋为所求；否则，应重假定、重新计算，直到相符为止。

表 5-20　圆钢筋及螺纹钢筋截面面积和每米理论质量

直径(mm)	在下列钢筋数时的截面面积(mm²)									每米理论质量(kg/m)	螺纹钢筋	
	1	2	3	4	5	6	7	8	9		计算直径(mm)	外径(mm)
4	12.6	25	38	50	63	75	88	101	113	0.098		
5	19.6	39	59	79	98	118	137	157	177	0.154		
6	28.3	57	85	113	141	170	198	226	254	0.222		
7	38.5	77	115	154	192	231	269	308	346	0.302		
8	50.3	101	151	201	251	302	352	402	452	0.396		
9	63.6	127	191	254	318	382	445	509	573	0.499		
10	78.5	157	236	314	393	471	550	628	707	0.617	10	11.3
12	113.1	226	339	452	566	679	792	905	1 018	0.888	12	13.5
14	153.9	308	462	616	770	924	1 078	1 232	1 385	1.208	14	15.5
16	201.1	402	603	804	1 005	1 206	1 407	1 608	1 810	1.580	16	18
18	254.5	509	763	1 018	1 272	1 527	1 781	2 036	2 292	1.998	18	20
19	283.5	567	851	1 134	1 418	1 701	1 985	2 268	2 552	2.230	19	
20	314.2	628	942	1 256	1 570	1 884	2 200	2 513	2 827	2.460	20	22
22	380.1	760	1 140	1 520	1 900	2 281	2 661	3 041	3 421	2.981	22	24
24	452.4	905	1 356	1 810	2 262	2 714	3 167	3 619	4 071	2.551	24	
25	490.9	982	1 473	1 964	2 452	2 945	3 436	3 927	4 418	3.850	25	27
26	530.9	1 062	1 593	2 124	2 655	3 186	3 717	4 247	4 778	4.168	26	
28	615.7	1 232	1 847	2 463	3 079	3 695	4 310	4 926	5 542	4.833	28	30.5
30	706.9	1 413	2 121	2 827	3 534	4 241	4 948	5 555	6 362	5.549	30	
32	804.3	1 609	2 413	3 217	4 021	4 826	5 630	6 434	7 238	6.310	32	34.5

【例 5-1】 某钢筋混凝土单筋矩形梁截面尺寸 $b=250$ mm、$h=550$ mm，采用 C20 混凝土，R235 级钢筋，承受 $M_d=100$ kN·m，构件的重要性系数 $\gamma_0=1.0$，求受拉钢筋截面面积 A_s。

解 (1)确定基本数据。

查表 5-10、表 5-12 和表 5-19 可知 $f_{cd}=9.2$ MPa，$f_{td}=1.06$ MPa，$f_{sd}=195$ MPa，$\xi_b=0.62$。

对于 C20 混凝土、R235 级钢筋，$\rho_{min}=0.45\times\dfrac{1.06}{195}=0.0024>0.002$，故取 $\rho_{min}=0.0024$。

假设 $a_s=40$ mm，则截面有效高度为

$$h_0=h-a_s=550-40=510(\text{mm})$$

(2)求 x，并判断是否超筋。

按公式(5-19)求得

$$x=h_0-\sqrt{h_0^2-\frac{2\gamma_0 M_d}{f_{cd}b}}=510-\sqrt{510^2-\frac{2\times1.0\times100\times10^6}{9.2\times250}}=94(\text{mm})$$

由于 $x=94\text{ mm}\leqslant\xi_b h_0=0.62\times510=316.2(\text{mm})$，所以该梁不属于超筋梁。

(3)计算 A_s，并判断是否少筋。

由公式(5-20)得

$$A_s=\frac{f_{cd}bx}{f_{sd}}=\frac{9.2\times250\times94}{195}=1\,109(\text{mm}^2)$$

由于 $A_s=1\,109\text{ mm}^2\geqslant\rho_{min}bh_0=0.0024\times250\times510=306(\text{mm}^2)$，所以该梁不属于少筋梁。

(4)选配钢筋，并验算 a_s。

由 $A_s=1\,109\text{ mm}^2$，据表 5-20 选择 4 Φ 20 钢筋，则实际取用纵向受拉钢筋截面面积 $A_s=1\,256\text{ mm}^2$，大于计算出的钢筋截面面积 $1\,109\text{ mm}^2$。

按构造要求进行钢筋的布置。Φ 20 钢筋外径为 22 mm，则实际的 $a_s=30+22/2=41(\text{mm})$，与假定的 $a_s=40$ mm 大小接近，则计算的钢筋 4 Φ 20 为所求结果。截面配筋图如图 5-18 所示。

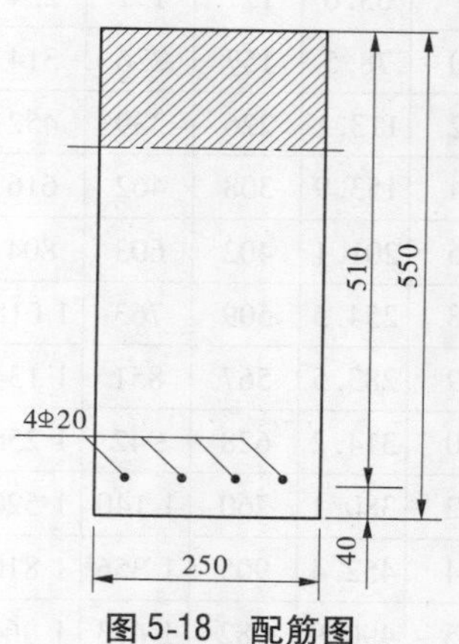

图 5-18 配筋图

2. 截面复核

截面复核是对已经设计好的截面进行承载力计算，以判断其是否安全。

已知弯矩组合的设计值 M_d，构件的重要性系数 γ_0，混凝土及钢筋强度等级，构件截面尺寸 b、h 及受拉钢筋截面面积 A_s。计算截面所能承担的弯矩 M_u，并判断其是否安全。

计算步骤如下：

(1)复核构件是否符合要求，要求钢筋的间距及保护层的厚度均应符合要求。

(2)求 x，并判断截面的类型。

根据公式(5-20)得

$$x = \frac{f_{sd}A_s}{f_{cd}b} \tag{5-21}$$

若 $x \leqslant \xi_b h_0$ 且 $A_s \geqslant \rho_{min} bh_0$,则为适筋梁;

若 $x > \xi_b h_0$,则为超筋梁;

若 $A_s < \rho_{min} bh_0$,则为少筋梁。

(3)计算 M_u。

适筋梁的 M_u 计算式为

$$M_u = f_{cd}bx(h_0 - \frac{x}{2}) \tag{5-22}$$

超筋梁的 M_u 计算式为

$$M_u = f_{cd}b\xi_b h_0(h_0 - 0.5\xi_b h_0) \tag{5-23}$$

如为少筋梁,应修改设计。

(4)判断截面是否安全。若 $M_u \geqslant \gamma_0 M_d$,则表明截面安全;否则,为不安全。

【例5-2】 某单跨整体式钢筋混凝土盖浇板涵,板厚 h =200 mm(h_0 =170 mm),跨中每米板宽弯矩基本组合设计值 M_d =40.5 kN·m,构件的重要性系数 γ_0 =1,采用C20级混凝土、R235级钢筋,单位板宽采用的钢筋截面面积为 A_s =1 436 mm^2。试复核此盖浇板正截面抗弯承载力。

解 (1)确定基本数据。

$$f_{cd} = 9.2\ \text{MPa}, f_{td} = 1.06\ \text{MPa}, f_{sd} = 195\ \text{MPa}, \xi_b = 0.62。$$

对于C20级混凝土、R235级钢筋,$\rho_{min} = 0.45 \times \frac{1.06}{195} = 0.002\ 4 > 0.002$,故取 ρ_{min} = 0.002 4。

(2)判断截面类型。

$$\rho = \frac{A_s}{bh_0} = \frac{1\ 436}{1\ 000 \times 170} = 0.008\ 4 > \rho_{min} = 0.002\ 4$$

所以,不是少筋板。

$$x = \frac{f_{sd}A_s}{f_{cd}b} = \frac{195 \times 1\ 436}{9.2 \times 1\ 000} = 30.4\ \text{mm} \leqslant \xi_b h_0 = 0.62 \times 170 = 105.4(\text{mm})$$

故该板为适筋板。

(3)计算 M_u,并判断截面是否安全。

$$M_u = f_{cd}bx(h_0 - \frac{x}{2}) = 9.2 \times 1\ 000 \times 30.4 \times (170 - 0.5 \times 30.4)$$

$$= 43.3 \times 10^6(\text{N}\cdot\text{mm}) = 43.3\ \text{kN}\cdot\text{m} > \gamma_0 M_d = 40.5\ \text{kN}\cdot\text{m}$$

故该截面安全。

四、双筋矩形截面承载力计算

在截面受拉区配置有纵向受拉钢筋,又在受压区配置有纵向受压钢筋的矩形截面受弯构件,称为双筋矩形截面受弯构件。双筋矩形截面适用于以下情况。

(1)当矩形截面承受的弯矩较大,截面尺寸受到限制,且混凝土强度等级又不能提高,以至于单筋截面无法满足 $x \leqslant \xi_b h_0$ 的条件时,即需在受压区配置钢筋来帮助混凝土受承担压力。

(2)当截面既承受正向弯矩又可能承受负向弯矩时,截面上、下均需要配置受力钢筋。用配置受压钢筋来帮助混凝土受压以提高构件承载能力是不经济的,所以,一般情况下构件不宜采用双筋截面。

(一)基本公式

双筋矩形截面梁与单筋矩形截面梁在破坏时,其受力特点是相似的,两者间的区别只在于受压区是否配有纵向受压钢筋。因此,对于双筋矩形截面梁,在明确了梁破坏时受压钢筋的应力后,双筋梁的基本计算公式就可比照单筋梁的基本计算公式分析建立起来。工程上为简化计算,截面受压区抛物线应力图多用等效矩形应力图代替,如图 5-19 所示。

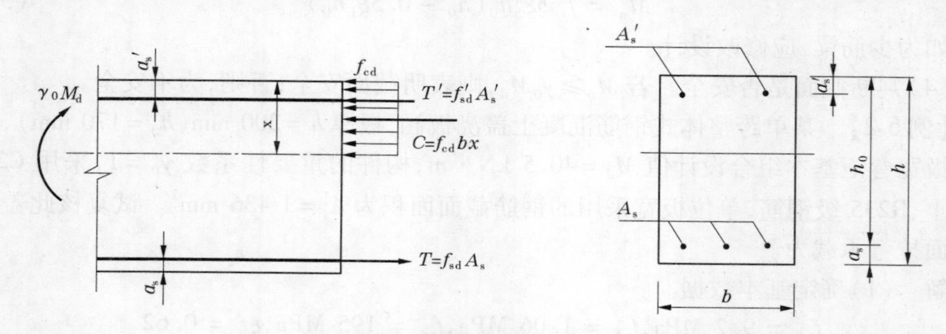

图 5-19　双筋矩形截面承载力计算简图

根据图 5-19,按静力平衡条件可得双筋矩形截面梁承载力计算公式。

由 $\sum H=0$,得

$$f_{cd}bx = f_{sd}A_s - f'_{sd}A'_s \tag{5-24}$$

对受拉钢筋合力作用点取矩,根据按承载能力极限状态设计的原则,得出如下公式。

$$\gamma_0 M_d \leqslant f_{cd}bx(h_0 - \frac{x}{2}) + f'_{sd}A'_s(h_0 - a'_s) \tag{5-25}$$

式中:f'_{sd} 为受压钢筋的强度设计值;A'_s 为受压钢筋截面面积;a'_s 为受压钢筋合力作用点至截面受压区外边缘的距离。

在应用式(5-24)及式(5-25)进行钢筋混凝土双筋矩形截面设计计算时,应满足下述三项条件。

(1)受压区高度 $x \leqslant \xi_b h_0$。它的意义与单筋矩形截面相同,是为了保证梁的破坏从受拉钢筋屈服开始,防止梁发生脆性破坏。

(2)受压区高度 $x \geqslant 2a'_s$。这主要是为了保证受压钢筋在截面破坏时其应力达到屈服点。若 $x < 2a'_s$,说明受压区钢筋位置距离中性轴太近,构件破坏时,受压钢筋的压应力变太小,以致其应力达不到抗压设计强度 f'_{sd}。这种应力状态与极限状态下的双筋矩形截面应力计算简图不符,从而需要用 $x \geqslant 2a'_s$ 来限制受压区高度的最小值。

(3)$\gamma_0 M_d \leqslant f_{sd}S_0$,对于矩形截面,此式为

$$\gamma_0 M_d \leqslant 0.5 f_{cd} b h_0^2 \tag{5-26}$$

式中：S_0 为构件截面中混凝土的有效面积对受拉钢筋重心轴的静距。

此条件是从控制钢筋总量这个经济观点来考虑的，其意义是双筋矩形截面的最大抗力应能够是由给定截面尺寸所限制，而不能无限制地增加受压钢筋截面面积 A'_s 去提高。

至于控制最小配筋率的条件，在双筋截面的情况下，一般不需验算。

（二）计算方法

双筋截面受弯构件正截面抗弯承载力计算，包括截面设计与强度复核两项内容。

1. 截面设计

为了方便计算，将式（5-25）分解成两组（见图 5-20）：

$$M_{u1} = f_{cd}bx(h_0 - \frac{x}{2}) \tag{5-27}$$

$$M_{u2} = f'_{sd}A'_s(h_0 - a'_s) \tag{5-28}$$

其中，M_{u1} 是由受压区混凝土的内力 $f_{cd}bx$ 与相对应的那部分受拉钢筋 A_{s1} 的内力 f_{sd} 所形成的抗弯承载力；M_{u2} 是由受压区钢筋 A'_s 的内力 $f'_{sd}A'_s$ 与一部分受拉钢筋 A_{s2} 的内力 $f_{sd}A_{s2}$ 所形成的抗弯承载力。抗弯承载力 M_{u1} 与 M_{u2} 同时作用于一个截面上，联合组成构件的抗弯承载力。

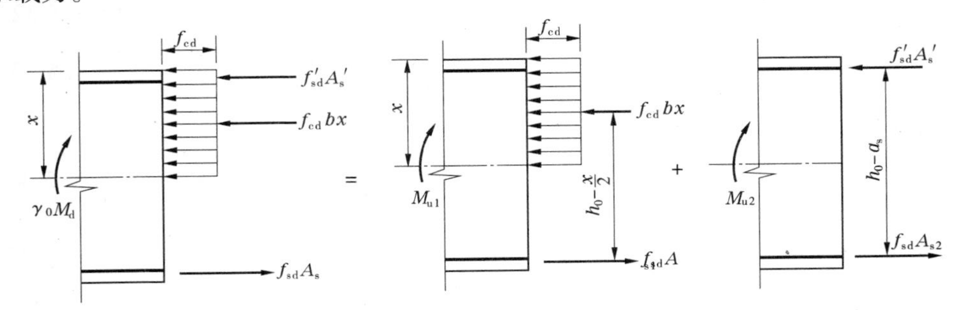

图 5-20　双筋矩形截面抗弯承载力分解为 M_{u1} 与 M_{u2}

在截面选择时，可令

$$\gamma_0 M_d = M_{u1} + M_{u2} = f_{cd}bx(h_0 - \frac{x}{2}) + f'_{sd}A'_s(h_0 - a'_s)$$

双筋矩形截面受弯构件截面设计的基本出发点，应首先充分发挥受压区混凝土和其对应的受拉钢筋 A_{s1} 的承载能力（即取 $x=\xi_b h_0$，按单筋截面设计），而对无法承担的部分荷载效应，则考虑由受压钢筋 A'_s 和部分受拉钢筋 A_{s2} 来承担。

（1）已知弯矩组合设计值 M_d，构件截面尺寸 b、h，混凝土强度等级及钢筋级别，构件的重要性系数 γ_0，求受拉钢筋截面面积 $\gamma_0 A_s$ 和受压钢筋截面面积 A'_s。

计算步骤如下：

①复核是否满足 $\gamma_0 M_d \leqslant 0.5 f_{cd}bh_0^2$ 这一条件。如不满足，则应加大截面尺寸或提高混凝土强度等级。

②判断是否需按双筋截面设计。单筋矩形截面所能承担的最大弯矩为

$$M_{u1} = f_{cd}bx(h_0 - \frac{x}{2}) = f_{cd}\xi_b(1 - 0.5\xi_b)bh_0^2 \tag{5-29}$$

当 $M_d > \frac{M_{u1}}{\gamma_0}$ 时，则应配置受压钢筋。

③计算受压钢筋截面面积 A'_s。

$$A'_s = \frac{\gamma_0 M_d - M_{u1}}{f'_{sd}(h_0 - a'_s)} \tag{5-30}$$

④计算受拉钢筋截面面积 A_s。

$$A_s = \frac{f_{cd}}{f_{sd}} b \xi_b h_0 + \frac{f'_{sd}}{f_{sd}} A'_s \tag{5-31}$$

按上述设计的双筋截面，均能满足其适用条件 $x \leqslant \xi_b h_0$ 和 $x \geqslant 2a'_s$，所以可不进行这两项内容的验算。

(2)已知弯矩组合设计值 M_d，构件的重要性系数 γ_0，构件截面尺寸 b、h，混凝土强度等级及钢筋级别，受压钢筋截面面积 A'_s，求受拉钢筋截面面积 A_s。

计算步骤如下：

①复核是否满足 $\gamma_0 M_d \leqslant 0.5 f_{cd} b h_0^2$ 这一条件。

②计算出相应的部分受拉钢筋截面面积 A_{s2} 及它们共同组成的抗弯承载力 M_{u2}。

$$A_{s2} = \frac{f'_{sd}}{f_{sd}} A'_s \tag{5-32}$$

$$M_{u2} = f'_{sd} A'_s (h_0 - a'_s) \tag{5-33}$$

③计算 A_{s1}。

$$x = h_0 - \sqrt{h_0^2 - \frac{2(\gamma_0 M_d - M_{u2})}{f_{cd} b}} \tag{5-34}$$

$$A_{s1} = \frac{f_{cd} b x}{f_{sd}} \tag{5-35}$$

④受拉钢筋总截面面积 A_s。

$$A_s = A_{s1} + A_{s2} \tag{5-36}$$

⑤根据 A_s，选配钢筋，并验算 a_s。

这种情况，在计算过程中需注意以下两个问题：

①求得 $x > \xi_b b h_0$ 时，则意味着原来已配置的受拉钢筋 A'_s 数量不足，则应增加钢筋。

②如求得的受压区高度 $x < 2a'_s$，说明受压区钢筋的应力达不到抗压强度设计值 f'_{sd}，此时可假设混凝土压应力合力作用在受压钢筋重心处（相当于 $x = 2a'_s$），取对受压钢筋重心处为矩心的力矩平衡条件，得

$$A_s = \frac{\gamma_0 M_d}{f_{sd}(h_0 - a'_s)} \tag{5-37}$$

对于 $x < 2a'_s$ 的情况，若按(5-37)求得的受拉钢筋总截面面积比不考虑受拉钢筋时还多，则计算时不计受压钢筋的作用，按单筋截面计算受拉钢筋。

(三)截面复核

已知弯矩组合设计值 M_d，构件的重要性系数 γ_0，构件截面尺寸 b、h，混凝土强度等级及钢筋级别，受压钢筋截面面积 A'_s，求受拉钢筋截面面积 A_s 及截面的钢筋布置情况，判断

截面是否安全。

计算步骤如下：

(1)复核钢筋的构造。要求钢筋的间距及保护层厚度均应满足要求。

(2)求受压区的高度 x。

$$x=\frac{f_{sd}A_s-f'_{sd}A'_s}{f_{cd}b} \tag{5-38}$$

(3)验算 x,并求出 M_u。

①当 $2a'_s\leqslant x\leqslant\xi_b h_0$ 时

$$M_u=f_{cd}bx(h_0-\frac{x}{2})+f'_{sd}A'_s(h_0-a'_s) \tag{5-39}$$

②当 $x<2a'_s$ 时

$$M_u=f_{sd}A_s(h_0-a'_s) \tag{5-40}$$

如不计受压钢筋的作用,截面的承载能力反较式(5-40)的计算结果大时,则应按单筋截面复核。

③当 $x>\xi_b h_0$ 时

$$M_u=f_{cd}bh_0^2\xi_b(1-0.5\xi_b)+f'_{sd}A'_s(h_0-a'_s) \tag{5-41}$$

④判断截面是否安全。若 $\gamma_0 M_d\leqslant M_u$,则截面安全。

【例 5-3】 某钢筋混凝土矩形截面简支梁,跨中截面弯矩组合设计值 $M_d=200$(kN·m),截面尺寸 $b=200$ mm、$h=500$ mm,拟采用 C25 混凝土、HRB235 级钢筋,构件重要性系数 $\gamma_0=1$。试选择截面配筋。

解 (1)确定基本数据。

$$f_{cd}=11.5\ \text{MPa}\qquad f_{sd}=f'_{sd}=280\ \text{MPa}\qquad \xi_b=0.56$$

对于 HRB235 级钢筋及 C25 混凝土,$\rho_{min}=0.45\times\frac{1.23}{280}=0.002$,故取 $\rho_{min}=0.002$。

(2)假设 a_s,求 h_0

假设 $a_s=70$ mm(采用两排受拉钢筋),$a'_s=40$ mm(采用一排受拉钢筋),截面有效高度 $h_0=500-70=430$(mm)。

(3)判断是否需要设置双筋。

单筋矩形截面的最大抗拉承载力为

$$\begin{aligned}M_{u1}&=f_{cd}\xi_b(1-0.5\xi_b)bh'_0\\&=11.5\times0.56\times(1-0.5\times0.56)\times200\times430^2\\&=171.5(\text{kN}\cdot\text{m})<\gamma_0 M_d=200\ \text{kN}\cdot\text{m}\end{aligned}$$

故需要设置受压钢筋。

(4)验算截面尺寸是否符合要求。

$$\begin{aligned}0.5f_{cd}bh_0^2&=0.5\times11.5\times200\times430^2=212.6\times10^6(\text{N}\cdot\text{mm})\\&=212.6\ \text{kN}\cdot\text{m}>\gamma_0 M_d=200\ \text{kN}\cdot\text{m}\end{aligned}$$

截面符合要求。

(5)求受压钢筋截面面积 A'_s。

$$A'_s = \frac{\gamma_0 M_d - M_{u1}}{f'_{sd}(h_0 - a'_s)} = \frac{1.0 \times 200 \times 10^6 - 171.5 \times 10^6}{280 \times (430 - 40)} = 261(\text{mm}^2)$$

(6)求受拉钢筋截面面积 A_s，并选配钢筋和验算 a_s、a'_s。

$$A_s = \frac{f_{cd}}{f_{sd}} b \xi_b h_0 + \frac{f'_{sd}}{f_{sd}} A'_s$$

$$= \frac{11.5}{280} \times 200 \times 0.56 \times 430 + \frac{280}{280} \times 611$$

$$= 2\,239(\text{mm}^2)$$

由表5-20，选用受拉钢筋6 Φ 22，实际总受拉钢筋截面面积 $A_s = 2\ 281\ \text{mm}^2 > 2\ 239\ \text{mm}^2$；可以选用钢筋2 Φ 14，实际受压钢筋截面面积 $A'_s = 308\ \text{mm}^2$。配筋图见图5-21。

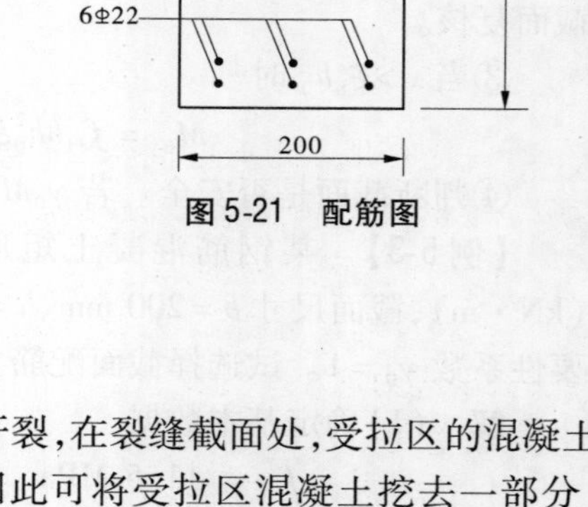

图5-21　配筋图

受拉钢筋重心至下边缘的距离为

$$a_s = 30 + 24 + \frac{30}{2} = 69(\text{mm})$$

受压钢筋重心至上边缘的距离为

$$a'_s = 30 + \frac{16}{2} = 38(\text{mm})$$

a_s、a'_s 与假定相近，不再作改动。

五、单筋T形截面

钢筋混凝土矩形梁在破坏时，受拉区混凝土早已开裂，在裂缝截面处，受拉区的混凝土不再承担拉力，对截面的抗弯承载能力已不起作用，因此可将受拉区混凝土挖去一部分（见图5-22(a)），将受拉钢筋集中布置在剩余的受拉区混凝土内，形成了T形截面（见图5-22(b)），其承载能力与原矩形截面梁相同，但减轻了梁的自重。因此，钢筋混凝土T形梁可具有更大的跨度，由两挑出的翼缘与中间部分的梁肋所组成，翼缘的宽与高分别用符号 b'_f 及 h'_f 表示，梁肋的宽与高分别用符号 b 及 h 表示。

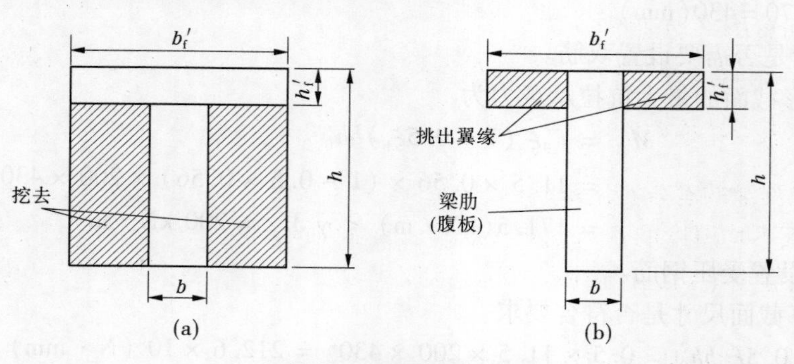

图5-22　T形截面示意图

在工程实践中，除一般的T形截面外，尚可遇到多种可用T形截面等效代替的截面，如I形梁、箱形梁、形板、空心板等。在进行正截面承载力计算时，由于不考虑受拉区混凝土的作用,上述截面可按各自的等效 T 形截面进行计算。图 5-23 所示为∩ 形板与空心板的等效 T 形截面。

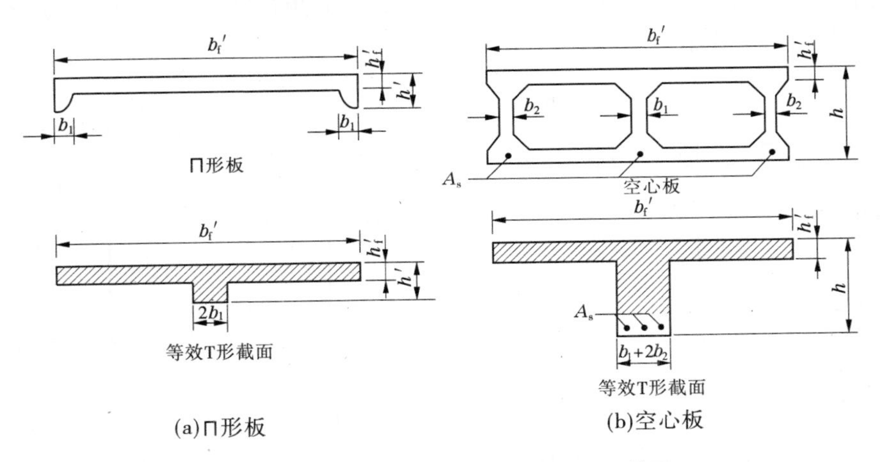

图 5-23　∏形板与空心板的等效 T 形截面

一般来讲,T 形截面混凝土受压区较大,混凝土足够承担压力,受压区无须配置钢筋。所以,T 形截面一般按单筋截面设计。

(一)翼缘有效宽度 b_f'

试验及理论分析证明,T 形梁受力后,翼缘上的纵向压应力是不均匀分布的,离梁肋愈远,压应力愈小。为此,在设计中需要把翼缘的计算(等效)宽度限制在一定范围内,这个翼缘宽度用符号 b_f' 表示。

T 形截面梁的翼缘有效宽度 b_f',应按下列规定采用。

(1)内梁的翼缘有效宽度取用下列三者中的最小值。

①对于简支梁,取计算跨径的 1/3。对于连续梁,各中间跨正弯矩区段,取该计算跨径的 0.2 倍;边跨正弯矩区段,取该跨计算跨径的 0.27 倍;各中间支点负弯矩区段,取该支点相邻两计算跨径之和的 0.07 倍。

②相邻两梁的平均间距。

③$b+2b_h+12h_f'$。此处,b 为梁腹板宽度,b_h 为承托长度,h_f' 为受压区翼缘的厚度;当 $\frac{h_h}{b_h}<\frac{1}{3}$时,$h_h$ 为承托根部厚度,上式中 b_h 应以 $3h_h$ 代替。

(2)外梁翼缘的有效宽度取相邻内翼缘有效宽度的一半,加上腹板宽度的 1/2,再加上外侧悬臂板平均厚度的 6 倍或外侧悬壁板实际宽度两者中的较小者。

(3)对超静定结构进行作用(或荷载)效应分析时,T 形截面梁的翼缘宽度可取实际全宽。

(二)基本公式及适用条件

1. 基本公式

桥涵工程中的 T 形截面梁,常见的是翼缘位于受压区。对于翼缘位于受压区的单筋 T 形截面梁承载力计算,按中性轴所在位置的不同分为如下两类情况。

(1)第一类T形截面:中性轴位于翼缘内,即受压区高度 $x \leqslant h'_f$,混凝土受压区为矩形,如图5-24所示。这类截面,形式上是T形,但其承载力却与宽度为 b'_f、高度为 h 的矩形截面完全相同。因此,在所有计算问题中,只需将单筋矩形截面承载力计算公式中的 b 改为 b'_f 后,即可完全套用。

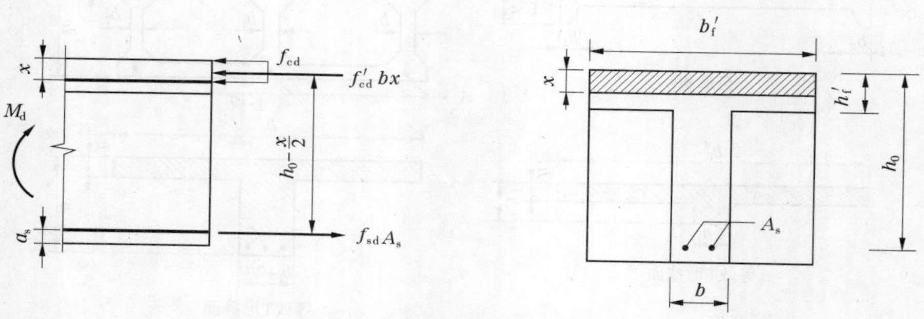

图5-24　第一类T形截面

这类T形截面承载力计算公式为

$$f_{cd}b'_f x = f_{sd}A_s \tag{5-42}$$

$$\gamma_0 M_d \leqslant f_{cd}b'_f x\left(h_0 - \frac{x}{2}\right) \tag{5-43}$$

(2)第二类T形截面:中性轴位于梁的腹板内,即受压区高度 $x > h'_f$,受压区为T形,如图5-25所示。这类截面的计算,可仿照双筋矩形截面的分析方法,将整个截面的抗弯能力看成是由以下两部分组成。

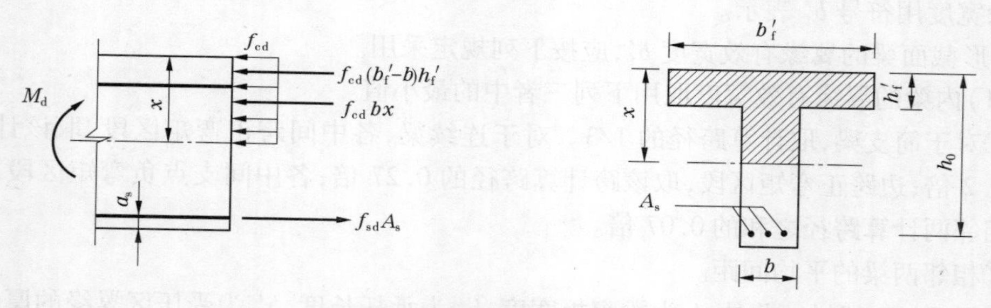

图5-25　第二类T形截面

第一部分 M_{u1},是由腹板上部受压区内力 $f_{cd}bx$ 及一部分受拉钢筋 $f_{cd}A_{s1}$ 的内力所组成,其值与梁宽为 b 的单筋矩形梁一样,即

$$M_{u1} = f_{cd}bx\left(h_0 - \frac{x}{2}\right) \tag{5-44}$$

第二部分 M_{u2},是由翼缘挑出部分的受压区内力 $f_{cd}(b'_f b)h'_f$ 及一部分受拉钢筋 A_{s2} 的内力 $f_{cd}A_{s2}$ 所组成,其值为

$$M_{u2} = f_{cd}(b'_f - b)h'_f\left(h_0 - \frac{h'_f}{2}\right) \tag{5-45}$$

将以上两部分叠加,便可得到第二种T形截面总抗弯承载力的计算公式,即

$$\gamma_0 M_d \leq M_u = M_{u1} + M_{u2} = f_{cd} b x (h_0 - \frac{x}{2}) + f_{cd}(b'_f - b) b'_f (h_0 - \frac{h'_f}{2}) \tag{5-46}$$

由水平力平衡条件得

$$f_{sd} A_s = f_{cd} b x + f_{cd}(b'_f - b) h'_f \tag{5-47}$$

式中:M_d 为弯矩组合的设计值;M_u 为构件承载力设计值,即截面总的抗弯内力矩;b 为 T 形截面腹板宽度;b'_f 为 T 形截面受压区翼缘计算宽度;h'_f 为 T 形截面受压区翼缘计算高度。

2. 公式的适用条件

(1)$x \leq \xi_b h_0$。

(2)$\rho \geq \rho_{min}$。

第二类 T 形截面的配筋率较高,一般情况下均能满足 $\rho \geq \rho_{min}$,故可不必进行验算。

(三)计算方法

1. 截面设计

已知截面尺寸、材料强度、弯矩组合设计值 M_d、构件重要性系数 γ_0,求受拉钢筋截面面积 A_s。

计算步骤如下:

(1)假设 a_s 对于 T 形梁截面,往往采用焊接钢筋骨架。由于多层钢筋的叠高一般不超过$(0.15 \sim 0.2)h$,故可假设 $a_s = 30\ \text{mm} + (0.07 \sim 0.1)h$。这样可得到有效高度 $h_0 = h - a_s$。

(2)判断 T 形截面类型。

若满足

$$\gamma_0 M_d \leq f_{cd} b'_f h'_f (h_0 - \frac{h'_f}{2}) \tag{5-48}$$

则属于第一类 T 形截面,否则属于第二类 T 形截面。

(3)求 A_s。

①当为第一类 T 形截面时,按矩形截面公式计算 A_s,但需用 b'_f 代替 b。

②当为第二类 T 形截面时,取

$$x = h_0 - \sqrt{h_0^2 - \frac{2[\gamma_0 M_d - f_{cd}(b'_f - b) h'_f (h_0 - 0.5 h'_f)]}{f_{cd} b}} \tag{5-49}$$

若 $x \leq \xi_b h_0$,则

$$A_s = \frac{f_{cd}}{f_{sd}}[bx + (b'_f - b) h'_f] \tag{5-50}$$

若 $x > \xi_b h_0$,则应增大截面尺寸或提高混凝土强度等级。

(4)选择钢筋直径和数量,按照构造要求进行布置,求实际的受拉钢筋截面面积 A_s。

(5)复核 a_s。若实际的 a_s 与假定的 a_s 基本相符,则计算的 A_s 为所求。否则,重新计算,直到相符为止。

2. 截面复核

已知受拉钢筋截面面积 A_s 及布置、截面尺寸和材料强度、弯矩组合设计值 M_d、构件

重要性系数 γ_0，要求复核截面的抗弯承载能力。

计算步骤如下：

（1）检查钢筋布置是否符合构造要求。

（2）确定 b'_f。

（3）初定 a_s，由 a_s 计算 h_0，$h_0=h-a_s$。

（4）判断 T 形截面的类型，并确定受压区高度。

①若满足 $f_{cd}b'_fh'_f \geq f_{sd}A_s$，则为第一类 T 形截面，受压区高度 x 按下式计算。

$$x=\frac{f_{sd}A_s}{f_{cd}b'_f} \tag{5-51}$$

②若满足 $f_{cd}b'_fh'_f < f_{sd}A_s$，则为第二类 T 形截面，受压区高度 x 按下式计算。

$$x=\frac{f_{sd}A_s-f_{cd}(b'_f-b)h'_f}{f_{cd}b} \tag{5-52}$$

（5）按不同类型，计算其截面的承载力设计值。

①第一类 T 形截面

$$M_u=f_{sd}A_s\left(h_0-\frac{x}{2}\right) \tag{5-53}$$

②第二类 T 形截面

$$M_u=f_{cd}bx\left(h_0-\frac{x}{2}\right)+f_{cd}(b'_f-b)h'_f\left(h_0-\frac{h'_f}{2}\right) \tag{5-54}$$

（6）判断截面是否安全。当 $M_u \geq \gamma_0 M_d$ 时，则截面安全。

【例 5-4】 某钢筋混凝土 T 形梁，已定截面如图 5-26 所示，跨中截面弯矩组合的设计值 $M_d=630$ kN·m，结构重要性系数 $\gamma_0=1$，拟采用 C25 混凝土、HRB335 级钢筋，求受拉钢筋截面面积 A_s。

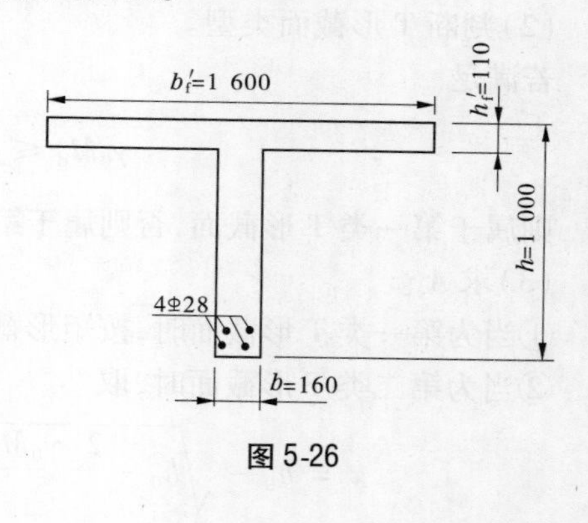

图 5-26

解 （1）确定基本数据。

$f_{cd}=11.5$ MPa，$f_{sd}=280$ MPa，$\xi_b=0.56$

对于 C25 混凝土及 HRB335 级钢筋，$\rho_{min}=0.45\times\frac{1.23}{280}=0.002$，故取 $\rho_{min}=0.002$。

（2）假设 a_s，并计算 h_0。

设此 T 形截面受拉钢筋为两排，取 $a_s=80$ mm，则

$$h_0=h-a_s=1\ 000-80=920(\text{mm})$$

（3）判断 T 形截面类型。

$$\begin{aligned}f_{cd}b'_f\left(h_0-\frac{h'_f}{2}\right)&=11.5\times1\ 600\times110\times\left(920-\frac{110}{2}\right)\\&=1\ 751\times10^6\ \text{N·mm}\\&=1\ 751\ \text{kN·m}>630\ \text{kN·m}\end{aligned}$$

故此截面属于第一种 T 形截面，可按矩形截面 $b'_f\times h$ 进行计算。

(4)计算 x。

$$x = h_0 - \sqrt{h_0^2 - \frac{\gamma_0 M_d}{f_{cd} b}} = 920 - \sqrt{900^2 - \frac{2 \times 1 \times 630 \times 10^6}{11.5 \times 1\ 600}} = 38\ \text{mm}$$

(5)求 A_s,并选配钢筋和验算 a_s。

$$A_s = \frac{f_{cd} b x}{f_{sd}} = \frac{11.5 \times 1\ 600 \times 38}{280} = 2\ 497(\text{mm}^2)$$

$$\rho = \frac{A_s}{b h_0} = \frac{2\ 497}{160 \times 920} = 1.7\% > \rho_{min} = 0.2\%$$

现取用 4 Φ 28,则实际取受拉钢筋截面面积 $A_s = 2\ 463\ \text{mm}^2$,较计算所需 A_s 小于 1.4%,符合要求。钢筋布置如图 5-26 所示。

Φ 28 钢筋的外径为 30.5 mm,则受拉钢筋的重心至下边缘的实际距离为

$$a_s = 30 + 30.5 + \frac{30}{5} = 75.5(\text{mm}) \approx 80\ \text{mm}$$

实际配筋所需腹板宽 $b_{实}$ 为

$b_{实} = 30 + 30.5 + 30 + 30.5 = 121(\text{mm}) < b = 160\ \text{mm}$,符合要求。

六、斜截面承载力计算

(一)斜截面受剪破坏形态

1. 受弯构件斜截面的受力特点

钢筋混凝土梁内设置箍筋和弯起(斜)钢筋都起抗剪作用。箍筋和弯起钢筋统称为腹筋或剪力钢筋。有箍筋、弯起钢筋、纵筋的梁,统称为有腹筋梁;无箍筋、弯起钢筋,但有纵筋的梁,称为无腹筋梁。

为了防止梁沿斜裂缝截面的剪切破坏,除应使梁具有一个合理的截面尺寸外,梁中还需设置腹筋(包括箍筋、弯起钢筋、斜筋)。抗剪钢筋常以梁正截面承载力所不需要的纵筋弯起而成(即弯起钢筋)。斜筋、箍筋与纵筋构成受弯构件的钢筋骨架。

荷载作用下钢筋混凝土受弯构件的斜截面破坏与弯矩和剪力的组合情况有关,这种情况通常用剪跨比来表示。对于承受集中荷载的梁,集中荷载作用点到支点的距离 a 一般称为剪跨(见图 5-27)。剪跨 a 与截面有效高度 h_0 的比值,称为剪跨比,用 m 表示。剪跨比 m 可表示为

$$m = \frac{a}{h_0} = \frac{p_a}{p h_0} = \frac{M_C}{V_C h_0} \tag{5-55}$$

式中:M_C、V_C 分别为剪切破坏截面的弯矩与剪力。对于其他荷载作用情况,亦可用 $m = \frac{M_C}{V_C h_0}$表示,此式又称为广义剪跨比。

2. 斜截面受剪破坏形态

试验研究表明,由于各种因素影响,梁的斜裂缝出现和发展以及梁沿斜截面破坏的形态有许多种,将其主要分为如下几种。

1)斜压破坏

斜压破坏多发生在剪力大而弯矩小的区段内,即当集中荷载十分接近支座、剪跨比值

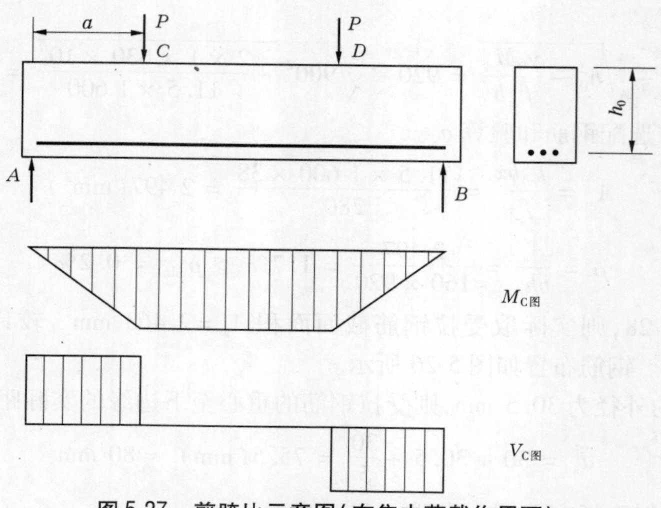

图 5-27　剪跨比示意图(在集中荷载作用下)

m 较小($m<1$)时或者当腹筋配置过多,或者当梁腹板很薄(例如 T 形或 I 形薄腹梁)时,梁腹部分的混凝土往往因为主压应力过大而造成斜向压坏,见图 5-28(a)。斜压破坏的特点是:随着荷载的增加,梁腹被一系列平行的斜裂缝分割成许多倾斜的受压柱体,这些柱体最后在弯矩和剪力的复合作用下被压碎,因此斜压破坏又称腹板压坏。破坏时箍筋往往并未屈服。

2)剪压破坏

对于有腹筋梁,剪压破坏是最常见的斜截面破坏形式,见图 5-28(b)。对于无腹筋梁,当剪跨比 $m=1\sim3$ 时,也会发生剪压破坏。

剪压破坏的特点是:若构件内剪力钢筋用量适当,当荷载增加到一定数值后,构件上陆续出现若干斜裂缝,其中延伸较长、扩展较宽的一条斜缝,称为临界斜缝。斜裂缝末端混凝土截面既受剪,又受压,称之为剪压区。荷载继续增加,斜裂缝向上伸展,直到与斜裂缝相交的箍筋达到屈服强度,同时剪压区的混凝土在切应力与压应力共同作用下达到复合受力的极限强度而破坏,梁也失去了承载能力。试验结果表明,剪压破坏时的荷载一般明显大于斜裂缝出现时的荷载。

3)斜拉破坏

斜拉破坏多发生在无腹筋梁或腹筋配置较少的有腹筋梁,且剪跨比较大($m>3$)的情况,见图 5-28(c)。斜拉破坏的特点是:斜裂缝一出现,就很快形成临界斜裂缝,并迅速延伸到集中荷载作用点处,使梁斜向被拉断而破坏。这种破坏的脆性性质使剪压破坏更为明显,破坏来得更突然,危险性较大,应尽量避免。试验结果表明,斜拉破坏时的荷载一般仅稍高于裂缝出现时的荷载。

斜截面除以上三种主要破坏形态外,在不同的条件下,还可能出现其他的破坏形态,如局部挤压破坏、纵筋的锚固破坏等。

对于上述几种不同的破坏形态,设计时可以采用不同的方法进行处理,以保证构件在正常工作情况下具有足够的抗剪安全度。

一般用限制截面最小尺寸的办法,防止梁发生斜压破坏;用满足箍筋最大间距等构造要求和限制箍筋最小配筋率的办法,防止梁发生斜拉破坏。剪压破坏是斜截面抗剪承载力并建立计算公式的依据。

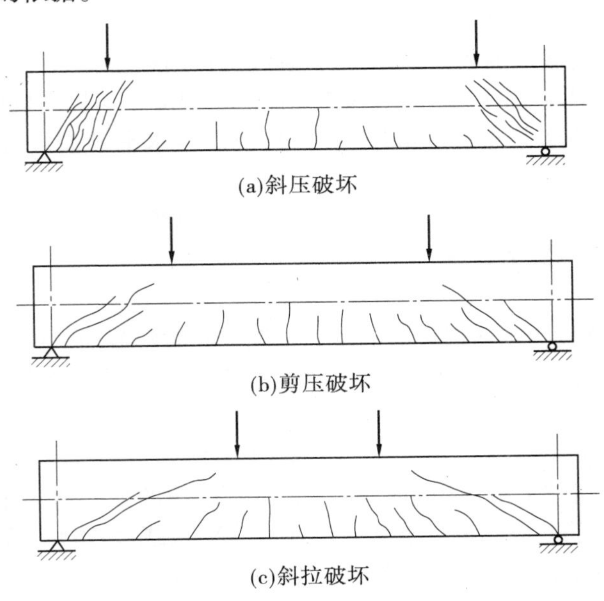

图 5-28 斜截面的剪切破坏形态

(二)影响受弯构件斜截面抗剪能力的主要因素

影响斜截面抗剪能力的主要因素包括剪跨比、混凝土强度、纵向钢筋配筋率和腹筋的强度及数量等。

1. 剪跨比

当混凝土强度等级、截面尺寸及纵向钢筋配筋率均相同的情况下,剪跨比愈大,梁的抗剪能力愈小;反之亦然。当 $m>3$ 时,剪跨比对抗剪能力的影响就很小了。

2. 混凝土强度

混凝土的强度等级愈高,梁的抗剪能力也愈高,并呈抛物线变化。混凝土强度等级较低时,其抗剪能力增长较快。

3. 纵向钢筋配筋率

纵向钢筋可以制约斜裂缝的开展,阻止中性轴的上升,增大剪压区混凝土的抗剪能力。与斜裂缝相交的纵向钢筋本身还可以起到“销栓作用”,直接承受一部分剪力。因此,纵向钢筋的配筋率愈大,梁的抗剪能力也愈大。

4. 腹筋的强度及数量

腹筋的强度及数量对梁的抗剪能力有显著的影响。构件中箍筋的数量一般用配筋率表示,即

$$\rho_{sv}=\frac{A_{sv}}{S_v b} \tag{5-56}$$

式中:ρ_{sv}为配筋率;A_{sv}为配置在同一截面的箍筋各肢的总截面面积;b 为梁的腹板宽度;S_v

为箍筋的间距。

梁的抗剪能力与$\rho_{sv} f_{sv}$之间的关系接近于直线变化。理论上,弯起钢筋与主拉应力方向平行,弯起钢筋的强度高、数量多、抵抗主拉应力的效果好。但实际上,箍筋抗剪作用比弯起钢筋好,原因是:

(1)弯起钢筋的承载范围较大,对约束斜裂缝的作用较差。

(2)弯起钢筋在混凝土的剪压区不如箍筋能套牢混凝土而提高抗剪强度。

(3)弯起钢筋会使弯起点处的混凝土压碎,或产生水平撕裂裂缝,而箍筋能箍紧纵筋,防止裂缝。

(4)弯起钢筋连接受压区与梁腹共同作用效果不如箍筋好。

(三)斜截面抗剪承载力计算

1.基本公式

图5-29为斜截面发生剪压破坏时的受力情况。此时斜截面上的剪力,由裂缝顶端剪压区混凝土以及与斜裂缝相交的箍筋和弯起钢筋三者共同承担,故梁的斜截面抗剪承载力计算公式可表达为

$$\gamma_0 V_d \leqslant V_u = V_{cs} + V_{sb} \tag{5-57}$$

式中:V_d为斜截面受压端上由作用(或荷载)效应所产生的最大剪力组合设计,kN;V_{cs}为斜截面内混凝土和箍筋共同的抗剪承载力设计值,kN,按式(5-58)计算;V_{sb}为与斜截面相交的弯起钢筋的抗剪承载力设计值,kN,按式(5-59)计算。

$$V_{cs} = \alpha_1 \alpha_3 \times 0.45 \times 10^{-3} b h_0 \sqrt{(2 + 0.6P)\sqrt{f_{cu,k}}\rho_{sv} f_{sv}} \tag{5-58}$$

式中:α_1为异号弯矩影响系数,计算简支梁的抗剪承载力时,$\alpha_1 = 1.0$;α_3为受压翼缘的影响系数,取$\alpha_3 = 1.1$;b为斜截面受压端正截面处,矩形截面宽度或T形、I形截面腹板宽度,mm;h_0为斜截面受压端正截面的有效高度,自纵向受拉钢筋合力点至受压边缘的距离,mm;P为斜截面纵向受拉钢筋的配筋百分率,$P = 100\rho$,$\rho = \dfrac{A_s}{bh_0}$,当$P > 2.5$时,取$P = 2.5$;$f_{cu,k}$为边长为150 mm的混凝土立方体抗压强度标准值,MPa,即为混凝土强度等级;ρ_{sv}为斜截面内箍筋分配率;f_{sv}为箍筋抗拉强度设计值。

$$V_{sb} = 0.75 \times 10^{-3} f_{sd} \sum A_{sb} \sin\theta_s \tag{5-59}$$

式中:θ_s为普通弯起钢筋切线与水平线的夹角。

进行斜截面承载能力验算时,斜截面水平投影长度c(见图5-29)应按下式计算

$$c = 0.6 m h_0 \tag{5-60}$$

式中:m为斜截面受压端正截面处的广义剪跨比,$m = \dfrac{M_d}{V_d h_0}$,当$m > 3.0$时,取$m = 3.0$;M_d为最大剪力组合值的弯矩组合设计值。

若梁中仅配置箍筋,斜截面抗剪承载力计算公式为

$$\gamma_0 V_d \leqslant V_{cs} = \alpha_1 \alpha_3 \times 0.45 \times 10^{-3} b h_0 \sqrt{(2 + 0.6P)\sqrt{f_{cu,k}}\rho_{sv} f_{sv}} \tag{5-61}$$

2.公式的适用条件

1)截面承载力上限值与最小截面尺寸

为了防止斜压破坏或斜裂缝开展过宽,矩形、T形和I形截面的受弯构件的抗剪截面

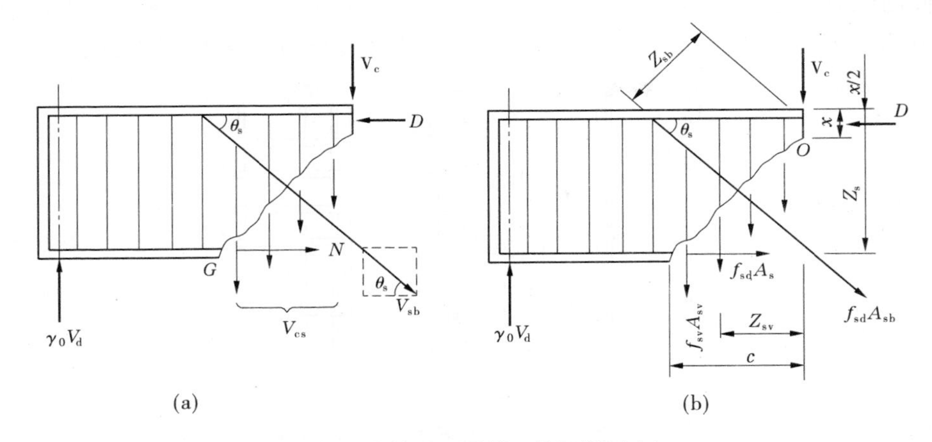

（图中 D 为剪压区混凝土的极限压力）

图 5-29　斜截面抗剪承载力计算示意图

应符合下列要求。

$$\gamma_0 V_d \leqslant 0.51 \times 10^{-3}\sqrt{f_{cu,k}}\,bh_0 \tag{5-62}$$

式中：V_d 为验算截面处由作用（或荷载）产生的剪力组合设计值，kN；b 为相应剪力组合设计值处的矩形截面宽度或 T 形和 I 形截面腹板宽度，mm；h_0 为相应于剪力组合设计值处的截面有效高度，即自纵向受拉钢筋合力点至受压边缘的距离，mm。

当不能满足式（5-62）时，应考虑加大截面尺寸或提高混凝土强度等级。

2）斜截面承载力下限值与最小配箍筋率

为了防止发生斜拉破坏，梁内箍筋的配筋率不得小于最小配箍筋率，且箍筋间距不能过大。《公路桥规》规定的箍筋最小配箍筋率为：R235 级钢筋为 0.18%，HRB335 级钢筋为 0.12%。

矩形、T 形和 I 形截面受弯构件如符合式（5-63）要求，则不需进行斜截面抗剪承载能力的验算，而仅按构造要求配置箍筋。

$$\gamma_0 V_d \leqslant 0.50 \times 10^{-3} f_{td} bh_0 \tag{5-63}$$

式中：f_{td} 为混凝土抗拉强度设计值。

对于板式受弯构件，式（5-63）右边计算值可乘以 1.25 的提高系数。

学习任务四　钢筋混凝土受压构件

以承受轴向压力为主的构件称为受压构件，有时称为柱。其中，轴向力作用线与构件轴线重合的构件称为轴心受压构件，否则为偏心受压构件。偏心受压构件又可分为单向受压构件和双向偏心受压构件。受压构件是桥涵结构中最常见的承重构件之一，如钢筋混凝土拱桥的主拱圈、刚架桥的支柱、桥墩（台）灯都属于受压构件。

按照古今配置方式不同，钢筋混凝土轴心受压柱可分为两种：一种是配置纵向钢筋和普通箍筋的柱（见图5-30（a）），称为普通箍筋柱；一种是配置纵向钢筋和螺旋筋（见图5-30（b））或焊接环筋（见图5-30（c））的柱，称为螺旋箍筋柱或间接钢筋柱。

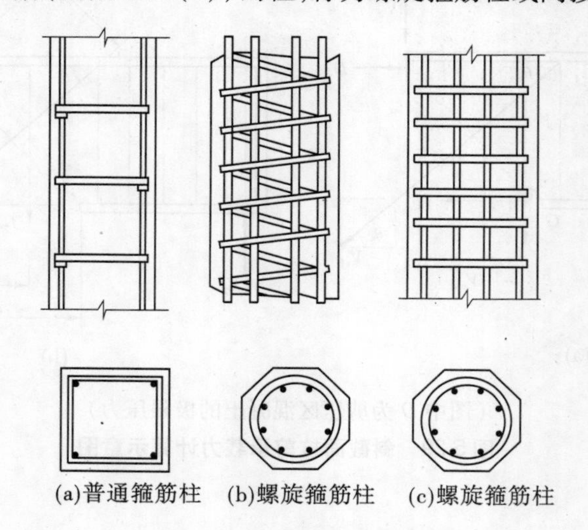

图5-30　轴心受压柱的类型

需要指出的是，在实际结构中，几乎不存在真正的轴心受压构件。通常由于混凝土材料组成不均匀、荷载作用位置偏差、配筋不对称，以及施工误差等原因，总是或多或少地存在初始偏心距。但当这种偏心距很小时，为计算方便，可近似按轴心受压构件计算。

一、构造要求

（一）材料强度

受压构件的承载力主要取决于混凝土强度。提高混凝土强度等级，可以减小构件截面尺寸，节省钢材，故受压构件宜采用较高强度等级的混凝土，如C20、C25、C30或更高。

但是，受压构件不宜采用高强度钢筋，其原因是受压钢筋要与混凝土共同工作，钢筋应变受到混凝土极限压应变的限制，而混凝土极限压应变很小，若钢筋强度过高，则其抗压强度不能充分利用。

（二）截面形式尺寸

为了便于制作模板和梁柱连接，现浇钢筋混凝土轴心受压构件常设计成正方形、矩形和圆形等截面形式；偏心受压构件一般采用矩形截面，有时也设计成圆形截面，如柱式桥墩、钻孔灌注桩等。对于装配式柱，为了减轻自重，并使运输、安装时有较大的刚度，常采用I形、T形、箱形等截面。

为了充分利用材料强度，避免构件过于细长而降低承载力，柱截面尺寸不宜过小。对于矩形截面，截面最小边长不宜小于250 mm，一般应符合$l_0/h \leqslant 25$及$l_0/b \leqslant 30$（其中l_0为柱的计算长度，h和b分别为截面的高度和宽度）。为了便于模板的模数化，柱截面边长宜取50 mm的倍数。

（三）配筋构造

1.纵向受力钢筋

轴心受压构件的荷载主要由混凝土承担，设置纵向受力筋的目的：一是协助混凝土承担压力,以减小构件尺寸;二是承受可能出现的意外弯矩,以及混凝土收缩和温度变形引起的拉应力;三是防止构件突然地脆性破坏。

轴心受压构件的纵向受力钢筋应沿截面四周均匀对称布置,偏心受压柱的纵向受力钢筋放置在弯矩作用方向的两对边(见图5-31),圆柱中纵向受力钢筋沿周边均匀布置。

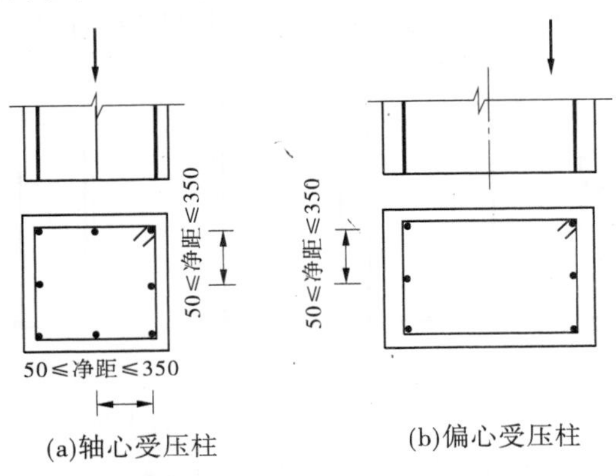

图5-31　柱纵筋的布置　(单位:mm)

纵向受力钢筋直径 d 应不小于12 mm,以保证钢筋骨架的刚度。纵向受力钢筋的净距不应小于50 mm,也不应大于350 mm,对于水平浇筑的预制构件,其纵向受力钢筋的最小净距可按受弯构件的有关规定采用。柱内纵向受力钢筋不应少于4根,圆形截面不应少于6根。

轴心受压构件、偏心受压构件的全部纵向钢筋的配筋率不应小于0.5%,当混凝土强度等级为C50及以上时不应小于0.6%。同时,一侧钢筋的配筋率不应小于0.2%。但为使钢筋不至于过多而影响混凝土质量,构建的全部纵向钢筋的配筋率也不宜超过5%。偏心受压构件的纵向钢筋配置方式有两种:一种是对称配筋,即在弯矩作用方向的两边对称配置相同的纵向受力钢筋;另一种是非对称配筋,即在弯矩作用方向的两对边配置数量不同的纵向受力钢筋。对称配筋构造简单,施工方便,不易出错,但用钢量较大。非对称配筋的优缺点与对称配筋相反。在桥梁结构中,常由于可变荷载作用位置不同,使截面中产生数值相反或接近,而方向相反的弯矩,故多采用对称配筋。但当截面中两个方向的弯矩数值相差较大时,为节约钢筋,应采用非对称配筋。

2. 箍筋

受压构件中箍筋的作用是保证纵向钢筋的位置正确,防止纵向钢筋压屈,从而提高柱的承载能力。

为了有效地约束纵向受压钢筋,受压构件的箍筋末端应做成弯钩,弯钩角度可取135°,其平直长度不应小于箍筋直径的5倍。箍筋应做成封闭式。箍筋直径不应小于 $d/4$(d 为纵向钢筋的最大直径),且不小于8 mm。

箍筋间距不应大于 $15d$(d 为纵向受力钢筋的直径)或不大于构件截面短边尺寸(圆形截面采用0.8倍的直径),且不大于400 mm。纵向受力钢筋搭接范围的箍筋间距应满足:当绑扎搭接钢筋受拉时,不应大于主钢筋直径的5倍,且不大于100 mm;当搭接钢筋受压时,不应大于主钢筋直径的10倍,且不大于200 mm。纵向钢筋截面面积大于混凝土截面面积的 3% 时，箍筋间距不应大于 $10d$（d 为纵向钢筋的直径），且不应大于 200 mm。

箍筋主要靠其内折点（内折角不大于 135°）来约束纵向钢筋。纵向钢筋离折点越远，箍筋对其约束越弱。为了保证箍筋对纵向钢筋的有效约束，构件内纵向受力钢筋应设置于离脚筋间距 s 不大于 150 mm 或 15 倍箍筋直径（取较大者）的范围内，如超出此范围内，应设复合箍筋（见图 5-32）。相邻箍筋的弯钩接头，在纵向应错开布置。

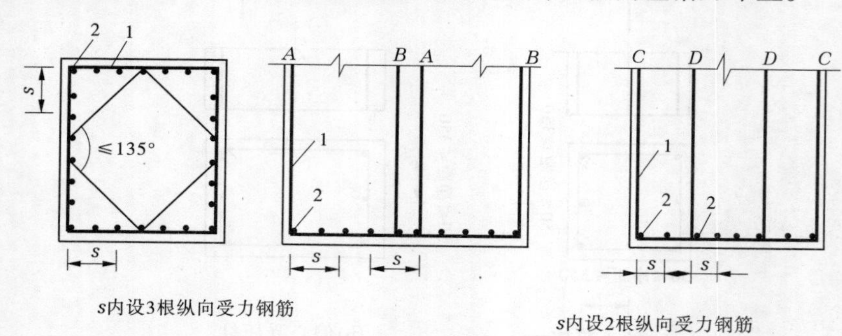

1—箍筋；2—角筋；A、B、C、D—箍筋编号

（图中 A、B 与 C、D 两组设置方式可根据实际情况选用）

图 5-32　柱内复合箍筋布置

对偏心受压构件，当构件截面宽度 $b \leqslant 400$ mm 及每侧钢筋不多于 4 根时，箍筋可采用图 5-33(a) 的形式；当柱截面宽度 $b > 400$ mm 时，则采用图 5-33(b) 的形式。当偏心受压构件的截面高度 $h \geqslant 600$ mm 时，在构件的侧面应设置直径为 10 ~ 16 mm 的纵向构造钢筋，必要时相应设置复合箍筋。

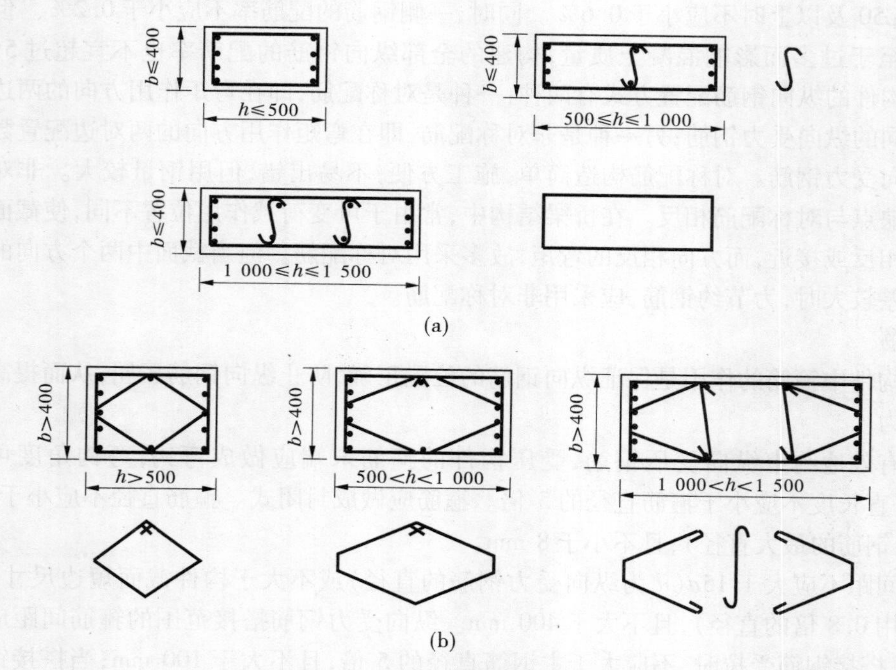

图 5-33　偏心受压构件的箍筋形式

对于截面形状复杂的构件，不可采用具有内折角的箍筋（见图5-34）。这是因为内折角处受拉箍筋的合力向外，可能使该处混凝土保护层崩裂。

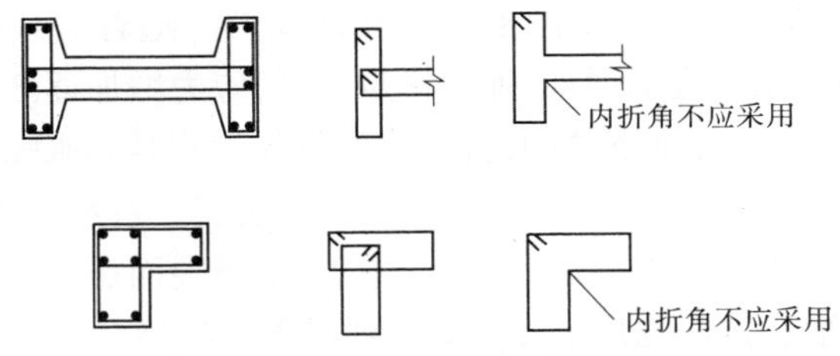

图5-34　有内折角时的箍筋构造

3．螺旋箍筋柱的构造

1）截面形式及尺寸

螺旋钢筋柱截面形式一般多做成圆形或多边形，仅在特殊情况下才采用矩形或方形。螺旋箍筋柱的长细比 l_0/d 不宜大于12。

2）纵向受力钢筋

为了能抵抗偶然出现的弯矩，螺旋箍筋柱的纵向受力钢筋的配筋率 ρ 不应小于箍筋圈内核心混凝土截面面积的0.5%，构件的核心截面面积应不小于构件整个截面面积的2/3。螺旋箍筋柱的配筋率 ρ 也不宜大于5%，一般为核心面积的0.8%～1.2%。

纵向受力钢筋的直径要求同普通箍筋柱。纵向受力钢筋的根数不应小于6根，并且圆周做等距离布置。

3）间接钢筋（箍筋）

箍筋不宜太细，也不宜太粗。箍筋太细有可能引起混凝土承压时的局部损坏，太粗则会增加钢筋弯制的困难。《公路桥规》规定，间接钢筋的直径不应小于纵向钢筋直径的1/4，且不小于8 mm。

间接钢筋的螺距（或间距）s 不应大于混凝土核心直径 d_{cor} 的1/5，也不应大于80 mm。为了保证混凝土的浇筑质量，其间距也不应小于40 mm。

纵向受力钢筋及配置的螺旋式或焊接式间接钢筋，应伸入与受压构件连接的上、下构件内，其长度不宜小于受压构件的直径且不小于纵向受力钢筋的锚固长度。

为了能有效地约束混凝土的侧向变形，螺旋箍筋或焊环的最小换算面积应不小于纵筋面积的25%。常用的螺旋钢筋配筋率不宜小于0.8%，也不宜大于3%。

螺旋筋外侧保护层不应小于20 mm（Ⅰ类环境条件）。

二、轴心受压构件承载力计算

（一）普通箍筋柱

1．破坏特征

按照长细比的大小，轴心受压柱可分为短柱和长柱两类。当矩形截面 $l_0/b\leqslant8$，一般截面 $l_0/i\leqslant28$，圆形截面 $l_0/d\leqslant7$ 时属于短柱，否则为长柱。其中，l_0 为柱的计算长度，b 为矩形截面的短边尺寸，i 为截面的最小回转半径，d 为圆形截面的直径。

1）轴心受压短柱的破坏特征

配有普通箍筋的矩形截面短柱，在轴向压力 N 作用下，整个截面的应变基本上是均匀分布的。N 较小时，构件的压缩变形主要为弹性变形。随着荷载的增大，构件变形迅速增大。与此同时，混凝土塑性变形增加，弹性模量变低，应力增加逐渐变慢，而钢筋应力的增加则越来越快。对配置一般强度钢筋的构件，钢筋将先达到其屈服强度，此后增加的荷载全部由混凝土承受。在临近破坏时，柱子表面出现纵向裂缝，混凝土保护层开始剥落，最后，箍筋之间的纵向钢筋压曲而向外突出，混凝土被压碎崩裂而破坏（见图 5-35(a)）。破坏时混凝土的应力达到轴心抗压强度 f_{ck}，应变达到极限压应变（一般取 $\varepsilon_{cu}=0.002$）。相应的，纵向钢筋的应力值最大可达到 $\sigma_s'=E_s\varepsilon_{cu}=2\times10^5\times0.002=400(\mathrm{MPa})$。因此，当纵筋为高强度钢筋时，构件破坏时，纵筋可能达不到屈服点。设计中对于屈服点超过 400 MPa 的钢筋，其抗压强度设计值 f_{sd}' 只能取 400 MPa。显然，在受压构件内配置高强度钢筋是不经济的。

2）轴心受压长柱的破坏特征

对于长柱，由于各种偶然因素造成的初始偏心距的影响是不可忽略的。在轴心压力 N 作用下，由于初始偏心距将产生附加弯矩，而这个附加弯矩产生的水平挠度又加大了原来的初始偏心距，这样相互影响的结果，促使了构件截面材料破坏较早到来，导致承载能力的降低。轴心受压长柱破坏时，首先在凹边出现大致平行于纵轴的纵向裂缝，接着混凝土被压碎，纵向钢筋被压弯、向外突出，侧向挠度急速发展，最终柱子失去平衡并将凸边混凝土拉裂而破坏（见图 5-35(b)）。试验表明，柱的长细比愈大，其承载力愈低。对于长细比很大的长柱，还有可能发生“失稳破坏”的现象。

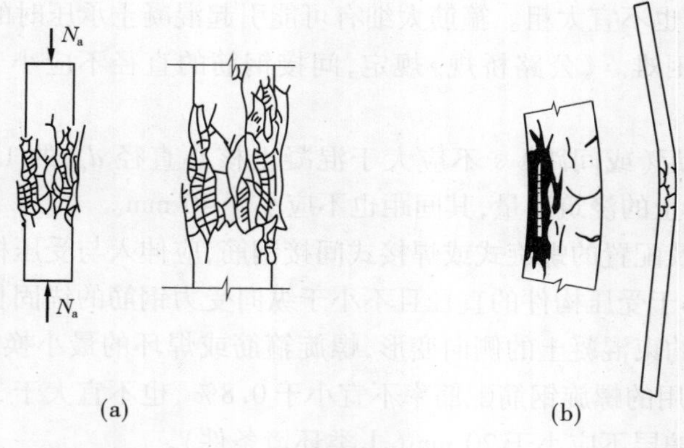

图 5-35

由试验可知，在同等条件下，即截面相同、配筋相同、材料相同的条件下，长柱承载力低于短柱承载力。在确定轴心受压构件承载力计算公式时，《混凝土规范》采用构件的稳定系数 φ 来表示长柱承载力降低的程度。试验的实测结果表明，稳定系数主要和构件的长细比有关。对矩形截面，长细比 l_0/b 越大，φ 值越小；当 $l_0/b\leq8$ 时，$\varphi=1$，说明承载力的降低可忽略。

钢筋混凝土轴心受压构件的稳定系数 φ 可按表 5-21 查用。

表 5-21　钢筋混凝土轴心受压构件的稳定系数 φ

l_0/b	≤8	10	12	14	16	18	20	22	24	26	28
l_0/d	≤7	8.5	10.5	12	14	15.5	17	19	21	22.5	24
l_0/i	≤28	35	42	48	55	62	69	76	83	90	97
φ	1.0	0.98	0.95	0.92	0.87	0.81	0.75	0.70	0.65	0.6	0.56
l_0/b	30	32	34	36	38	40	42	44	46	48	50
l_0/d	26	28	29.5	31	33	34.5	36.5	38	40	41.5	43
l_0/i	104	111	118	125	132	139	146	153	160	167	174
φ	0.52	0.48	0.44	0.40	0.36	0.32	0.29	0.26	0.23	0.21	0.19

注：表中 l_0 为柱的计算长度；b 为矩形截面的短边尺寸；d 为圆形截面直径；i 为任意截面最小回转半径。

构件的计算长度 l_0 与构件两端支撑情况有关。在实际工程中，由于构件支撑情况并非完全符合理想条件，应结合具体情况按《公路桥规》的规定取用。

2. 承载力计算公式

1）基本公式

钢筋混凝土轴心受压柱的正截面承载力由混凝土承载力及钢筋承载力两部分组成，如图 5-36 所示。根据力的平衡条件，可得短柱和长柱的承载力计算公式为

$$\gamma_0 N_d \leqslant 0.9\varphi(f_{cd}A + f'_{sd}A'_s) \tag{5-64}$$

式中：N_d 为轴向压力组合设计值；φ 为轴压构件稳定系数，按表 5-21 采用；f_{cd} 为混凝土轴心抗压强度设计值；A 为构件毛截面面积，当纵向钢筋配筋率大于 3% 时，A 应改用 $A_n = A - A'_s$；f'_{sd} 为纵向钢筋的抗压强度设计值；A'_s 为全部纵向钢筋的截面面积；γ_0 为结构的重要性系数。

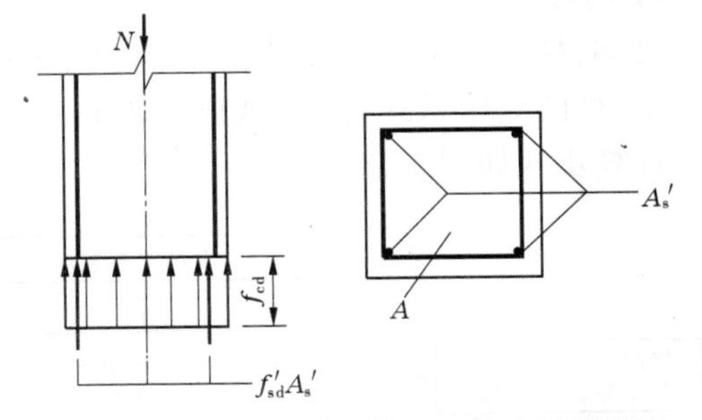

图 5-36　普通箍筋正截面承载力计算简图

2）计算方法

实际工程中，轴心受压构件的承载力计算问题可归纳为截面设计和截面承载力复核两大类。

（1）截面设计。

已知：构件截面尺寸 $b \times h$，轴向力组合设计值，构件的长度计算，材料强度等级。

求：纵向钢筋截面面积 A'_s。

计算步骤如图 5-37 所示。

若构件截面尺寸 $b \times h$ 为未知，则可先假定 φ 和 ρ 的值，由式（5-65）计算出所需构件截面面积，进而得出截面尺寸。ρ 的适宜范围为 0.5% ~1.5%。设计中常假设 $\varphi = 1$，$\rho = 1\%$。

$$A \geqslant \frac{\gamma_0 N_d}{0.9\varphi(f_{cd} + \rho f'_{sd})} \tag{5-65}$$

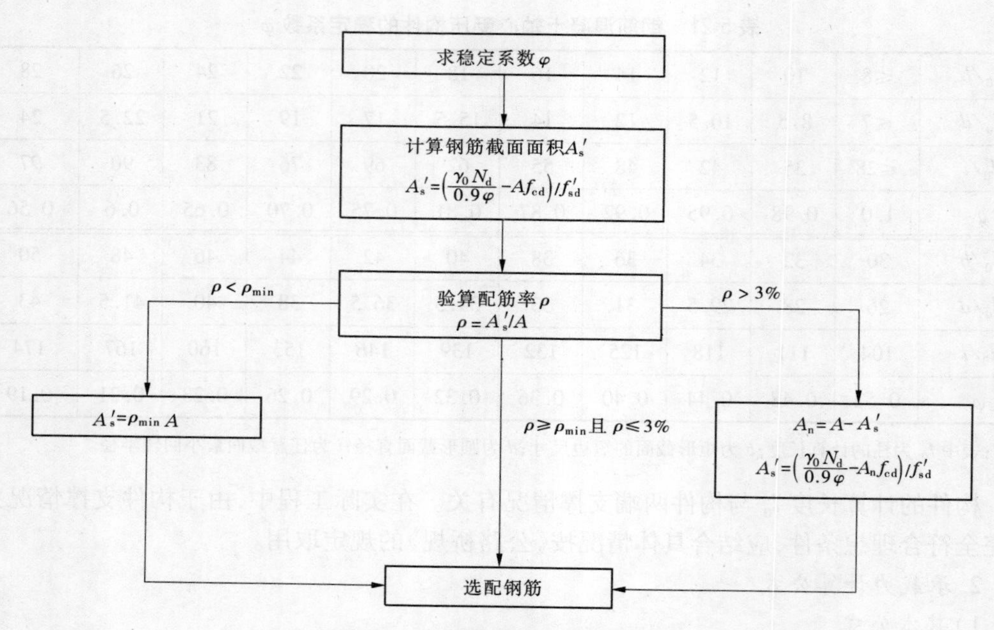

图 5-37　轴心受压构件截面设计步骤

式中:ρ 为配筋率,$\rho=\frac{A_s'}{A}$。

(2)截面承载力复核。

已知:柱截面尺寸 $b\times h$,计算长度 l_0,纵筋数量及级别,混凝土强度等级。

求:柱的受压承载力 N_u,或已知轴向力组合设计值 N_d,判断截面是否安全。

计算步骤如图 5-38 所示。

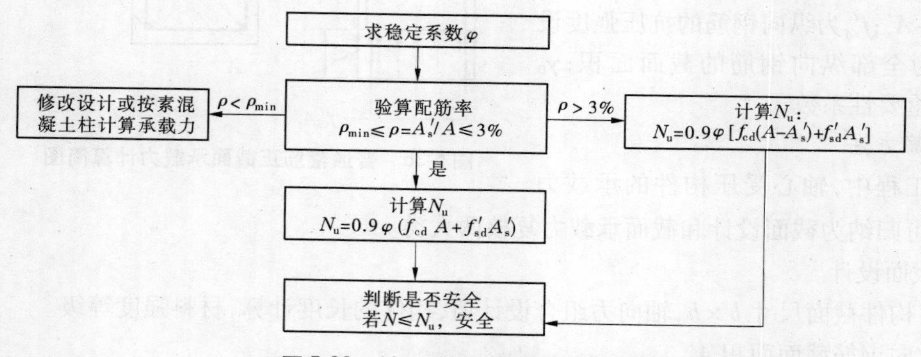

图 5-38　轴心受压构件截面承载力复核步骤

【例 5-5】　某现浇钢筋混凝土轴心受压柱,安全等级为二级,轴向压力组合设计值 $N_d=1\ 400$ kN,计算长度 $l_0=5$ m,纵向钢筋采用 HRB335 级,混凝土强度等级为 C25。试确定该柱截面尺寸及纵筋截面面积。

解　查得 $f_{cd}=11.5$ MPa,$f_{sd}'=280$ MPa,$\gamma_0=1.0$。

初步确定柱截面尺寸

设 $\rho=\dfrac{A'_s}{A}=1\%$，$\varphi=1$，则

$$A \geqslant \frac{\gamma_0 N_d}{0.9\varphi(d_{cd}+\rho f'_{sd})}=\frac{1\ 400\times10^3}{0.9\times1\times(11.5+1\%\times280)}=108\ 780.1(\text{mm}^2)$$

选用正方形截面，则 $b=h=\sqrt{108\ 780.1}=329.8(\text{mm})$，取 $b=h=350$ mm。

(1)计算稳定系数 φ。

$l_0/b=5\ 000/350=14.29$，由表5-21查得

$$\varphi=0.92+\frac{0.92-0.87}{14-16}\times(14.29-14)=0.913$$

(2)计算钢筋截面面积 A'_s。

$$A'_s=\frac{\dfrac{\gamma_0 N_d}{0.9\varphi}-f_{cd}A}{f'_{sd}}=\frac{\dfrac{1\ 400\times10^3}{0.9\times0.913}-11.5\times350^2}{280}=1\ 054(\text{mm}^2)$$

(3)验算配筋率。

$$\rho=\frac{A'_s}{A}=\frac{1\ 054}{350\times350}=0.86\%$$

$\rho>\rho_{min}=0.5\%$，满足最小配筋率要求。$\rho<3\%$，不需重算。

纵向受力钢筋选用4 Φ 18($A'_s=1\ 018$ mm^2，相差 -3.4%，符合要求)。

箍筋按构造要求配置。箍筋间距 s 应满足：$s\leqslant15d=15\times18=270(\text{mm})$，$s\leqslant b=350$ mm，$s\leqslant400$ mm，故取 $s=270$ mm；箍筋直径选用为 ϕ 8 mm，即箍筋配置为 ϕ 8@270。柱子钢筋布置如图5-39所示。

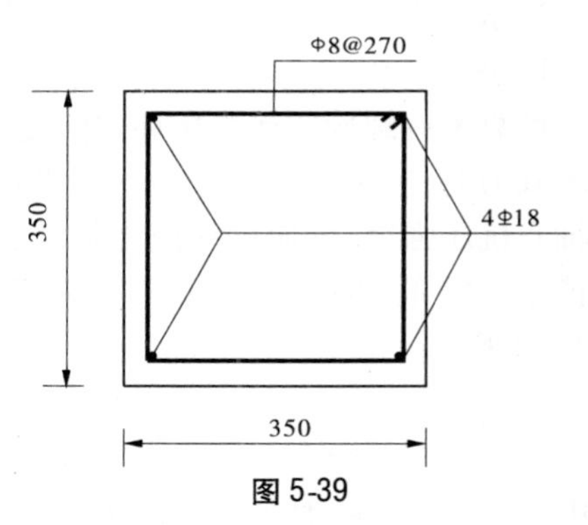

图5-39

【例5-6】 某现浇钢筋混凝土轴心受压柱，安全等级为二级，截面尺寸 $b\times h=300$ mm $\times300$ mm，采用4 Φ 20的HRB335级钢筋，C25级混凝土，计算长度 $l_0=4.5$ m，承受轴向力组合设计值1 000 kN。试校核此柱是否安全。

解 查得 $f'_{sd}=280$ MPa，$f_{cd}=11.5$ MPa，$A'_s=1\ 256$ mm^2，$\gamma_0=1.0$。

(1)确定稳定系数 φ。

由 $l_0/b=4\ 500/300=15$，查得 $\varphi=0.895$。

(2)验算配筋率。

$$\rho_{min}=0.5\%<\rho=\frac{A'_s}{A}=\frac{1\ 256}{300\times300}=1.4\%<3\%$$

满足最小配筋率要求，A 不必扣除 A'_s。

(3)确定柱截面承载力。

$$\begin{aligned}N_u&=0.9\varphi(f_{cd}A+f'_{sd}A'_s)=0.9\times0.895\times(11.5\times300\times300+280\times1\ 256)\\&=1\ 116.97\times10^3=1\ 116.97(\text{kN})>\gamma_0N_d=1\ 000(\text{kN})\end{aligned}$$

此柱截面安全。

(二)螺旋箍筋柱

1. 破坏特征

在普通箍筋柱中，箍筋是构造钢筋。柱破坏时，混凝土处于单向受压状态。而螺旋箍筋柱的箍筋既是构造钢筋又是受力钢筋。螺旋筋或焊接环筋的套箍作用可约束核心混凝土(螺旋筋或焊接环筋所包围的混凝土)的横向变形，当混凝土纵向压缩产生横向膨胀时，将受到密排螺旋筋的约束，在箍筋中产生拉力而在混凝土中产生侧向压力，使核心混凝土处于三向受压状态，从而间接地提高混凝土的纵向抗压强度。

当混凝土的应力较小($\sigma_a < 0.7f_{cd}$)时，螺旋箍筋柱的受力情况和普通箍筋柱一样。当纵向压力增加到一定数值时，混凝土保护层开始剥落。在构件的压应变超过无约束混凝土的极限应变后，箍筋以外的表层混凝土会开裂甚至剥落而退出工作，但核心混凝土尚能继续承担更大的压力，直至螺旋箍筋屈服，失去对混凝土的约束作用，最后导致混凝土被压碎而破坏。可见，螺旋箍筋不仅提高了构件的承载力，而且最重要的是在承载力不降低的情况下，能使柱的变形能力(延性)大大增加。由于螺旋筋或焊接环筋间接地起到了纵向受压钢筋的作用，故又称之为间接钢筋。

混凝土抗压强度的提高程度与箍筋的约束力的大小有关。为了使箍筋对混凝土有足够大的约束力，箍筋应为螺旋形或焊接圆环。

2. 承载力计算

1)基本公式

计算配有螺旋式或焊接环式间接钢筋的轴心受压构件承载力时，假定混凝土应力达到考虑横向约束的混凝土轴心抗压强度，纵向钢筋应力均达到钢筋抗压强度设计值 f_{sd}，箍筋外围混凝土不起作用，其计算简图如图 5-40所示。

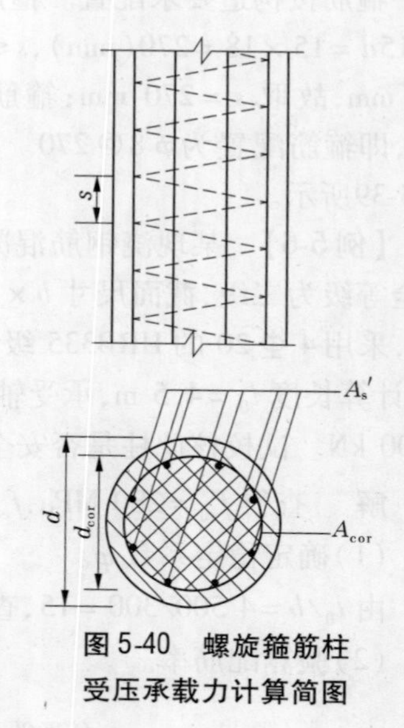

图 5-40 螺旋箍筋柱受压承载力计算简图

$$\gamma_0 N_d \leqslant 0.9(f_{cd}A_{cor} + f'_{sd}A'_s + kf_{sd}A_{s0}) \quad (5\text{-}66)$$

式中：A_{cor} 为构件的混凝土核心面积，按式(5-66a)计算；A_{s0} 为螺旋式或焊接环式间接钢筋的换算截面面积，按式(5-67)计算；k 为间接钢筋影响系数，混凝土强度等级为 C50 及以下时，取 $k = 2.0$；混凝土强度等级为 C50 ~ C80 时，取 $k = 2.0 \sim 1.7$，中间强度等级用直线插入求得。

$$A_{cor} = \frac{\pi d_{cor}^2}{4} \quad (5\text{-}66a)$$

式中：d_{cor} 为构建核心截面的直径，$d_{cor} = d - 2c$，其中 d、c 分别为构件直径和纵向钢筋保护层厚度。

$$A_{s0} = \frac{\pi d_{cor} A_{s01}}{s} \quad (5\text{-}67)$$

式中：d_{s01}为单根间接钢筋的截面面积；s 为沿构件轴线方向间接钢筋的螺距或间距。

为保证混凝土保护层在使用荷载作用下不致过早剥落，《公路桥规》规定，按式(5-66)计算的螺旋箍筋柱抗压承载力设计值不应大于普通箍筋柱抗压承载能力设计值的1.5倍，即

$$0.9(f_{cd}A_{cor}+f'_{fd}+A'_s+kf_{sd}A_{s0})\leqslant 1.5[0.9\varphi(f_{cd}A+f'_{sd}A_s)] \tag{5-68}$$

《公路桥规》还规定，考虑间接钢筋作用时，必须同时满足式(5-69)～式(5-71)条件，否则按普通箍筋柱计算。

$$A_{s0}\geqslant 0.25A'_s \tag{5-69}$$

$$l_0/d\leqslant 12 \tag{5-70}$$

$$0.9(f_{cd}A_{cor}+f'_{sd}A'_s+kf_{sd}A_{s0})\geqslant 0.9\varphi(f_{cd}A+f'_{sd}A_s) \tag{5-71}$$

间接钢筋的螺距(或间距)s 不应大于混凝土核心直径 d_{cor}的1/5，也不应大于90 mm。

式(5-69)是为了保证间接钢筋的换算面积不致太小，否则会失去间接钢筋的侧限作用；式(5-70)则是为控制构件长细比，保证其稳定性；式(5-71)是为了保证混凝土核心面积不致太小，否则其承载力反而会小于普通箍筋柱，这种情况通常发生在间接钢筋外围的混凝土面积较大时。

2)计算方法

间接钢筋柱的承载力计算有截面设计和承载力验算两类问题，下面介绍截面设计的方法。

已知：轴向力组合设计值，构件计算长度，构件截面尺寸，混凝土强度等级和钢筋的级别。

求：间接钢筋和纵向钢筋的截面面积。

计算步骤如下：

(1)按式(5-70)验算构件长细比。

(2)根据构造要求选定间接钢筋直径 d 和间距 s。

(3)根据式(5-67)计算间接钢筋换算面积 A_{s0}。

(4)由式(5-66)计算纵向钢筋截面面积 A'_s。

(5)按式(5-68)、式(5-69)、式(5-71)验算是否满足要求。

当截面设计时，构件截面尺寸未知，可假设纵向受力钢筋的配筋率 ρ(适宜范围0.8%～1.2%)和间接钢筋换算截面配筋率 ρ_1(适宜范围1%～2.5%)，按下式估算：

$$A_{cor}\geqslant\frac{\gamma_0 N_d}{0.9(f_{cd}+k\rho_1 f_{sd}+\rho f'_{sd})} \tag{5-72}$$

需要说明的是，螺旋箍筋柱虽可提高构件承载力，但施工复杂，用钢量较多，一般仅用于轴力很大，截面尺寸又受限制，采用普通箍筋柱会使纵筋配筋率过高，而混凝土强度等级又不宜再提高的情况。

【例5-7】 一圆形截面螺旋箍筋柱，直径450 mm。计算高度3 m，安全等级为二级，承受轴向设计值为2 000 kN，混凝土强度等级为C20，纵向受力钢筋选HRB335级钢筋，螺旋箍筋采用R235，纵向受力钢筋混凝土保护层为30 mm。试确定螺旋箍筋和纵向钢筋截面面积。

解　(1)查得$f_{cd}=9.2$ MPa,$f_{sd}=195$ MPa,$f'_{sd}=280$ MPa,$\gamma_0=1.0$,$d_{cor}=450-2\times30=390$(mm)。

(2)验算构件长细比。

$$l_0/d = 3\,000/450 = 6.67 < 12$$

构件长细比满足要求。

(3)选定间接钢筋直径 d 和间距 s。

根据构造要求,间接钢筋的直径不应小于纵向钢筋直径的 1/4,且不小于 8 mm。暂选螺旋钢筋直径 $d=10$ mm,$A_{s01}=78.5$ mm^2。

又根据构造要求,$s\leqslant d_{cor}/5=400/5=80$(mm),取用 $s=80$ mm。

(4)计算间接钢筋换算面积 A_{s0}。

$$A_{s0} = \frac{\pi d_{cor}A_{s01}}{s} = \frac{\pi\times390\times78.5}{80} = 1\,202(\text{mm}^2)$$

(5)计算纵向钢筋截面面积 A'_s。

$$A_{cor} = \frac{\pi d_{cor}^2}{4} = \frac{\pi\times390^2}{4} = 119\,459.06(\text{mm}^2)$$

取 $k=2.0$,由式(6-66)得

$$A'_s = \frac{\dfrac{\gamma_0 N_d}{0.9} - f_{cd}A_{cor} - kf_{sd}A_{s0}}{f'_{sd}}$$

$$= \frac{\dfrac{1.0\times2\,000\times10^3}{0.9} - 9.2\times119\,459.06 - 2\times195\times1\,202}{280} = 2\,337(\text{mm}^2)$$

选配 6 ⌀ 22($A'_s=2\,281$ mm^2,相差 -2.3%),满足间接钢筋的直径不应小于纵向钢筋直径的 1/4 的要求。

(6)验算有关条件是否满足。

$l_0/d=6.67<7$,则 $\varphi=1.0$。

$$0.9(f_{cd}A_{cor}+f'_{sd}A'_s+kf_{sd}A_{s0}) = 0.9\times(9.2\times119\,459.06+280\times2\,281+2\times195\times1\,202) = 1\,985\,835.0(\text{N})$$

$$1.5[0.9\varphi(f_{cd}A+f'_{sd}A'_s)] = 1.5\times\left[0.9\times1.0\times\left(9.2\times\frac{\pi\times450^2}{4}+280\times2\,281\right)\right]$$

$= 2\,837\,533.7(\text{N}) > 0.9(f_{cd}A_{cor}+f'_{sd}A'_s+kf_{sd}A_{s0}) = 1\,985\,835.0$ N,满足要求。

$0.25A'_s = 0.25\times2\,281 = 570.25(\text{mm}^2) < A_{s0} = 1\,233$ mm^2,满足要求。

$$0.9\varphi(f_{cd}A+f'_{sd}A'_s)=0.9\times1.0\times\left(9.2\times\frac{\pi\times450^2}{4}+280\times2\,281\right)$$

$=1\,891\,689.1(\text{N})<0.9(f_{cd}A_{cor}+f'_{sd}A'_s+kf_{sd}A_{s0})=1\,985\,835.0$ N,满足要求。

经计算,纵向钢筋选配 6 ⌀ 22,螺旋钢筋选配⌀ 10@80,如图 5-41 所示。

三、偏心受压构件承载力计算

(一)偏心受压构件的破坏特征

偏心受压构件在承受轴向力 N 和弯矩 M 的共同作用时,等效于承受一个偏心距为

$e_0=M/N$的偏心力 N 的作用(见图5-42),当弯矩 M 相对较小时,M 和 N 的比值 e_0 就很小,构件接近于轴心受压;相反,当 N 相对较小时,M 和 N 的比值 e_0 就很大,构件接近于受弯。因此,随着 e_0 的改变,偏心受压构件的受力性能和破坏形态介于轴心受压和受弯之间。按照轴向力的偏心距和配筋情况的不同,偏心受压构件的破坏可分为受拉破坏和受压破坏两种情况。

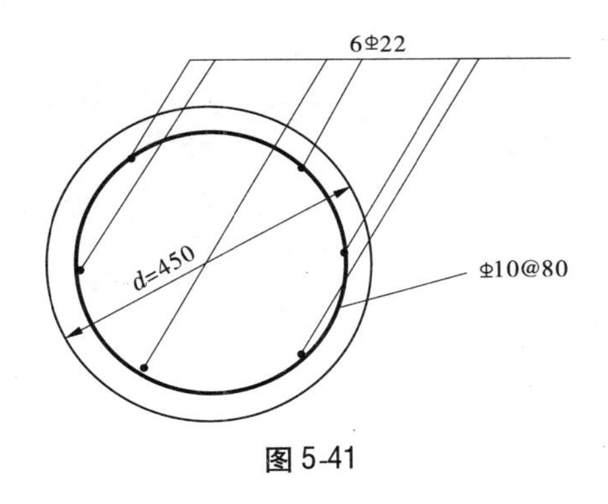

图5-41

1. 受拉破坏——大偏心受压构件

当轴向压力偏心距 e_0 较大,且受拉钢筋配置不太多时,就发生这种类型的破坏。此时,离轴向压力 N 较远一侧的截面受拉,另一侧截面受压。当 N 增加到一定值时,首先在受拉区出现横向裂缝,随着荷载的增加,裂缝不断发展和加宽,裂缝截面处的拉力全部由钢筋承担。荷载继续加大,受拉钢筋首先达到屈服,并形成一条明显的主裂缝,随后主裂缝明显加宽并向受压一侧延伸,受压区高度迅速减小。最后,受压区边缘出现纵向裂缝,受压区混凝土被压碎而导致构件破坏,受压区混凝土钢筋首先屈服(见图5-43),而导致受压区混凝土压坏,构件承载力取决于受拉钢筋,故称为受拉破坏。受拉破坏有明显预兆,属于延性破坏。

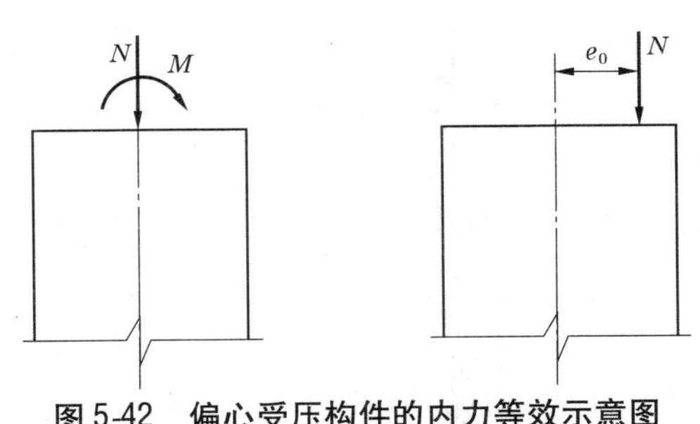

图5-42 偏心受压构件的内力等效示意图

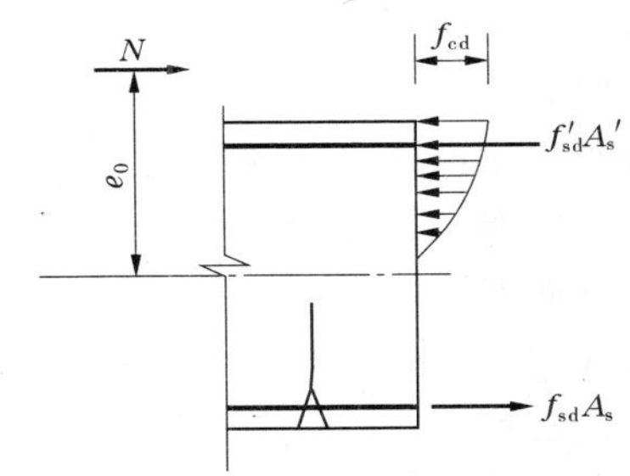

图5-43 大偏心受压破坏形态

2. 受压破坏——小偏心受压构件

当构件的轴向压力的偏心距 e_0 较小,或偏心距 e_0 虽然较大但配置的受拉钢筋过多时,就发生这种类型的破坏。加荷后整个截面全部受压或大部分受压,靠近轴向压力 N 一侧的混凝土压应力较高,远离轴向压力一侧的压应力较小甚至受拉。随着荷载 N 逐渐增加,靠近轴向力 N 一侧的混凝土出现纵向裂缝,进而混凝土达到极限应变被压碎,纵向钢筋 A'_s 屈服;远离 N 一侧的钢筋 A_s 可能受压,也可能受拉,但都达不到屈服强度(见图5-44)。由于这种构件的承载力取决于受压混凝土和受压钢筋,故称为受压破坏。受压破坏无明显预兆,属脆性破坏。

3. 受拉破坏与受压破坏的界限

综上可知,受拉破坏和受压破坏都属于"材料破坏"。它们的相同之处是,截面的最终破坏都是受压区边缘混凝土达到极限压应变而被压碎;不同之处在于截面破坏的起因

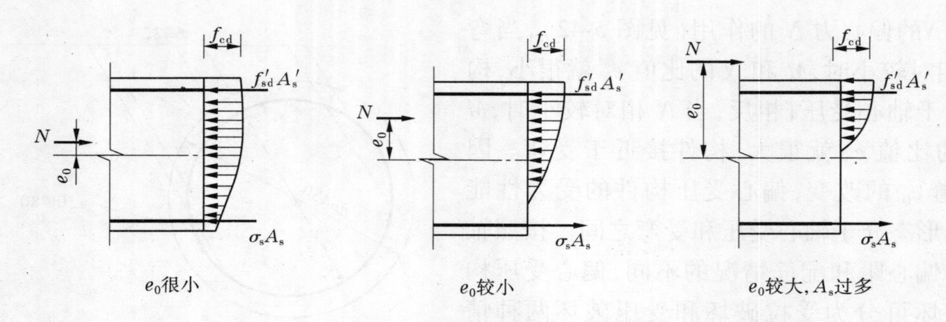

图 5-44　小偏心受压破坏形态

不同，前者是受拉钢筋先屈服，后者是受压区混凝土先破坏。从小偏心受压破坏形态过渡到大偏心受压破坏形态，必定存在一种受压混凝土应力和受拉钢筋应力同时达到各自的强度极限的界限破坏形态，这一特征破坏称为界限破坏。受拉破坏与受压破坏可用相对界限受压区高度 ξ_b 作为界限，即当 $\xi \leqslant \xi_b$ 时，为大偏心受压破坏；当 $\xi > \xi_b$ 时，为小偏心受压破坏。

但在实际工程中，通常是已知偏心距的大小，而不是截面受压区的高度，因此用 ξ 来鉴别大、小偏心受压有时候不方便，最好用偏心距 e_0 来鉴别。根据分析，相应于 ξ_b 的界限状态偏心距 e_{0b} 的值在 $0.3h_0$ 上、下变化，因此可近似地取平均值 $e_{0b}=0.3h_0$ 作为界限状态偏心距，并以此鉴别大、小偏心受压：$e_0<0.3h_0$，为小偏心受压破坏；$e_0 \geqslant 0.3h_0$，一般为大偏心受压破坏。

但需注意，$e_0 \geqslant 0.3h_0$ 仅是大偏心受压破坏的必要条件。当出现这种情况时，可先按大偏心受压计算，最后跟据实际计算的 ξ 判别其是否属于大偏心受压破坏。

(二)偏心距增大系数 η

钢筋混凝土受压构件在承受偏心荷载后，由于柱内存在初始弯矩 Ne_0（e_0 为纵向力对截面中心轴的偏心距），故要发生弯曲变形（见图 5-45）。变形后柱内弯矩有一增量 $\Delta M=yN$（称为二阶弯矩，最大值为 fN），y 随着荷载的增大而不断增大，因而弯矩的增长也就越来越快，结果致使柱的承载力降低。如 1/2 柱高出的初始偏心距将由 e_0 增大为 (e_0+f)，截面最大弯矩也将由 Ne_0 增大为 $N(e_0+f)$。引入偏心距增大系数 η，相当于用 ηe_0 代替 (e_0+f)。

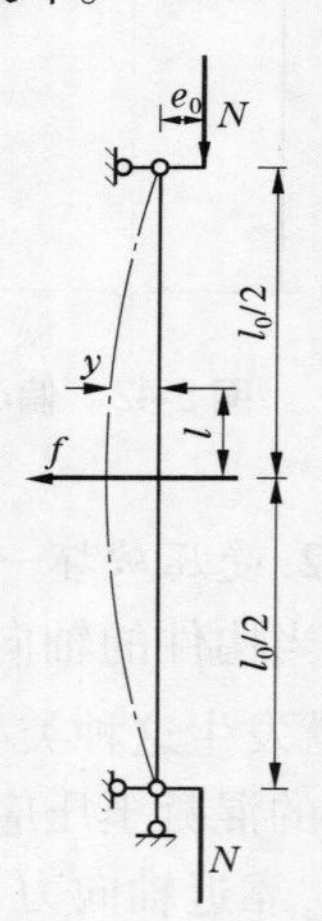

图 5-45　偏心受压构件的变形

对于短柱（矩形截面 $l_0/h \leqslant 5$），ΔM 很小，一般可不计其影响，取 $\eta=1.0$。

对于长细比较大的长柱（矩形截面 $5<l_0/h \leqslant 30$），必须考虑 ΔM 的影响，偏心距增大系数按下式计算：

$$\eta = 1 + \frac{1}{1\,400 e_0/h_0}\left(\frac{l_0}{h}\right)^2 \zeta_1 \zeta_2 \qquad (5\text{-}73)$$

$$\zeta_1 = 0.2 + 2.7\frac{e_0}{h_0} \leqslant 1.0 \qquad (5\text{-}74)$$

$$\zeta_2 = 1.15 - 0.01\frac{l_0}{h} \leqslant 1.0 \tag{5-75}$$

式中：l_0 为构件的计算长度；e_0 为轴向力对截面重心轴的偏心距；h 为矩形截面的高度；h_0 为截面的有效高度；ζ_1 为荷载偏心率对截面曲率的影响系数；ζ_2 为构件长细比对截面曲率的影响系数。

对于长细比很大的细长柱（矩形截面 $l_0/h>30$），构件达到最大承载力时其控制截面的材料强度还未充分达到极限强度，即此类破坏为失稳破坏，工程中不宜采用，其 η 应按专门方法确定。

（三）矩形截面偏心受压构件承载力计算

1. 大偏心受压（$\xi \leqslant \xi_b$）

1）计算简图

根据大偏心受压特征，可作如下基本假定：

①截面应变保持为平面。

②不考虑混凝土的受拉作用。

③受压区混凝土应力采用等效矩形分布图，并达到混凝土轴心抗压强度设计值 f_{cd}，受拉区钢筋达到钢筋抗拉强度设计值 f_{sd}，受压区钢筋达到钢筋抗压强度设计值 f'_{sd}，并采用破坏时的偏心距 ηe。大偏心受压构件承载力计算简图如图 5-46 所示。

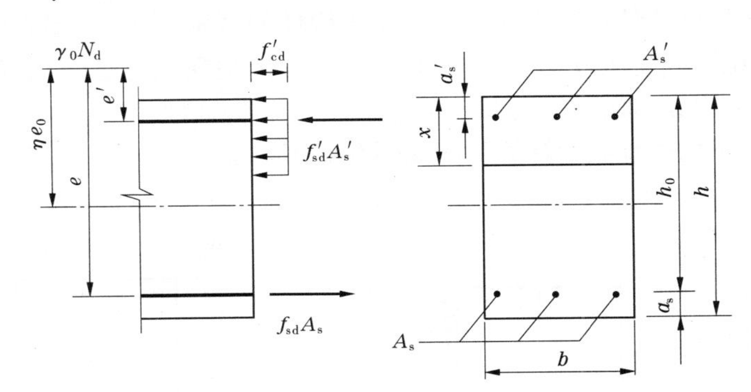

图 5-46　大偏心受压构件承载力计算简图

2）基本公式

根据计算简图，由静力平衡条件得

$$\gamma_0 N_d \leqslant f_{cd}bx + f'_{sd}A'_s - f_{sd}A_s \tag{5-76}$$

$$\gamma_0 N_d e \leqslant f_{cd}bx\left(h_0 - \frac{x}{2}\right) + f'_{sd}A'_s(h_0 - a'_s) \tag{5-77}$$

式中：N_d 为轴向压力组合设计值；x 为混凝土受压区高度；e 为轴向力 N_d 作用点至钢筋 A_s 合力作用点的距离，按式（5-78）计算。

$$e = \eta e_0 + \frac{h}{2} - a_s \tag{5-78}$$

式中：η 为偏心距增大系数。

3）基本公式使用条件

①为了保证构件在破坏时，受拉钢筋应力能达到抗拉强度设计值f_{sd}，必须满足：

$$x \leqslant \xi_b h_0 \tag{5-79}$$

②为了保证构件在破坏时，受压钢筋应力能达到抗压强度设计值f'_{sd}，必须满足：

$$x \geqslant 2a'_s \tag{5-80}$$

当$x < 2a'_s$时，表示受压钢筋的应力可能达不到f'_{sd}，此时，近似取$x = 2a'_s$，构件正截面承载力按下式计算：

$$\gamma_0 N_d e' \leqslant f_{sd} A_s (h_0 - a'_s) \tag{5-81}$$

式中：e'为轴向力N_d作用点至钢筋A_s合力作用点的距离，按式(5-82)计算。

$$e' = \eta e_0 - \frac{h}{2} + a'_s \tag{5-82}$$

式中：e'为负值，表示N_d作用在A_s与A'_s之间；e'为正值，表示N_d作用在A_s与A'_s之外。

以上是假定混凝土受压区的合力位置与受压钢筋A'_s的合力位置重合并都位于A'_s的合力位置处。如果按式(5-81)计算所得的承载力比不考虑受压钢筋的作用还小时，则在计算中不应考虑受压钢筋的工作，即取$A'_s = 0$进行计算。

2. 小偏心受压($\xi > \xi_b$)

1）计算简图

小偏心受压构件的计算简图同大偏心受压构件的区别在于：小偏心受压构件在破坏时，位于截面受拉边或受压较小边的纵向钢筋A_s不论是受拉还是受压，都达不到钢筋强度设计值，其应力用σ_s来表示，$f'_{sd} < \sigma_s < f_{sd}$。

以下偏心受压构件承载力计算简图如图5-47所示。

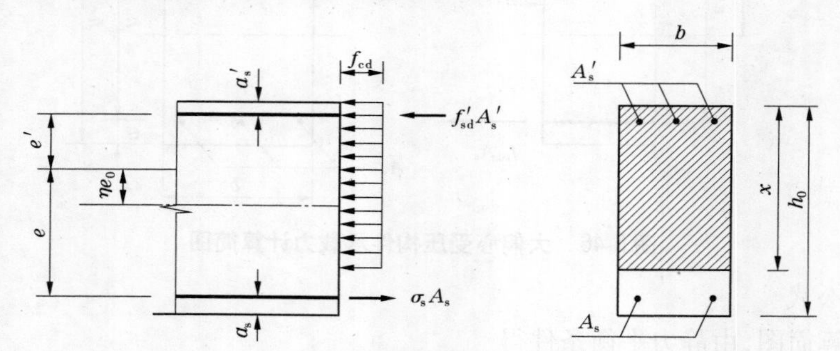

图5-47 小偏心受压构件承载力计算简图

2）基本公式

根据计算简图，由静力平衡条件得

$$\gamma_0 N_d \leqslant f_{cd} bx + f'_{sd} A'_s - \sigma_s A_s \tag{5-83}$$

$$\gamma_0 N_d e \leqslant f_{cd} bx (h_0 - \frac{x}{2}) + f'_{sd} A'_s (h_0 - a'_s) \tag{5-84}$$

式中：σ_s为位于截面受拉边或受压较小边的纵向钢筋A_s，可近似按式(5-86)计算。

$$\sigma_s = \varepsilon_{cu} E_s \left(\frac{\beta h_0}{x} - 1 \right) = \varepsilon_{cu} E_s \left(\frac{\beta}{\xi} - 1 \right) \tag{5-85}$$

式中：β 为截面受压区矩形应力图高度与实际受压区高度的比值，按表 5-22 采用；ε_{cu} 为截面非均匀受压时，混凝土的极限压应变，当混凝土强度等级为 C50 及以下时，取 $\varepsilon_{cu}=0.0033$；当混凝土强度等级为 C80 时，取 $\varepsilon_{cu}=0.003$；中间强度等级用直线插入求得；E_s 为混凝土的弹性模量。

表 5-22　β 系数值

混凝土强度等级	C50 及以下	C55	C60	C65	C70	C75	C80
β	0.80	0.79	0.78	0.77	0.76	0.75	0.74

小偏心受压破坏时，受拉边或压应力较小边钢筋一般不能屈服。但是，当纵向力作用在 A_s 和 A'_s 之间且偏心距很小时，构件全截面受压，若 A_s 配置过少，则构件受拉纵向力一侧的混凝土可能先被压坏。为了避免这种情况，对偏心距很小的小偏心受压构件，尚应满足下式要求：

$$\gamma_0 N_d e' \leqslant f_{cd} b h\left(h'_0 - \frac{h}{2}\right) + f'_{sd} A_s (h'_0 - a_s) \tag{5-86}$$

式中：h'_0 为钢筋 A'_s 合力作用点至远离轴向力 N_d 的截面边缘的距离；e' 为轴向力 N_d 作用点至钢筋 A'_s 合力作用点的距离，$e'=\frac{h}{2}-a'_s-e_0$，即当 N_d 作用在 A_s 与 A'_s 之间时，e' 不考虑 η。

【例 5-8】 某偏心受压构件的截面尺寸为 $b\times h=400\ \text{mm}\times 500\ \text{mm}$，安全等级为二级，计算长度为 4 m，轴向力组合设计值 $N_d=400$ kN，弯矩组合设计值 $M_d=240$ kN·m，采用 C20 级混凝土，纵向钢筋采用 HBR335 级钢筋。试求所需纵向钢筋数量。

解　(1) 基本数据。

查得 $f_{cd}=9.2$ MPa，$f_{sd}=f'_{sd}=280$ MPa，$\xi_b=0.56$，$\gamma_0=1.0$。

取 $a_s=a'_s=40$ mm，$h_0=h-a_s=500-40=460(\text{mm})$。

计算 e_0 和 η。

$$e_0=\frac{M_d}{N_d}=\frac{240\times10^6}{400\times10^3}=600(\text{mm})$$

因 $l_0/h=4\ 000/500=8>5$，需计算 η。

$\xi_1=0.2+2.7\frac{e_0}{h_0}=0.2+2.7\times\frac{600}{460}=3.72>1.0$，取 $\xi_1=1.0$。

$\xi_2=1.15-0.01\frac{l_0}{h}=1.15-0.01\times\frac{4\ 000}{500}=1.07>1.0$，取 $\xi_2=1.0$。

$$\eta=1+\frac{1}{1\ 400e_0/h_0}\left(\frac{l_0}{h}\right)^2\xi_1\xi_2$$

$$=1+\frac{1\times460}{1\ 400\times600}\times\left(\frac{4\ 000}{500}\right)^2\times1.0\times1.0=1.035$$

(2) 初步判别大、小偏心。

$$\eta e_0=1.035\times600=621(\text{mm})>0.3h_0=0.3\times460=138(\text{mm})$$

可按大偏心受压构件设计。

(3)求 A_s、A'_s。

$$e = \eta e_0 + \frac{h}{2} - a_s = 1.035 \times 600 + \frac{500}{2} - 40 = 831(\text{mm})$$

$$A'_s = \frac{\gamma_0 N_d e - f_{cd} b h_0^2 \xi_b (1 - 0.5\xi_b)}{f_{sd}(h_0 - a'_s)}$$

$$= \frac{1.0 \times 400 \times 10^3 \times 831 - 9.2 \times 400 \times 460^2 \times 0.56 \times (1 - 0.5 \times 0.56)}{280 \times (460 - 40)}$$

$$= 157(\text{mm}^2) < 0.2\% bh = 0.2\% \times 400 \times 500 = 400(\text{mm}^2)$$

受压钢筋选配 2 Φ 16($A'_s = 402\ \text{mm}^2$)。

$$x = h_0 - \sqrt{h_0^2 - \frac{2[\gamma_0 N_d e - f'_{sd} A'_s (h_0 - a'_s)]}{f_{cd} b}}$$

$$= 460 - \sqrt{460^2 - \frac{2 \times [1.0 \times 400 \times 10^3 \times 831 - 280 \times 402 \times (460 - 40)]}{9.2 \times 400}}$$

$$= 222.0(\text{mm})$$

$2a'_s = 80\ \text{mm} \leqslant x \leqslant \xi_b h_0 = 0.56 \times 460 = 257.6(\text{mm})$,则

$$A_s = \frac{f_{cd} b x + f'_{sd} A'_s - \gamma_0 N_d}{f_{sd}}$$

$$= \frac{9.2 \times 400 \times 222.0 + 280 \times 402 - 1.0 \times 400 \times 10^3}{280}$$

$$= 1\,891(\text{mm}^2) > 0.2\% bh = 400\ \text{mm}^2$$

受拉钢筋选配 5 Φ 22($A_s = 1\,900\ \text{mm}^2$)。

(4)验算配筋率。

$$\rho = \frac{A_s + A'_s}{A} = \frac{402 + 1\,900}{400 \times 500} = 1.15\%$$

$\rho_{\min} = 0.5\% < \rho < 5\%$,所以满足要求。

(5)垂直于弯矩作用平面的承载力验算。

$l_0/b = 4\,000/400 = 10$,查得 $\varphi = 0.98$,则

$$0.9\varphi[f_{cd}A + f'_{sd}(A'_s + A_s)] = 0.9 \times 0.98 \times [9.2 \times 400 \times 500 + 280 \times (402 + 1\,900)] = 2\,191\,381.9(\text{N}) = 2\,191.4\ \text{kN} > \gamma_0 N_d = 400\ \text{kN}$$

垂直于弯矩作用平面的承载力验算满足要求。

钢筋布置如图 5-48 所示。

小 结

(1)受压构件分为轴心受压构件和偏心受压构件。按照箍筋配置方式不同,钢筋混凝土轴心受压柱可分为普通箍筋柱和螺旋箍筋柱。

在实际结构中,真正的轴心受压构件几乎不存在。但当偏心距很小时,为计算方便,可近似按轴心受压构件计算。

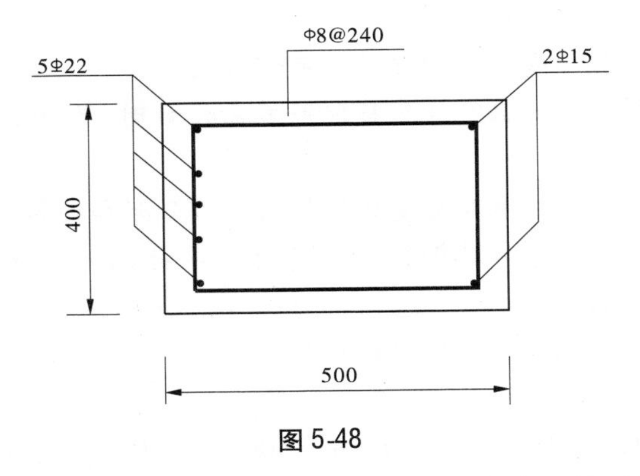

图 5-48

偏心受压构件的纵向钢筋配置方式有两种:一种是对称配筋,另一种是非对称配筋。

(2)在截面、配筋、材料相同的条件下,长柱承载力低于短柱承载力。在确定轴心受压构件承载力计算公式时,规范采用构件的稳定系数 φ 来表示长柱承载力降低的程度。

钢筋混凝土轴心受压柱的正截面承载力计算公式为

$$\gamma_0 N_d \leqslant 0.9\varphi(f_{cd}A + f'_{sd}A'_s)$$

螺旋箍筋柱承载力计算公式为

$$\gamma_0 N_d \leqslant 0.9\varphi(f_{cd}A_{cor} + f'_{sd}A'_s + kf_{sd}A_{s0})$$

(3)按照轴向力的偏心距和配筋情况的不同,偏心受压构件的破坏可分为受拉和受压破坏两种情况。两者的相同之处是,截面的最终破坏都是受压区边缘混凝土达到极限压应变而被压碎,但前者是受拉钢筋先屈服,后者是受压区混凝土先破坏。受拉破坏属于延性破坏,受压破坏属于脆性破坏。

受拉破坏与受压破坏可用相对界限受压区高度 ξ_b 作为界限:当 $\xi \leqslant \xi_b$ 时,为大偏心受压破坏;当 $\xi > \xi_b$ 时,为小偏心受压破坏。

(4)大偏心受压承载力计算基本公式为

$$\gamma_0 N_d \leqslant f_{cd}bx + f'_{sd}A'_s - f_{sd}A_s$$

$$\gamma_0 N_d e \leqslant f_{cd}bx(h_0 - \frac{x}{2}) + f'_{sd}A'_s(h_0 - a'_s)$$

小偏心受压构件承载力计算基本公式为

$$\gamma_0 N_d \leqslant f_{cd}bx + f'_{sd}A'_s - \sigma_s A_s$$

$$\gamma_0 N_d e \leqslant f_{cd}bx(h_0 - \frac{x}{2}) + f'_{sd}A'_s(h_0 - a'_s)$$

能力训练

一、思考题

1. 在受压构件中,纵筋、箍筋的作用分别是什么?什么情况下需设置复合箍筋?

2. 简述轴心受压短柱、长柱的破坏特征。

3. 间接钢筋柱为什么能提高承载力?它应满足的条件有哪些?

4. 试说明偏心距增大系数的意义。

5. 大偏心受压和小偏心受压的破坏特征有何区别?

6. 下偏心受压的界限是什么? 非对称配筋截面设计时,为什么要以界限偏心距来判断大、小偏心受压?

7. 试比较大偏心受压构件和双筋受弯构件的应力分布和计算公式的异同。

8. 大偏心和小偏心受压构件截面设计时为什么要补充一个条件(或方程)? 这一补充条件是根据什么建立的?

9. 对称配筋和非对称配筋各有何优缺点?

二、计算题

1. 有一钢筋混凝土柱,截面尺寸 500 mm×500 mm,计算长度为 5.5 m,承受轴向力组合设计值 N_d = 3 500 kN,混凝土强度等级 C25,纵向钢筋采用 HRB335 级钢筋,箍筋采用 R235 级钢筋。求所需的纵筋截面面积。

2. 某钢筋混凝土正方形截面轴心受压构件,计算长度 9 m,安全等级为二级,承受轴向力组合设计值 1 700 kN,采用 C25 级混凝土,HRB335 级钢筋。试确定构件截面尺寸和纵向钢筋截面面积,并绘出配筋图。

3. 一现浇轴心受压柱,截面尺寸为 300 mm×250 mm,计算长度为 4.5 m,$a_s = a'_s$ = 40 mm,安全等级为二级,承受轴向力组合设计值 400 kN,混凝土强度等级 C20,纵向钢筋为 4 Φ 25。试复核柱是否安全。

4. 圆形截面螺旋箍筋柱,安全等级二级,计算长度 3 m,承受轴向力组合设计值 1 000 kN,混凝土强度等级 C20,纵向受力钢筋选用 HRB335 级钢筋,螺旋钢筋采用 R235 级钢筋。试设计该柱。

5. 某钢筋混凝土矩形柱,截面尺寸 $b \times h$ = 400 mm×500 mm,计算长度 l_0 = 5 m,安全等级二级,混凝土强度等级为 C25,钢筋为 HRB335 级,承受弯矩组合设计值 190 kN·m,轴向压力组合设计值 510 kN。分别按非对称配筋和对称配筋计算纵筋截面面积。

6. 某钢筋混凝土矩形柱,截面尺寸 $b \times h$ = 500 mm×650 mm,计算长度 l_0 = 8.9 m,安全等级二级,混凝土强度等级为 C20,钢筋为 R235 级,承受弯矩组合设计值 350 kN·m,轴向压力组合设计值 2 500 kN。分别按非对称配筋和对称配筋计算纵筋截面面积。

7. 矩形截面偏心受压构件,截面尺寸 $b \times h$ = 450 mm×600 mm,计算长度 l_0 = 8 m,安全等级二级,混凝土强度等级为 C25,承受弯矩组合设计值 350 kN·m,轴向压力组合设计值 1 500 kN,采用对称配筋,每侧配置纵向受力钢筋 422(HRB335 级),$a_s = a'_s$ = 40 mm。试复核该构件的承载力。

学习情境六　预应力混凝土结构

【学习目标】

掌握张拉控制应力和预应力损失，预应力混凝土构件的构造要求；熟悉预应力混凝土的原理；了解预应力混凝土结构的基本概念，预应力混凝土结构的材料，预加应力的方法与设备。

工作任务表

<table>
<tr><th>能力目标</th><th>主讲内容</th><th>学生完成任务</th><th colspan="2">评价标准</th></tr>
<tr><td rowspan="3">能够正确选择预应力材料；能够正确选择施工方法与设备</td><td rowspan="3">预应力混凝土的基本概念；预加应力的方法与设备；预应力混凝土结构的材料</td><td rowspan="3">了解预应力混凝土的基本概念；掌握预加应力的方法与设备；熟悉预应力混凝土结构的材料</td><td>优秀</td><td>熟练掌握预应力混凝土基本概念、预加应力方法与设备、预应力混凝土结构的材料</td></tr>
<tr><td>良好</td><td>掌握预应力混凝土基本概念、预加应力方法与设备、预应力混凝土结构的材料</td></tr>
<tr><td>合格</td><td>基本掌握预应力混凝土基本概念、预加应力方法与设备、预应力混凝土结构的材料</td></tr>
<tr><td rowspan="3">能够掌握张拉控制应力与预应力损失；能严格按照预应力混凝土结构的构造要求施工</td><td rowspan="3">张拉控制应力与预应力损失；预应力混凝土结构的构造要求</td><td rowspan="3">了解张拉控制应力；理解预应力损失；熟悉预应力混凝土结构的构造要求</td><td>优秀</td><td>熟练掌握预应力混凝土结构的构造要求</td></tr>
<tr><td>良好</td><td>掌握预应力混凝土结构的构造要求</td></tr>
<tr><td>合格</td><td>基本掌握预应力混凝土结构的构造要求</td></tr>
</table>

学习任务一　预应力混凝土结构的基本概念及材料

一、预应力混凝土结构的基本概念

(一)概述

现代混凝土结构工程发展的总趋势，是通过不断改进设计、施工方法和采用高强、高性能的轻质材料建造更为经济合理的结构。普通钢筋混凝土构件虽已广泛应用于土木工程建筑之中，但由于混凝土的极限拉应变很小，仅有$(0.1\sim0.15)\times10^{-3}$，故在正常使用条件下构件的受拉区开裂，刚度下降，变形较大，使其适用范围受到限制。为了控制构件的裂缝和变形，可采取加大构件的截面尺寸，增加钢筋用量，采用高强混凝土和高强钢筋等措施。但是，如果采用增加截面尺寸和用钢量的方法，一般来讲不经济，并且当荷载及跨度较大时不仅不经济而且很笨重,特别是对于桥梁结构,随着跨度的增大,自重作用所占的比例也增大;如果提高混凝土的强度等级,由于其抗拉强度提高得很小,对提高构件抗裂性和刚度的效果也不明显;如果提高钢筋的强度,则钢筋达到屈服强度时的拉应变很大,约在 2×10^{-3} 以上,与混凝土的极限拉应变相差悬殊。因此,对不允许开裂的构件,使用时受拉钢筋的应力只能为 20 ~ 30 N/mm^2。由此可见,在普通钢筋混凝土结构中,高强混凝土和高强钢筋是不能充分发挥作用的。

为了充分利用高强混凝土及高强钢材,可以在混凝土构件受力前,在其使用时的受拉区内预先施加压力,使之产生预压应力,造成人为的应力状态。当构件在荷载作用下产生拉应力时,首先要抵消混凝土构件内的预压应力,然后随着荷载的增加,混凝土构件受拉并随荷载继续增加才出现裂缝,因此可推迟裂缝的出现,减小裂缝的宽度,满足使用要求。这种在荷载作用之前对结构构件施加压力,使截面产生预压应力,以全部或部分抵消由荷载引起的拉应力的混凝土结构,称为预应力混凝土结构。

目前,随着建筑工程中混凝土强度等级的不断提高,高强钢筋的进一步使用,预应力混凝土目前已广泛应用于大跨度建筑结构、公路路面及桥梁、铁路、海洋、水利、机场、核电站等工程中。例如,新建的国际会展中心,广州市九运会的体育场馆,日新月异的众多公路大桥,核电站的反应堆保护壳,上海市的东方明珠电视塔,遍及沿海地区的高层建筑、大跨建筑以及量大面广的工业建筑的吊车梁、屋面梁等都采用了现代预应力混凝土技术。

(二)预应力混凝土结构的基本原理

预应力是预加应力的简称。在预应力混凝土结构中,通常为了避免钢筋混凝土结构的裂缝过早出现,充分利用高强材料,预先对受拉区的混凝土施加压应力,使之建立一种人为的应力状态,这种应力的大小和分布规律,能有利于抵消荷载作用所引起的混凝土拉应力,从而将结构构件的拉应力控制在较小范围,甚至处于受压状态,以避免开裂或推迟开裂,或者使裂缝宽度减小,从而提高构件的抗裂性能和刚度。其实,预应力原理的应用例子在日常生活中也有很多,如木桶就是预加压应力抵消拉应力的典型例子。当铁箍套紧时便对桶壁产生环向的压应力,如果施加的环向压应力超过水压力引起的拉应力,桶就不会开裂和漏水。

现以简支梁为例,进一步说明预应力混凝土结构的基本原理,如图 6-1 所示。在混凝土构件受荷载作用以前,对受拉区混凝土预先施加压力(见图 6-1(a))。当构件在荷载作用下产生拉应力时(见图 6-1(b)),首先要抵消混凝土的预压应力,然后随着荷载的不断增加,受拉区的混凝土才受到拉应力(见图 6-1(c)),从而大大改善了受拉区混凝土的受拉性能,推迟了裂缝的出现和限制了裂缝的开展。

(三)预应力混凝土结构的分类

根据国内工程习惯,我国对以钢材为配筋的配筋混凝土结构系列,采用按其预应力度分成全预应力混凝土、部分预应力混凝土和钢筋混凝土等三种结构的分类方法。

1. 预应力度的定义

《公路桥规》将受弯构件的预应力度(λ)定义为由预加应力大小确定的消压弯矩 M_0 与外荷载产生的弯矩 M_s 的比值,即

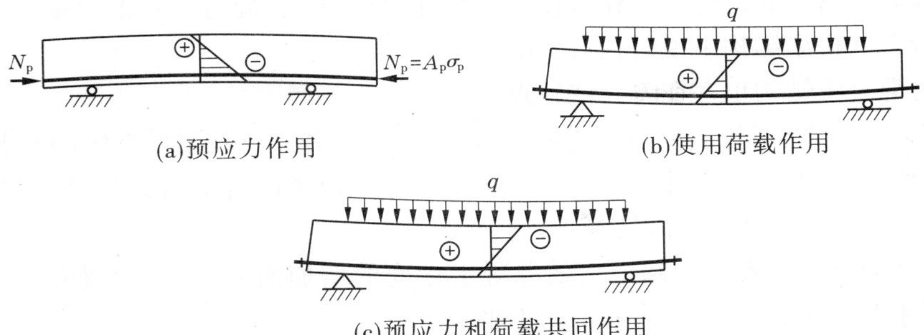

(a)预应力作用　(b)使用荷载作用

(c)预应力和荷载共同作用

图 6-1　预应力混凝土简支梁结构的基本原理

$$\lambda = \frac{M_0}{M_s}$$

式中：M_0 为消压弯矩，也就是构件抗裂边缘预压应力抵消到零时的弯矩；M_s 为按作用（或荷载）短期效应组合计算的弯矩值；λ 为预应力混凝土构件的预应力度。

2. 配筋混凝土构件的分类

全预应力混凝土构件——在作用（荷载）短期效应组合下控制的正截面受拉边缘不允许出现拉应力（不得消压），即 $\lambda \geqslant 1$。

部分预应力混凝土构件——在作用（荷载）短期效应组合下控制的正截面受拉边缘出现拉应力或出现不超过规定宽度的裂缝，即 $1 > \lambda > 0$。此类构件在作用（或荷载）短期效应组合下控制截面受拉边缘允许出现拉应力：当对拉应力加以限制时，为部分预应力混凝土 A 类构件；当拉应力超过限值或出现不超过限值的裂缝时，为部分预应力混凝土 B 类构件。

钢筋混凝土构件——不预加应力的混凝土构件，即 $\lambda = 0$。

（四）预应力混凝土结构的优缺点

预应力混凝土结构具有下列主要优点：

（1）提高了构件的抗裂度和刚度。对构件施加预应力后，使构件在使用荷载作用下可不出现裂缝，或可使裂缝大大推迟出现，有效地改善了构件的使用性能，提高了构件的刚度，增加了结构的耐久性。

（2）可以节省材料，减轻自重。预应力混凝土由于采用高强材料，因而可减小构件截面尺寸，节省钢材与混凝土用量，降低结构物的自重。这对自重比例很大的大跨径桥梁来说，更有着显著的优越性。大跨度和重荷载结构，采用预应力混凝土结构一般是经济合理的。

（3）可以减小混凝土梁的竖向剪力和主拉应力。预应力混凝土梁的曲线钢筋，可使梁中支座附近的竖向剪力减小；又由于混凝土截面上预压应力的存在，荷载作用下的主拉应力也相应减小。这有利于减小梁的腹板厚度，使预应力混凝土梁的自重可以进一步减轻。

（4）结构质量安全可靠。施加预应力时，钢筋与混凝土都同时经受了一次强度检验。如果在张拉钢筋时构件质量表现良好，那么，在使用时也可以认为是安全可靠的。因此，有人称预应力混凝土结构是经过预先检验的结构。

（5）预应力可作为结构构件连接的手段，促进了桥梁结构新体系与施工方法的发展。

此外，预应力还可以提高结构的耐疲劳性能。因为具有强大预应力的钢筋，在使用阶段由加荷或卸荷所引起的应力变化幅度相对较小,所以引起疲劳破坏的可能性也小。这对承受动荷载的桥梁结构来说是很有利的。

预应力混凝土结构也存在着一些缺点:

(1)工艺较复杂,对施工质量要求甚高,因而需要配备一支技术较熟练的专业队伍。

(2)需要有专门设备,如张拉机具、灌浆设备等。先张法需要有张拉台座,后张法还要耗用数量较多、质量可靠的锚具等。

(3)预应力反拱度不易控制。它随混凝土徐变的增加而加大,如存梁时间过久再进行安装,就可能使反拱度很大,造成桥面不平顺。

(4)预应力混凝土结构的开工费用较大,对于跨径小、构件数量少的工程,成本较高。

但是,以上缺点是可以设法克服的。例如,应用于跨径较大的结构,或跨径虽不大,但构件数量很多时,采用预应力混凝土结构就比较经济了。总之,只要从实际出发,因地制宜地进行合理设计和妥善安排,预应力混凝土结构就能充分发挥其优越性。所以,它在近数十年来得到了迅猛的发展,尤其对桥梁新体系的发展起了重要的推动作用。这是一种极有发展前途的工程结构。

二、预加应力的方法与设备

(一)预加应力的主要方法

目前在预应力混凝土结构中建立预加应力,我国大多采用内部预加应力法,即预应力钢筋与混凝土结构构成一个整体,并且按照张拉钢筋与浇筑混凝土的先后关系,施加预应力的方法可分为先张法和后张法两类。

1. 先张法

先张法,即先张拉钢筋,后浇筑构件混凝土的方法,如图6-2所示,其主要工序如下:

(1)在台座或钢模上张拉预应力钢筋,待钢筋张拉到预定的张拉控制应力或伸长值后,将预应力钢筋用锚(夹)具固定在台座或钢模上(见图6-2(a)、(b))。

(2)支模、绑扎非预应力筋,并浇筑混凝土(见图6-2(c))。

(3)当混凝土达到一定强度后(约为混凝土设计强度的75%),切断或放松预应力钢筋,预应力钢筋在回缩时挤压混凝土,使混凝土获得预压应力(见图6-2(d))。

先张法所用的预应力钢筋,一般可用高强钢丝、钢绞线等。不专设永久锚具,借助与混凝土的黏结力,以获得较好的自锚性能。

先张法施工工序简单,筋束靠黏结力自锚,不必耗费特制的锚具,临时固定所用的锚具,都可以重复使用。在大批量生产时,先张法构件比较经济,质量也比较稳定。目前,先张法在我国一般仅用于生产直线配筋的中小型构件。大型构件因需配合弯矩与剪力沿梁长度的分布而采用曲线配筋,这将使施工设备和工艺复杂化,且需配备庞大的张拉台座,因而很少采用先张法。

2. 后张法

后张法是先浇筑构件混凝土,待混凝土结硬后,再张拉预应力钢筋并锚固的方法,如图6-3所示,其主要工序如下:

(1)先浇筑混凝土构件,并在构件中预留孔道(见图6-3(a))。

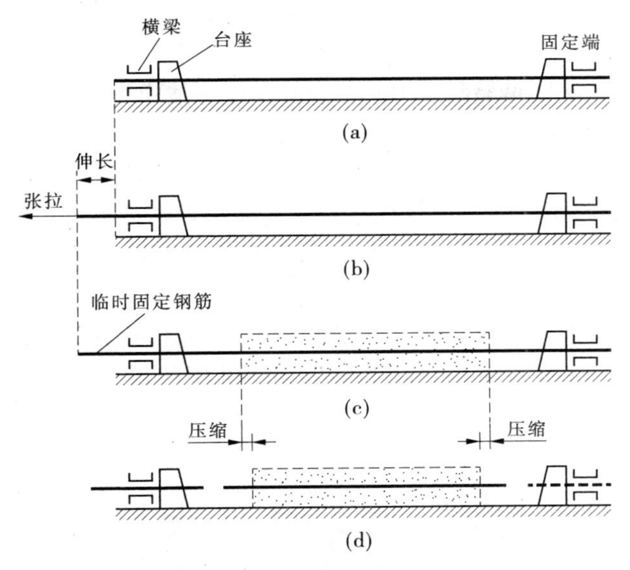

图 6-2　先张法主要工序示意图

(2)待混凝土达到规定的强度后,将预应力钢筋穿入孔道,将千斤顶支承于混凝土构件端部,张拉预应力钢筋,使构件也同时受到反力压缩(见图 6-3(b))。

(3)待张拉到控制拉力后,即用特制的锚具将预应力钢筋锚固于混凝土构件上,使混凝土获得并保持其预压应力(见图 6-3(c))。

(4)后在预留孔道内灌注水泥浆,以保护预应力钢筋不致锈蚀,并使预应力钢筋和混凝土黏结成整体(见图 6-3(d))。

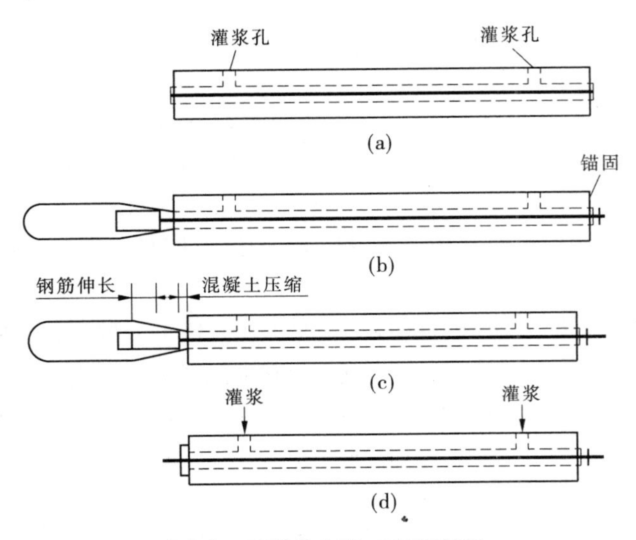

图 6-3　后张法主要工序示意图

后张法的施工程序及工艺比较复杂,需要专用的张拉设备,需大量特制锚具,用钢量较大,但它不需要固定的张拉台座,可在现场施工,应用灵活。后张法适用于不便运输的大型构件。

由上可知,施工工艺不同,建立预应力的方法也不同。后张法是靠工作锚具来传递和保持预加应力的,先张法则是靠黏结力来传递并保持预加应力的。

(二)预应力混凝土构件的夹具和锚具

1. 夹具和锚具

锚固预应力钢筋和钢丝的工具通常分为夹具和锚具两种类型。在构件制作完毕后,能够取下重复使用的,称为夹具(先张法用);永远锚固在构件端部,与构件联成一体共同受力,不能取下重复使用的,称为锚具(后张法用)。有时为了方便,将锚具和夹具统称为锚具。

锚具、夹具的种类很多,图 6-4 所示为几种常见的锚具、夹具示意图。其中,图 6-4(a)为锚固钢丝用的套筒式夹具,图 6-4(b)为锚固粗钢筋用的螺丝端杆锚具,图 6-4(c)为锚固光面钢筋束用的 JM12 夹片式锚具。

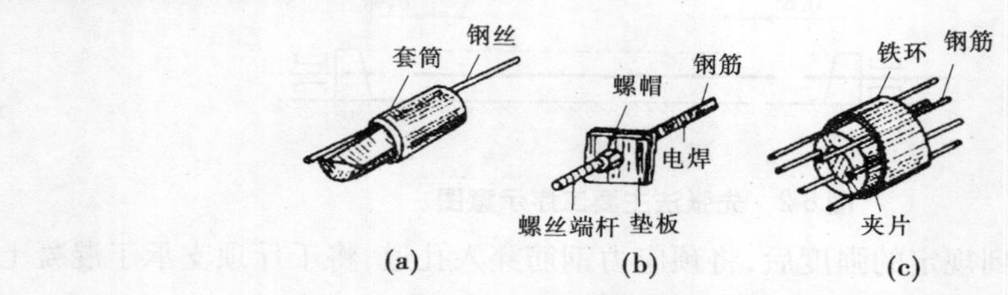

图 6-4 几种常见的锚具、夹具示意图

对锚具设计、制作、选择和使用时,应尽可能满足下列各项要求:

(1)安全可靠,其本身有足够的强度和刚度。

(2)应使预应力钢筋在锚具内尽可能不产生滑移,以减少预应力损失。

(3)构造简单,便于机械加工制作。

(4)使用方便,省材料,价格低。

2. 目前桥梁结构中几种常用的锚具

1)锥形锚

锥形锚(又称为弗式锚)主要用于钢丝束的锚固。它由锚圈和锚塞(又称锥销)两部分组成。

锥形锚是通过张拉钢束时顶压锚塞,把预应力钢丝楔紧在锚圈与锚塞之间,借助摩阻力锚固的(见图 6-5)。

锥形锚的优点是锚固方便,锚具面积小,便于在梁体上分散布置。但锚固时钢丝的回缩量较大,应力损失较其他锚具大。同时,它不能重复张拉和接长,使预应力钢筋设计长度受到千斤顶行程的限制。为防止受震松动,必须及时给预留孔道压浆。

2)镦头锚

镦头锚主要用于锚固钢丝束,也可锚固直径在 14 mm 以下的预应力粗钢筋。钢丝的根数和锚具的尺寸依据设计张拉力的大小选定(见图 6-6)。

镦头锚适于锚固直线式配束,对于较缓和的曲线预应力钢筋也可采用。

3)钢筋螺纹锚具

当采用高强粗钢筋作为预应力钢筋时,可采用螺纹锚具固定,即借助于粗钢筋两端的

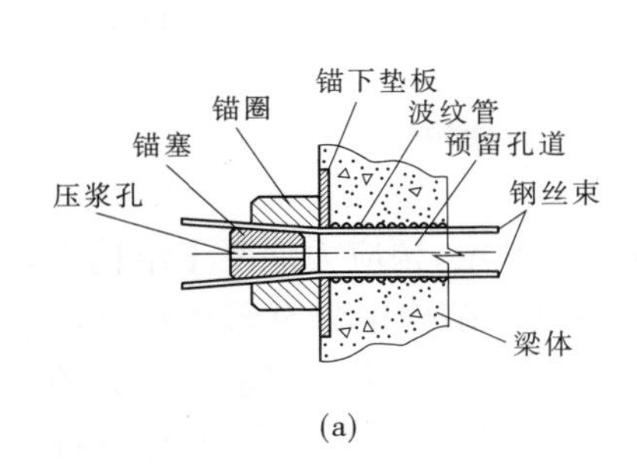

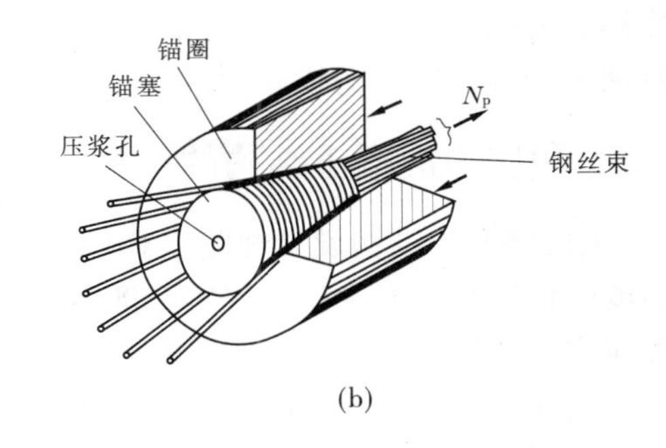

图 6-5　锥形锚具

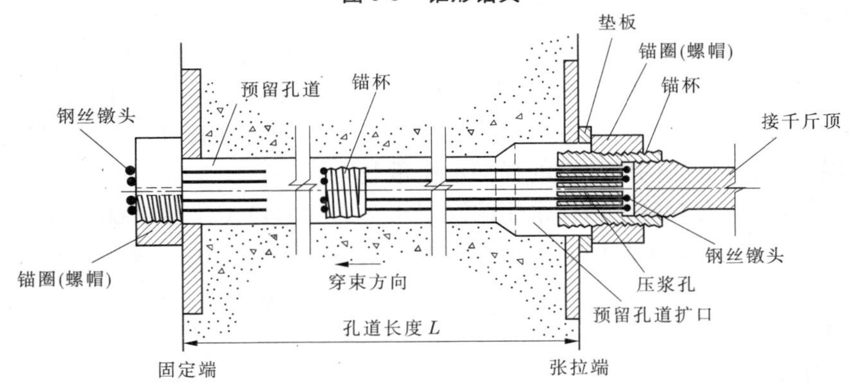

图 6-6　镦头锚锚具工作示意图

螺纹,在钢筋张拉后直接拧上螺帽进行锚固,钢筋的回缩力由螺帽经支承垫板承压传递给梁体而获得预应力(见图 6-7)。

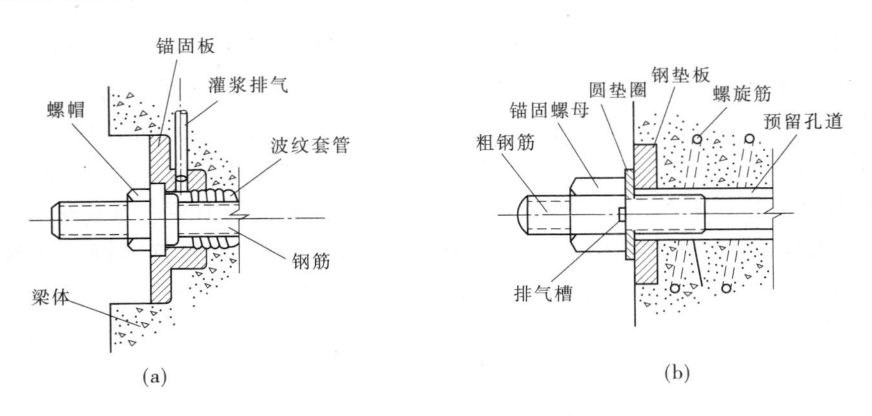

图 6-7　钢筋螺纹锚具

钢筋螺纹锚具的受力明确,锚固可靠,构造简单,施工方便,能重复张拉、放松或拆卸,并可以简便地采用套筒接长的特点。

应当特别指出,为保证施工与结构的安全,锚具必须按规定程序(见国家标准《预应力筋用锚具、夹具和连接器》(GB/T 14370—2007)进行试验验收,验收合格者方可使用。

工作锚具使用前,必须逐件擦洗干净,表面不得残留铁屑、泥沙、油垢及各种减摩剂,防止锚具回松和降低锚具的锚固效率。

三、预应力混凝土结构的材料

《钢筋混凝土结构设计规范》(GB 50010—2010)中规定,预应力混凝土结构必须采用高强度的钢筋和混凝土。工程实践证明,在预应力混凝土结构中只有采用高强度钢筋来预加应力,才能建立相当大的预应力,使得经过预应力损失后,还能剩余足够大的有效预应力。同样,只有采用高强度混凝土,才能承受得了这么大的预压应力,充分发挥高强度钢筋的作用,有效地减小构件截面尺寸和减轻结构自重。

(一)混凝土

用于预应力结构的混凝土,必须具有较高的抗压强度,以满足强度高、匀质性好、收缩和徐变小、快硬、早强的要求,从而有效地减小构件截面尺寸和自重。对于先张法构件,高强度的混凝土具有较高的黏结强度,可以减少端部应力的传递长度;对于后张法构件,采用高强度混凝土,可提高构件端部的局部承压承载力。

目前,我国预应力混凝土结构采用的混凝土等级为C40、C50和C60。混凝土选用的一般要求是:预应力混凝土结构的混凝土强度等级不应低于C30;当采用钢绞线、钢丝、热处理钢筋作为预应力钢筋时,混凝土强度等级不宜低于C40。

(二)预应力钢筋

预应力钢筋的强度越高越好。由于存在预应力损失,为使扣除预应力损失后预应力钢筋仍具有较高的张拉应力,必须使用高强钢筋(钢丝)作为预应力钢筋,为避免在超载情况下发生脆性破坏,并满足刚架焊接、镦粗的加工要求,预应力钢筋还必须具有一定的塑性和良好的加工性能。对钢丝类预应力钢筋,常要求其具有低松弛性和与混凝土有良好的黏结性能。

《公路桥规》推荐使用的预应力钢筋有钢绞线、消除应力钢丝和精轧螺纹钢筋。

钢绞线一般由三股或七股钢丝用绞盘拧制成螺旋状,再低温回火制成。钢绞线具有一定的柔性,施工方便,多用于后张法的大型构件中。《公路桥规》根据国家标准《预应力混凝土用钢绞线》(GB/T 5224—2003)选用的钢绞线有两股钢绞线、三股钢绞线和七股钢绞线三种规格。高强钢丝主要是指光面、螺旋肋和三面刻痕的消除应力钢丝,多用于大跨度构件。《公路桥规》中采用的消除应力高强钢丝有光面钢丝、螺旋肋钢丝和刻痕钢丝。精轧螺纹粗钢筋在轧制时沿钢筋纵向全部轧有规律性的螺纹肋条,广泛应用于大型水利工程、工业和民用建筑中的连续梁和大型框架结构,公路、铁路大中跨桥梁,核电站及地锚等工程。

四、张拉控制应力和预应力损失

(一)张拉控制应力

张拉控制应力是指预应力钢筋在进行张拉时所控制达到的最大应力值,即在张拉钢筋时,张拉设备(如千斤顶上的油压表)所指出的总张拉力除以预应力钢筋截面面积得出的应力值,以σ_{con}表示。

根据预应力的基本原理，预应力钢筋配筋一定时，σ_{con}越大，构件产生的有效预应力越大，对构件在使用阶段的抗裂能力及刚度越有利。但如果钢筋的σ_{con}与其强度标准值的相对比值σ_{con}/f_{pyk}或σ_{con}/f_{ptk}过大时，可能出现下列问题：

（1）σ_{con}越大，若预应力钢筋为软钢（含碳量在0.13%～0.20%的低碳钢），个别钢筋超过实际屈服强度而变形过大，可能失去回缩能力；若为硬钢（含碳量在0.50%～0.80%的碳钢），个别钢筋可能会被拉断。

（2）σ_{con}越大，构件抗裂能力越好，出现裂缝越晚，抗裂荷载越高，若与构件的破坏荷载越接近，一旦裂缝，构件很快达到极限状态，即可产生无预兆的脆性破坏。

（3）σ_{con}越大，受弯构件的反拱越大，构件上部可能出现裂缝，而后可能与使用阶段荷载作用下的下部裂缝贯通。

（4）σ_{con}越大，会增加钢筋松弛而造成的预应力损失。

所以，预应力钢筋的张拉应力必须加以控制，σ_{con}的大小应根据构件的具体情况，按照预应力钢筋的钢种及施加预应力的方法等因素加以确定。

σ_{con}与钢材种类的关系：冷拉热轧钢筋塑性好，达到屈服后有较长的流幅，σ_{con}值可定得高些；高强钢丝和热处理钢筋塑性差，没有明显的屈服点，故σ_{con}值应低些。

σ_{con}与张拉方法的关系：先张法，当放松预应力钢筋使混凝土受到压力时，钢筋即随着混凝土的弹性压缩而回缩，此时预应力钢筋的预拉应力已小于张拉控制应力；后张法的张拉力由构件承受，它受力后立即因受压而缩短，故仪表指示的张拉控制应力σ_{con}是已扣除混凝土弹性压缩后的钢筋应力。因此，当σ_{con}值相同时，不论受荷前，还是受荷后，后张法构件中钢筋的实际应力值总比先张法构件中的实际应力值高，故后张法的σ_{con}值适当低于先张法。

由此看来，控制σ_{con}大小是个很重要的问题，既不能过大，也不能过小。根据国内外设计、施工经验及近年来的科研成果，按不同钢种，不同的施工方法给出了最大控制应力允许值[σ_{con}]，见表6-1。

表6-1　允许张拉控制应力值

序号	钢筋种类	张拉方法	
		先张法	后张法
1	消除应力钢丝钢绞线	$0.75f_{ptk}$	$0.75f_{ptk}$
2	热处理钢筋	$0.70f_{ptk}$	$0.65f_{ptk}$

注：f_{ptk}为预应力钢筋强度标准值。

设计预应力构件时，表6-1所列数值可根据具体情况和施工经验作适当调整，当符合下列情况之一时，可将σ_{con}提高$0.05f_{ptk}$。

（1）为了提高构件制作、运输及吊装阶段的抗裂性，而设置在使用阶段受压区的预应力钢筋。

（2）为了部分抵消由于应力松弛、摩擦、分批张拉以及预应力钢筋与张拉台座间的温差因素产生的预应力损失，对预应力钢筋进行超张拉。

为了避免将 σ_{con} 定得过小,《混凝土结构设计规范》(GB 50010—2010)规定对消除应力钢丝、钢绞线、热处理钢筋、无明显屈服点的预应力钢筋 σ_{con} 值不应小于 $0.4f_{ptk}$。

(二)预应力损失

预应力损失是指预应力钢筋张拉到 σ_{con} 后,由于种种原因,预应力钢筋的应力将逐步下降到一定程度,这就是预应力损失。经过预应力损失后,预应力钢筋的预应力值才是有效的预应力 σ_{pe},即 $\sigma_{pe}=\sigma_{con}-\sigma_l$。

预应力损失的大小直接影响到预应力的效果,因此我们需要了解引起预应力损失的各种因素,掌握减小预应力损失的必要措施。

1. 锚具变形、钢筋回缩和接缝压缩引起的预应力损失(σ_{l1})

在后张法预应力混凝土构件中,当张拉结束并开始锚固时,锚具本身将因受到很大的压力而变形,锚下垫板缝隙也将被压密而变形,这些都将使锚固后的预应力筋束缩短,造成应力损失。

为了减少这种损失,可采取以下措施:

(1)选用变形量较小的锚具及尽量少用锚垫板,对于短小构件尤为重要。

(2)采用超张拉施工法。

2. 预应力钢筋与管道壁之间的摩擦引起的预应力损失(σ_{l2})

该预应力损失出现在后张法构件中。后张法构件中的预应力钢筋一般由直线和曲线两部分组成。张拉时,预应力钢筋将沿管道壁滑移而产生摩擦,使钢筋中的预拉应力形成在张拉端高、向跨中方向逐渐减小的情况。在任意两个截面间预应力筋的应力差值,就是此两截面间由摩擦引起的预应力损失值。

为了减小摩擦损失,一般可采用如下措施:

(1)采用两端张拉。

(2)采用超张拉。

一般采用如下张拉工艺程序:

(1)对钢绞线,0—初应力—$1.05\sigma_{con}$—持荷 2 min—σ_{con}(锚固)。

(2)对普通松弛力筋,0—初应力—$1.03\sigma_{con}$—持荷 2 min—σ_{con}(锚固)。

3. 钢筋和台座的温差引起的应力损失(σ_{l3})

该应力损失仅发生在采用蒸汽或其他加热养护混凝土时的先张法预应力混凝土构件中。由于升温时,混凝土与预应力筋之间未建立黏结力,预应力钢筋将因受热而伸长,而张拉台座埋置于土中,其长度不会因对构件加热而伸长,这就相当于将预应力钢筋压缩了一段长度,其应力下降。当停温养护时,混凝土已与钢筋黏结在一起,钢筋和混凝土将同时随温度变化而共同伸缩,因养护温缩降低的应力已不可恢复,于是形成温差应力损失。

为减小该损失,常采用两次升温的措施:第一次升温在混凝土尚未结硬、未与预应力钢筋黏结时进行,且升温幅度控制在 20 ℃以内;第二次升温在混凝土构件具备一定强度能阻止钢筋在混凝土中自由滑移后进行。

如果张拉台座与被养护构件是共同受热、共同变形,则不计此项损失。

4. 预应力钢筋的应力松弛引起的应力损失(σ_{l4})

预应力钢筋在持久不变的应力作用下,会产生随持续加荷时间延长而增加的徐变变形。如果把预应力筋张拉到一定的应力值后，将其长度固定不变，则预应力筋中的应力将会随时间的延长而降低。

为了减少预应力钢筋松弛引起的应力损失，可采用以下措施：

(1)采用低松弛预应力筋。

(2)采用超张拉方法及增加持荷时间。

5. 混凝土的收缩和徐变引起的预应力损失(σ_{l5})

由于混凝土的收缩和徐变，使预应力混凝土构件缩短，预应力钢筋也随之回缩，造成预应力损失。

减少混凝土的收缩和徐变引起的预应力损失的措施如下：

(1)采用一般普通硅酸盐水泥，控制每立方米混凝土中水泥用量及混凝土的水灰比。

(2)延长混凝土的受力时间，即控制混凝土的加载龄期。

6. 用螺旋式预应力钢筋作配筋的环形构件，预应力筋挤压混凝土所引起的预应力损失(σ_{l6})

环形结构的混凝土被螺旋式预应力钢丝箍紧，混凝土在预应力筋的挤压下发生局部压陷，使环形构件的核心直径有所减小，使得钢筋回缩，因其预应力筋的应力降低，造成预应力损失 σ_{l6}。

σ_{l6}大小与环形构件的直径成反比。直径越小，σ_{l6}越大。当环形构件直径大于 3 m 时，相对的压缩很小，此项损失可以忽略不计。当构件直径不大于 3 m 时，可取 $\sigma_{l6} = 30\ \text{N/mm}^2$。

除以上六项应力损失外，还应根据具体情况考虑其他因素引起的应力损失，如锚圈口摩擦损失等。

(三)预应力损失值的组合

预应力损失值的组合，一般根据应力损失出现的先后与全部完成所需要的时间，分先张法、后张法，按预加应力阶段和使用阶段来划分。对于一般形式及施工方法简单的结构，可按表 6-2 的方法进行预应力损失组合。

表 6-2　各阶段预应力损失值的组合

预应力损失值组合	先张法构件	后张法构件
传力锚固时的损失(第一批) $\sigma_{l\text{I}}$	$\sigma_{l1}+\sigma_{l2}+\sigma_{l3}+\sigma_{l4}$	$\sigma_{l1}+\sigma_{l2}$
传力锚固后的损失(第二批) $\sigma_{l\text{II}}$	σ_{l5}	$\sigma_{l4}+\sigma_{l5}+\sigma_{l6}$

学习任务二　预应力混凝土构件的构造要求

一、一般构造要求

预应力混凝土梁常用截面形式如图 6-8 所示。

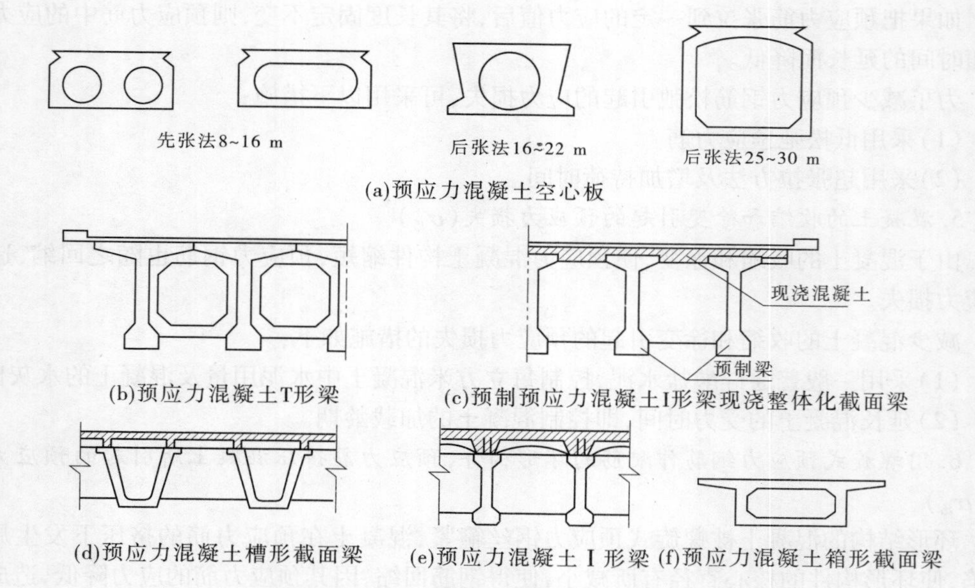

图 6-8　预应力混凝土受弯构件常用截面形式

(1)预应力混凝土空心板(见图 6-8(a))适用于跨径 8 ~ 20 m 的桥梁。简支板的高跨比 h/l 一般为 1/15 ~ 1/20。

(2)预应力混凝土 T 形梁(见图 6-8(b))标准设计跨径为 25 ~ 40 m,一般采用后张法施工。预应力混凝土简支 T 形梁的高跨比 h/l 一般为 1/15 ~ 1/25。

(3)预制预应力混凝土 I 形梁现浇整体化截面梁(见图 6-8(c)),它是在预制 I 形梁安装定位后,再现浇横梁和桥面(包括部分翼缘宽度)混凝土,使截面整体化。它能较好地适用于各种斜度的斜梁桥或曲率半径大的弯梁桥,在平面布置时较易处理。

(4)预应力混凝土槽形截面梁(见图 6-8(d))适用于跨径为 16 ~ 25 m 的中小路径桥梁,高跨比 h/l 为 1/16 ~ 1/20。

(5)预应力混凝土 I 形梁(见图 6-8(e))现有标准设计图样的跨径为 16 ~ 20 m,高跨比 h/l 为 1/16 ~ 1/18。

(6)预应力混凝土箱形截面梁(见图 6-8(f))箱形截面为闭口截面,其抗扭刚度比一般开口截面(如 T 形截面梁)大得多,自重较轻,跨越能力大,一般用于连续梁、T 形钢梁、斜梁等桥梁中。

二、钢筋的布置

在预应力混凝土受弯构件中,主要的受力钢筋是预应力钢筋(包括纵向预应力钢筋和弯起预应力钢筋)和箍筋。此外,为使构件设计得更为合理及满足构造要求,有时还需要设置一部分非预应力钢筋及辅助钢筋。

(一)纵向预应力钢筋的布置

纵向预应力钢筋一般有以下三种布置形式。

(1)直线布置(见图 6-9(a))多适用于跨径较小、荷载不大的受弯构件,工程中多采用先张法制造。

(2)曲线布置(见图6-9(b))多适用于跨度与荷载均较大的受弯构件,工程中多采用后张法制造。

(3)折线布置(见图6-9(c))多适用于有倾斜受拉边的梁,工程中多采用先张法制造。在桥涵工程中这类构件应用较少。

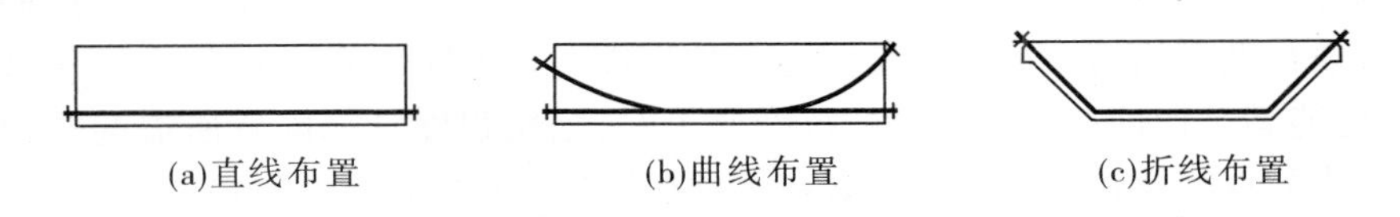

图6-9　纵向预应力钢筋布置形式

(二)箍筋的设置

箍筋与弯起钢束同为预应力混凝土梁的腹筋,与混凝土一起共同承担剪力,故应按抗剪要求来确定箍筋数量(包括直径和间距的大小)。在剪力较小的梁段,按计算要求的箍筋数量很少,但为了防止混凝土受剪力时的意外脆性破坏,《公路桥规》仍要求按下列规定配置构造箍筋。

(1)预应力混凝土T形、I形截面梁腹板内应分别设置直径不小于10 mm和12 mm的箍筋,且应采用带肋钢筋,间距应不大于250 mm;自支座中心长度不大于1倍梁高范围内,应采用封闭式,间距不应大于100 mm。

(2)对于预应力T形、I形截面梁,应在下部的"马蹄"内另设直径不小于8 mm的闭合式箍筋,其间距不应大于200 mm。这是因为"马蹄"在预应力阶段承受着很大的预压应力,为防止混凝土横向变形过大和沿梁轴方向发生纵向水平裂缝,而予以局部加强。

(三)辅助钢筋的设置

在预应力T形梁中,除主要受力钢筋外,还需设置一些辅助钢筋,以满足构造要求:

(1)架立钢筋是用于支撑箍筋和固定预应力钢筋的位置的,一般采用直径12~20 mm的带肋钢筋;定位钢筋是指用于固定预留孔道制孔器位置的钢筋,"马蹄"内应设直径不小于12 mm的定位钢筋。

(2)水平纵向辅助钢筋(防收缩钢筋)T形截面预应力混凝土梁,上有翼缘、下有"马蹄",它们在梁横向的尺寸,都比腹板厚度大。在混凝土硬化或温度骤降时,腹板将受到翼缘与"马蹄"的钳制作用(因翼缘和"马蹄"部分尺寸较大,温度下降引起的混凝土收缩较慢),而不能自由地收缩变形,因而有可能产生裂缝,经验指出,对于未设水平纵向辅助钢筋的薄腹板梁,其下缘因有密布的纵向钢筋,出现的裂缝细而密,而过下缘(即"马蹄")与腹板的交界处进入腹板后,其裂缝就常显得粗而稀。梁的截面越高,这种现象越明显。如果采用蒸汽养护的预应力混凝土T形梁,有的因出坑温度较高,出坑后温度骤降而在三分点处出现这种裂缝,且裂缝宽度较大。为了缩小裂缝间距,防止腹板裂缝宽度,一般需要设置水平纵向辅助钢筋,通常称为防裂钢筋或收缩钢筋,其直径为6~8 mm,截面面积宜为(0.001~0.002)bh,受拉区间距不大于200 mm,受压区间距不大于300 mm,沿腹板两侧,紧贴箍筋布置。

(3)对于局部受力较大的部位,须布置钢筋网格或螺旋筋进行局部加固,以加强其局部抗压和抗剪强度，如“马蹄”中的闭合式箍筋，和梁端锚固区的加强钢筋等。除此之外，梁底支座处亦设置钢筋网加强。

（四）非预应力纵向钢筋的布置

在预应力混凝土梁中，常常需要在合理位置配置适量的非预应力纵向钢筋。

为了防止受弯构件在制作、运输、堆放和吊装时其预拉区出现裂缝，或为减小裂缝宽度，可在构件截面上部布置适量的非预应力钢筋（见图6-10（a））。非预应力钢筋在使用阶段，还可以帮助梁的跨中截面预拉区提高抗压能力（见图6-10（b））。梁预压区所施加的预应力已能满足构件在使用阶段的抗裂要求时，则按强度计算配置所需的非预应力钢筋，并以较小的直径及较密的间距布置在梁预压区边缘（见图6-10（c））。

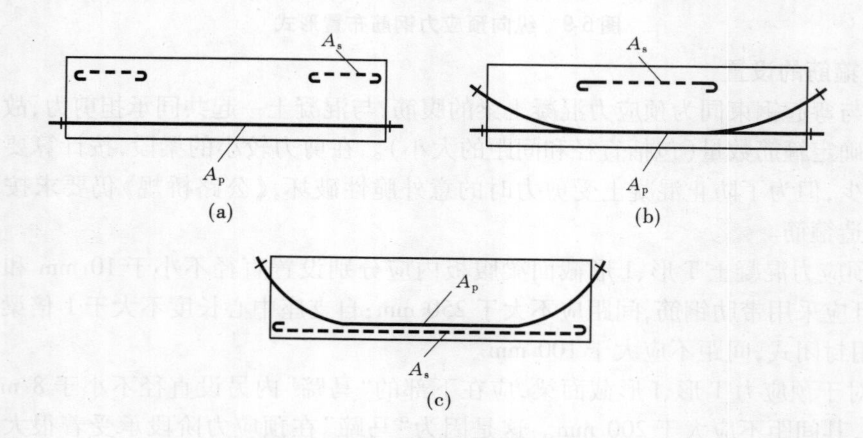

图6-10　非预应力纵向钢筋的布置

由于预先对预应力钢筋进行了张拉，所以非预应力钢筋的实际应力在使用阶段始终低于预应力钢筋。设计中为充分发挥非预应力钢筋的作用，非预应力钢筋的强度级别宜低于预应力钢筋。

三、先张法预应力混凝土构件的构造要求

（一）钢筋的类型与间距

在先张法预应力混凝土构件中，为保证钢筋和混凝土之间有可靠的黏结力，宜采用具有螺旋肋或刻痕的预应力钢筋。当采用光面钢丝作为预应力钢筋时，宜采取适当措施，以保证钢丝在混凝土中可靠地锚固，防止因钢丝与混凝土间黏结力不足而造成钢丝滑动，丧失预应力。

在先张法预应力混凝土构件中，预应力钢筋间或锚具间的净距与保护层应根据现浇混凝土、施加预应力及钢筋锚固等要求确定，并应符合如下要求。

（1）预应力粗钢筋的净距不应小于其直径，且不小于30 mm。

（2）预应力钢丝的净距不应小于15 mm，当冷拔低碳钢丝排列有困难时，可以两根并列。

（3）预应力钢丝束之间或锚具之间的净距不应小于钢丝束，且不小于60 mm。

(4)预应力钢丝束与埋入式锚具之间的净距不应小于 20 mm。

(二)混凝土保护层厚度

在先张法预应力混凝土构件中,I 类环境条件下,预应力钢筋及埋入式锚具与构件表面之间的保护层不应小于 30 mm,钢绞线的保护层厚度不应小于其直径的 1.5 倍,且对于七股钢绞线,不应小于 25 mm,对于钢丝不小于 30 mm。

(三)构件端部构造

在先张法预应力混凝土构件中,为防止在预应力钢筋放松时,构件端部发生纵向裂缝,预应力粗钢筋端部周围的混凝土应采取如下局部加强措施。

(1)对单根预应力混凝土钢筋(如板肋的配筋),其端部宜设置长度不小于 150 mm 的螺旋筋,见图 6-11(a)。当钢筋直径 $d<16$ mm 时,也可利用支座垫板上的插筋代替螺旋筋,见图 6-11(b),但插筋数量不应小于 4 根,其长度不宜小于 120 mm。

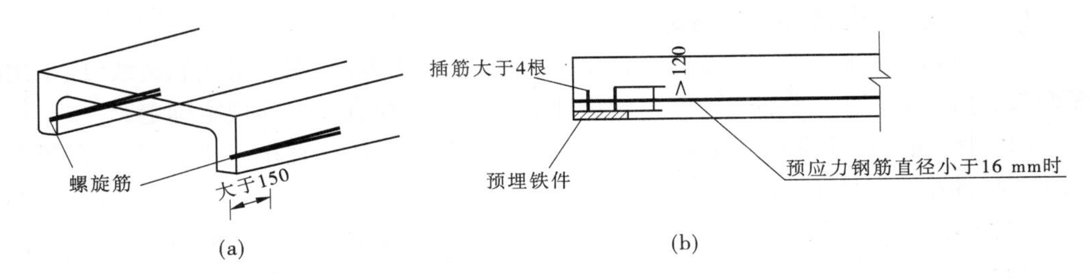

图 6-11　端部钢筋

(2)当采用多根预应力钢筋时,在构件端部 $10d$(d 为预应力钢筋直径)范围内,应设置 3 ~ 5 片钢筋网(见图 6-12)。

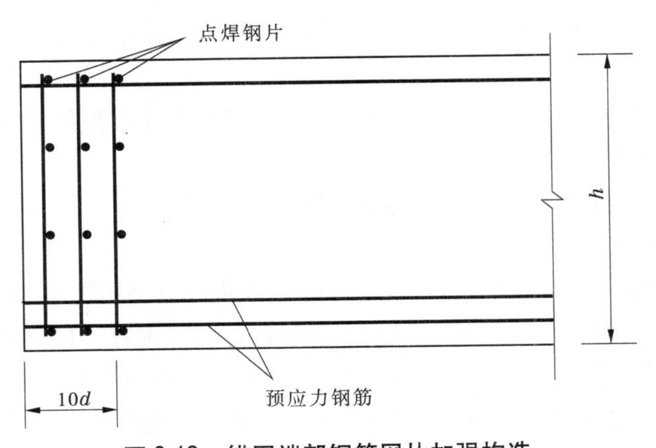

图 6-12　锚固端部钢筋网片加强构造

(3)对采用钢丝的预应力混凝土薄板,在板端 100 mm 范围内应适当加密横向钢筋数量。

四、后张法预应力混凝土构件的构造要求

(一)预应力钢筋的布置

在后张法预应力混凝土构件中,预应力钢筋常见的布置方式有以下两种:

(1)如图 6-13(a)所示的布置方式,所有的钢绞线、钢丝束不伸到梁端,它适合于用粗

大钢丝束配筋的中小跨径桥梁。

(2)如图6-13(b)所示的布置方式,有一部分钢绞线、钢丝束不伸到梁端,而在梁的顶面截断锚固,这样能更好地符合弯矩的要求,并可缩短钢筋长度,它适合小钢丝束配筋的大跨径桥梁。

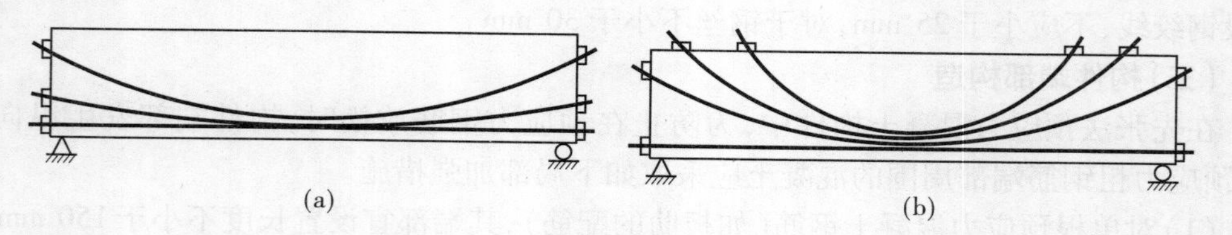

图6-13 后张法预应力混凝土梁的配筋方式

(二)弯起预应力钢筋(或弯起钢丝束)的形式与曲率半径

弯起预应力钢筋的形式,原则上宜为抛物线;若施工方便,则宜采用悬链线,或采用圆弧弯起,并以切线伸出梁端或顶面。弯起部分的曲率半径宜按下列规定确定:

(1)钢丝束、钢绞线直径等于或小于5 mm时,曲率半径不宜小于4 m;钢丝直径大于5 mm时,曲率半径不宜小于6 m。

(2)精轧螺纹钢筋的直径小于25 mm时,曲率半径不宜小于12 m;直径等于大于25 mm时,曲率半径不宜小于15 m。

(三)预应力钢筋管道布置的设置

对于后张法预应力混凝土构件,预应力钢丝束预留孔道的水平净距,应保证混凝土中最大骨料在浇筑混凝土时能顺利通过,同时也要保证预留孔道间不致串孔(金属预埋波纹管除外)和锚具布置的要求等。钢丝束之间的竖向间距可按设计要求确定,但应符合下列构造要求。

(1)直线管道的净距不应小于40 mm,且不宜小于管道直径的0.6倍;对于预埋的金属或塑料波纹管和铁皮管,可将竖向两管道重叠。

(2)按计算需要设置预拱度时,预留管道也应同时起拱。

(四)构件端部构造

为了防止施加预应力时在构件端部截面产生纵向水平裂缝,不仅要求在靠近支座部分将一部分钢筋弯起,而且预应力钢筋应在构件端部均匀布置。同时,需将锚固区段内的构件界面加宽,构件端部尺寸应考虑锚具的位置、张拉设备的尺寸和局部承压的要求。预应力钢筋锚固区段应设置封闭式箍筋或其他形式的构造钢筋。

预应力钢筋依靠锚具锚固于构件,锚下应设置钢垫板(其厚度应根据板的大小、张拉吨位及锚具形式等确定,但不小于16 mm)或设置具有喇叭管的锚具垫板,并应在锚下构件内设置钢筋网或螺旋筋进行局部加强。

对于预埋在梁内的锚具,在预加应力完毕后,在其周围应设置钢筋网,然后灌注混凝土,封锚混凝土强度等级不宜低于梁体本身混凝土的80%,也不低于C30。

长期外露的金属锚具应采取涂刷或砂浆封闭等防锈措施。

小　结

(1)预应力混凝土结构是指在构件受荷载以前预先对混凝土受拉区施加压应力的结构。预应力混凝土可有效、合理地采用高强度的钢材和较高等级的混凝土材料,即可较大地提高了结构的抗裂性、刚度和耐久性,又可减小截面尺寸和减轻结构自重,因而扩大了混凝土结构的使用范围,从本质上改善了钢筋混凝土结构。

(2)张拉预应力钢筋的方法,常见的有先张法和后张法。先张法是靠预应力钢筋与混凝土结构间的黏结力来传递预加应力的;后张法是靠锚具来保持预加应力的。

(3)预应力钢筋在进行张拉时所控制达到的最大应力值称张拉控制应力,在构件施工及使用过程中,由于锚具变形和钢筋滑移、预应力钢筋摩擦、养护时的温差、预应力钢筋的应力松弛、混凝土的收缩和徐变等原因,将不断降低,这种预应力钢筋应力的降低,称为预应力损失。在设计、施工过程中,应正确确定并采取措施减少预应力损失。预应力损失是分期分批发生的,在先、后张拉中,预应力损失有不同的组合。

(4)对预应力混凝土构件不仅要使用阶段验算和施工阶段验算,而且还要满足有关规范规定的各种构造措施。

能力训练

1. 何谓预应力混凝土?与普通钢筋混凝土的构件相比,预应力混凝土有何优缺点?

2. 预应力混凝土分为哪几类?各有何特点?

3. 在施加预应力工艺中,何谓先张法与后张法?它们的主要区别是什么?试简述它们的优缺点及应用范围。

4. 试叙述预应力锚具的种类。

5. 为什么预应力混凝土构件必须采用高强度钢材,且应尽可能采用高强度等级的混凝土?

6. 什么是张拉控制应力?怎样确定较为合适的控制应力?

7. 什么叫有效预应力值?先张法和后张法构件的有效预应力值是否相同?

8. 什么是预应力钢筋的松弛?为什么超张拉可以减小松弛损失?

学习情境七　圬工结构

【学习目标】

掌握砌体的种类及主要力学性能；熟悉砌体的强度与变形；了解圬工结构的基本概念与特点，圬工结构的材料。

工作任务表

能力目标	主讲内容	学生完成的任务	评价标准	
能够理解并掌握圬工结构的基本概念与特点，掌握圬工砌体的种类及主要力学性能	圬工结构的基本概念；材料种类	了解圬工结构的基本概念与特点，掌握圬工砌体的种类及主要力学性能	优秀	熟练掌握圬工结构的基本概念及特点，正确区分圬工结构常用材料的种类和特性
			良好	熟练掌握圬工结构的基本概念及特点，能区分圬工结构常用材料的种类和特性
			合格	基本掌握圬工结构的基本概念及特点，了解圬工结构常用材料的种类和特性
熟悉砌体的破坏形式、强度指标及影响因素，掌握砌体结构的构造要求	砌体的强度与变形	熟练掌握砌体结构的强度指标及相关规定，了解影响强度的因素和强度破坏形式，能熟悉砌体结构的基本构造要求	优秀	熟悉砌体的破坏形式、强度指标及影响因素，掌握砌体结构的构造要求
			良好	比较熟悉砌体的破坏形式、强度指标及影响因素，了解砌体结构的构造要求
			合格	基本掌握砌体的破坏形式、强度指标及影响因素，了解砌体结构的构造要求。

学习任务一　圬工结构的基本概念及材料

一、圬工结构的基本概念

以砖、石材作为建筑材料，通过将其与砂浆或小石子混凝土砌筑而成的砌体所建成的结构，称为砖石结构；用砂浆砌筑混凝土预制块、整体浇筑的混凝土或片石混凝土等构成的结构，称为混凝土结构。

通常，我们把以上两种结构统称为圬工结构。

由于圬工材料(石料、混凝土、砖等)的共同特点是抗压强度大，而抗拉、抗剪性能较差，因此圬工结构在工程中常用作以承压为主的结构构件，如拱桥的拱圈，涵洞、桥梁的重力式墩台、扩大基础及重力式挡土墙等。

大量的工程实践证明，圬工结构原材料分布广，施工简便，有较强的耐久性，良好的耐火性、稳定性及较大的超载性能，在早期的桥涵工程中得到了广泛的应用。但其自重大，施工周期长，机械化程度低，抗拉、抗弯强度低，抗震能力差等特点制约着其使用范围和领域。

二、材料种类

《公路圬工桥涵设计规范》(JTG D61—2005)中规定在桥梁工程中采用的圬工材料主要有块体材料、混凝土及砂浆。

(一)块体材料

块体材料一般分为人工砖石和天然石材两大类。

人工砖石有经过焙烧的烧结普通砖、烧结多孔砖,不经过焙烧的蒸压灰砂砖、蒸压粉煤灰砖,以及混凝土、粉煤灰砌块等。

1. 烧结普通砖

烧结普通砖是以黏土、页岩、煤矸石、粉煤灰为主要原料,经过焙烧而成的实心或孔洞率不大于15%的砖。全国统一规格的尺寸主要为240 mm×115 mm×53 mm。

2. 烧结多孔砖

烧结多孔砖是以黏土、页岩、煤矸石为主要原料,经过焙烧而成的砖,孔洞率不小于15%,孔形可为圆孔或非圆孔,孔的尺寸小而数量多,主要用于承重部分,简称多孔砖。目前,多孔砖分为P型砖和M型砖两种类型。P型砖的外形尺寸主要为240 mm×115 mm ×90 mm,如图7-1所示;M型砖的外形尺寸主要为190 mm×190 mm×90 mm,如图7-2所示。

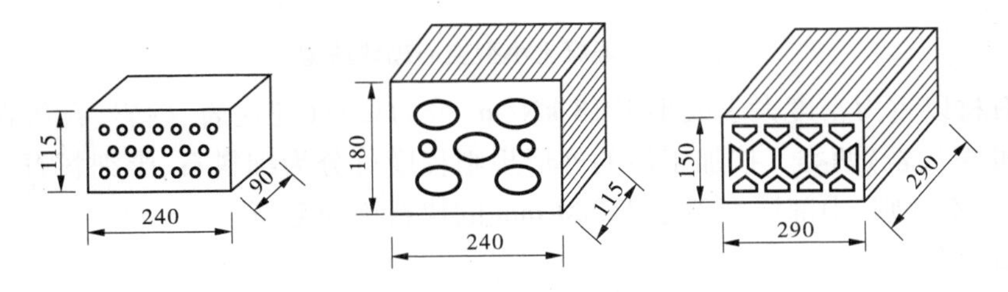

图7-1 P型多孔砖 (单位:mm)

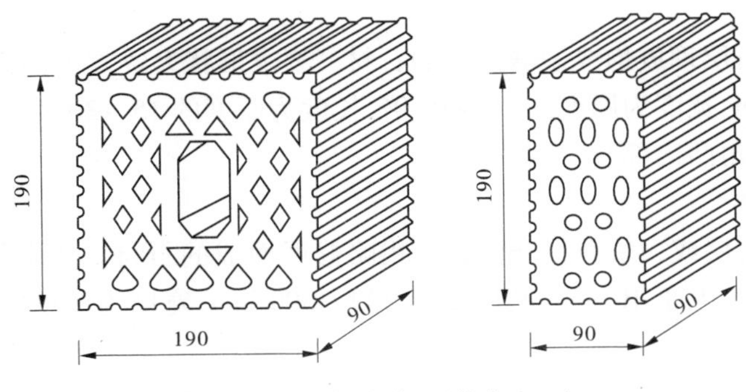

图7-2 M型多孔砖 (单位:mm)

3. 蒸压灰砂砖

蒸压灰砂砖以石英砂和石灰为主要原料,粉煤灰砖则以粉煤灰为主要原料,加入其他掺合料后,压制成型,蒸压养护而成。使用这类砖时要受环境的限制。

4. 砌块

砌块是指用普通混凝土或轻混凝土以及硅酸盐材料制作的实心和空心块材。砌块按尺寸大小和质量分为可手工砌筑的小型砌块和采用机械施工的中型与大型砌块。

纳入《砌体结构设计规范》(GB 50003—2011)的砌块主要有普通混凝土砌块和轻骨料混凝土小型空心砌块。混凝土小型空心砌块的主要规格尺寸为 390 mm × 190 mm × 190 mm,空心率为 25% ~50%,其块型如图 7-3 所示。砌块的孔洞沿厚度方向只有一排孔的为单排孔小型砌块,有双排条形孔洞或多排条形孔洞的为双排孔小型砌块或多排孔小型砌块。

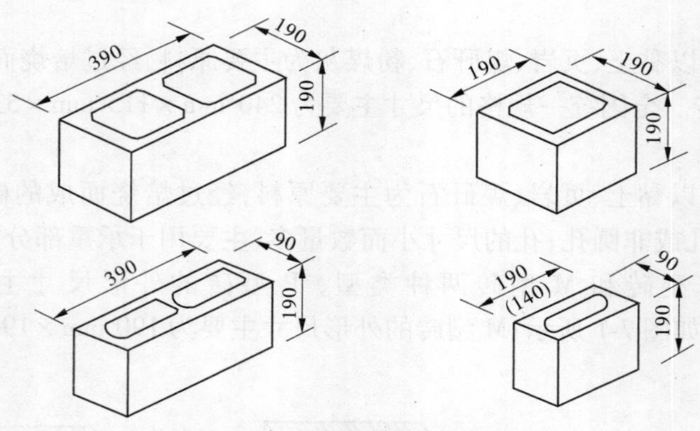

图 7-3 混凝土小型空心砌块块型

天然石材以重力密度大于或小于 18 kN/m^2 分为重石(花岗岩、砂岩、石灰岩)和轻石(凝灰岩、贝壳灰岩)两类。按加工后的外形规则程度可分为细料石、半细料石、粗料石和毛料石,形状不规则、中部厚度不小于 200 mm 的块石称为毛石。

1)片石砌体

片石是由爆破开采、直接炸取的不规则石材。使用时,形状不受限制,但厚度不得小于 150 mm,卵形和薄片不得采用。

2)块石砌体

块石是按岩石层理放炮或锲劈而成的石材。要求形状大致方正,上下面大致平整,厚度为 200 ~300 mm,宽度为厚度的 10 ~15 倍,长度为厚度的 15 ~30 倍。块石一般不修凿加工,但应敲去尖角凸出部分。

3)细料石砌体

细料石是由岩层或大块石材开劈并经粗略修凿而成的石材。要求外形方正,呈六面体,表面凹陷深度不大于 10 mm,其厚度为 200 ~300 mm,宽度为厚度的 10 ~15 倍,长度为厚度的 25 ~40 倍。

4)半细料石砌体

半细料石砌体同细料石砌体,但砌缝宽度不大于 15 mm。

5)粗料石砌体

粗料石砌体同半细料石砌体,但粗料石凹陷深度不大于 20 mm,砌缝宽度不大于 20 mm。

块体材料的强度等级用符号 MU 表示，由标准试验方法得出的块体极限抗压强度的平均值确定，单位为 MPa。其中，因普通砖和空心砖的厚度较小，在砌体中易因弯剪作用而过早断裂，确定强度等级时还应符合抗折强度的指标。《砌体结构设计规范》(GB 50003—2011)中规定的砌体材料强度等级应按表 7-1 的规定采用。

表 7-1　砌体材料强度等级

材料名称	强度等级符号	强度等级(N/mm^2)
烧结普通砖、烧结多孔砖	MU	30、25、20、15、10
蒸压灰砂砖、蒸压粉煤灰砖	MU	25、20、15、10
砌块	MU	20、15、10、7.5、5
石材	MU	100、80、60、50、40、30、20
砂浆	M	15、10、7.5、5、2.5

注：1. 石材的规格、尺寸及其强度等级可按《砌体结构设计规范》(GB 50003—2011)附录 A 的方法确定。
2. 确定蒸压粉煤灰砖和掺有粉煤灰 15% 以上的混凝土砌块的强度等级时，其抗压强度应乘以自然碳化系数，当无自然碳化系数时，可取人工碳化系数的 1.15 倍。
3. 确定砂浆强度等级时应采用同类块体为砂浆强度试块底模。

(二)混凝土

(1)混凝土预制块：是根据结构构造与施工要求，预先设计成一定形状和尺寸，然后浇筑而成的。其尺寸要求不低于粗料石，且其表面应较为平整。应用混凝土预制块，可节省石材的开采加工工作，加快施工进度；对于形状复杂的块材，难以用石材加工时，更可显示出其优越性。另外，由于混凝土预制块形状、尺寸统一，因而砌体表面整齐美观。

(2)整体浇筑的混凝土：整体浇筑的素混凝土结构，由于收缩应力较大，受力不利，故较少采用。对于大体积混凝土，为了节省水泥，可在其中分层掺入含量不多于 20% 的片石，这种混凝土称为片石混凝土。其中，片石抗压强度不应低于 30 MPa，且不低于混凝土强度等级。

(3)小石子混凝土：是由胶结料(水泥)、粗骨料(细卵石或碎石，粒径不大于 20 mm)、细料石(砂)加水拌和而成的。

(4)强度等级：混凝土强度等级有 C15、C20、C25、C30、C35 和 C40。

(三)砂浆

砂浆在砌体中的作用是将块材连成整体并使应力均匀分布，以保证砌体结构的整体性。此外，由于砂浆填满块材间的缝隙，可减小砌体的透气性，提高砌体的隔热性及抗冻性。砂浆按其组成材料的不同，可分为水泥砂浆、混合砂浆和非水泥砂浆。

(1)水泥砂浆。由水泥与砂子加水搅拌而成的不加入任何塑性掺合料的纯砂浆。这种砂浆具有强度高，耐久性好的特点，但保水性和流动性较差，适用于潮湿环境和地下砌体。

(2)混合砂浆。在水泥砂浆中掺入适量的塑性掺合料，如石灰膏、黏土膏等而制成的砂浆叫混合砂浆。这种砂浆具有保水性和流动性较好，强度较高，便于施工而且质量容易保证的特点，是砌体结构中常用的砂浆。

(3)非水泥砂浆。是指不含水泥的砂浆，如石灰砂浆、石膏砂浆等。这种砂浆强度不高，耐久性较差，适用于受力不大或简易建筑、临时性建筑的砌体中。

砂浆的强度等级是用龄期为28 d的边长为70.7 mm的立方体试块所测得的极限抗压强度来确定的，用符号M表示，单位为MPa。砂浆强度应按表7-1的规定采用。

当采用混凝土小型空心砌块时，应采用与其配套的砌块专用砂浆（用Mb表示）和砌块灌孔混凝土（用Cb表示）。砌块专用砂浆强度等级有Mb15、Mb10、Mb7.5和Mb5四个等级，砌块灌孔混凝土与混凝土强度等级等同。

三、砌体结构

由块材和砂浆砌筑而成的墙、柱作为建筑物的主要受力构件的结构称为砌体结构。它是砖砌体结构、砌块砌体结构和石砌体结构的统称。

（一）砌体结构的优点和缺点

1. 砌体结构的优点

（1）就地取材，造价低。天然的砂石料，可制砖的黏土、页岩，以及粉煤灰、煤矸石等都可就地取材，降低造价。这是砌体结构得以广泛采用的主要原因。

（2）耐久性和耐火性好。在能完好地保存至今的古建筑中，砌体结构占相当大的比例，主要原因就是砌体结构的材料具有较好的化学稳定性、大气稳定性和耐火性能。

（3）保温、隔热、隔音性能好。由于砌体结构材料的保温、隔热、隔音性能较好，用于住宅房屋，较易满足相关的建筑功能指标，给人们造就舒适的环境。

（4）施工难度小。不需模板，也无需特殊的技术装备，采用简易措施即可四季施工。新铺砌体上即可承受一定的荷载，因而可以连续施工。

2. 砌体结构的缺点

（1）强度低。砌体结构是由大量砖石等块体用砂浆砌筑而成的砌体所组成的结构，由于黏结力较弱，砌体的强度较低，特别是抗拉、抗剪及抗弯强度很低。

（2）自重大。因砌体的强度低，需采用较大的截面面积，使构件体积大，从而造成自重占建筑物总重量的一半左右。

（3）整体性较差，受力性能的离散性较大。

（4）劳动强度高。块体较小，基本上为手工操作，砌筑工作量大，劳动强度高。

（5）采用黏土砖会侵占大量农田。

砌体结构正朝着轻质高强、约束砌体、墙体改革、工业化的方向发展。

（二）砌体的分类

砌体是由块材通过砂浆砌筑而成的整体，分为无筋砌体和配筋砌体两大类（见表7-2）。

1. 无筋砌体

无筋砌体不配置钢筋，仅由块材和砂浆组成，包括砖砌体、砌块砌体和石砌体。无筋砌体的抗震性能和抵抗地基不均匀沉降的能力较差。

1）砖砌体

砖砌体由砖和砂浆砌筑而成，可用作内外墙、柱、基础等承重结构，以及围护墙和隔墙等非承重结构。墙体厚度根据强度和稳定性要求确定，对于房屋的外墙还需考虑保温、隔热的性能要求。当用标准砖砌筑时，可形成实心砌体和空斗墙砌体。

表 7-2　砌体的分类

<table>
<tr><td rowspan="4">无筋砌体</td><td colspan="3">烧结普通砖和烧结多孔砖砌体</td></tr>
<tr><td colspan="3">蒸压粉煤灰砖和蒸压灰砂砖砌体</td></tr>
<tr><td colspan="3">混凝土和轻骨料混凝土砌块砌体</td></tr>
<tr><td colspan="3">石砌体</td></tr>
<tr><td rowspan="4">配筋砌体</td><td rowspan="3">配筋砖砌体</td><td colspan="2">网状配筋砖砌体</td></tr>
<tr><td rowspan="2">组合砖砌体</td><td>砖砌体和钢筋混凝土面层或钢筋砂浆面层的组合砌体</td></tr>
<tr><td>砖砌体和钢筋混凝土构造柱组合墙砌体</td></tr>
<tr><td colspan="3">配筋砌块砌体</td></tr>
</table>

(1)实心砌体。实心标准砖墙的厚度可为 120 mm、240 mm、370 mm、490 mm、620 mm 及 740 mm 等,也可砌成 180 mm、300 mm 和 420 mm 等厚度墙体。实心砖墙常采用一顺一丁、三顺一丁或梅花丁的砌筑方法。

(2)空斗墙砌体。是指把砌体中部分或全部砖立砌,并留有空斗而形成的墙体,其厚度通常为 240 mm。空斗墙砌体有一眠一斗、一眠多斗和无眠多斗等多种形式。这种砌体具有自重轻、节约材料以及造价低等优点,但抗剪性能和整体性能较差,一般可用于非地震区一至四层的小开间民用房屋的墙体。

2)砌块砌体

砌块砌体由砌块和砂浆砌筑而成,是墙体改革的一项重要措施。砌块砌体可用于定型设计的民用房屋及工业厂房的墙体。由于砌块重量较大,砌筑时必须采用吊装机具,因此在确定砌块规格尺寸时,应考虑起吊能力,并应尽量减少砌块类型。砌块砌体具有自重轻、保温隔热性能好、施工进度快、经济效果好的特点。目前,国内使用的砌块高度一般为 180 ~ 600 mm。

3)石砌体

石砌体由天然石材和砂浆(或混凝土)砌筑而成,分为料石砌体、毛石砌体和毛石混凝土砌体三类。石砌体可用作一般民用建筑的承重墙、柱和基础,还可用作挡土墙、石拱桥、石坝和涵洞等构筑物。在石材产地可就地取材,比较经济,应用较广泛。

2. 配筋砌体

为提高砌体的强度,减小其截面尺寸,增加砌体结构(或构件)的整体性,可采用配筋砌体。配筋砌体可分为网状配筋砖砌体、组合砖砌体、砖砌体和钢筋混凝土构造柱组合墙及配筋砌块砌体。

网状配筋砖砌体又称横向配筋砌体,在砌体中每隔几皮砖在其水平灰缝中设置一层钢筋网。钢筋网有方格网式和连弯式两种,如图 7-4 所示。方格网式一般采用直径为 3 ~ 4 mm 的钢筋,连弯式一般采用直径为 5 ~ 8 mm 的钢筋。

组合砖砌体由砖砌体和钢筋混凝土面层或钢筋砂浆面层组合而成,如图 7-5 所示。适用于荷载偏心距较大、超过截面核心范围或进行增层改造的墙或柱。

砖砌体和钢筋混凝土构造柱组合墙是在砖砌体中每隔一定距离设置钢筋混凝土构造柱,并在各层楼盖处设置钢筋混凝土圈梁,使砖砌体墙与钢筋混凝土构造柱和圈梁组成一

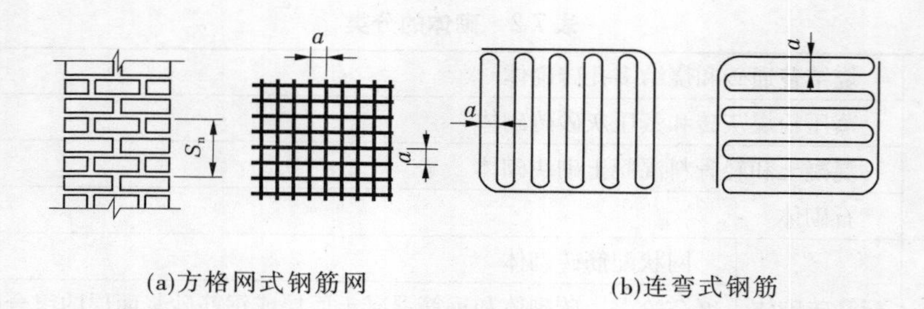

(a)方格网式钢筋网　　(b)连弯式钢筋

图 7-4　网状配筋砖砌体

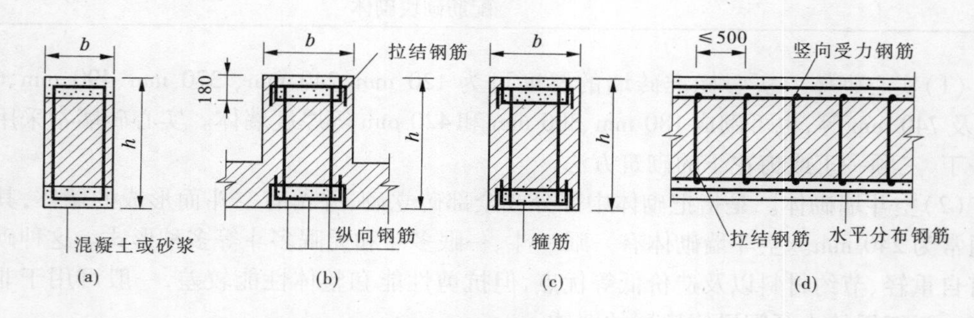

图 7-5　组合砖砌体构件截面　(单位:mm)

个整体结构共同受力,如图 7-6 所示。工程实践表明,这种墙体不仅提高了构件的承载力,同时还增强了房屋的变形与抗倒塌能力。施工时必须先砌墙后浇筑钢筋混凝土构造柱。

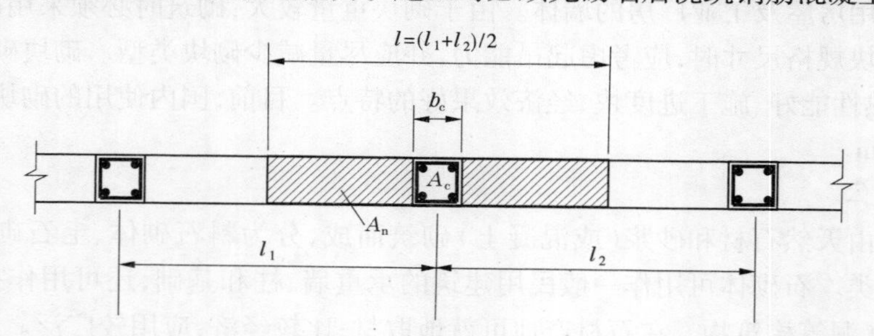

图 7-6　砖砌体和钢筋混凝土构造柱组合墙

配筋砌块砌体是指在水平灰缝中配置水平钢筋,在混凝土砌块墙体上下贯通的竖向孔洞中插入竖向钢筋,并用灌注混凝土灌实,使竖向钢筋和水平钢筋与砌体形成一个整体,如图 7-7 所示。这种砌体具有抗震性能好、造价较低、节能的特点,可用于中高层房屋建筑。

(三)块体和砂浆的选择

在砌体结构设计中,块体及砂浆的选择既要保证结构的安全可靠,又要获得合理的经济技术指标。一般应按照以下的原则和规定进行选择:

(1)应根据“因地制宜,就地取材”的原则,尽量选择当地性能良好的块体和砂浆材料,以获得较好的技术经济指标。

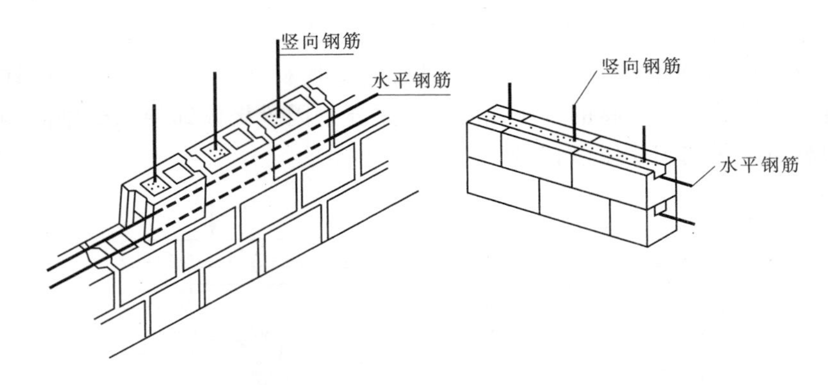

图 7-7　配筋砌块砌体

(2)为了保证砌体的承载力,要根据设计计算选择强度等级适宜的块体和砂浆。

(3)不但要考虑受力需要,而且要考虑材料的耐久性问题。应保证砌体在长期使用过程中具有足够的强度和正常使用的性能。对于北方寒冷地区,块体必须满足抗冻性的要求,以保证在多次冻融循环之后块体不至于剥蚀和强度降低。

(4)应考虑施工队伍的技术条件和设备情况,而且应方便施工。对于多层房屋,上面几层受力较小,可以选用强度等级较低的材料,下面几层则应用强度等级较高的材料。但也不应变化过多,以免造成施工麻烦。特别是同一层的砌体除十分必要外,不宜采用不同强度等级的材料。

(5)应考虑建筑物的使用性质和所处的环境因素。

学习任务二　砌体的强度与变形

一、砌体的强度

(一)砌体的轴心受压性能

1. 砖砌体受压试验

砖砌体受压试验,标准试件的尺寸为 370 mm × 490 mm × 970 mm,常用的尺寸为 240 mm × 370 mm × 720 mm。为了使试验机的压力能均匀地传给砌体试件,可在试件两端各加砌一块混凝土垫块。对于常用试件,垫块尺寸可采用 240 mm × 370 mm × 200 mm,并要有钢筋网片。

砌体轴心受压从加荷开始直到破坏,大致经历三个阶段:

第Ⅰ阶段为整体工作阶段:当砌体加载达到极限荷载的 50% ~ 70% 时,单块砖内产生细小裂缝。此时,若停止加载,裂缝亦停止扩展(见图 7-8 (a))。

第Ⅱ阶段为带裂缝工作阶段:当砌体加载达到极限荷载的 80% ~ 90% 时,砖内有些裂缝连通起来,沿竖向贯通若干皮砖(见图 7-8(b))。此时,即使不再加载,裂缝仍会继续扩展,砌体实际上已接近破坏。

第Ⅲ阶段为破坏阶段:当压力接近极限荷载时,砌体中裂缝迅速扩展和贯通,将砌体分成若干个小柱体，砌体最终因被压碎或丧失稳定而破坏（见图7-8（c））。

由以上分析可知，砌体受压的一个重要特征是单块材料先开裂，在受压破坏时，砌体的抗压强度低于所使用的块材的抗压强度。这主要是因为砌体即使承受轴向均匀压力，砌体中的块材也不是均匀受压，而是处于复杂应力状态。

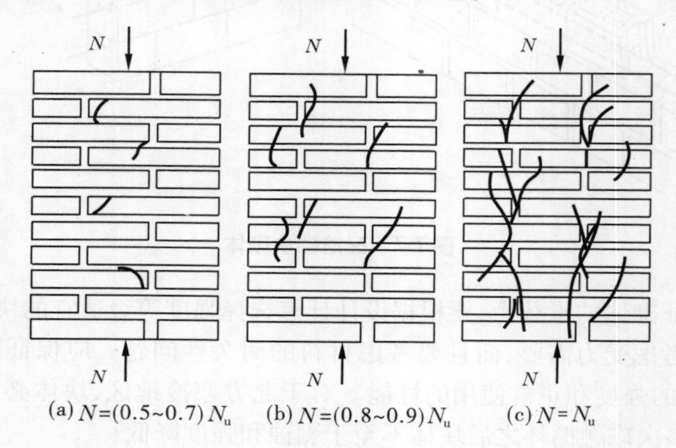

图7-8　砖砌体的受压破坏

2. 影响砌体抗压强度的因素

砌体抗压强度主要受以下因素的影响：

（1）块材和砂浆的强度。砌体材料的强度是影响砌体强度的主要因素，其中块材的强度又是最主要的因素。所以，采用提高块材的强度等级来提高砌体强度，比采用提高砂浆强度等级来提高砌体强度的做法更为有效。

（2）块材的尺寸和形状。砌体强度随块材厚度的增大而增加，随块材长度的增加而降低。这是由于块材的厚度增大，其抗弯、抗剪的能力相应增大；而块材的长度增大，其承受的弯矩和剪力也相应增大，容易造成块材受弯、受剪破坏。块材形状的规则与否也直接影响砌体的抗压强度。块材表面不平整、形状不规则都会使砌体抗压强度降低。

（3）砂浆的和易性。砂浆的和易性好，砌筑时灰缝易铺砌均匀和饱满，单块砖在砌体中的受力也就均匀，因而抗压强度就相对较高。混合砂浆的和易性比水泥砂浆的要好。

（4）砌筑质量。砌筑质量也是影响砌体抗压强度的重要因素。砂浆铺砌均匀、饱满，可以改善砖块在砌体中的受力性能，使之比较均匀地受压，从而提高砌体的抗压强度。

3. 砌体轴心抗压强度平均值的计算公式

影响砌体抗压强度的因素很多，建立一个相当精确的砌体抗压强度公式是比较困难的。《砌体结构设计规范》（GB 50003—2011）采用了一个比较完整、统一的表达砌体轴心抗压强度平均值的计算公式：

$$f_m = k_1 f_1^2 (1 + 0.07 f_2) k_2 \tag{7-1}$$

式中：f_m 为砌体轴心抗压强度平均值，MPa；f_1、f_2 分别为用标准试验方法测得的块体、砂浆的抗压强度平均值，MPa；k_1 为与块体类别有关的参数，取值见表7-3；k_2 为与砂浆强度有关的参数,取值见表 7-3。

表 7-3　砌体轴心抗压强度平均值计算公式中的参数值

砌体种类	k_1	α	k_2
烧结普通砖、烧结多孔砖、蒸压灰砂砖、蒸压粉煤灰砖	0.78	0.5	当 $f_2<1$ 时,$k_2=0.6+0.4f_2$
混凝土砌块	0.46	0.9	当 $f_2=0$ 时,$k_2=0.8$
毛料石	0.79	0.5	当 $f_2<1$ 时,$k_2=0.6+0.4f_2$
毛石	0.22	0.5	当 $f_2<2.5$ 时,$k_2=0.4+0.24f_2$

注:k_2 在表列条件以外时等于 1。

用式(7-1)计算混凝土砌块砌体的轴心抗压强度平均值时,若 $f_2>10$ MPa,应乘系数 1.1 ~ 0.01;对 MU20 的砌体,应乘系数 0.95,且满足 $f_1\geqslant f_2$,$f_1\leqslant 20$ MPa。

4. 砌体抗压强度设计值的规定

(1)混凝土预制块砂浆砌体抗压强度设计值应按表 7-4 的规定采用。

表 7-4　混凝土预制块砂浆砌体抗压强度设计值 f_{cd}　（单位:MPa）

砌块强度等级	砂浆强度等级					砂浆强度
	M20	M15	M10	M7.5	M5	0
C40	8.25	7.04	5.84	5.24	4.64	0
C35	7.71	6.59	5.47	4.90	4.34	1.93
C30	7.14	6.10	5.06	4.54	4.02	1.79
C25	6.52	5.57	4.62	4.14	3.67	1.63
C20	5.83	4.98	4.13	3.70	3.28	1.46
C15	5.05	4.31	3.58	3.21	2.84	1.26

(2)块石砂浆砌体抗压强度设计值应按表 7-5 的规定采用。

表 7-5　块石砂浆砌体抗压强度设计值 f_{cd}　（单位:MPa）

砌块强度等级	砂浆强度等级					砂浆强度
	M20	M15	M10	M7.5	M5	0
MU120	8.42	7.19	5.96	5.35	4.73	2.10
MU100	7.68	6.56	5.44	4.88	4.32	1.92
MU80	6.87	5.87	4.87	4.37	3.86	1.72
MU60	5.95	5.08	4.22	3.78	3.35	1.49
MU50	5.43	4.64	3.85	3.45	3.05	1.36
MU40	4.86	4.15	3.44	3.09	2.73	1.21
MU30	4.21	3.59	2.98	2.67	2.37	1.05

注:对各类石砌体,应按表中数值分别乘以下列系数:细料石砌体为 1.5,半细料石砌体为 1.3,粗料石砌体为 1.2,干砌块石砌体可采用砂浆强度为零时的抗压强度设计值。

(3)片石砂浆砌体抗压强度设计值应按表 7-6 的规定采用。

表 7-6 片石砂浆砌体抗压强度设计值 f_{cd} （单位：MPa）

砌块强度等级	砂浆强度等级					砂浆强度
	M20	M15	M10	M7.5	M5	0
MU120	1.97	1.68	1.39	1.25	1.11	0.33
MU100	1.80	1.54	1.27	1.14	1.01	0.30
MU80	1.61	1.37	1.14	1.02	0.90	0.27
MU60	1.39	1.19	0.99	0.88	0.78	0.23
MU50	1.27	1.09	0.90	0.81	0.71	0.21
MU40	1.14	0.97	0.81	0.72	0.64	0.19
MU30	0.98	0.84	0.70	0.63	0.55	0.16

注：干砌片石砌体可采用砂浆强度为零时的抗压强度设计值。

(二)砌体的轴心受拉性能

1. *砌体的破坏形式*

与砌体的抗压强度相比，砌体的抗拉强度很低。按照力作用于砌体方向的不同，砌体可能发生如图 7-9 所示的三种破坏。当轴向拉力与砌体的水平灰缝平行时，砌体可能发生沿竖向及水平方向灰缝的齿缝截面破坏(见图 7-9 (a))，或沿块体和竖向灰缝的截面破坏(见图 7-9 (b))。通常，当块体的强度等级较高而砂浆的强度等级较低时，砌体发生前一种破坏；当块体的强度等级较低而砂浆的强度等级较高时，砌体则发生后一种破坏。

当轴向拉力与砌体的水平灰缝垂直时，砌体可能沿通缝截面破坏(见图 7-9(c))。由于灰缝的法向黏结强度是不可靠的，在设计中不允许采用沿通缝截面的轴心受拉构件。

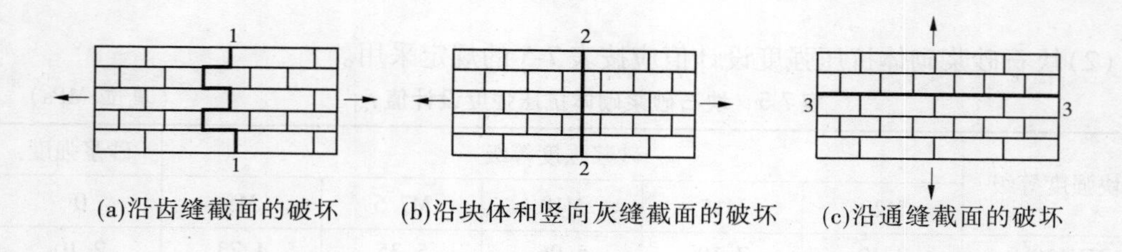

图 7-9 砌体的轴心受拉破坏形式

在水平灰缝内和在竖向灰缝内，砂浆与块体的黏结强度是不同的。在竖向灰缝内，由于砂浆未能很好地填满及砂浆硬化时的收缩，大大地削弱甚至完全破坏两者的黏结，因此在计算中对竖向灰缝的黏结强度不予考虑。在水平灰缝中，当砂浆在其硬化过程中收缩时，砌体不断发生沉降，因此灰缝中砂浆和砖石的黏结不仅未遭破坏，而且不断地增强，因而在计算中仅考虑水平灰缝的黏结强度。

2. 砌体轴心抗拉强度平均值$f_{t,m}$

《砌体结构设计规范》(GB 50003—2001)对砌体的轴心抗拉强度只考虑沿齿缝截面破坏的情况,表 7-7 中列出了规范采用的砌体轴心抗拉强度平均值$f_{t,m}$的计算公式。

表 7-7　砌体轴心抗拉强度平均值$f_{t,m}$　(单位:MPa)

块体类别	$f_{t,m}=k_3\sqrt{f_2}$
	k_3
烧结普通砖、烧结多孔砖	0.141
蒸压灰砂砖、蒸压粉煤灰砖	0.090
混凝土砌块	0.069
毛石	0.075

注:f_2 为砂浆抗压强度平均值,MPa。

(三)砌体的弯曲受拉性能

1. 砌体的弯曲受拉破坏形式

与轴心受拉相似,砌体弯曲受拉时,也可能发生三种破坏:沿齿缝截面破坏,如图 7-10(a)所示;沿块体与竖向灰缝截面破坏,如图 7-10(b)所示;沿通缝截面破坏,如图 7-10(c)所示。砌体的弯曲受拉破坏形式也与块体和砂浆的强度等级有关。

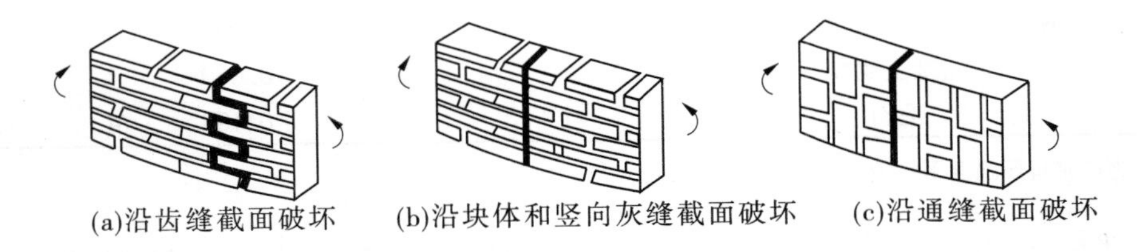

图 7-10　砌体的弯曲受拉破坏形式

2. 砌体弯曲抗拉强度平均值$f_{tm,m}$

《砌体结构设计规范》(GB 50003—2011)采用的砌体弯曲抗拉强度平均值$f_{tm,m}$的计算公式如表 7-8 所示。对砌体的弯曲受拉破坏,规范考虑了沿齿缝截面破坏和沿通缝截面破坏两种情况。

表 7-8　弯曲抗拉强度平均值$f_{tm,m}$　(单位:MPa)

块体类别	$f_{tm,m}=k_4\sqrt{f_2}$	
	k_4	
	沿齿缝	沿通缝
烧结普通砖、烧结多孔砖	0.250	0.125
蒸压灰砂砖、蒸压粉煤灰砖	0.180	0.090
混凝土砌块	0.081	0.056
毛石	0.113	—

注:f_2 为砂浆抗压强度平均值,MPa。

（四）砌体的受剪性能

1. *砌体的受剪破坏形式*

砌体的受剪破坏有两种形式：一种是沿通缝截面破坏（见图 7-11（a））；另一种是沿阶梯形截面破坏（见图 7-11（b）），其抗剪强度由水平灰缝和竖向灰缝共同提供。由于竖向灰缝不饱满，抗剪能力很低，竖向灰缝强度可不予考虑。因此，可以认为这两种破坏的砌体抗剪强度相同。

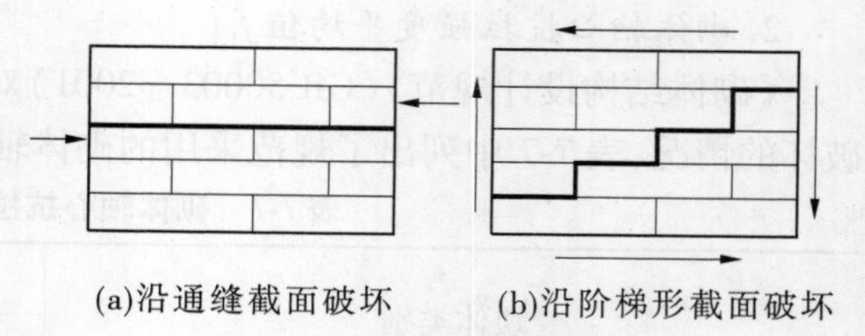

(a)沿通缝截面破坏　　(b)沿阶梯形截面破坏

图 7-11　砌体的受剪破坏形式

2. *影响砌体抗剪强度的因素*

影响砌体抗剪强度的因素除与砌筑质量、砂浆和块体的强度以及砌体承受的法向压应力有关外，还与试件形式、尺寸及加载方式等有关，此处不再详细介绍。

3. *砌体抗剪强度平均值* $f_{v,m}$

《砌体结构设计规范》（GB 50003—2011）采用的砌体抗剪强度平均值 $f_{v,m}$ 的计算公式见表 7-9。

表 7-9　抗剪强度平均值 $f_{v,m}$　（单位：MPa）

块体类别	$f_{v,m}=k_5\sqrt{f_2}$ k_5
烧结普通砖、烧结多孔砖	0.125
蒸压灰砂砖、蒸压粉煤灰砖	0.090
混凝土砌块	0.069
毛石	0.188

注：f_2 为砂浆抗压强度平均值，MPa。

各类砂浆砌体的轴心抗拉强度设计值 f_{td}、弯曲抗拉强度设计值 f_{tmd} 和直接抗剪强度设计值 f_{vd} 应按表 7-10 的规定采用。

表 7-10　砂浆砌体的轴心抗拉强度设计值、弯曲抗拉强度设计值和直接抗剪强度设计值　（单位：MPa）

强度类别	破坏特征	砌体种类	砂浆强度等级 M20	M15	M10	M7.5	M5
轴心抗拉 f_{td}	齿缝	规则砌块砌体	0.104	0.090	0.073	0.063	0.052
		片石砌体	0.096	0.083	0.068	0.059	0.048
弯曲抗拉 f_{tmd}	齿缝	规则砌块砌体	0.122	0.105	0.086	0.074	0.061
		片石砌体	0.145	0.125	0.102	0.089	0.072
	通缝	规则砌块砌体	0.084	0.073	0.059	0.051	0.042
直接抗剪 f_{vd}	—	规则砌块砌体	0.104	0.090	0.073	0.063	0.052
		片石砌体	0.241	0.208	0.170	0.147	0.120

注：1. 砌体龄期为 28 d。

2. 规则砌块砌体包括块石砌体、粗料石砌体、半细料石砌体、细料石砌体、混凝土预制块砌体。

3. 规则砌块砌体在齿缝方向受剪时，是通过砌块和灰缝剪破。

灰砂砖砌体的抗剪强度各地区的试验数据有差异，主要原因是各地区生产的灰砂砖所用砂的细度和生产工艺不同，以及采用的试验方法和砂浆试块采用的底模砖不同。《砌体结构设计规范》(GB 50003—2011)是以双剪方法和以灰砂砖作砂浆试块底模的试验数据为依据的，并考虑了灰砂砖砌体通缝抗剪强度的变异。

二、砌体的其他性能和变形

(一)砌体的弹性模量

砌体的弹性模量是其应力与应变的比值。砌体是弹塑性材料，从受压一开始，应力与应变就不是直线变化。随着荷载的增加，应变增长加快，接近破坏时，荷载虽然增加很少，但变形急剧增长。所以，砌体的应力—应变关系呈曲线变化。

由于砌体是一种弹塑性材料，曲线上各点应力与应变之间的关系在不断变化。通常用下列三种方式表达砌体的变形模量，即初始弹性模量、割线弹性模量以及切线弹性模量。

(1)在砌体受压的应力—应变曲线上任意点切线的正切，也即该点应力增量与应变增量的比值，称为该点的切线弹性模量，如图 7-12 中的 A 点。

(2)砌体在应力很小时呈弹性性能。

(3)割线模量是指应力—应变曲线上某点(见图 7-12 中 A 点)与原点所连割线的斜率。

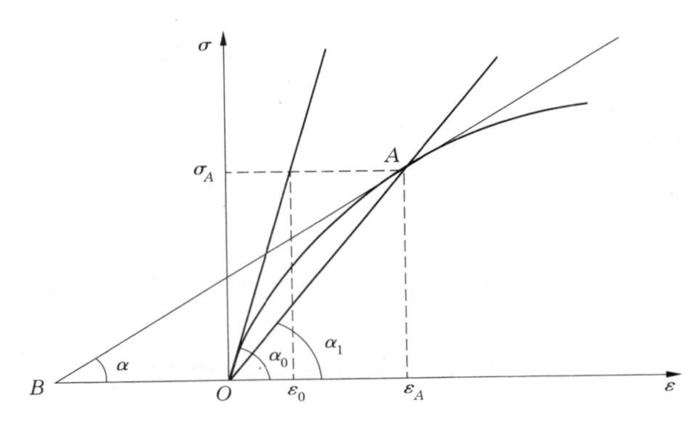

图 7-12　砌体受压变形模量

由于在工程实际中，砌体的实际压力不超过$(0.3\sim0.4)f_{cd}$，而在此范围内，应力—应变曲线与割线较接近，因此《公路桥涵设计通用规范》(JTG D60—2004)中取$\sigma=0.43f_{cd}$处的割线模量作为圬工砌体的弹性模量，即

$$E=\sigma/\varepsilon=\frac{0.43f_{m}}{-\frac{1}{\xi\sqrt{f_{m}}}\ln(1-0.43)}=0.765\xi f_{m}\sqrt{f_{m}}\approx0.8E_{0} \tag{7-2}$$

《公路桥涵设计通用规范》(JTG D60—2004)规定的砌体弹性模量按表 7-11、表 7-12 取值。

表 7-11　混凝土的受压弹性模量 E_c　（单位：MPa）

混凝土强度等级	C40	C35	C30	C25	C20	C15
弹性模量 E_c	3.25×10^4	3.15×10^4	3.00×10^4	2.80×10^4	2.55×10^4	2.20×10^4

表 7-12　各类砌体的受压弹性模量 E_m　（单位：MPa）

砌体种类	砂浆强度等级				
	M20	M15	M10	M7.5	M5
混凝土预制块砌体	1 700f_{cd}	1 700f_{cd}	1 700f_{cd}	1 600f_{cd}	1 500f_{cd}
粗料石、块石及片石砌体	7 300	7 300	7 300	5 650	4 000
细料石、半细料石砌体	22 000	22 000	22 000	17 000	12 000
小石子混凝土砌体	2 100f_{cd}				

注：f_{cd} 为砌体抗压强度设计值。

（二）圬工砌体的温度变形

温度变化引起砌体热胀、冷缩变形。当这种变形受到约束时，砌体会产生附加内力、附加变形及裂缝。圬工砌体的温度变形在计算超静定结构温度变化所引起的附加内力时应予考虑。

温度变形的大小随砌筑块材与砂浆的不同而不同。当计算这种附加内力及变形裂缝时，砌体的线膨胀系数是重要的参数。设计中，把温度每升高 1 ℃，单位长度砌体的线性伸长称为该砌体的温度膨胀系数，又称线膨胀系数。国内外试验研究表明，砌体的线膨胀系数与砌体种类有关，《砌体结构设计规范》（GB 50003—2011）规定的各类砌体的线膨胀系数见表 7-13。

表 7-13　砌体的线膨胀系数和收缩率

砌体墙体类别	线膨胀系数 α_T（10^{-5}/℃）	收缩率（mm/m）
烧结黏土砖砌体	5	-0.1
蒸压灰砂砖、蒸压粉煤灰砖砌体	8	-0.2
混凝土砌块砌体	10	-0.2
轻骨料混凝土砌块砌体	10	-0.3
料石和毛石砌体	8	—

小　结

本章主要讲述圬工结构的基本概念、材料种类，砌体的强度与变形。学习重点是圬工砌体的种类及主要力学性能，难点是砌体的强度与变形。能力培养要求了解圬工结构的基本概念与特点，理解砌体的强度与变形，掌握圬工砌体的种类及主要力学性能，培养学生利用圬工砌体的种类及主要力学性能解决实际工程问题的能力。

能力训练

一、简单题

1. 砌体结构的特点是什么？
2. 桥梁工程中采用的圬工结构的材料有哪些？
3. 砌块专用砂浆强度等级有哪几类？
4. 如何对块体和砂浆进行选择？
5. 影响砌体抗压强度的因素有哪些？
6. 混凝土预制块砂浆砌体抗压强度设计值是如何规定的？
7. 块石砂浆砌体抗压强度设计值是如何规定的？
8. 片石砂浆砌体抗压强度设计值是如何规定的？
9. 影响砌体抗剪强度的因素有哪些？
10. 混凝土的受压弹性模量 E_c 是如何规定的？

二、判断题

1. 砖石结构和混凝土结构统称为圬工结构。（　　）
2. 圬工结构在工程中常用作以受拉为主的结构构件。（　　）
3. 由块材和砂浆砌筑而成的墙、柱作为建筑物的主要受力构件的结构称为砌体结构。（　　）
4. 提高块材的强度等级可以提高砌体强度。（　　）
5. 砌体的受剪破坏有两种形式：一种是沿通缝截面破坏，另一种是沿阶梯形截面破坏。（　　）
6.《公路桥涵设计通用规范》中取 $\sigma=0.43f_{cd}$ 处的割线模量作为圬工砌体的弹性模量。（　　）

学习情境八　钢结构

【学习目标】

了解钢结构的组成、特点及应用范围，结构用钢材的品种、规格和选用原则；理解钢结构的连接方式，钢桁架的构造；掌握钢结构的材料性能，钢结构施工图的识读。

工作任务表

能力目标	主讲内容	学生完成任务	评价标准	
了解钢结构的类型、特点及应用范围，熟悉结构用钢材的品种、规格和选用原则	钢结构的基本概念	了解钢结构的类型、特点和应用范围，归纳工程实际中钢结构的用途和使用领域	优秀	了解钢结构的类型、特点及应用范围，熟悉结构用钢材的品种、规格和选用原则
			良好	基本了解钢结构的类型、特点及应用范围，熟悉结构用钢材的品种、规格和选用原则
			合格	了解钢结构的类型、特点及应用范围，了解结构用钢材的品种、规格和选用原则
了解钢结构破坏形式，熟悉钢材的主要性能及影响因素，熟悉钢材的品种、规格，能针对工程实际会选用钢材	钢结构的材料	查阅钢结构破坏典型案例，对照钢材性能分析破坏原因，掌握钢材的主要性能	优秀	了解钢结构破坏形式，熟悉钢材的主要性能及影响因素，熟悉钢材的品种、规格，能针对工程实际会选用钢材
			良好	熟悉钢材的主要性能及影响因素，了解钢材的品种、规格，能针对工程实际会选用钢材
			合格	基本熟悉钢材的主要性能及影响因素，基本了解钢材的品种、规格，能针对工程实际选用钢材
熟练掌握钢结构焊接连接和螺栓连接的方法和形式、构造要求和计算方法。能初步进行钢结构连接的简单设计	钢结构的连接	熟悉钢结构焊接连接和螺栓连接的方法和形式	优秀	熟练掌握钢结构焊接连接和螺栓连接的方法和形式，掌握钢结构连接的构造要求和计算方法，能初步进行钢结构连接的简单设计
			良好	熟悉钢结构焊接连接和螺栓连接的方法和形式，基本掌握钢结构连接的构造要求和计算方法，能初步进行钢结构连接的简单设计
			合格	熟悉掌握钢结构焊接连接和螺栓连接的方法和形式，掌握钢结构连接的构造要求和计算方法，了解钢结构连接的设计过程
熟悉钢桁架的构造要求，掌握轴心受力构件、受弯构件的强度计算，了解钢结构施工图的识读方法	钢桁架	熟悉钢桁架的构造要求，会进行钢桁架强度简单计算，识读钢结构施工图	优秀	熟悉钢桁架的构造要求，掌握钢桁架强度的简单计算，会识读钢结构施工图
			良好	熟悉钢桁架的构造要求，基本掌握钢桁架强度的简单计算，会识读钢结构施工图
			合格	熟悉钢桁架的构造要求，了解钢桁架的强度计算，熟悉识读钢结构施工图的方法

学习任务一　钢结构的基本概念

一、钢结构的类型

钢结构是由钢板、热轧型钢和冷加工成型的薄壁型钢以及钢索制成的工程结构，是各类工程结构中应用比较广泛的一种建筑结构。按照使用功能及结构组成方式的不同，钢结构主要分为厂房类钢结构、桥梁类钢结构、海上采油平台钢结构及卫星发射钢塔架等，常见的为厂房类钢结构和桥梁类钢结构。

（一）厂房类钢结构

厂房类钢结构是指主要的承重构件是由钢材组成的厂房结构，如钢柱子、钢结构基础、钢梁、钢屋架及钢屋盖等。厂房类钢结构主要包括轻型钢结构和重型钢结构。

（二）桥梁类钢结构

桥梁类钢结构在公路、铁路领域有极广泛的应用，如板梁桥、桁架桥、拱桥、悬索桥、斜拉桥等。

二、钢结构的特点

（1）自重轻，强度高。钢材比混凝土、砌体和木材的强度及弹性模量要高出很多倍。另外，钢结构的自重较轻。例如，在跨度和荷载都相同时，普通钢屋架的重量只有钢筋混凝土屋架的1/4～1/3，若采用薄壁型钢屋架，则轻得更多。由于自重轻、刚度大，钢结构常用于建造大跨度和超高、超重型的建筑物，以减轻下部结构和基础的负担。

（2）塑性、韧性好。钢材具有良好的塑性，钢结构在一般情况下，不会发生突发性破坏，而是在事先有较大变形作预兆。此外，钢材还具有良好的韧性，能很好地承受动力荷载。

（3）工业化程度高，降低建设成本，使工期缩短。建筑模数协调统一标准实现了钢结构工业化大规模生产，提高了钢结构预工程化，使不同形状和不同制造方法的钢结构配件具有一定的通用性和互换性，与此同时，钢结构的预工程化使材料加工和安装一体化，大大降低了建设成本，并且加快了施工速度，使工期能够缩短40%以上。

（4）原材料可以循环使用，有助于环保和可持续发展。钢材是一种高强度、高效能的材料，具有很高的再循环价值，边角料也有价值，不需要制模施工。

（5）耐腐蚀性、耐火性差。一般钢材在湿度大和有侵蚀性介质的环境中容易锈蚀，因此须采取除锈、刷油漆等防护措施，而且还须定期维修，故维护费用较高；当辐射热温度低于100 ℃时，即使长期作用，钢材的主要性能也变化很小，其屈服点和弹性模量均降低不多，但当温度超过250 ℃时，钢材的抗拉强度提高而塑性降低，冲击韧性下降，材料变脆；当温度超过300 ℃时，钢材的屈服点和极限强度急剧下降；当温度超过600 ℃时，钢材的强度接近于零。因此，当结构表面长期吸收辐射热达到150 ℃以上或在短期内可能受到火焰作用时，须采取隔热和防火措施。

三、钢结构的应用范围

钢结构应用范围广泛，应根据钢结构的特点并结合我国国情进行合理的选择。钢结构的应用范围包括以下几个方面：

(1)重型钢结构。近年来，随着网架结构的应用，许多工业车间采用了钢结构，如冶金厂房的平炉车间、转炉车间、混铁炉车间、初轧车间，重型机械厂的铸钢车间、水压机车间、锻压车间等。

(2)轻型钢结构。轻型钢结构是一种新型钢结构体系，广泛应用于中小型房屋建筑、体育场看台雨篷、小型仓库等建筑结构中。

(3)大跨度钢结构。钢结构被广泛应用于飞机装配车间、飞机库、干煤棚、大会堂、体育馆、展览馆等大跨度结构中，其结构体系可为网架、悬索、拱架以及框架等。

(4)高耸钢结构。大多数高耸结构(如电视塔、通信塔、石油化工塔、火箭发射塔、钻井塔、输电线路塔、大气监测塔、旅游瞭望台等)均采用钢结构。

(5)建筑钢结构。旅馆、饭店、办公大楼等高层建筑采用钢结构的情况越来越多，一些小高层建筑(12～16层)、多层建筑(6～8层)也有采用钢结构的趋势。

(6)桥梁钢结构。桥梁钢结构的应用越来越多，特别是用于中等跨度和大跨度的斜拉桥中。

(7)板壳钢结构。钢结构在对密闭性要求较高的容器(如大型贮油库、煤气库、炉壳等)及能承受很大内力的板壳结构中都有广泛的应用。

(8)移动钢结构。由于钢结构具有强度高、相对较轻的特点，在装配式房屋、水工闸门、升船机、桥式吊车及各种塔式吊车、龙门吊车、缆索吊车等移动结构中的应用也越来越多。

(9)其他构筑物。如栈桥、管道支架、井架和海上采油平台等。

四、钢结构的计算原则

结构要求满足安全、适用、耐久三大功能。《钢结构设计规范》(GB 50017—2003)规定，结构的安全可靠性是指满足下列四项功能：

(1)能承受在正常施工、正常使用时可能出现的各种作用。

(2)在正常使用时具有良好的工作性能。

(3)在正常使用下具有足够的耐久性能。

(4)在偶然条件发生时及发生后，仍然能够保持必要的整体稳定性，不致倒塌。

学习任务二　钢结构的材料

一、钢材的主要性能

(一)钢结构对所用钢材的要求

(1)较高的强度。即钢材的抗拉强度和屈服点都比较高。

(2)足够的变形能力。即钢材的塑性和韧性好。

(3)良好的加工性能。即适合冷、热加工,同时具有良好的可焊性,不因各种加工而对强度、塑性及韧性产生较大的不利影响。

此外,根据结构的具体工作条件,在必要时还应该具有适应低温、有害介质侵蚀(包括大气侵蚀)以及疲劳荷载作用等性能。

(二)钢结构的破坏形式

钢材有两种性质完全不同的破坏形式,即塑性破坏和脆性破坏。有屈服现象的钢材或者虽然没有明显屈服现象而能发生较大塑性变形的钢材,一般属于塑性材料。没有屈服现象的钢材或者塑性变形能力很小的钢材,则属于脆性材料。

1. 塑性破坏

塑性破坏是由于变形过大,超过了材料或构件可能的应变能力而产生的,而且仅在构件的应力达到了钢材的抗拉强度后才发生。特点是破坏前有显著变形,吸收很大能量,从变形到破坏持续时间长。

2. 脆性破坏

脆性破坏发生得很突然,破坏前塑性变形很小,甚至没有塑性变形,计算应力可能小于钢材的屈服点,断裂从应力集中处开始。特点是破坏前无明显的预兆,无法及时觉察和采取补救措施,而且个别构件的断裂常引起整个结构塌毁,危及人民生命财产的安全,后果严重。因此,在设计、施工和使用钢结构时,要特别注意防止出现脆性破坏。

(三)钢材的主要机械性能

钢材的机械性能是反映钢材在各种受力作用下的特性,它包括强度、塑性和冲击韧性等。

1. 强度

强度主要是指屈服强度(屈服点)和抗拉强度这两项指标。

(1)屈服强度。屈服强度(屈服点)是指钢筋开始丧失对变形的抵抗能力,并开始产生大量塑性变形时所对应的应力。

钢材在单向均匀拉力作用下,根据应力—应变($\sigma \sim \varepsilon$)曲线(见图8-1)可分为弹性阶段、屈服阶段、强化阶段、颈缩断裂阶段四个阶段。钢结构强度校核时根据荷载算得的应力小于材料的许用应力[σ]时结构是安全的。

许用应力[σ]可用下式计算

$$[\sigma] = \frac{\sigma_s}{K} \qquad (8\text{-}1)$$

式中:σ_s 为材料的屈服强度,MPa;K 为安全系数。

屈服强度是强度计算和确定结构尺寸的最基本参数,屈服强度对钢材的使用有着重要的意义,当构件的实际应力达到屈服点时,将产生不可恢复的永久变形,这在结构中是不允许的,因此屈服强度是衡量结构承载能力强度设计值的指标。

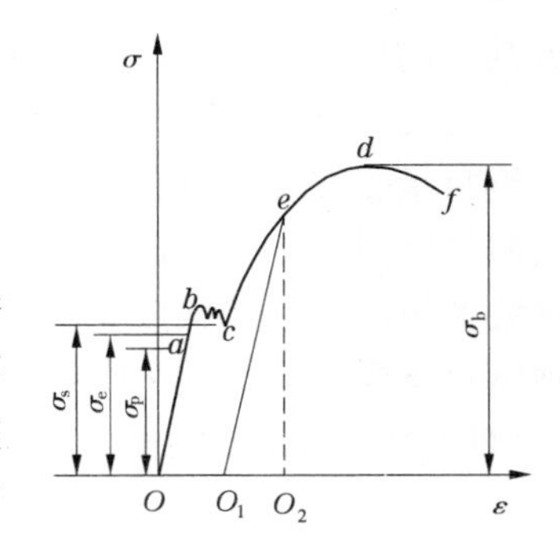

图8-1 低碳钢的应力—应变曲线

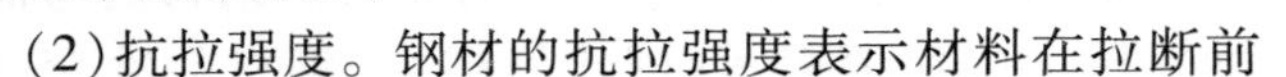

(2)抗拉强度。钢材的抗拉强度表示材料在拉断前

所能承受的最大应力值(见图8-1中的e点)。抗拉强度是抵抗塑性破坏的重要指标,可直接反映钢材内部组织的优劣。在建筑钢结构中,以规定抗拉强度的上、下限作为控制钢材冶金质量的一个手段。同时,抗拉强度还可作为钢材的强度储备。屈服强度和抗拉强度的比值称为屈强比,它是衡量钢材强度储备的一个系数。屈强比低表示材料的塑性较好,屈强比高表示材料的抗变形能力较强,不易发生塑性变形。

2. 塑性

塑性是指钢材在某种给定载荷下产生永久变形而不破坏的能力。衡量钢材塑性的两个重要指标是伸长率(延伸率)和断面收缩率。

伸长率是指钢材材料受外力(拉力)作用断裂时,试件伸长的长度与原来长度的百分比,它表示钢材塑性变形的能力,是衡量钢材塑性及延性性能的指标。伸长率越大,表示塑性及延性性能越好,钢材断裂前永久塑性变形和吸收能量的能力越强。对建筑结构钢的伸长率δ要求应在16%~23%。断面收缩率是指材料在拉伸断裂后,断面最大缩小面积与原面积的百分比。伸长率和断面收缩率表示钢材断裂前经受塑性变形的能力。伸长率越大或断面收缩率越高,说明钢材塑性越大。

3. 冲击韧性

钢材的冲击韧性是衡量钢材断裂时所做功的指标,以及在低温、应力集中、冲击荷载等作用下,衡量钢材抵抗脆性断裂的能力。钢材中非金属夹杂物、脱氧不良等都将影响其冲击韧性。为了保证钢结构建筑物的安全,防止低应力脆性断裂,建筑结构钢还必须具有良好的韧性。目前,关于钢材脆性破坏的试验方法较多,冲击试验是最简便的检验钢材缺口韧性的试验方法,也是作为建筑结构钢的验收试验项目之一。

国家标准规定采用国际上通用的夏比试验法测量冲击韧性。钢材的冲击韧性采用V形缺口的标准试件,如图8-2所示。冲击韧性指标用冲击荷载使试件断裂时所吸收的冲击功A_{kv}表示,单位为J。试样在夏比冲击试验机上处于简支梁状态,以试验机举起的摆锤作一次冲击,使试样沿缺口冲断,用折断时摆锤重新开起高度差计算试样的吸收功。吸收功值大,表示材料韧性好,对结构中的缺口或其他的应力集中情况不敏感。

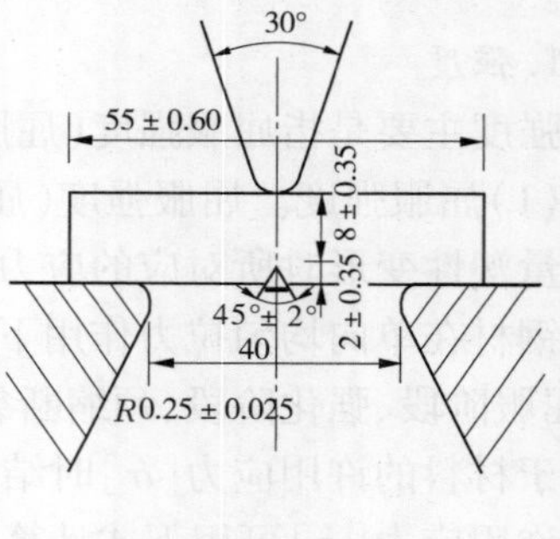

图8-2 冲击试验示意图 (单位:cm)

4. 耐疲劳性

钢材承受交变荷载的反复作用时,可能在远低于屈服强度时突然发生破坏,这种破坏称为疲劳破坏。钢材疲劳破坏的指标即疲劳强度,或称疲劳极限。疲劳强度是试件在交变应力作用下,不发生疲劳破坏的最大主应力值,一般把钢材承受交变荷载10^5~10^7次时不发生破坏的最大应力作为疲劳强度。

(四)钢材的工艺性能

1. 冷弯性能

钢材的冷弯性能是指钢材在常温下能承受弯曲而不破裂的能力。钢材的弯曲程度常用弯心直径或弯曲角度与材料厚度的比值表示,该比值越小,钢材的冷弯性能越好。

冷弯试验是测定钢材冷弯性能的重要手段。它以试件在规定的弯心直径下弯曲到一定角度不出现裂纹、裂断或分层等缺陷为合格标准。在试验钢材冷弯性能的同时,也可以检验钢材的冶金质量。在冷弯试验中,钢材开始出现裂纹时的弯曲角度及裂纹的扩展情况显示了钢材的抗裂能力,在一定程度上反映出钢材的韧性。

2. 焊接性能

钢材的焊接性能是指钢材适应焊接工艺和焊接方法的能力。焊接性能好的钢材适应焊接工艺和焊接方法的能力强,可用常用的焊接工艺与焊接方法进行焊接。焊接性能差的钢材焊接时,应注意焊后可能出现的变形、开裂等现象。

二、影响钢材性能的因素

(一)化学成分

钢是含碳量小于2%的铁碳合金,碳大于2%时则为铸铁。钢结构所用的材料有碳素结构钢中的低碳钢及低合金结构钢。

碳素结构钢由纯铁(Fe)、碳(C)、硅(Si)、锰(Mn)及杂质元素如硫(S)、磷(P)、氧(O)、氮(N)等组成,其中纯铁约占99%,碳及杂质元素约占1%。

在低合金结构钢中,除上述元素外还加入合金元素,后者总量通常不超过3%。碳及其他元素虽然所占比重不大,但对钢材的性能却有着重要的影响。

碳(C)是形成钢材强度的主要成分。增加含碳量可以提高钢材的屈服强度和抗拉强度,但却降低钢材的塑性和韧性。当含碳量超过1%时,钢材的极限强度开始下降。建筑工程用钢材的含碳量不大于0.8%。此外,含碳量过高还会增加钢的冷脆性和时效敏感性,降低钢材的抗腐蚀性和可焊性。

锰(Mn)是有益的元素,能显著提高钢材的强度但不过多地降低钢材的塑性和冲击韧性。锰有脱氧作用,是弱脱氧剂。我国低合金钢中锰的含量在1.2%~1.6%。但是锰可使钢材的可焊性降低,故含量有限制。

硅(Si)是有益的元素,有更强的脱氧作用。硅能使钢材的粒度变细,控制适量时可提高强度而不显著影响钢材的塑性、韧性、冷弯性能及可焊性。

钒(V)是有益的元素,是添加的合金成分,能提高钢的强度和抗锈蚀能力,而不显著降低钢材的塑性。

钛(Ti)与硼(B)属于有益的合金元素,所加百分比不大,但可以使晶粒细化,从而提高钢材的强度,提高钢材的韧性与塑性。

硫(S)是有害的元素,属于杂质,当热加工及焊接使温度达到8 000~10 000 ℃时,可能出现裂纹,称为热脆。硫还能降低钢的冲击韧性,同时影响钢材的疲劳性能与抗锈蚀性能。因此,对硫的含量必须严加控制。

磷(P)是有害的元素。磷虽可提高钢材的强度和抗锈蚀能力,但它在低温下使钢变脆,这种现象称为冷脆。

氧(O)和氮(N)也是有害杂质,在金属熔化的状态下可以从空气中进入。氧能使钢热脆,其作用比硫剧烈,氮能使钢冷脆,与磷相似,故其含量必须加以控制。

（二）冶炼、浇铸与轧制

1. 冶炼

钢材的冶炼方法主要有平炉炼钢、氧气顶吹转炉炼钢、碱性侧吹转炉炼钢及电炉炼钢。在建筑钢结构中，主要使用氧气顶吹转炉生产的钢材。

冶炼这一冶金过程形成钢的化学成分与含量、钢的金相组织结构，不可避免地存在冶金缺陷，从而确定不同的钢种、钢号及其相应的力学性能。

2. 浇铸

把熔炼好的钢水浇铸成钢锭或钢坯有两种方法，一种是浇入铸模做成钢锭，另一种是浇入连续浇铸机做成钢坯。铸锭过程中因脱氧程度不同，最终成为镇静钢、半镇静钢与沸腾钢。

钢在冶炼及浇铸过程中会不可避免地产生冶金缺陷。常见的冶金缺陷有偏析、非金属夹杂、气孔及裂纹等。这些缺陷都将影响钢的力学性能。

（1）偏析：钢中化学成分分布不均匀，主要的偏析是硫、磷，将使偏析区钢材的塑性、韧性及可焊性变差。

（2）非金属夹杂：钢材中存在非金属化合物（硫化物、氧化物），使钢材的性能变脆。

（3）裂纹、分层：浇铸时的非金属夹杂物在轧制中可能造成钢材的分层，影响钢材的冷弯性能。

3. 轧制

钢材的轧制能使金属的晶粒变细，也能使气泡、裂纹等焊合，因而改善了钢材的力学性能。

（三）热处理

热处理的目的在于取得高强度的同时能够保持良好的塑性和韧性。钢材热处理的主要形式有淬火、正火、回火及调质处理。

淬火是将金属工件加热到某一适当温度并保持一段时间，随即浸入淬冷介质中快速冷却。

正火是把钢材加热至850～900 ℃并保持一段时间后在空气中自然冷却，即为正火。如果钢材在终止轧制时温度正好控制在上述温度范围，可得到正火的效果，称为控轧。

回火是将钢材重新加热至650 ℃并保温一段时间，然后在空气中自然冷却。

淬火加回火也称调质处理。淬火是把钢材加热至900 ℃以上，保温一段时间，然后放入水或油中快速冷却。

（四）冷加工硬化

1. 冷作硬化（也称应变硬化）

当加载超过材料的比例极限卸载后，出现残余变形，再次加载则屈服点提高，塑性和韧性降低的现象，称为冷作硬化。

2. 时效硬化

随时间的增长使屈服强度和抗拉强度提高，伸长率和冲击韧性降低的现象，称为时效硬化。不同种类钢材的时效硬化过程和时间长短不同，可以几小时到数十年。

(五)温度

温度升高,钢材强度降低、应变增大;反之,温度降低,钢材强度略有增加,塑性和韧性降低而变脆。

(1)蓝脆:在 250 ℃左右时,强度提高而伸长率和冲击韧性降低,钢材表面氧化膜呈蓝色,此种现象称为蓝脆现象。

(2)徐变:当温度在 260 ~ 320 ℃时,在应力持续不变的情况下,钢材以很缓慢的速度继续变形,此种现象称为徐变。

当温度达到 600 ℃时强度很低,不能承担荷载。

(六)应力集中

应力集中是指当截面完整性遭到破坏,如有裂纹(内部的或表面的)、孔洞、刻槽、凹角以及截面的厚度或宽度突然改变处,构件中的应力分布将变得很不均匀,在缺陷或截面变化处附近,应力线曲折、密集,出现高峰应力的现象。应力集中与截面外形特征有关,截面变化越剧烈,应力集中越严重,变脆的倾向越严重。

三、钢材品种、规格及选用

(一)钢板与钢带

一般情况下,钢板是指一种宽厚比和表面积都很大的扁平钢材。钢带一般是指长度很长,可成卷供应的钢板。

(1)根据钢板的薄厚程度,钢板大致可分为薄钢板(厚度≤4 mm)和厚钢板(厚度 >4 mm)两种。在实际工作中,常将厚度为 4 ~ 20 mm 的钢板称为中板,将厚度为 20 ~ 60 mm 的钢板称为厚板,将厚度在 60 mm 以上的钢板称为特厚板,也统称为中厚钢板。成张钢板的规格以厚度 × 宽度 × 长度的毫米数表示。

(2)钢带也可分为两种,当宽度≥600 mm 时,为宽钢带;当宽度 <600 mm 时,则称为窄钢带。钢带的规格以厚度 × 宽度的毫米数表示。

(二)型钢

1. 型钢的种类

(1)按材质的不同,型钢可分为普通型钢和优质型钢。

①普通型钢是由碳素结构钢和低合金高强度结构钢制成的型钢,主要用于建筑结构和工程结构。

②优质型钢也称优质型材,是由优质钢(如优质碳素结构钢、合金结构钢、易切削结构钢、弹簧钢、滚动轴承钢、碳素工具钢、合金工具钢、高速工具钢、不锈耐酸钢、耐热钢等)制成的型钢,主要用于各种机器结构、工具及有特殊性能要求的结构。

(2)按生产方法的不同,型钢可分为热轧(锻)型钢、冷弯型钢、冷拉型钢、挤压型钢和焊接型钢。

①用热轧方法生产型钢,具有生产规模大、效率高、能耗少和成本低等优点,是型钢生产的主要方法。

②用焊接方法生产型钢,是将矫直后的钢板或钢带剪裁、组合并焊接成型,不但节约金属,而且可生产特大尺寸的型材,生产工字钢材的最大尺寸目前已达到 2 000 mm × 508 mm×76 mm。

(3)按截面形状的不同,型钢可分为圆钢、方钢、扁钢、六角钢、等边角钢、不等边角钢、工字钢、槽钢和异形型钢等。

①圆钢、方钢、扁钢、六角钢、等边角钢及不等边角钢等的截面没有明显的凹凸分支部分,也称简单截面型钢或棒钢,在简单截面型钢中,优质钢与特殊性能钢占有相当大的比重。

②工字钢、槽钢和异形型钢的截面有明显的凹凸分支部分,成型比较困难,也称复杂截面型钢,即通常意义上的型钢。

异形型钢通常是指有专门用途的截面形状比较复杂的型钢,如窗框钢、汽车车轮轮辋钢、履带板型钢以及周期截面型钢等。周期截面型钢是指其截面形状沿长度方向呈周期性变化的型钢。

2. 型钢的规格

(1)角钢的规格。

①常用热轧角钢有等边角钢和不等边角钢两种,其长度一般为3~19 m。

②热轧等边角钢的型号用符号∟和肢宽×肢厚的毫米数表示,如∟100×10表示肢宽100 mm、肢厚10 mm的等边角钢。热轧等边角钢的边宽(b)、边厚(t)的尺寸允许偏差见表8-1。

③热轧不等边角钢的型号用符号∟和长肢宽×短肢宽×肢厚的毫米数表示,如∟100×80×8表示长肢宽100 mm、短肢宽80 mm、肢厚8 mm的不等边角钢。热轧不等边角钢边宽(B、b)、边厚(t)的尺寸允许偏差见表8-2。

表8-1 等边角钢边宽及边厚的尺寸允许偏差

型号	允许偏差(mm)		型号	允许偏差(mm)	
	边宽 b	边厚 t		边宽 b	边厚 t
2~5.6	±0.8	±0.4	10~14	±1.8	±0.7
6.3~9	±1.2	±0.6	16~20	±2.5	±1.0

表8-2 不等边角钢边宽及边厚的尺寸允许偏差

型号	允许偏差(mm)		型号	允许偏差(mm)	
	边宽 B、b	边厚 t		边宽 B、b	边厚 t
2.5/1.6~5.6/3.6	±0.8	±0.4	10/6.3~14/9	±2.0	±0.7
6.3/4~9/5.6	±1.5	±0.6	16/10~20/12.5	±2.5	±1.0

(2)工字钢的规格。

①工字钢有普通工字钢和轻型工字钢之分,分别用符号"I"和"Q I"及号数表示,号数代表截面高度的毫米数。

I20和I32以上的普通工字钢,同一号数中又分a、b和b、c类型,其腹板厚度和翼缘宽度均分别递增 2 mm。如Ⅰ36a 表示截面高度为 360 mm、腹板厚度为 a 类的普通工字钢。工字钢宜尽量选用腹板厚度最薄的 a 类,因其线密度低,而截面惯性矩相对较大。

工字钢通常的长度见表 8-3。每米弯曲度不大于 2 mm,总弯曲度不大于总长度的 0.2%,并不得有明显的扭曲。

表 8-3 工字钢的长度

型号	长度(m)	型号	长度(m)
10 ~ 18	5 ~ 19	20 ~ 63	6 ~ 19

②轻型工字钢的翼缘比普通工字钢的翼缘宽而薄,故回转半径相对较大,可节省钢材。工字钢由于宽度方向的惯性矩和回转半径比高度方向小得多,因而在应用上有一定的局限性,一般宜用于单向受弯构件。

③热轧工字钢截面尺寸的允许偏差应符合下列规定:

Ⅰ. 工字钢的高度(h)、腿宽度(b)、腰厚度(d)尺寸允许偏差应符合表 8-4 的规定。

Ⅱ. 工字钢平均腿厚度的允许偏差为 ±0.06t(t 为工字钢脚厚度)。

Ⅲ. 工字钢的弯腰挠度不应超过 0.15d。

Ⅳ. 工字钢的外缘斜度单腿不大于 1.5%b,双腿不大于 2.5%b。

Ⅴ. 相对于垂直轴的腿的不对称度,不得超过腿宽公差之半。

表 8-4 工字钢截面尺寸的允许偏差

型号	允许偏差(mm)		
	高度 h	腿宽度 b	腰厚度 d
≤14	±2.0	±2.0	±0.5
14 ~ 18		±2.5	
18 ~ 30	±3.0	±3.0	±0.7
30 ~ 40		±3.5	±0.8
40 ~ 63	±4.0	±4.0	±0.9

④热轧工字钢的定尺、倍尺长度及允许偏差见表 8-5。

表 8-5 热轧工字钢的定尺、倍尺长度及允许偏差

定尺、倍尺长度(m)	允许偏差(mm)	定尺、倍尺长度(m)	允许偏差(mm)
≤8	+40 0	>8	+80 0

(3)槽钢的规格。

①槽钢分普通槽钢和轻型槽钢两种,型号用符号"["和"Q ["及号数表示,号数也代表截面高度的毫米数。[14 和 [25 号以上的普通槽钢同一号数中又分 a、b 类型和 a、b、c 类型,其腹板厚度和翼缘宽度均分别递增 2 mm。如[36a 表示截面高度为 360 mm、腹板

厚度为 a 类的普通槽钢。同样,轻型槽钢的翼缘相对于普通槽钢的翼缘宽而薄,故较经济。

②槽钢截面的高度(h)、边宽(b)、腹板厚(t_w)的尺寸允许偏差见表 8-6。

表 8-6　槽钢截面的高度、边宽、腹板厚的尺寸允许偏差

型号	允许偏差(mm)		
	高度 h	边宽 b	腹板厚 t_w
5~8	±1.5	±1.5	±0.4
>8~14	±2.0	±2.0	±0.5
>14~18	±2.0	±2.5	±0.6
>18~30	±3.0	±3.0	±0.7
>30~40	±3.0	±3.5	±0.8

(4)H 型钢的规格。

轧制 H 型钢的钢号可分为低碳结构钢 Q235 钢、低合金钢 Q345 钢和 Q390 钢,并可指定其质量等级。H 型钢按其截面规格可分为以下系列:

①宽翼缘(HW)。这一系列常用作柱及支撑,其翼缘较宽,截面宽高比为 1:1。弱轴的回转半径相对较大,具有良好的受压承载力。截面规格为 100 mm×100 mm~400 mm×400 mm。

②中翼缘(HM)。这一系列可用作柱和梁,其翼缘宽度比宽翼缘(HW)窄一些,截面宽高比为 1:1.3~1:2,截面规格为 150 m×100 mm~600 mm×300 mm。

③窄翼缘(HN)。这一系列常用作梁,其翼缘较窄,也称梁型 H 型钢,截面宽高比为 1:2~1:3,有良好的受弯承载力,截面高度为 100~900 mm。

④桩用 H 型钢(HP)。这一系列常用作钢桩,其宽高比为 1:1,截面规格为:200 mm×200 mm~500 mm×500 mm,且大多数这类 H 型钢的翼缘厚度同腹板。

(三)钢管

钢管是一种具有中空截面的长条形管状钢材。钢管与圆钢等实心钢材相比,在抗弯、抗扭强度相同时质量较轻,是一种经济截面钢材,故钢管广泛用于制造结构构件和各种机械零件。

钢管按照横截面形状的不同可分为圆管和异形管。

(四)钢筋

1. 钢筋的种类

(1)按化学成分分类,钢筋可分为碳素钢钢筋和普通低合金钢钢筋两种。

①碳素钢钢筋是由碳素钢轧制而成的。碳素钢钢筋按含碳量的多少又分为低碳钢钢筋($W_c<0.25\%$)、中碳钢钢筋($W_c=0.25\%\sim0.60\%$)、高碳钢钢筋($W_c>0.60\%$)。含碳量越高,强度及硬度也越高,但塑性、韧性、冷弯性及焊接性等均越差。

②普通低合金钢钢筋是在低碳钢和中碳钢的成分中加入少量元素(硅、锰、钛、稀土等)制成的钢筋。

普通低合金钢钢筋的主要优点是强度高,综合性能好,用钢量比碳素钢少20%左右。常用的有24MnSi、25MnSi、40MnSiV等品种。

(2)按生产工艺分类,钢筋可分为热轧钢筋、余热处理钢筋、冷拉钢筋、冷拔低碳钢丝、碳素钢丝、刻痕钢丝、钢绞线、冷轧带肋钢筋、冷轧扭钢筋等。

①热轧钢筋是用加热钢坯轧成的条形钢筋,由轧钢厂经过热轧成材供应,钢筋直径一般为5~50 mm,分直条和盘条两种。

②余热处理钢筋又称调质钢筋,是经热轧后立即穿水,进行表面控制冷却,然后利用芯部余热自身完成回火处理所得的成品钢筋。其外形为有肋的月牙肋。

③冷加工钢筋有冷拉钢筋和冷拔低碳钢丝两种。冷拉钢筋是将热轧钢筋在常温下进行强力拉伸使其强度提高的一种钢筋。钢丝有低碳钢丝和碳素钢丝两种。冷拔低碳钢丝由直径6~8 mm的普通热轧圆盘条经多次冷拔而成,分甲、乙两个等级。

④碳素钢丝是由优质高碳钢盘条经淬火、酸洗、拔制、回火等工艺而制成的。按生产工艺可分为冷拉及矫直回火两个品种。

⑤刻痕钢丝是把热轧大直径高碳钢加热,并经铅浴淬火,然后冷拔多次,钢丝表面再经过刻痕处理而制得的钢丝。

⑥钢绞线是把光圆碳素钢丝在绞线机上进行捻合而成的钢绞线。

2. 钢筋的规格

1)冷轧钢筋

(1)冷轧带肋钢筋。冷轧带肋钢筋成品公称直径范围为4~12 mm,其外形尺寸、表面质量和质量偏差应符合表8-7和表8-8的规定。

表8-7 三面肋冷轧钢筋的尺寸、质量和允许偏差

公称直径(mm)	公称横截面面积(mm^2)	质量		横肋中点高		横肋1/4处高$h_{1/4}$(mm)	肋顶宽b(mm)	肋距		相对肋面积f_r(mm^2),≥
		理论质量(kg/m)	允许偏差(%),≤	h(mm)	允许偏差(mm),≤			l(mm)	允许偏差(%),≤	
4	12.6	0.099	±4	0.30	+0.10 -0.05	0.24	~0.2d	4.0	±15	0.036
5	19.6	0.154		0.32		0.26		4.0		0.039
6	28.3	0.222		0.40		0.32		5.0		0.039
7	38.5	0.302		0.46		0.37		5.0		0.045
8	50.3	0.395		0.55		0.44		6.0		0.045
9	63.6	0.499		0.75		0.60		7.0		0.052
10	78.5	0.617		0.75		0.60		7.0		0.052
11	95.0	0.746		0.85		0.68		7.4		0.056
12	113.1	0.888		0.95		0.76		8.4		0.056

注:1. 横肋1/4处高、横肋顶宽供孔形设计用。

2. 其他规格钢筋尺寸及允许偏差可参考相邻尺寸的参数确定。

表 8-8　二面肋冷轧钢筋的尺寸、质量和允许偏差

公称直径（mm）	公称横截面面积（mm^2）	质量		横肋中点高		横肋 1/4 处高 $h_{1/4}$（mm）	肋顶宽 b（mm）	肋距		相对肋面积 f_r（mm^2），≥
		理论质量（kg/m）	允许偏差（%），≤	h（mm）	允许偏差（mm），≤			l（mm）	允许偏差（%），≤	
5	19.6	0.154		0.32		0.26		4.0		0.039
6	28.3	0.222		0.40		0.32		5.0		0.039
7	38.5	0.302		0.46		0.37		5.0		0.045
8	50.3	0.395	±4	0.55	+0.10	0.44	~0.2d	6.0	±15	0.045
9	63.6	0.499		0.75	−0.05	0.60		7.0		0.052
10	78.5	0.617		0.75		0.60		7.0		0.052
11	95.0	0.746		0.85		0.68		7.4		0.056
12	113.1	0.888		0.95		0.76		8.4		0.056

注：1. 横肋 1/4 处高、横肋顶宽供孔形设计用；允许有高度不大于 0.5h 的纵肋。

2. 其他规格钢筋尺寸及允许偏差可参考相邻尺寸的参数确定。

3. 钢筋的椭圆度（在同一横截面上最大直径和最小直径之差）不应超过直径公差范围。

（2）冷轧扭钢筋。冷轧扭钢筋是由普通低碳钢热轧盘圆钢筋经冷轧扭工艺制成的。其表面形状为连续的螺旋形，故它与混凝土的黏结性能很强，同时具有较高的强度和足够的塑性。

如果用它代替 HPB235 级钢筋可节约钢材 30% 左右，可降低工程成本。冷轧扭钢筋的规格及截面参数见表 8-9。

表 8-9　冷轧扭钢筋的规格及截面参数

强度级别	型号	标志直径 d（mm）	公称截面面积 A_s（mm^2）	理论质量 G（kg/m）
CTB550	Ⅰ	6.5	29.50	0.232
		8	45.30	0.356
		10	68.30	0.536
		12	96.14	0.755
	Ⅱ	6.5	29.20	0.229
		8	42.30	0.332
		10	66.10	0.519
		12	92.74	0.728
	Ⅲ	6.5	29.86	0.234
		8	45.24	0.355
		10	70.69	0.555

续表 8-9

强度级别	型号	标志直径 d（mm）	公称截面面积 A_s（mm^2）	理论质量 G（kg/m）
CTB650	Ⅲ	6.5	28.20	0.221
		8	42.73	0.335
		10	66.76	0.524

注：Ⅰ型为矩形截面；Ⅱ型为方形截面；Ⅲ型为圆形截面。

2）热轧钢筋

（1）低碳钢热轧圆盘条。盘条的公称直径为 5.5 mm、6.0 mm、6.5 mm、7.0 mm、8.0 mm、9.0 mm、10.0 mm、11.0 mm、12.0 mm、13.0 mm、14.0 mm。根据供需双方的协议也可生产其他尺寸的盘条。盘条的直径允许偏差不大于 ±0.45 mm，椭圆度（同一横截面上最大直径与最小直径的差值）不大于 0.45 mm。

（2）热轧光圆钢筋。热轧光圆钢筋的公称直径范围为 6～22 mm，推荐的钢筋公称直径为 6 mm、8 mm、10 mm、12 mm、16 mm、20 mm。

（3）热轧带肋钢筋。热轧带肋钢筋的公称直径范围为 6～50 mm，推荐的钢筋公称直径为 6 mm、8 mm、10 mm、12 mm、16 mm、20 mm、25 mm、32 mm、40 mm、50 mm。

（五）钢材的选用原则

1. 钢材的标准与选用

在工程中，钢结构所用各种型钢，钢筋混凝土结构所用的各种钢筋、钢丝、锚具等钢材，基本上都是碳素结构钢和低合金结构钢等钢种经热轧或冷轧、冷拔、热处理等工艺加工而成的。

1）碳素结构钢

碳素结构钢包括一般结构钢和工程用热轧钢板、钢带、型钢等。现行国家标准《碳素结构钢》（GB/T 700—2006）具体规定了它的牌号表示方法、代号和符号、技术要求、试验方法、检验规则等。

Q195 钢：强度不高，塑性、韧性、加工性能与焊接性能较好，主要用于轧制薄板和盘条等。

Q215 钢：用途与 Q195 钢基本相同，由于其强度稍高，大量用作管坯、螺栓等。

Q235 钢：既有较高的强度，又有较好的塑性和韧性，焊接性能也很好，在建筑工程中应用最广泛，大量用于制作钢结构用钢、钢筋和钢板等。

Q275 钢：强度、硬度较高，耐磨性较好，但塑性、冲击韧性和焊接性能差。不宜用于建筑结构，主要用于制作机械零件和工具等。

2）低合金高强度结构钢

低合金高强度结构钢是在碳素结构钢的基础上，添加少量的一种或几种合金元素（总含量小于 5%）的一种结构钢，其目的是提高钢的屈服强度、抗拉强度、耐磨性、耐腐蚀性及耐低温性能等。因此，它是综合性较为理想的建筑钢材，尤其在大型结构、重型结构、大跨度结构、高层建筑、桥梁工程、承受动荷载和冲击荷载的结构中更适用。另外，与使用碳素钢相比，可节约钢材 20%～30%，而成本并不是很高。

2. 钢材的选用原则

1)结构的重要性

安全等级不同,所选钢材的质量等级也应不同,重要的结构构件应选用质量好的钢材。

2)荷载特征

荷载为静力荷载或动力荷载,应选用各项性能不同的钢材。

3)应力特征

对受拉或受弯的构件应选用质量较好的钢材,对受压或受压弯的构件则可选用一般质量的钢材。

4)连接方法

焊接应选择可焊性好的钢材。非焊接结构对含碳量可降低要求。

5)结构的工作温度

处于负温下工作时,选用负温冲击合格的钢材。

6)钢材的厚度

厚度大的焊接结构应采用材质较好的钢材。

7)环境条件

结构周围有腐蚀介质存在时要选用抗锈性好的钢材。

3. 钢材选择的要求

承重结构的钢材应具有抗拉强度,伸长率,屈服点和硫、磷的极限含量,对焊接结构尚应保证碳的极限含量。焊接承重结构以及重要的非焊接承重结构的钢材尚应具有冷弯试验的合格保证。对需要验算疲劳以及主要的受拉或受弯的焊接结构的钢材,应具有常温或负温冲击性的合格保证。

学习任务三　钢结构的连接

钢结构的连接方法主要有焊接连接、螺栓连接和铆钉连接三种。目前,焊接连接被广泛应用,铆钉连接已基本不采用。

一、焊接连接方法及形式

焊接连接是通过电弧产生热量,使焊条和焊件局部熔化,经冷却凝结成焊缝,从而将焊件连接成一体。其优点是任何形式的构件一般都可直接相连,不会削弱构件截面,且用料经济,构造简单,加工方便,连接刚度大,密封性能好,可采用全自动或半自动作业,提高生产效率。其缺点是焊缝附近的钢材在高温作用下形成热影响区,导致材质局部变脆;焊接过程中钢材由于受到不均匀的加温和冷却,使结构产生焊接残余应力和残余变形,也使钢材的承载力、刚度和使用性能受到影响。

(一)焊接连接的方法

焊接连接有气焊、接触焊和电弧焊等方法。在电弧焊中又分为手工焊、自动焊和半自动焊三种。目前,钢结构中较常用的焊接方法是手工电弧焊。

1. 手工电弧焊

手工电弧焊是指以手工操作的方法,利用焊接电弧产生的热量使焊条和焊件熔化,并凝固成牢固接头的工艺过程。

手工电弧焊实用性强,应用广泛;但生产效率比自动或半自动焊低,质量较差,且变异性大,焊缝质量在一定程度上取决于焊工的技术水平,劳动条件差。手工电弧焊在建筑钢结构中得到广泛使用,可在室内、室外及高空中平、横、立、仰的位置进行施焊。

手工电弧焊常用的焊条有碳钢焊条和低合金钢焊条。其牌号为 E43 型、E50 型和 E55 型等,其中 E 表示焊条,两位数字表示焊条熔敷金属抗拉强度的最小值(单位为 N/mm^2)。手工电弧焊采用的焊条应符合国家标准的规定,焊条的选用应与主体金属强度相匹配。一般情况下,对 Q235 钢采用 E43 型焊条,对 Q345 钢采用 E50 型焊条,对 Q390 钢和 Q420 钢采用 E55 型焊条。当不同强度的两种钢材进行连接时,宜采用与低强度钢材相适应的焊条。

2. 埋弧焊(自动电弧焊或半自动电弧焊)

埋弧焊是电弧在焊剂层下燃烧的一种电弧焊方法。自动电弧焊是将设备装在小车上,使小车按规定速度沿轨道移动,通电引弧后,焊丝附件的构件熔化。焊渣浮于熔化的金属表面,将焊剂埋盖,保护熔化后的金属。若焊机的移动是通过人工操作实现的,则称为半自动电弧焊。

自动埋弧焊的焊缝质量稳定,焊缝内部缺陷少,塑性和韧性好,其质量比手工电弧焊好,但它只适合焊接较长的直线焊缝。半自动电弧焊质量介于自动电弧焊和手工电弧焊之间,因焊机移动由人工操作,故适合于焊接曲线或任意形状的焊缝。自动电弧焊或半自动电弧焊应采用与焊件金属强度相匹配的焊丝和焊剂。焊丝应符合国家标准的规定,焊剂则根据焊接工艺要求确定。

自动(半自动)电弧焊的焊接质量明显比手工电弧焊要高,特别适用于焊缝较长的直线焊缝。

3. 气体保护焊

气体保护焊是利用惰性气体或二氧化碳气体作为保护介质的一种电弧熔焊方法。它直接依靠保护气体在电弧周围形成局部的保护层,以防止有害气体的侵入,从而保持焊接过程的稳定。

气体保护焊的优点是焊工能够清楚地看到焊缝成型的过程,熔滴过渡平缓,焊缝强度比手工电弧焊高,塑性和抗腐蚀性能好,适用于全位置的焊接,但不适用于野外或有风的地方施焊。

气体保护焊焊接速度快,焊件熔深大,焊缝强度比手工电弧焊高,塑性、抗腐蚀性好,适合厚钢板或特厚钢板($t>100$ mm)的焊接。

(二)焊接连接的形式

焊接连接形式主要分为对接连接、搭接连接、T 形连接和角部连接四种,如图 8-3 所示。这些连接所用的焊缝有对接焊缝和角焊缝。在具体应用时,应根据连接的受力情况,结合制造、安装和焊接条件进行合理选择。

对接连接主要用于厚度相同或接近相同的两构件的相互连接,搭接连接用于不同厚

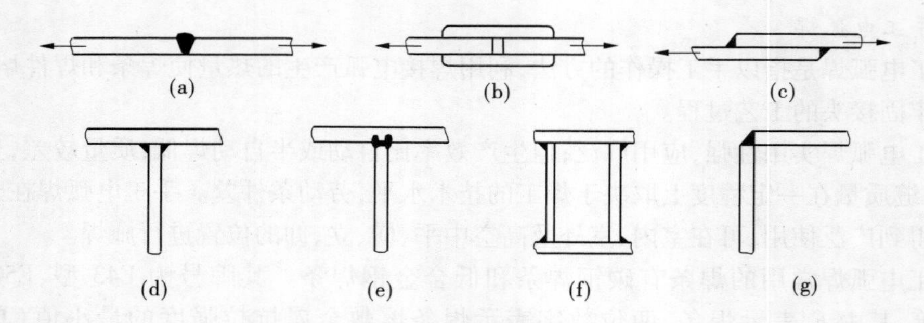

图 8-3　焊接连接的形式

度构件的连接，T 形连接常用于制作组合截面，角部连接主要用于制作箱形截面。

(三)焊缝形式

对接焊缝按作用力与焊缝方向之间的关系，可分为正对接焊缝（见图 8-4（a））和斜对接焊缝（图 8-4（b））。

角焊缝（见图 8-4（c））按作用力的方向可分为正面角焊缝、侧面角焊缝和斜角角焊缝。常见的角焊缝是直角角焊缝。

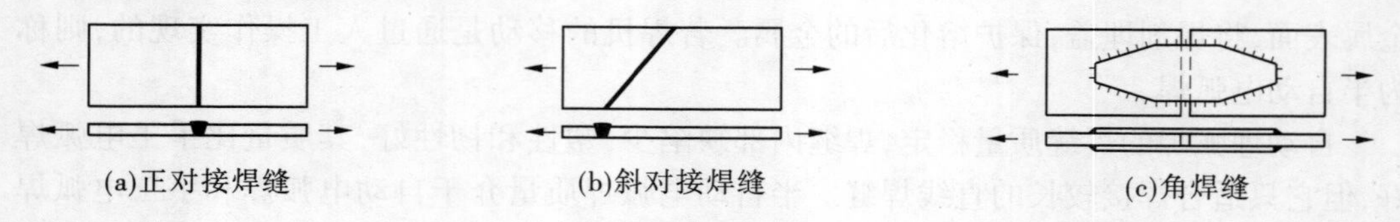

图 8-4　焊缝形式

焊缝按其长度方向的布置，还可分为连续角焊缝和间断角焊缝（见图 8-5）。连续角焊缝受力情况较好，应用广泛；间断角焊缝易在分段的两端引起严重的应力集中，重要结构应避免使用。受力间断角焊缝的间断距离不宜过大，对受压翼缘净间距≤$15t$，对受拉翼缘净间距≤$30t$（t 为较薄焊件厚度）。

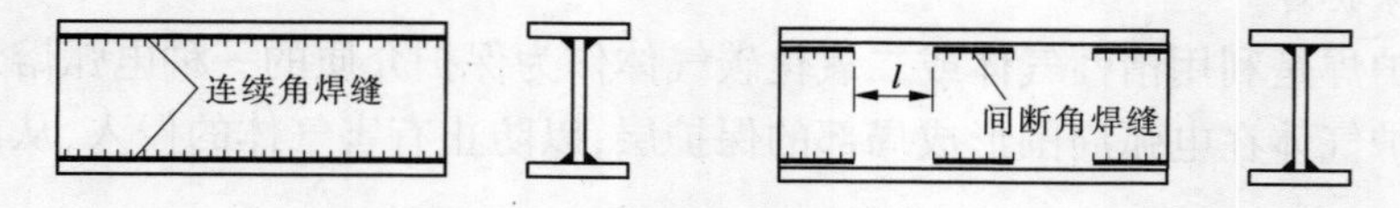

图 8-5　连续角焊缝和间断角焊缝

焊缝按施焊位置分为平焊、横焊、立焊和仰焊（见图 8-6）。

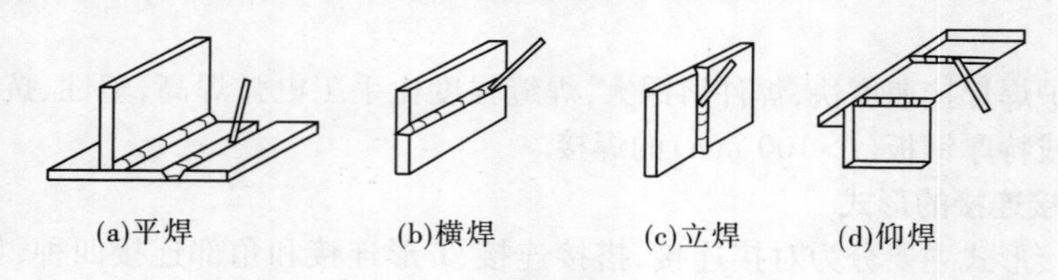

图 8-6　焊缝施焊位置

二、焊接连接的构造与计算

(一)对接焊缝的构造与计算

1. 对接焊缝的构造

在对接焊缝的拼接处,当焊件的宽度不同或厚度在一侧相差 4 mm 以上时,应分别在宽度方向或厚度方向从一侧或两侧做成坡度不大于 1∶2.5 的斜角(见图 8-7);当厚度不同时,焊缝坡口形式应根据较薄焊件厚度相关要求取用。

对于较厚的焊件($t \geqslant 20$ mm,t 为钢板厚度),应采用 V 形缝、U 形缝、K 形缝、X 形缝。其中,V 形缝和 U 形缝为单面施焊,但在焊缝根部还需补焊。当没有条件补焊时,要事先在根部加垫板(见图 8-8)。当焊件可随意翻转施焊时,使用 K 形缝和 X 形缝较好。

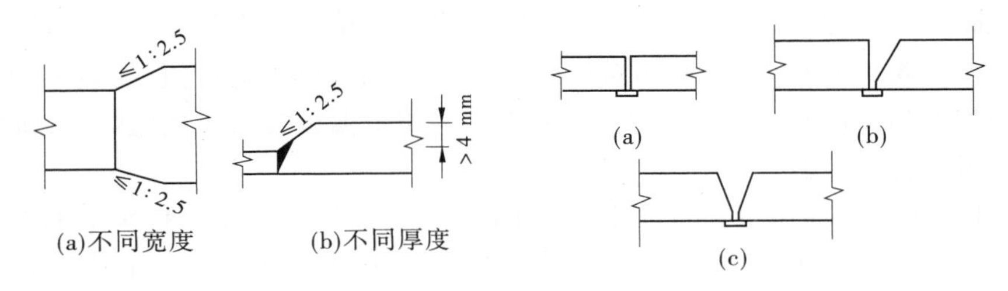

图 8-7 不同宽度或不同厚度钢板的拼接　　图 8-8 根部加垫板

在钢板厚度或宽度有变化的焊接中,为了使构件传力均匀,应在板的一侧或两侧做成坡度不大于 1∶4的斜角,形成平缓的过渡(见图 8-9)。

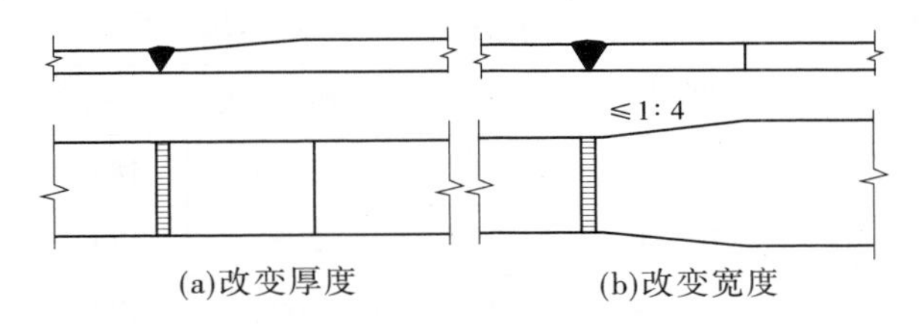

图 8-9 不同厚度或不同宽度钢板的连接

当采用部分焊透的对接焊缝时,应在设计图中注明坡口的形式和尺寸,其计算厚度 h_e 不得小于 $1.5\sqrt{t}$,t 为较大焊件的厚度。在直接承受动力荷载的结构中,垂直于受力方向的焊缝不宜采用部分焊透的对接焊缝。

钢板拼接采用对接焊缝时,纵、横两个方向的对接焊缝可采用十字形交叉或 T 形交叉。当为 T 形时,交叉点的间距不得小于 200 mm,如图 8-10 所示。

2. 对接焊缝的计算

对接焊缝中的应力分布情况与焊件原来的情况基本相同。下面根据焊缝受力情况分述焊缝的计算公式。

(1)轴心力作用下的对接焊缝计算。在对接接头和 T 形接头中,垂直于轴心拉力或轴心压力的对接焊缝或对接与角接组合焊缝,其强度应按下式计算

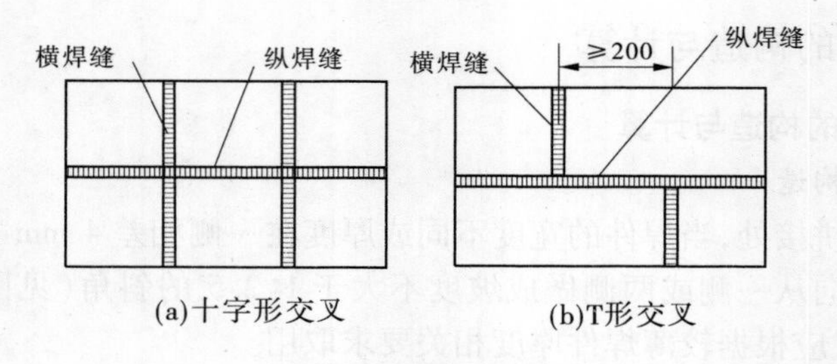

(a)十字形交叉　　(b)T形交叉

图 8-10　钢板的拼接

$$\sigma = \frac{N}{l_w t} \leqslant f_t^w 或 f_c^w \tag{8-2}$$

式中:N 为轴心拉力或轴心压力;l_w 为焊缝长度;t 为在对接接头中为连接件的较小厚度,在 T 形接头中为腹板的厚度;f_t^w、f_c^w 为对接焊缝的抗拉、抗压强度设计值(见表 8-10)。

当对接焊缝和 T 形对接与角接组合焊缝无法采用引弧板或引出板施焊时,每条焊缝在长度计算时应各减去 $2t$。

(2)弯矩和剪力共同作用下的对接焊缝计算。在对接接头和 T 形接头中承受弯矩和剪力共同作用的对接焊缝或对接与角接组合焊缝,其正应力和剪应力应分别进行计算。

表 8-10　焊缝的强度设计值　(单位:N/mm^2)

<table>
<tr><th rowspan="3">焊接方法和焊条型号</th><th colspan="2">钢材牌号规格和标准号</th><th colspan="4">对接焊缝</th><th>角焊缝</th></tr>
<tr><th rowspan="2">牌号</th><th rowspan="2">厚度或直径(mm)</th><th rowspan="2">抗压 f_c^w</th><th colspan="2">焊缝质量为下列等级时,抗拉 f_t^w</th><th rowspan="2">抗剪 f_v^w</th><th rowspan="2">抗拉、抗压和抗剪 f_f^w</th></tr>
<tr><th>一级、二级</th><th>三级</th></tr>
<tr><td rowspan="4">自动焊、半自动焊和 E43 型焊条的手工焊</td><td rowspan="4">Q235 钢</td><td>≤16</td><td>215</td><td>215</td><td>185</td><td>125</td><td rowspan="4">160</td></tr>
<tr><td>> 16 ~ 40</td><td>205</td><td>205</td><td>175</td><td>120</td></tr>
<tr><td>> 40 ~ 60</td><td>200</td><td>200</td><td>170</td><td>115</td></tr>
<tr><td>> 60 ~ 100</td><td>190</td><td>190</td><td>160</td><td>110</td></tr>
<tr><td rowspan="5">自动焊、半自动焊和 E50、E55 型焊条的手工焊</td><td rowspan="5">Q345 钢</td><td>≤16</td><td>305</td><td>305</td><td>260</td><td>175</td><td rowspan="5">200</td></tr>
<tr><td>> 16 ~ 40</td><td>295</td><td>295</td><td>250</td><td>170</td></tr>
<tr><td>> 40 ~ 63</td><td>290</td><td>290</td><td>245</td><td>165</td></tr>
<tr><td>> 63 ~ 80</td><td>280</td><td>280</td><td>240</td><td>160</td></tr>
<tr><td>> 80 ~ 100</td><td>270</td><td>270</td><td>230</td><td>155</td></tr>
<tr><td rowspan="5">自动焊、半自动焊和 E50、E55 型焊条的手工焊</td><td rowspan="5">Q390 钢</td><td>≤16</td><td>345</td><td>345</td><td>295</td><td>200</td><td rowspan="5">200(E50)
220(E55)</td></tr>
<tr><td>> 16 ~ 40</td><td>330</td><td>330</td><td>280</td><td>190</td></tr>
<tr><td>> 40 ~ 63</td><td>310</td><td>310</td><td>265</td><td>180</td></tr>
<tr><td>> 63 ~ 80</td><td>295</td><td>295</td><td>250</td><td>170</td></tr>
<tr><td>> 80 ~ 100</td><td>295</td><td>295</td><td>250</td><td>170</td></tr>
</table>

续表 8-10

焊接方法和焊条型号	钢材牌号规格和标准号		对接焊缝				角焊缝
	牌号	厚度或直径(mm)	抗压 f_c^w	焊缝质量为下列等级时，抗拉 f_t^w		抗剪 f_v^w	抗拉、抗压和抗剪 f_f^w
				一级、二级	三级		
自动焊、半自动焊和 E55、E60 型焊条的手工焊	Q420 钢	≤16	375	375	320	215	220(E55) 240(E60)
		>16~40	355	355	300	205	
		>40~63	320	320	270	185	
		>63~80	305	305	260	175	
		>80~100	305	305	260	175	
自动焊、半自动焊和 E55、E60 型焊条的手工焊	Q460 钢	≤16	410	410	350	235	220(E55) 240(E60)
		>16~40	390	390	330	225	
		>40~63	355	355	300	205	
		>63~80	340	340	290	195	
		>80~100	340	340	290	195	
自动焊、半自动焊和 E50、E55 型焊条的手工焊	Q345GJ 钢	>16~35	310	310	265	180	200
		>35~50	290	290	245	170	
		>50~100	285	285	240	165	

注：1. 手工焊用焊条、自动焊和半自动焊所采用的焊丝和焊剂，应保证其熔敷金属的力学性能不低于母材的性能。

2. 焊缝质量等级应符合现行国家标准《钢结构焊接规范》(GB 50661—2011)的规定，其检验方法应符合现行国家标准《钢结构工程施工质量验收规范》(GB 50205—2001)的规定。其中，厚度小于 8 mm 钢材的对接焊缝，不应采用超声波探伤确定焊缝质量等级。

3. 对接焊缝在受压区的抗弯强度设计值取 f_c^w，在受拉区的抗弯强度设计值取 f_t^w。

4. 表中厚度是指计算点的钢材厚度，对轴心受拉和轴心受压构件是指截面中较厚板件的厚度。

5. 进行无垫板的单面施焊对接焊缝的连接计算时，上表规定的强度设计值应乘折减系数 0.85。

弯矩作用下焊缝产生正应力，剪力作用下焊缝产生剪应力，其应力分布如图 8-11 所示。

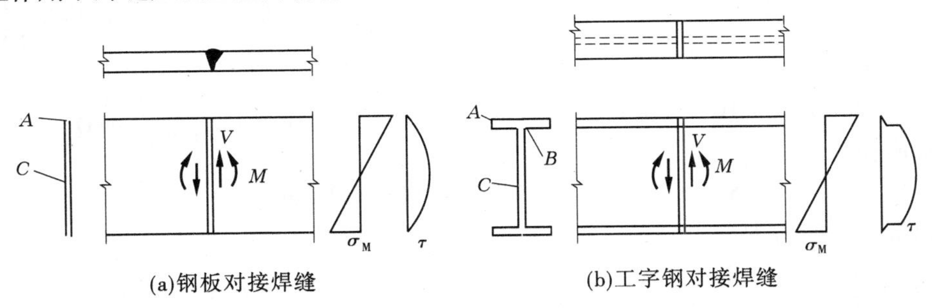

(a)钢板对接焊缝　　(b)工字钢对接焊缝

图 8-11　弯矩和剪力共同作用下的对接焊缝

弯矩作用下焊缝截面上 A 点正应力最大，其计算公式为

$$\sigma_M = M/W_w \tag{8-3}$$

式中：M 为焊缝承受的弯矩；W_w 为焊缝计算截面的截面模量。

剪力作用下焊缝截面上 C 点剪应力最大，可按下式计算

$$\tau = VS_w/(I_w t) \tag{8-4}$$

式中：V 为焊缝承受的剪力；I_w 为焊缝计算截面对其中和轴的惯性矩；S_w 为计算剪应力处以上焊缝计算截面对中和轴的面积矩。

对于工字形、箱形等构件，在腹板与翼缘交接处，焊缝截面的 B 点同时受较大的正应力 σ_1 和较大的剪应力 τ_1 作用，还应计算折算应力。其计算公式为

$$\sigma_f = \sqrt{\sigma_1^2 + 3\tau_1^2} \tag{8-5}$$

$$\sigma_1 = \frac{M}{W_w}\frac{h_0}{h} \tag{8-6}$$

式中：h_0、h 为焊缝截面处腹板高度、总高度。

$$\tau_1 = \frac{VS_1}{I_w t_w} \tag{8-7}$$

式中：S_1 为 B 点以上面积对中和轴的面积矩；t_w为腹板厚度。

【例 8-1】 已知 Q235 钢板截面 450 mm×20 mm 用对接直焊缝拼接，采用手工焊焊条 E43 型，用引弧板，按Ⅲ级焊缝质量检验。试求焊缝所能承受的最大轴心拉力设计值。

解 查表 8-10 得：$f_t^w = 175\ \text{N/mm}^2$，则钢板的最大承载力为

$$N = bt_w f_t^w = 450 \times 20 \times 175 \times 10^{-3} = 1\ 575(\text{kN})$$

【例 8-2】 如图 8-12 所示为一焊接工字形截面梁，设一道拼接的对接焊缝，拼接处作用荷载设计值：弯矩 $M = 1\ 200\ \text{kN}\cdot\text{mm}$，剪力 $V = 360\ \text{kN}$，钢材为 Q235B，焊条为 E43 型，半自动焊，Ⅲ级检验标准。试验算该焊缝的强度。

解 查表 8-10 得：$f_t^w = 185\ \text{N/mm}^2$，$f_v^w = 125\ \text{N/mm}^2$。

截面的几何特性计算如下：

惯性矩

$$I_x = \frac{1}{12} \times 8 \times 1\ 000^3 + 2 \times \left[\frac{1}{12} \times 280 \times 14^3 + 280 \times 14 \times 507^2\right] = 268\ 206 \times 10^4 (\text{mm}^4)$$

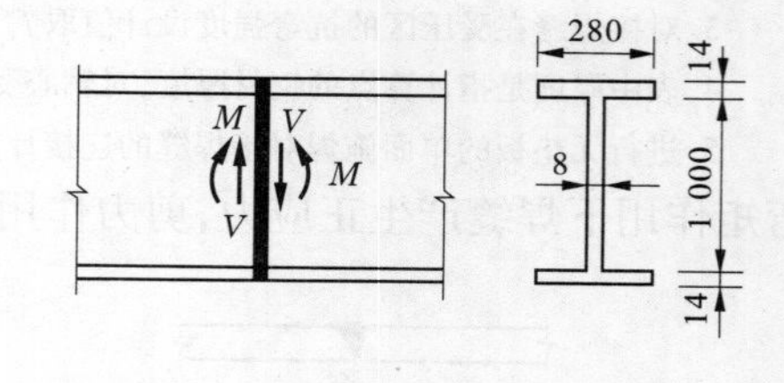

图 8-12 （单位：mm）

翼缘面积矩

$$S_{x1} = 280 \times 14 \times 507 = 1\ 987\ 440\ (\text{mm}^4)$$

则翼缘顶最大正应力为

$$\sigma = \frac{M}{I_x}\frac{h}{2} = \frac{1\ 200 \times 10^3 \times 1\ 028}{268\ 206 \times 10^4 \times 2} = 0.230(\text{N/mm}^2) < f_t^w = 185\ \text{N/mm}^2$$

满足要求。

腹板高度中部最大剪应力为

$$\tau = \frac{VS_x}{I_x t_w} = \frac{360 \times 10^3 \times \left(1\,987\,440 + 500 \times 8 \times \frac{500}{2}\right)}{268\,206 \times 10^4 \times 8}$$

$$= 50.12(\text{N/mm}^2) < f_v^w = 125\ \text{N/mm}^2$$

满足要求。

上翼缘和腹板交接处的正应力为

$$\sigma_1 = \sigma \times \frac{500}{507} = 0.230 \times \frac{500}{507} = 0.227(\text{N/mm}^2)$$

上翼缘和腹板交接处的剪应力为

$$\tau_1 = \frac{VS_{x1}}{I_x t_w} = \frac{360 \times 10^3 \times 1\,987\,440}{268\,206 \times 10^4 \times 8} = 33.34(\text{N/mm}^2)$$

折算应力为

$$\sqrt{\sigma_1^2 + 3\tau_1^2} = \sqrt{0.227^2 + 3 \times 33.34^2} = 57.75(\text{N/mm}^2) < 1.1 f_t^w = 203.5\ \text{N/mm}^2$$

满足要求。

(二)角焊缝的构造与计算

1. 角焊缝的构造

(1)最小焊脚尺寸。

如果板件厚度较大而焊缝焊脚尺寸过小,则施焊时焊缝冷却速度过快,可能产生淬硬组织,易使焊缝附近主体金属产生裂纹。

手工电弧焊最小焊脚尺寸 $h_f \geq 1.5\sqrt{t_{max}}$;

自动焊因熔深较大,最小焊脚尺寸 $h_f = 1.5\sqrt{t_{max}} - 1$;

T 形连接单面角焊缝最小焊脚尺寸 $h_f = 1.5\sqrt{t_{max}} + 1$;

当焊件厚度 $t \leq 4$ mm 时,则最小焊脚尺寸 $h_f = t_{max}$。

(2)最大焊脚尺寸。

角焊缝的焊脚尺寸过大,焊接时热量输入过大,焊缝收缩时将产生较大的焊接残余应力和残余变形,较薄焊件易烧穿。除钢管结构外,角焊缝的焊脚尺寸不宜大于较薄焊件厚度的 1.2 倍(见图 8-13(a)),即

$$h_f \leq 1.2t_{min}$$

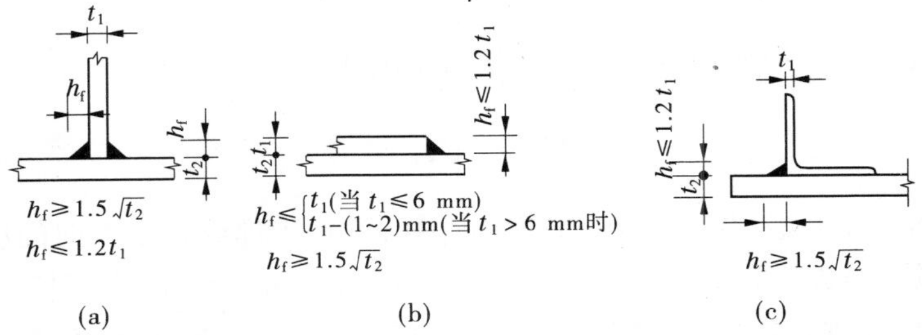

图 8-13 角焊缝的焊脚尺寸

板件边缘的角焊缝与板件边缘等厚时，施焊时易产生咬边现象。因此，角焊缝的最大焊脚尺寸 h_f 应符合下列要求（见图 8-13(b)）：当 $t_1 \leqslant 6$ mm 时，$h_f \leqslant t_1$；当 $t_1 > 6$ mm 时，$h_f \leqslant t_1 - (1 \sim 2)$ mm。圆孔或槽孔内的角焊缝的焊脚尺寸不宜大于圆孔直径或槽孔短径的 1/3。

（3）不等焊脚尺寸的构造要求。

角焊缝的两焊脚尺寸一般相等。当焊件的厚度相差较大且等焊尺寸不能符合以上最大焊脚尺寸和最小焊脚尺寸要求时，可采用不等角焊缝尺寸（见图 8-13(c)）。

（4）侧面角焊缝的最大计算长度。

承受静荷载或间接动力荷载时，$l_{w,\max} = 60h_f$；承受动力荷载时，$l_{w,\max} = 40h_f$。当侧缝的实际长度超过上述规定数值时，超过部分在计算中不予考虑；若内力沿侧缝全长分布时，则不受此限制，例如工字形截面柱或梁的翼缘与腹板的角焊缝连接等。

（5）焊缝最小计算长度。

角焊缝的焊缝长度过短，焊件局部受热严重，且施焊时起落弧坑相距过近，还有其他可能产生的缺陷。因此，规定角焊缝的最小计算长度 $l_{w,\min} = 8h_f$ 且 $\geqslant 40$ mm。

（6）搭接长度。

当仅有两条正面焊缝时，搭接长度 $\geqslant 5t_1$，且 $\geqslant$ 25 mm（见图 8-14）。

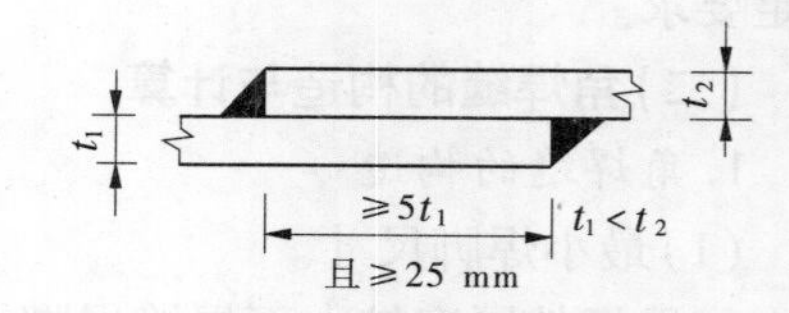

图 8-14　搭接长度

（7）围焊与绕角焊。

杆件端部搭接采用围焊（包括三面围焊、L 形围焊）时，转角处截面突变会产生应力集中，如在此处起灭弧，可能出现弧坑或咬边等缺陷，从而加大应力集中的影响，故所有围焊的转角处必须连接施焊。对于非围焊情况，当角焊缝的端部在构件转角处时，可连续地作长度为 $2h_f$ 的绕角焊，以改善连接的受力工作。

2. 角焊缝的计算

（1）在通过焊缝形心的拉力、压力或剪力作用下。

正面角焊缝（作用力垂直于焊缝长度方向）应满足

$$\sigma_f = \frac{N}{h_e l_w} \leqslant \beta_f f_f^w \tag{8-8}$$

侧面角焊缝（作用力平行于焊缝长度方向）应满足

$$\tau_f = \frac{N}{h_e l_w} \leqslant f_f^w \tag{8-9}$$

（2）在各种力的综合作用下，σ_f 和 τ_f 共同作用处有

$$\sqrt{\left(\frac{\sigma_f}{\beta_f}\right)^2 + \tau_f^2} \leqslant f_f^w \tag{8-10}$$

式(8-8)～式(8-10)中：σ_f 为按焊缝有效截面计算，垂直于焊缝长度方向的应力；τ_f 为按焊缝有效截面计算，沿焊缝长度方向的剪应力；h_e 为角焊缝的计算厚度，对直角角焊缝等于 h_f；l_w 为角焊缝的计算长度，对每条焊缝取其实际长度减去 $2h_f$；f_f^w 为角焊缝的强度设计值；β_f 为正面角焊缝的强度设计值增大系数，对承受静力荷载和间接承受动力荷载的结构，$\beta_f = 1.22$，对直接承受动力荷载的结构，$\beta_f = 1.0$，被连接板件的最小厚度不大于 4 mm

时，取 $\beta_f=1.0$。

(3)角钢与钢板、圆钢与钢板、圆钢与圆钢之间的角焊缝连接计算。

角钢与钢板连接的角焊缝应按表 8-11 所列公式计算。

表 8-11 角钢与钢板连接的角焊缝计算公式

项次	连接形式	公式	说明
1	(a)两面割焊	$l_{w1}=\frac{k_1N}{2\times0.7h_f f_f^w}$ $l_{w2}=\frac{k_2N}{2\times0.7h_f f_f^w}$	假定侧面角焊缝的焊脚尺寸 h_f 为已知，求焊缝计算长度 l_w，焊缝计算长度为设计长度减 $2h_f$
2	(b)三面围焊	$N_3=2\times0.7h_{f3}l_{w3}\beta_f f_f^w$ 但须 $N_3<2k_2N$ $N_1=k_1N-\frac{N_3}{2}$ $N_2=k_2N-\frac{N_3}{2}$ $l_{w1}=\frac{N_1}{2\times0.7h_{f1}f_f^w}$ $l_{w2}=\frac{N_2}{2\times0.7h_{f2}f_f^w}$	假定正面角焊缝的焊脚尺寸 h_{f3} 和长度 l_{w3} 为已知，侧面角焊缝的焊脚尺寸 h_{f1}、h_{f2} 为已知，求焊缝计算长度 l_{w1}、l_{w2}
3	(c)L形围焊	$N_3=2k_2N$ $l_{w1}=\frac{N-N_3}{2\times0.7h_{f1}f_f^w}$ $l_{w3}=\frac{N_3}{2\times0.7h_{f2}f_f^w}$	L 形围焊一般只宜用于内力较小的杆件连接，且使 $l_{w1}\geqslant l_{w3}$
4	(d)单角钢的单面连接	$l_{w1}=\frac{k_1N}{0.7h_{f1}(0.85f_f^w)}$ $l_{w2}=\frac{k_2N}{0.7h_{f2}(0.85f_f^w)}$	单角钢杆件单面连接，只宜用于内力较小的情况，式中的 0.85 为焊缝强度折减系数

注：表中 h_{f1}、l_{w1} 为一个角钢肢背侧面角焊缝的焊脚尺寸和计算长度，h_{f2}、l_{w2} 为一个角钢肢尖侧面角焊缝的焊脚尺寸和计算长度；h_{f3}、l_{w3} 为一个角钢端部正面角焊脚尺寸和计算长度；k_1、k_2 为角钢肢背和肢尖的角焊缝内力分配系数。

圆钢与钢板(或型钢的平板部分)、圆钢与圆钢之间的连接焊缝主要用于圆钢、小角钢的轻型钢结构中，应按下式计算抗剪强度

$$\tau_f=\frac{N}{h_e\sum l_w}\leqslant f_f^w \tag{8-11}$$

式中：f_f^w 为角焊缝的强度设计值；h_e 为焊缝的计算厚度，对圆钢与钢板(或型钢的平板部分)的连接，$h_e=0.7h_f$，对圆钢与圆钢的连接，$h_e=0.1(d_1+2d_2)-a$；d_1 为大圆钢直径；d_2 为小圆钢直径；a 为焊缝表面至两个圆钢公切线的距离。

【例 8-3】 计算图 8-15 所示连接的焊缝长度。已知 $N=800$ kN(静力荷载设计值),手工电弧焊,焊条 E43 型,$h_f=10$ mm,$f_f^w=160$ N/mm^2。

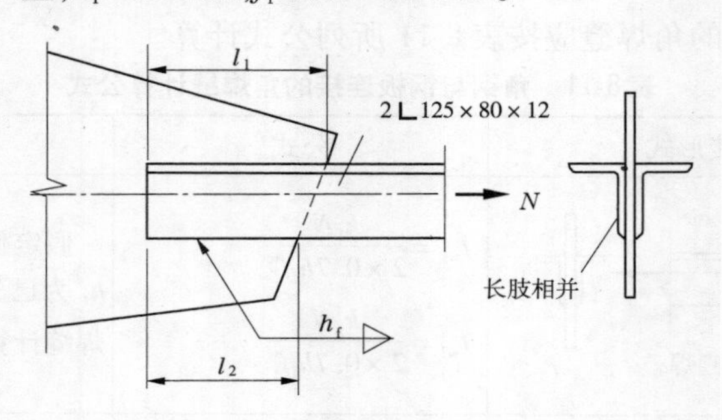

图 8-15

解 查表 8-10 得:$f_f^w=160$ N/mm^2。

(1)采用两边侧焊缝,因采用等肢角钢,则肢背和肢尖所分担的内力分别为

$N_1=0.7N=0.7\times800=560(\text{kN})\qquad N_2=0.3N=0.3\times800=240(\text{kN})$

肢背焊缝厚度 $h_f=10$ mm,故长度为

$$l_{w1}=\frac{N_1}{2\times0.7h_f f_f^w}=\frac{560\times10^3}{2\times0.7\times1.0\times160\times10^2}=25.0(\text{cm})$$

考虑焊口影响,采用 $l_{w1}=27$ cm。

肢尖焊缝长度

$$l_{w2}=\frac{N_2}{2\times0.7h_f f_f^w}=\frac{240\times10^3}{2\times0.7\times1.0\times160\times10^2}=10.71(\text{cm})$$

考虑焊口影响,采用 $l_{w2}=13$ cm。

(2)采用三面围焊缝。

$l_{w3}=b+h_f=80+10=90(\text{mm})$

$N_3=2\times1.22\times0.7h_f l_{w3} f_f^w=2\times1.22\times0.7\times10\times90\times160=246(\text{kN})$

$$N_1=0.7N-\frac{N_3}{2}=560-\frac{246}{2}=437(\text{kN})$$

$$N_2=0.3N-\frac{N_3}{2}=240-\frac{246}{2}=117(\text{kN})$$

每面肢背焊缝长度

$$l_{w1}=\frac{N_1}{2\times0.7h_f f_f^w}=\frac{437\times10^3}{2\times0.7\times1.0\times160\times10^2}=19.45(\text{cm}),\text{取 }24\text{ cm}$$

每面肢尖焊缝长度

$$l_{w2}=\frac{N_2}{2\times0.7h_f f_f^w}=\frac{117\times10^3}{2\times0.7\times1.0\times160\times10^2}=5.2(\text{cm}),\text{取 }10\text{ cm}$$

【例 8-4】 如图 8-16 所示为焊接连接,采用三面围焊,承受的轴心拉力设计值 $N=1\,200$ kN。钢材为 Q235B,焊条为 E43 型。试验算此连接焊缝是否满足要求。

解 查表 8-10 得:$f_f^w=160$ N/mm^2。

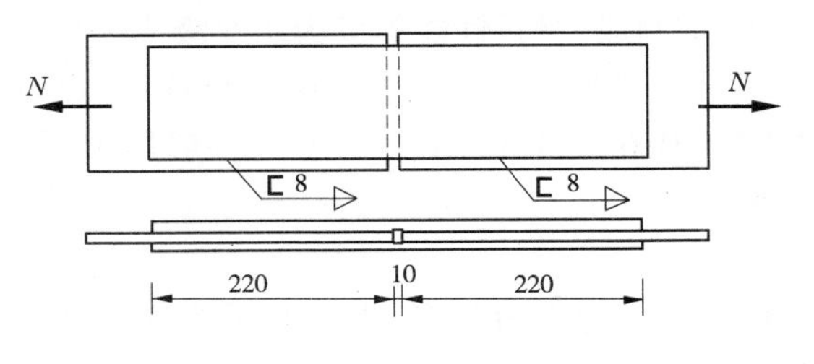

图 8-16 （单位:mm）

正面焊缝承受的力为

$$N_1 = 2h_e l_{w1}\beta_f f_f^w = 2 \times 0.7 \times 8 \times 200 \times 1.22 \times 160 \times 10^{-3} = 437(\mathrm{kN})$$

则侧面焊缝承受的力为

$$N_2 = N - N_1 = 1\ 200 - 437 = 763(\mathrm{kN})$$

则

$$\tau_f = \frac{N}{4h_e l_{w2}} = \frac{763 \times 10^3}{4 \times 0.7 \times 8 \times 220} = 154.8(\mathrm{N/mm^2}) < f_f^w = 160\ \mathrm{N/mm^2}$$

满足要求。

(三)焊缝连接的缺陷及质量检验

焊缝连接的缺陷是指在焊接过程中产生于焊缝金属或附近热影响区钢材表面或内部的缺陷。最常见的缺陷有裂纹、焊瘤、烧穿、弧坑、气孔、夹渣、咬边、未熔合、未焊透(规定部分焊透者除外)及焊缝外形尺寸不符合要求、焊缝成型不良等。它们将直接影响焊缝质量和连接强度,使焊缝受力面积削弱,且在缺陷处引起应力集中,导致产生裂纹,并由裂纹扩展引起断裂。

焊缝的质量检验按《钢结构工程施工质量验收规范》(GB 50205—2001)可分为三级。三级焊缝只要求对全部焊缝作外观检查;二级焊缝除要求对全部焊缝作外观检查外,还须对部分焊缝作超声波等无损探伤检查;一级焊缝要求对全部焊缝作外观检查及无损探伤检查。

三、普通螺栓连接

螺栓连接分为普通螺栓连接和高强度螺栓连接两种。

螺栓连接的特点是施工工艺简单、安装方便,特别适用于工地安装连接,工程进度和质量易得到保证,但构造麻烦。此外,螺栓连接需制孔,拼装和安装时需对孔,工作量增加,且对制造的精度要求较高。

(一)普通螺栓的构造要求

1. 普通螺栓的种类

普通螺栓依据其加工精度可分为 A、B、C 三级。其中,A 级和 B 级为精制螺栓,须经车床加工精制而成,尺寸准确,表面光滑,要求配用 I 类孔。精致螺栓的孔径比螺栓杆径大 0.3 ~0.5 mm,抗剪性能好,但成本高,安装困难,故较少采用。C 级螺栓为粗制螺栓,加工粗糙,尺寸不很准确,只要求Ⅱ类孔。其孔径比杆径大 1.5 ~2.0 mm,抗剪性能差,但传递拉力的性能好,且成本低,故多用于承受拉力的安装螺栓连接、次要结构和可拆卸结构的受剪连接及安装时的临时连接。

C级螺栓一般用Q235钢制成，材料性能等级为4.6级或4.8级。小数点前的数字表示螺栓成品的抗拉强度不小于400 N/mm²，小数点及小数点以后的数字表示其屈强比(屈服点与抗拉强度之比)为0.6或0.8。A、B级螺栓一般用45号钢和35号钢制成，其材料性能等级则为8.8级。

2. 普通螺栓的规格

钢结构采用的普通螺栓形式为六角头形，粗牙普通螺纹，其代号用字母M与公称直径表示，工程中常用M16、M20和M24。

为制造方便，通常情况下，同一结构中宜尽可能采用一种栓径和孔径的螺栓，需要时也可采用2~3种直径的螺栓。钢结构施工图的螺栓孔和孔眼的制图应符合表8-12的规定。

表8-12　螺栓孔及孔眼示例

名称	永久螺栓	高强度螺栓	安装螺栓	圆形螺栓孔	长圆形螺栓孔
图例				ϕ	b　ϕ

3. 普通螺栓的排列

螺栓的排列应遵循简单、错列紧凑、整齐划一和便于安装的原则，螺栓的排列有并列和错列两种基本形式(见图8-17)。

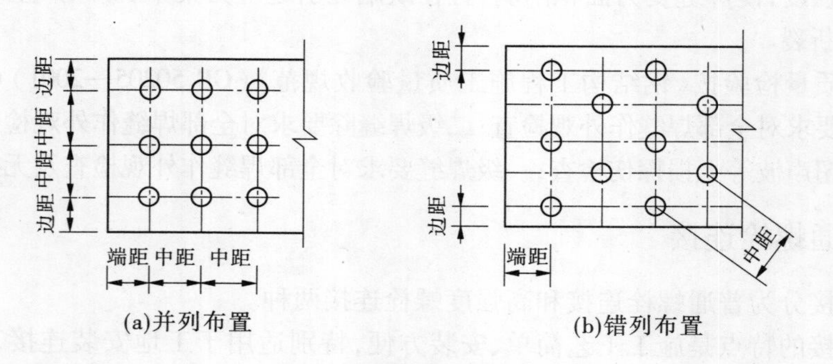

(a)并列布置　(b)错列布置

图8-17　螺栓的排列

螺栓在构件上的排列应考虑下列要求。

1)受力要求

螺栓排列间距不宜过大或过小，端距过小，端部撕裂；中距过大，构件受压时鼓曲。

2)构造要求

螺栓的间距及边距也不应太大，否则连接钢板不易夹紧，潮气容易侵入缝隙，引起钢板锈蚀。

3)施工要求

螺栓间距不能太近，满足净空要求，便于安装。为此，《钢结构设计规范》(GB 50017—2003)根据螺栓孔直径、钢材边缘加工情况(轧制边、切割边)及受力方向，规定了螺栓中心间距及边距的最大、最小限值(见表 8-13)。

表 8-13　螺栓或铆钉的最大、最小容许距离

<table>
<tr><th>名称</th><th colspan="3">位置和方向</th><th>最大容许距离
(取两者的较小值)</th><th>最小容许距离</th></tr>
<tr><td rowspan="5">中心间距</td><td colspan="3">外排(垂直内力方向和顺内力方向)</td><td>$8d_0$ 或 $12t$</td><td rowspan="5">$3d_0$</td></tr>
<tr><td rowspan="3">中间排</td><td colspan="2">垂直内力方向</td><td>$16d_0$ 或 $24t$</td></tr>
<tr><td rowspan="2">顺内力方向</td><td>构件受压力</td><td>$12d_0$ 或 $18t$</td></tr>
<tr><td>构件受拉力</td><td>$16d_0$ 或 $24t$</td></tr>
<tr><td colspan="3">沿对角线方向</td><td>—</td></tr>
<tr><td rowspan="4">中心至构件边缘距离</td><td colspan="3">顺内力方向</td><td rowspan="4">$4d_0$ 或 $8t$</td><td>$2d_0$</td></tr>
<tr><td rowspan="3">垂直内力方向</td><td colspan="2">剪切边或手工气割边</td><td rowspan="2">$1.5d_0$</td></tr>
<tr><td rowspan="2">轧制边自动气割或锯割边</td><td>高强度螺栓</td></tr>
<tr><td>其他螺栓或铆钉</td><td>$1.2d_0$</td></tr>
</table>

注:1. d_0 为螺栓或铆钉孔直径,t 为外层较薄板件的厚度。

2. 钢板边缘与刚性构件(如角钢、槽钢等)相连的螺栓的最大间距,可按中间排的数值采用。

对于角钢、工字钢、槽钢上的螺栓排列,如图 8-18 所示,除应满足表 8-14 的要求,还应分别符合表 8-15 和表 8-16 的要求。

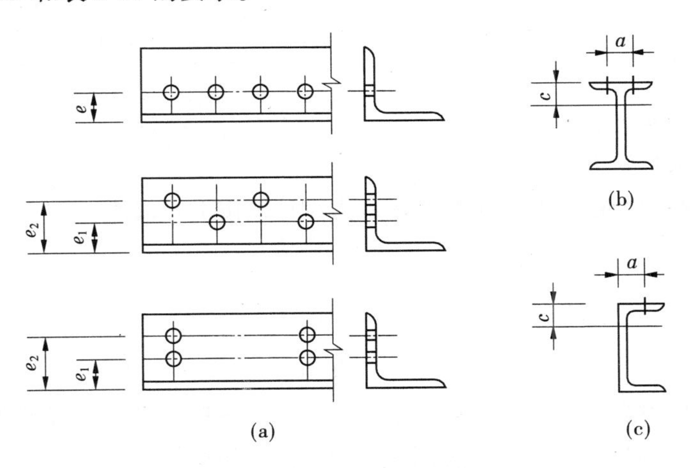

图 8-18　螺栓排列

表 8-14　角钢上螺栓或铆钉线距

单行排列	角钢肢宽	40	45	50	56	63	70	75	80	90	100	110	125
	线距 e	25	25	30	30	35	40	40	45	50	55	60	70
	钉孔最大直径	11.5	13.5	13.5	15.5	17.5	20	22	22	24	24	26	26

续表 8-14

	角钢肢宽	125	140	160	180	200		角钢肢宽	160	180	200
双行错列	e_1	55	60	70	70	80	双行并列	e_1	60	70	80
	e_2	90	100	120	140	160		e_2	130	140	160
	钉孔最大直径	24	24	26	26	26		钉孔最大直径	24	24	26

表 8-15　工字钢和槽钢腹板上的螺栓线距

工字钢型号	12	14	16	18	20	22	25	28	32	36	40	45	50	56	63
线距 e_{min}	40	45	45	45	50	50	55	60	60	65	70	75	75	75	75
槽钢型号	12	14	16	18	20	22	25	28	32	36	40	—	—	—	—
线距 e_{min}	40	45	50	50	55	55	55	60	65	70	75	—	—	—	—

表 8-16　工字钢和槽钢翼缘上的螺栓线距

工字钢型号	12	14	16	18	20	22	25	28	32	36	40	45	50	56	63
线距 e_{min}	40	40	50	55	60	65	65	70	75	80	80	85	90	95	95
槽钢型号	12	14	16	18	20	22	25	28	32	36	40	—	—	—	—
线距 e_{min}	30	35	35	40	40	45	45	45	50	56	60	—	—	—	—

(二)普通螺栓连接计算

1. 普通螺栓承载能力设计值

(1)普通螺栓受剪连接中,单个螺栓承载力设计值按下式取值

$$N_{min}^{b} = \min(N_{v}^{b}, N_{c}^{b}) \tag{8-12}$$

$$N_{v}^{b} = n_{v} \frac{\pi d^{2}}{4} f_{v}^{b} \tag{8-13}$$

$$N_{c}^{b} = d \sum t f_{c}^{b} \tag{8-14}$$

式中:N_v^b 为单个普通螺栓受剪承载力设计值;N_c^b 为单个普通螺栓承压承载力设计值;n_v 为受剪面数目;d 为螺栓杆直径;$\sum t$ 为同一受力方向承压构件的较小总厚度;f_v^b、f_c^b 为螺栓的抗剪和承压强度设计值。

(2)普通螺栓杆轴受拉连接中,单个螺栓承载力设计值按下式计算

$$N_{t}^{b} = \frac{\pi d_{e}^{2}}{4} f_{t}^{b} \tag{8-15}$$

式中:d_e 为螺栓在螺纹处的有效直径;f_t^b 为普通螺栓的抗拉强度设计值。

2. 普通螺栓连接的计算公式

1)承受轴心力的抗剪连接

承受轴心力的抗剪连接如图 8-19 所示,需要螺栓数的要求如下

$$n \geqslant \frac{N}{N_{\min}^{b}} \tag{8-16}$$

式中:$N_{\min}$为一个螺栓受剪承载力设计值。

2)承受轴心力的抗拉连接

承受轴心力的抗拉连接如图 8-20 所示,所需螺栓的数目应符合下式的要求

$$n \geqslant \frac{N}{N_{t}^{b}} \tag{8-17}$$

式中:N_{t}^{b} 为一个螺栓的受拉承载力设计值。

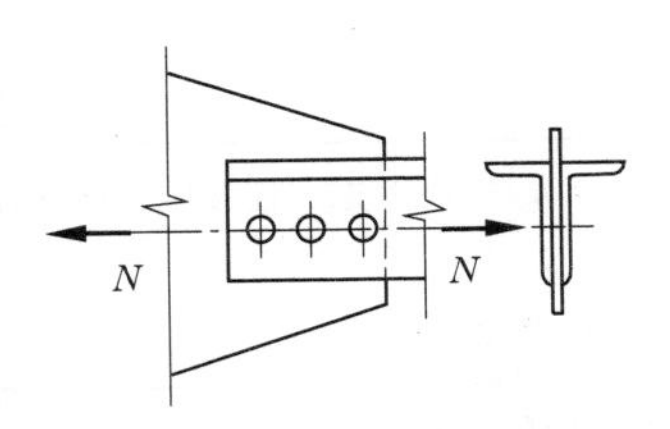

图 8-19 承受轴心力的抗剪连接简图

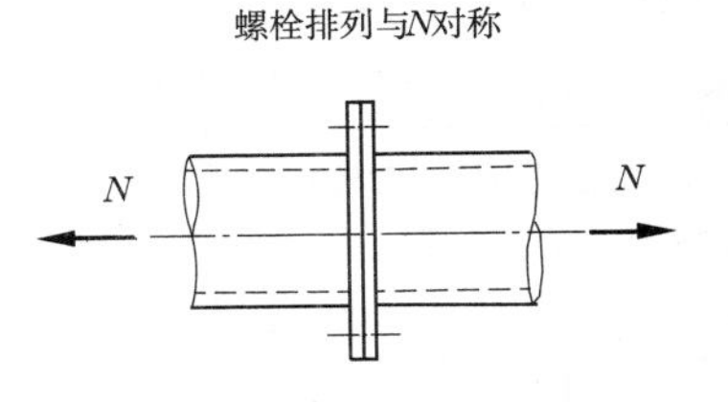

图 8-20 承受轴心力的抗拉连接简图

四、高强度螺栓连接

(一)高强度螺栓连接构造要求

高强度螺栓连接是一种新的钢结构的连接形式,其连接传递剪力的机制和普通螺栓连接的不同,后者靠螺栓杆承压和抗剪来传递剪力,而高强度螺栓连接主要是靠被连接件间的强大摩擦阻力来传递剪力。可见,要保证高强度螺栓连接的可靠性,就必须首先保证被连接件间具有足够大的摩擦阻力。

高强度螺栓连接受剪力时,按其传力方式可分为摩擦型和承压型两种。前者仅靠被连接件间的摩擦阻力传递剪力,并以作用剪力达到连接件间的摩擦力作为承载力极限状态;后者靠被连接件间的摩擦力和螺栓杆共同传递剪力,以作用剪力达到栓杆抗剪或孔壁承压破坏为承载力极限状态。承压型的承载力比摩擦型的高,可节约螺栓,但剪切变形比摩擦型的大,故只适用于承受静力荷载和对结构变形不敏感的结构中,不得用于直接承受动力荷载的结构中。

高强度螺栓连接的优点是施工简便、受力好、耐疲劳、可拆换、工作安全可靠。因此,已广泛用于钢结构连接中,尤其适用于承受动力荷载的结构中。

目前,我国采用的高强度螺栓性能等级,按热处理后的强度分为 10.9 级和 8.8 级两种。其中,整数部分(10 和 8)表示螺栓成品的抗拉强度 f_u 不低于 1 000 N/mm^2 和 800 N/mm^2 ,小数部分(0.9 和 0.8)则表示其屈强比 f_y/f_u 为 0.9 和 0.8。

高强度螺栓的构造和排列要求,除栓杆与孔径的差值较小外,与普通螺栓相同。

(二)高强度螺栓连接的计算

1. 高强度螺栓抗剪承载力设计值

(1)在抗剪连接中,单个摩擦型高强度螺栓的承载力设计值应按下式计算

$$N_{v}^{b} = 0.9 n_{f} \mu P \tag{8-18}$$

式中：n_f 为传力摩擦面数目；μ 为摩擦面的抗滑移系数，见表 8-17；P 为一个高强度螺栓的预拉力，见表 8-18。

表 8-17　摩擦面的抗滑移系数 μ 值

在连接处构件接触面的处理方法	构件的钢材牌号		
	Q235 钢	Q345 钢、Q390 钢	Q420 钢
喷砂（丸）	0.45	0.50	0.50
喷砂（丸）后涂无机富锌漆	0.35	0.40	0.40
喷砂（丸）后生赤锈	0.45	0.50	0.50
钢丝刷清除浮锈或未经处理干净轧制表面	0.30	0.35	0.40

注：门式刚架端板连接构件抗滑移系数可由设计人员自定，但应不小于 0.15，已考虑在连接的接触面涂刷防锈漆或不涂油漆的干净表面的情况。

表 8-18　高强度螺栓的预拉力 P 值

螺栓的性能等级	螺栓公称直径（mm）					
	M16	M20	M22	M24	M27	M30
8.8 级	80	125	155	175	230	280
10.9 级	100	155	190	225	290	355

（2）在抗剪连接中，单个承压型高强度螺栓的承载力设计值的计算方法与普通螺栓的相同，当剪切面在螺纹处时，其受剪承载力设计值应按螺纹处的有效面积计算。承压型高强度螺栓的预拉力 P 的计算及取值与摩擦型高强度螺栓的相同。

在杆轴方向受拉的连接中，单个承压型高强度螺栓的承载力设计值的计算方法与普通螺栓相同。

（3）高强度螺栓抗拉连接的受力特点是依靠预拉力使连接件被压紧传力。当连接在沿螺栓杆轴方向再承受外力时，只要螺栓承担的外拉力设计值 N_t 不超过其预拉力 P，螺栓杆内原预拉力基本不变。但当 $N_t > P$ 时，螺栓可能达到钢材的屈服强度，卸荷后连接产生松弛现象，预拉力降低。因此，《钢结构设计规范》（GB 50017—2003）偏安全地规定一个高强度螺栓抗拉承载力设计值为

$$N_t^b = 0.8P \tag{8-19}$$

2. 高强度螺栓连接的计算公式

（1）当摩擦型高强度螺栓连接同时承受摩擦面间的剪力和螺栓杆轴方向的外拉力时，其承载力应按下式计算

$$\frac{N_v}{N_v^b} + \frac{N_t}{N_t^b} \leqslant 1 \tag{8-20}$$

式中：N_v、N_t 分别为某个高强度螺栓所承受的剪力和拉力；N_v^b、N_t^b 分别为某个高强度螺栓的受剪、受拉承载力设计值。

（2）高强度螺栓抗拉连接时，拉力 N 通过螺栓群形心时所需螺栓数为

$$n = \frac{N}{N_t^b} = \frac{N}{0.8P} \tag{8-21}$$

在弯矩作用下,最上端螺栓应满足

$$N_{t1} = \frac{M_{y1}}{\sum y_i^2} \leqslant 0.8P \tag{8-22}$$

对高强度螺栓在弯矩作用下受拉计算时,取螺栓群形心应偏于安全。

五、铆钉连接

铆钉是由锻炼性能好的铆钉钢制成的。在进行铆钉连接时,先在被连接的构件上制成比钉径大 1.0 ~ 1.5 mm 的孔,然后将一端有半圆钉头的铆钉加热,直到铆钉呈樱桃红色时将其塞入孔内,再用铆钉枪或铆钉机进行铆合,使铆钉填满钉孔,并打成另一铆钉头。铆钉在铆合后冷却收缩,对被连接的板束产生夹紧力,这有利于传力。

铆钉连接的韧性和塑性都比较好。但铆钉连接比较费工,且耗材较多,目前只用于承受较大动力荷载的大跨度钢结构。在工厂几乎被焊接代替,在工地几乎被高强度螺栓连接所代替。

学习任务四　钢桁架

一、钢桁架的构造

定义:桁架结构是由若干杆件通过铰节点连接而成的结构,各杆轴线为直线,支座常为固定铰支座或可动铰支座。所谓钢桁架即用钢材制造的桁架。

分类及应用:钢桁架按力学简图分为简支的和连续的,静定的和超静定的,平面的和空间的。钢桁架中,梁式简支桁架最为常用。因为这种桁架受力明确,杆件内力不受支座沉陷和温度变化的影响,构造简单,安装方便,但用钢量稍大。刚架式和多跨连续钢桁架等能节省钢材,但其内力受支座沉陷和温度变化的影响较敏感,制造和安装精度要求较高,因此采用较少。在单层厂房钢骨架中,屋盖钢桁架常与钢柱组成单跨或多跨刚架,水平刚度较大,能更好地适应较大吊车或振动荷载的要求。连续钢桁架常用于较大跨度的桥梁等结构和有纤绳的桅杆塔结构。在大跨度的公共建筑和桥梁中,也常采用拱式钢桁架。在海洋平台和某些房屋结构中,也常采用悬臂式钢桁架。各种塔架都属于悬臂式结构。

按外形可分为平行弦桁架(见图 8-21(a))、折线形桁架(见图 8-21(b)、(f))、三角形桁架(见图 8-21(c))、梯形桁架(图 8-21(d))和抛物线形桁架(见图 8-21(e))。屋面坡度较陡的屋架常采用三角形钢桁架,跨度一般在 18 ~ 24 m 以下;屋面坡度较平缓的屋架常采用梯形钢桁架,跨度一般为 18 ~ 36 m,应用较广。其他各类钢桁架常采用构造较简单的平行弦钢桁架。多边形钢桁架受力较好,但制造较复杂,只在大跨度钢桁架中有时采用。塔架通常采用直线或折线的外形。

按杆件内力、杆件截面和节点构造特点分为普通钢桁架、重型钢桁架和轻型钢桁架。

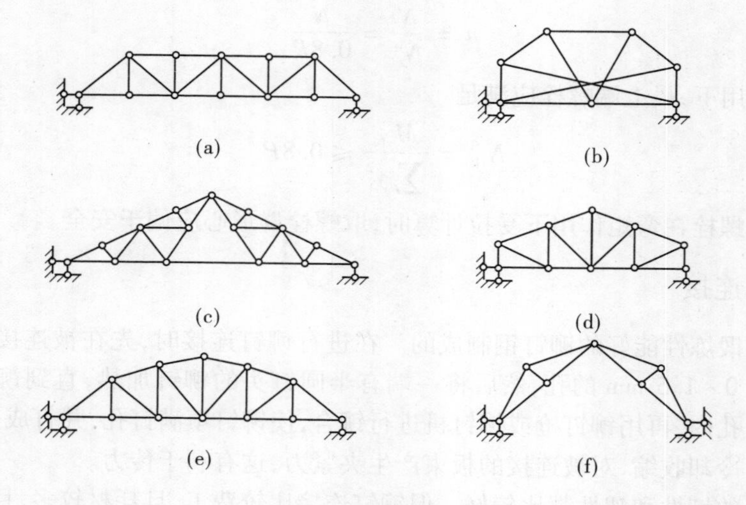

图 8-21 桁架的分类

普通钢桁架一般用单腹式杆件，通常是由两个角钢组成的 T 形截面，有时也用十字形、槽形或管形等截面，在节点处用一块节点板连接，构造简单，应用最广。重型钢桁架杆件用由钢板或型钢组成的工形或箱形截面，节点处用两块平行的节点板连接，常用于跨度和荷载较大的钢桁架，如桥梁和大跨度屋盖结构。轻型钢桁架用小角钢及圆钢或薄壁型钢组成，节点处可用节点板连接，也可将杆件直接相连；主要用于小跨度轻屋面的屋盖结构。

连接方法：钢桁架可用焊接、普通螺栓连接、高强度螺栓连接或铆接。焊接应用最广；普通螺栓连接常用于可拆卸的结构、输电塔和支撑系统；高强度螺栓连接常用于重型钢桁架的工地连接；铆接用于受较大动力荷载的重型钢桁架，目前已逐渐被高强度螺栓连接所代替。

高跨比：钢桁架的高度由经济、刚度、使用和运输要求确定。增加高度可减小弦杆截面和挠度，但增加腹杆用量和建筑高度。钢桁架的高跨比通常采用 1/5 ~ 1/12；钢材强度高、刚度要求严的钢桁架应采用相对偏高值。三角形钢屋架的高度通常由屋面坡高确定；一般屋面坡度为 1/2 ~ 1/3 时，高跨比相应为 1/4 ~ 1/6。

腹杆体系：钢桁架的腹杆体系通常采用人字式或单斜式等形式。人字式腹杆的腹杆数和节点数较少，应用较广；为减少受有荷载的弦杆或受压弦杆的节间尺寸，通常增加部分竖杆。单斜式腹杆通常布置使较长的斜杆受拉，较短的竖杆受压，有时用于跨度较大的钢桁架。如需进一步减小弦杆及腹杆的长度，可采用再分式腹杆体系，钢桁架高度较大且节间较小时可采用 K 式或菱形腹杆体系。在支撑桁架和塔架中，常采用能较好承受变向荷载的交叉式腹杆体系，交叉斜杆通常按拉杆设计。斜腹杆对弦杆的倾斜角通常为 30° ~ 60°。

受力特点：钢桁架各杆件的截面形心轴线应在节点处交汇于一点，内力计算一般按铰结桁架进行。当桁架只承受节点荷载时，所有杆件只受轴心拉力或压力；如在杆件节间内也承受荷载，则该杆件将同时受弯。钢桁架杆件一般较细，布置节点时应尽量避免或减小局部弯矩。对杆件截面高度与长度比值较大的钢桁架，必要时应考虑节点刚性引起的杆件次应力。

钢桁架是钢桁架桥的主要承重结构，钢桁架桥竖向荷载的传力途径是：荷载通过桥面传给纵梁，由纵梁传给横梁，再由横梁传给桁架节点，然后通过桁架的受力传给支座，最后由支座传给墩台及基础。钢桁架梁除承受竖向荷载外，还承受横向水平荷载（风力、列车横向摇摆力和曲线桥上的离心力），由水平纵向联结系直接承担并向下传递。

杆件截面设计：钢桁架杆件的截面形式按节省钢材、连接方便和制造简单等条件选择，并注意使杆件在两个主轴方向的长细比（杆件计算长度和截面回转半径的比值）尽可能相近。钢桁架拉杆应满足强度和容许长细比的要求，压杆应满足强度、稳定和容许长细比的要求。

在计算杆件的强度和稳定时，内力按轴心力考虑；当杆件同时受轴心力和弯矩时，应按偏心受力考虑其共同作用。在计算杆件的稳定和长细比时，应考虑桁架平面内和平面外两个方向，或长细比较大的不利方向。杆件的容许长细比按杆件受压或受拉、受静力荷载或动力荷载等情况分别规定。

钢桁架与实腹梁相比是用稀疏的腹杆代替整体的腹板，并且杆件主要承受轴心力，从而常能节省钢材和减轻结构自重。这使钢桁架特别适用于跨度或高度较大的结构。此外，钢桁架还便于按照不同的使用要求制成各种需要的外形。并且由于腹杆钢材用量比实腹梁的腹板有所减少，钢桁架常可做成有较大高度，从而具有较大的刚度。但是钢桁架的杆件和节点较多，构造较为复杂，制造较为费工。

二、轴心受力构件

平面桁架、塔架和网架、网壳等杆件体系通常假设其节点为铰结连接。当杆件上无节间荷载时，杆件内力只是轴向拉力或压力，这类杆件称为轴心受拉构件和轴心受压构件，统称为轴心受力构件。

轴心受力构件的常用截面形式可分为实腹式和格构式两大类。

实腹式构件制作简单，其常用形式有单个型钢截面，如圆钢、钢管、角钢、T 型钢、槽钢、工字钢、H 型钢等（见图 8-22（a））；组合截面，由型钢或钢板组合而成的截面（见图 8-22（b））；一般桁架结构中的弦杆和腹杆，除 T 型钢外，常采用热轧角钢组合成 T 形的或十字形的双角钢组合截面（见图 8-22（c））；在轻型钢结构中则可采用冷弯薄壁型钢截面（见图 8-22（d））。截面紧凑的（如圆钢和组成板件宽厚比较小截面）或对两主轴刚度相差悬殊者（如单槽钢、工字钢），一般只用于轴心受拉构件；较为开展的或组成板件宽而薄的截面通常用作受压构件，这样更为经济。

格构式构件容易实现压杆两主轴方向的等稳定性，刚度大，抗扭性能也好，用料较省。其截面一般由两个或多个型钢肢件组成（见图 8-23），肢件间通过缀条（见图 8-23（a））或缀板（见图 8-23（b））进行连接而成为整体，缀板和缀条统称为缀材（见图 8-24）。

（一）强度计算

轴心受拉构件和轴心受压构件的强度，除高强度螺栓摩擦型连接处外，应按下式计算

$$\sigma = \frac{N}{A_n} \leqslant f \tag{8-23}$$

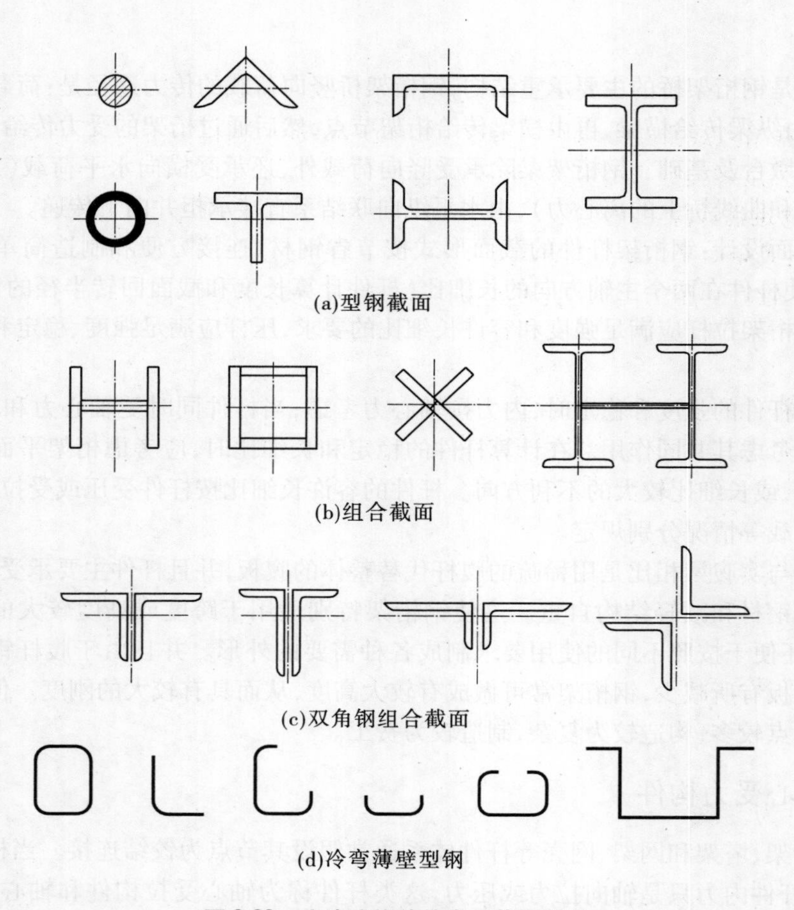

(a)型钢截面

(b)组合截面

(c)双角钢组合截面

(d)冷弯薄壁型钢

图 8-22　实腹式构件的常用截面形式

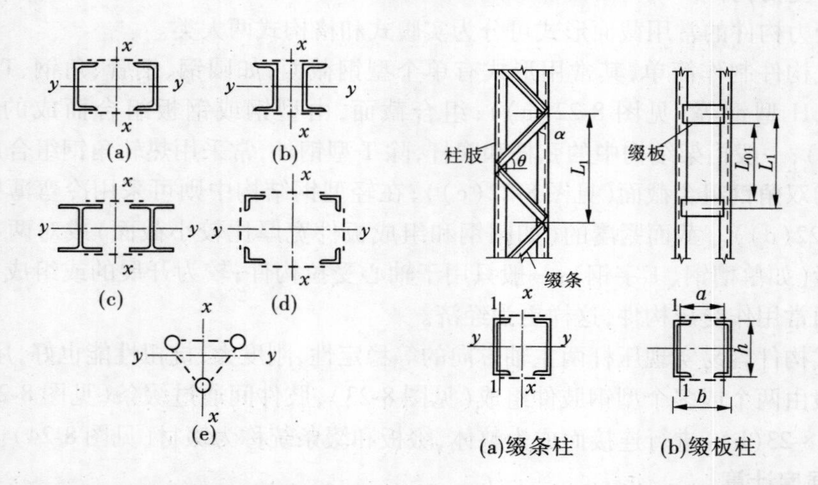

图 8-23　格构式构件的常用截面形式　　图 8-24　格构式构件的缀材布置

式中：N 为轴心拉力或轴心压力；A_n 为净截面面积。

高强度螺栓摩擦型连接处的强度应按下列公式计算

$$\sigma = (1 - 0.5n_1/n)N/A_n \leqslant f \tag{8-24}$$

$$\sigma = N/A \leqslant f \tag{8-25}$$

式中：N 为在节点或拼接处，构件一端连接的高强度螺栓数目；n_1 为所计算截面（最外列螺栓处）上高强度螺栓数目；A 为构件的毛截面面积。

（二）稳定性计算

1. 实腹式轴心受力构件的稳定性计算

实腹式轴心受压构件的稳定性应按下式计算

$$\frac{N}{\varphi A} \leqslant f \tag{8-26}$$

式中：φ 为轴心受压构件的稳定系数（取截面两主轴稳定系数中的较小者）。

构件的长细比应根据构件可能发生的失稳形式采用绕主轴弯曲的长细比或构件发生弯扭失稳时的换算长细比，取其较大值。

2. 格构式轴心受力构件的稳定性计算

（1）当构件绕实轴（y—y）失稳时，其稳定性的计算方法与实腹式轴心受力构件相同。

（2）当构件绕虚轴（x—x）失稳时，其稳定性的计算公式同上所述，长细比应按以下方法计算。

①双肢组合构件：

当缀件为缀板时

$$\lambda_{0x} = \sqrt{\lambda_x^2 + \lambda_1^2} \tag{8-27}$$

当缀件为缀条时

$$\lambda_{0x} = \sqrt{\lambda_x^2 + 27A/A_{1x}} \tag{8-28}$$

式中：λ_x 为整个构件对虚轴的长细比；λ_1 为分肢对最小刚度轴 1—1 的长细比（见图 8-24），其计算长度：焊接时，为相邻两缀板的净距离，螺栓连接时，为相邻两缀板边缘螺栓的距离；A_{1x}为构件截面中垂直于 x 轴的各斜缀条毛截面面积之和。

②由三肢或四肢组成的格构式轴心受压构件，其对虚轴的换算长细比可参考规范的有关条文。

三、受弯构件

钢梁分为型钢梁和组合梁两大类。型钢梁构造简单，制造省工，成本较低，因而应优先采用。但在荷载较大或跨度较大时，由于轧制条件的限制，型钢的尺寸、规格不能满足梁承载力和刚度的要求，就必须采用组合梁。

型钢梁的截面有热轧工字钢（见图 8-25（a））、热轧 H 型钢（见图 8-25（b））和槽钢（见图 8-25（c））三种，其中以 H 型钢的截面分布最合理，翼缘内外边缘平行，与其他构件连接较方便，应予优先采用。用于梁的 H 型钢宜为窄翼缘型（HN 型）。槽钢因其截面扭转中心在腹板外侧，弯曲时将同时产生扭转，受荷不利，故只有在构造上使荷载作用线接近扭转中心，或能适当保证截面不发生扭转时才被采用。由于轧制条件的限制，热轧型钢腹板的厚度较大，用钢量较多。某些受弯构件（如檩条）采用冷弯薄壁型钢（见图 8-25（d）～（f））较经济，但防腐要求较高。

组合梁一般采用三块钢板焊接而成的工字形截面(见图8-25(g)),或由T型钢(H型钢剖分而成)中间加板的焊接截面(见图8-25(h))。当焊接组合梁翼缘需要很厚时,可采用两层翼缘板的截面(见图8-25(i))。受动力荷载的梁如钢材质量不能满足焊接结构的要求,可采用高强度螺栓或铆钉连接而成的工字形截面(见图8-25(j))。荷载很大而高度受到限制或梁的抗扭要求较高时,可采用箱形截面(见图8-25(k))。组合梁的截面组成比较灵活,可使材料在截面上的分布更为合理,节省钢材。

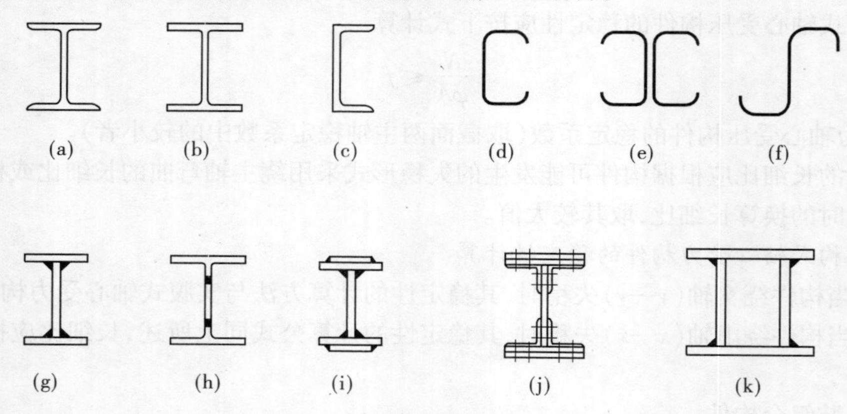

图8-25 型钢梁的截面

根据主梁和次梁的排列情况,梁格可分为三种类型:

(1)单向梁格:只有主梁,适用于楼盖或平台结构的横向尺寸较小或面板跨度较大的情况。

(2)双向梁格:有主梁及一个方向的次梁,次梁由主梁支承,是最为常用的梁格类型。

(3)复式梁格:在主梁间设纵向次梁,纵向次梁间再设横向次梁。荷载传递层次多,梁格构造复杂,故应用较少,只适用于荷载大和主梁间距很大的情况。

(一)强度计算

1.正应力计算

承受静力荷载或间接承受动力荷载时

$$\frac{M_x}{\gamma_x W_{nx}} + \frac{M_y}{\gamma_y W_{ny}} \leqslant f \tag{8-29}$$

直接承受动力荷载时

$$\frac{M_x}{W_{nx}} + \frac{M_y}{W_{ny}} \leqslant f \tag{8-30}$$

式中:M_x、M_y为绕x轴和y轴的弯矩;W_{nx}、W_{ny}为对x轴和y轴的净截面抵抗矩;f为钢材的抗弯强度设计值;γ_x、γ_y为截面塑性发展系数,对工字形钢,取$\gamma_x = 1.05$,$\gamma_y = 1.2$,对箱形截面,取$\gamma_x = \gamma_y = 1.05$,其他情况可查《钢结构设计规范》(GB 50017—2003)确定。

2.剪应力计算

主平面内受弯的实腹构件(不考虑腹板屈曲后强度),其抗剪强度应按下式计算

$$\tau = \frac{VS}{It_w} \leqslant f_v \tag{8-31}$$

式中:V 为计算截面沿腹板平面作用的剪力;S 为计算剪应力处以上毛截面对中和轴的面积矩;I 为毛截面惯性矩;t_w 为腹板厚度;f_v 为钢材的抗剪强度设计值。

当梁的抗剪强度不满足设计要求时,最常采用加大腹板厚度的办法来增大梁的抗剪强度。

3. 局部压应力计算

当梁上翼缘受沿腹板平面作用的集中荷载,且该荷载处又未设置支承加劲肋时,腹板计算高度上边缘的局部承压强度应按下式计算

$$\sigma_c = \frac{\psi F}{t_w l_z} \leqslant f \tag{8-32}$$

$$l_z = a + 5h_y + 2h_R \tag{8-33}$$

式中:F 为集中荷载,对动力荷载应考虑动力系数;ψ 为集中荷载增大系数,重级工作制吊车梁 $\psi = 1.35$,其他梁 $\psi = 1.0$;l_z 为集中荷载在腹板计算高度上边缘的假定分布长度;a 为集中荷载沿梁跨度方向的支承长度,对钢轨上的轮压可取 50 mm;h_y 为自梁顶面至腹板计算高度上边缘的距离;h_R 为轨道的高度,对梁顶无轨道的梁 $h_R = 0$;f 为钢材的抗弯强度设计值。

4. 折算应力计算

在梁的腹板计算高度边缘处,若同时受较大的正应力、剪应力和局部压应力,或同时受较大的正应力和剪应力(如连续梁中部支座处或梁的翼缘截面改变处等)时,其折算应力应按下式计算

$$\sqrt{\sigma^2 + \sigma_c^2 - \sigma\sigma_c + 3\tau^2} \leqslant \beta_1 f \tag{8-34}$$

$$\sigma = \frac{M}{I_n} y_1 \tag{8-35}$$

式中:σ、τ、σ_c 分别为腹板计算高度边缘同一点上同时产生的正应力、剪应力和局部压应力,τ 和 σ_c 应按式(8-31)和式(8-32)计算;I_n 为梁净截面惯性矩;y_1 为所计算点至梁中和轴的距离;β_1 为计算折算应力的强度设计值增大系数,当 σ、σ_c 异号时,$\beta_1 = 1.2$,当 σ、σ_c 同号或 $\sigma_c = 0$ 时,$\beta_1 = 1.1$。

【例 8-5】 有一跨度为 6 m 的简支梁,焊接组合截面 150 mm × 420 mm × 10 mm × 16 mm,如图 8-26所示。梁上作用均布恒荷载 16.8 kN/m(未含梁自重),均布活荷载 7 kN/m。距一端 2 m 处尚有恒荷载 70 kN,支承长度 0.2 m,荷载作用面距钢梁顶面 12 cm。此外,梁两端的支承长度各 0.1 m。钢材抗拉设计强度为 215 N/mm²,抗剪设计强度为 125 N/mm²。在工程设计时,荷载系数对恒荷载取 1.2,对活荷载取 1.4。试设计钢梁截面的强度。

解 (1)计算截面模量。

$$A = 150 \times 16 \times 2 + 388 \times 10 = 8\,680(\text{mm}^2)$$

$$I = 1/12 \times (150 \times 420^3 - 140 \times 388^3) = 244\,637\,493(\text{mm}^4)$$

$$W_{nx} \frac{I}{y_x} = \frac{244\,637\,493}{210} = 1\,164\,940\ (\text{mm}^3)$$

$$S_{x1} = 150 \times 16 \times (420 - 16)/2 = 484\,800(\text{mm}^3)$$

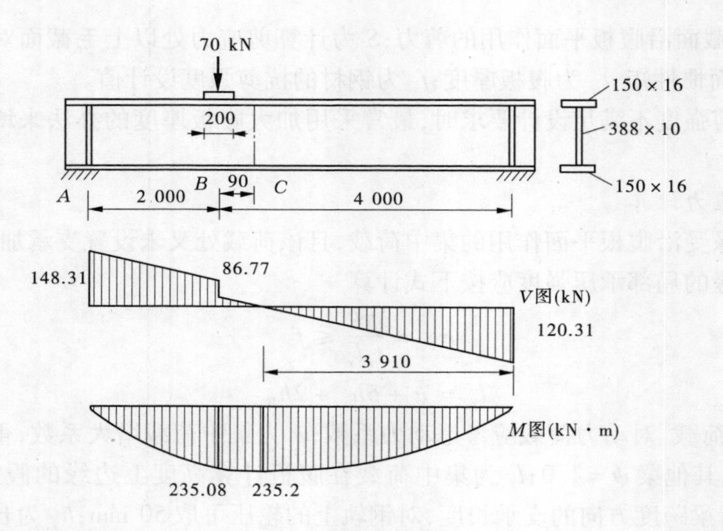

图 8-26 （单位:mm）

$$S_{x2} = 484\ 800 + 10 \times (388/2)^2/2 = 672\ 980(\text{mm}^3)$$

(2)计算荷载与内力。

自重 $g_k = 0.679$ kN/m

均布荷载(设计值) $q = 1.2 \times (16.8 + 0.679) + 1.4 \times 7 = 30.77(\text{kN/m})$

集中荷载(设计值) $F = 1.2 \times 70 = 84(\text{kN})$

(3)验算截面强度。

①抗压强度

$$f = 215\ \text{N/mm}^2$$

$$M_x = 235.2\ \text{kN} \cdot \text{m}$$

$$\frac{M_x}{W_{nx}} = \frac{235.2 \times 10^6}{1\ 164\ 940} = 201.9(\text{N/mm}^2) < f = 215\ \text{N/mm}^2$$

$$\frac{M_x}{\gamma_x W_{nx}} = \frac{235.2 \times 10^6}{1.05 \times 1\ 164\ 940} = 192(\text{N/mm}^2) < f = 215\ \text{N/mm}^2$$

②抗剪强度

$$V = 148.31\ \text{kN}$$

$$\tau_{max} = \frac{VS_{x2}}{It_w} = \frac{148\ 310 \times 672\ 980}{244\ 637\ 493 \times 10} = 40.8(\text{N/mm}^2) < f_v = 125\ \text{N/mm}^2$$

③局部承压强度

A 处设置了加劲肋,可不计算局部承压应力。

B 处截面

$$l_z = a + 5h_y + 2h_R = 200 + 5 \times 16 + 2 \times 120 = 520(\text{mm})$$

$$\sigma_c = \frac{\psi F}{l_z t_w} = \frac{1.0 \times 84\ 000}{520 \times 10} = 16.2(\text{N/mm}^2) < f = 215\ \text{N/mm}^2$$

④折算应力

$$\sigma = \frac{M_x}{I}y_1 = \frac{235.2\times10^6}{244\ 637\ 493}\times\frac{388}{2} = 186.5(\text{N/mm}^2)$$

$$\tau_1 = \frac{VS_{x1}}{It_w} = \frac{86\ 770\times484\ 800}{244\ 637\ 493\times10} = 17.2(\text{N/mm}^2)$$

所以有

$$\sqrt{\sigma^2+\sigma_c^2-\sigma\sigma_c+3\tau_1^2} = \sqrt{186.5^2+16.2^2-186.5\times16.2+3\times17.2^2}$$

$$= 181.4(\text{N/mm}^2) < 1.1\times215 = 236.5(\text{N/mm}^2)$$

(二)整体稳定性计算

受弯构件在最大刚度主平面内受弯,当弯矩增大到某一数值后,梁会突然出现很大的侧向弯曲并伴随扭转,失去继续承载能力,即只要外荷载稍微增加些,梁的变形就急剧增加并导致破坏,这种现象称为梁的侧向弯扭屈曲或梁整体失稳。整体失稳是受弯构件的主要破坏形式之一。

影响受弯构件整体稳定性的因素很多,理论分析和计算较为复杂。《钢结构设计规范》(GB 50017—2003)对梁的整体稳定计算作如下规定:

梁的整体稳定性计算是使梁的最大弯曲纤维压应力小于或等于使梁侧扭失稳的临界应力,从而保证梁不致因侧扭而失去整体稳定性。符合下列情况之一时,可不计算梁的整体稳定性:

(1)有铺板(各种钢筋混凝土板和钢板)密铺在梁的受压翼缘上并与其牢固相连,能阻止梁受压翼缘的侧向位移时。

(2)H型钢或等截面工字形简支梁受压翼缘的自由长度 l_1 与其宽度 b_1 之比不超过表8-19所规定的数值时。

表8-19　H型钢或等截面工字形简支梁不需计算整体稳定性的最大 l_1/b_1 值

钢号	跨中无侧向支承点的梁		跨中受压翼缘有侧向支承点的梁,不论荷载作用于何处
	荷载作用在上翼缘	荷载作用在下翼缘	
Q235	13.0	20.0	16.0
Q345	10.5	16.5	13.0
Q390	10.0	15.5	12.5
Q420	9.5	15.0	12.0

注:其他钢号的梁不需计算整体稳定性的最大 l_1/b_1 值,应取Q235钢的数值乘以 $\sqrt{235/f_y}$。对跨中无侧向支承点的梁,l_1 为其跨度;对跨中有侧向支承点的梁,l_1 为受压翼缘侧向支承点间的距离(梁的支座处视为有侧向支承)。

(3)箱形截面简支梁截面尺寸满足 $h/b_0\leqslant6$,$l_1/b_0\leqslant95$ $(235/f_y)$时。

除上述情况外,在最大刚度主平面内受弯的构件,其整体稳定性应按相应公式计算。

(三)梁的局部稳定和加劲肋设置

在钢的设计中,除强度和整体稳定性问题外,为了保证梁的安全承载力,还必须考虑局部稳定的问题。轧制型钢梁的规格和尺寸,都满足局部稳定性要求,不需要进行验算。

组合梁一般由翼缘和腹板等板件组成，如果设计不当，板中压应力或剪应力达到某一数值后，腹板或受压翼缘有可能偏离其平面位置，出现波形鼓曲，这种现象称为梁局部失稳。

为保证腹板的局部稳定，可增设腹板厚度或设置加劲肋，实际工程中，为了提高梁的承载力，节省钢材，往往需要加大梁的高 h_0，而腹板厚度 t_w 又较薄，因此需在腹板两侧设置合适的加劲肋，以加劲肋作为腹板的支承，将腹板分成几个尺寸较小的区段，以提高腹板的临界应力，满足局部稳定的要求，且较为经济。

腹板加劲肋的布置如图 8-27 所示。当高厚比不大时，可设横向加劲肋或不设加劲肋；当高厚比较大时，需同时设横向加劲肋和纵向加劲肋，必要时还要短加劲肋。

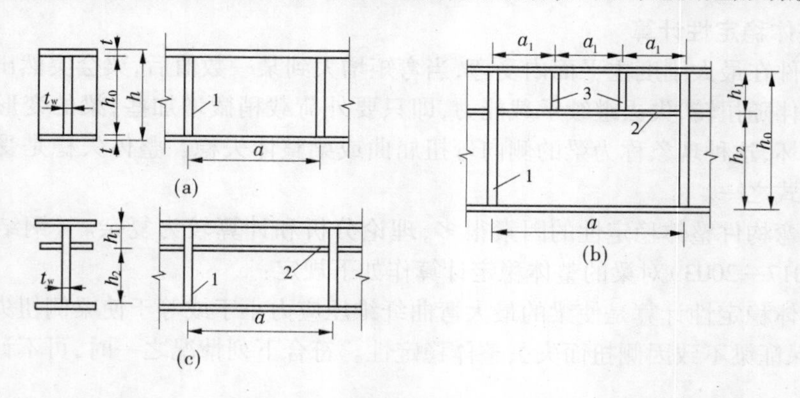

1—横向加劲肋；2—纵向加劲肋；3—短加劲肋

图 8-27　腹板加劲肋的布置

四、钢桁架节点设计

（一）节点设计的一般原则

（1）布置桁架杆件时，理论上应使杆件形心线和桁架几何轴线重合，以免杆件偏心受力。当弦杆截面沿跨度有改变时，为便于拼接和放置屋面构件，一般应使拼接处两侧弦杆角钢肢背齐平，此时应取两侧形心线的中心线作为弦杆的共同轴线。对螺栓（或铆钉）连接的桁架可采用靠近杆件形心线的螺栓（或铆钉）准线为轴线。如轴线处引起的偏心不超过较大弦杆截面高度的 5%，计算中可不考虑由此引起的偏心弯矩的影响。

（2）为便于制造，通常取角钢肢背或 T 型钢背至形心距离为 5 mm 的整倍数。

（3）腹杆与弦杆、腹杆与腹杆之间的间隙应保持最小间距 c，在直接承受动力荷载的焊接屋架中，取 $c=50$ mm；在不直接承受动力荷载的焊接屋架中，c 不应小于 20 mm，且相邻角焊缝焊趾间净距不应小于 5 mm，以避免因焊缝过分密集而使该处节点板过热而变脆；在非焊接屋架中，c 应不小于 5 ~ 10 mm，以便于安装。

（4）杆端的切割面一般与杆件轴线垂直，也允许将角钢的一边切去一角，角钢端部切割形式如图 8-28 所示。

（5）节点板的形状应简单规整，没有凹角，一般至少应有两边平行，如矩形、梯形、平行四边形和有一直角的四边形等，以减少加工时的钢材损耗和便于切割。节点板的长和宽宜取为 10 mm 的倍数。节点板边缘线与杆件轴线的夹角不应小于15°，使杆中内力在

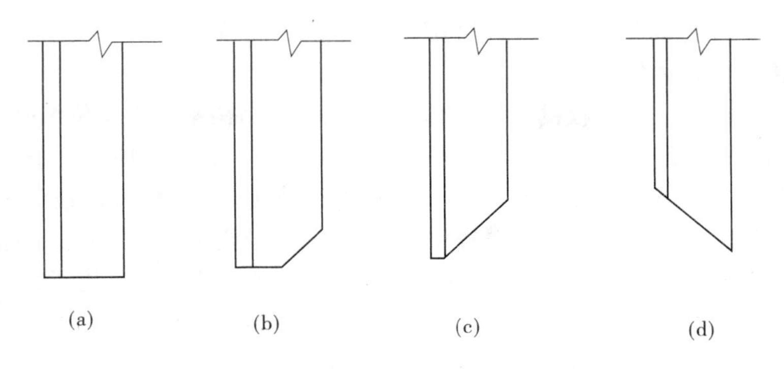

图 8-28 角钢端部切割形式

节点板中有良好的扩散,以改善节点板的受力情况。单斜杆与弦杆的连接应使之不出现连接的偏心弯矩。

(二)节点设计的步骤

(1)首先绘出屋架杆件的几何轴线,按一定比例尺画出各杆件的角钢轮廓线(表示角钢外伸边厚度的线可不按比例,仅示意画出),确定各杆件的端部位置。

(2)根据腹杆内力,计算腹杆与节点板连接焊缝的长度和焊脚尺寸。根据节点上各杆件的焊缝长度,并考虑杆件之间应留的间隙,以及适当考虑制作和装配的误差,确定节点板的形状和平面尺寸。

(3)根据已有节点板的尺寸布置弦杆与节点板间的连接焊缝。当弦杆在节点处改变截面时,则还应在节点处设计弦杆拼接。

(4)绘制节点大样(比例尺为 1∶5 ~1∶10),确定每一节点上都需标明的尺寸,节点上需注明的尺寸如下:

①每一腹杆端部至节点中心的距离(当为非焊接节点时,则应标明节点中心至腹杆末端第一个螺栓中心的距离),数字准确到毫米。

②节点板的平面尺寸。应从节点中心分两边注明其宽度和高度。尺寸分别平行和垂直于弦杆的轴线。

③各杆件轴线至角钢肢背的距离。

④角钢连接件的边长 b(只当杆件截面为不等边角钢时需注明)。

⑤每条角焊缝的焊脚尺寸 h_f 和焊缝长度 l(当为螺栓连接时,应注明螺栓中心距和端距)。

五、钢结构施工图

(一)钢结构施工图绘制要求

钢结构施工详图图面图形所用的图线、字体、比例、符号、定位轴线、图样画法、尺寸标注及常用建筑材料图例等均按照现行国家标准《房屋建筑制图统一标准》(GB/T 50001—2010)、《建筑结构制图标准》(GB/T 50105—2010)、《焊缝符号表示方法》(GBT 324—2008)和《技术制图焊缝符号的尺寸、比例及简化表示方法》(GBT 12212—1990)等有关规定采用。图面表示应做到层次分明,图形之间关系明确,使整套图纸清晰、简明和完整,同时又尽可能减少图纸的绘制工作，以提高施工图纸的编制效率。

（二）详图编制的内容

（1）图纸目录，视工程规模的大小，可以子项工程或结构系统为单位编制。

（2）钢结构设计总说明，应根据设计图总说明编写，内容一般应包括设计依据（如工程设计合同书、有关工程设计的文件、设计基础资料及规范、规程等）、设计荷载、工程概况、对钢材的钢号及性能要求、焊条型号和焊接方法、质量要求等；图中未注明的焊缝和螺栓孔尺寸要求，高强度螺栓摩擦面抗滑移系数，预应力、构件加工、预装、除锈与涂装等施工要求及注意事项等，以及图中未能表达清楚的一些内容。

（3）结构布置图，主要供现场安装用。

（4）构件详图，依据设计图及布置图中的构件编号编制，主要供构件加工厂加工并组装用，也是构件出厂运输的构件单元图，绘制时应按主要表示面绘制每一构件的图形零配件及组装关系，并对每一构件中的零件编号，编制各构件的材料表和本图构件的加工说明等。

（5）安装节点详图。

（三）钢结构施工详图绘制的基本规定

1. 图纸幅面

钢结构施工详图的图纸幅面以 A_1、A_2 为主，在一套图纸中应尽量采用一种规格的幅面。

2. 比例

所有图形应按比例绘制，根据图形用途和复杂程度按常用比例选用。一般结构布置的平面、立面、剖面图采用1:100、1:200，构件图用1:50，节点图采用1:10、1:15，也可采用1:20、1:25。一般情况下，图形宜选用同一种比例，格构式结构的构件，同一图形可用两种比例，几何中心线用较小的比例，截面用较大的比例。当构件纵横向截面尺寸相差悬殊时，亦可在同一图中的纵横向选用不同的比例。

3. 图面线型

绘制施工图时，应根据不同用途选用线型，要保持图形中相对的粗细关系。

4. 字体

图纸上书写的文字、数字和符号等，均应清晰、端正，排列整齐。钢结构详图中使用的文字均采用仿宋体，汉字采用国家公布实施的简化汉字。

5. 定位轴线及编号

定位轴线及编号圆圈以细实线绘制，圆的直径为8～10 mm。平面及纵横剖面布置图的定位轴线及其编号应以设计图为准，横为列，竖为行。列轴线以大写字母表示，行轴线以数字表示。

6. 尺寸标注及标高

图中标注的尺寸，除标高以 m 为单位外，其余均以 mm 为单位。尺寸线、尺寸界线应用细实线绘制，尺寸起止符号用中粗线绘制，线长2～3 mm，其倾斜方向应与尺寸界线成顺时针45°角。

7. 符号

钢结构详图中常用的符号有剖切符号、对称符号、连接符号、索引符号等。

(1)剖切符号:剖切符号图形只表示剖切处的截面形状,并以粗线绘制,不作投影。

(2)对称符号:完全对称的构件图或节点图,可只画出该图的一半,并在对称轴线上用对称符号表示。

(3)连接符号:当所绘制的构件图与另一构件图形仅一部分不相同时,可只绘制不同的部分而以连接符号表示与另一构件相同部分连接。

(四)钢结构施工详图识图举例

钢结构施工详图识图举例如表8-20、表8-21所示。

表8-20 常用的图形符号和补充符号

焊缝名称	示意图	图形符号	符号名称	示意图	补充符号	标注方法
V型焊缝		V	周围焊缝符号	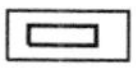	○	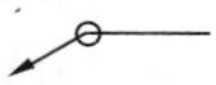
单边V型焊缝		V	三面焊缝符号	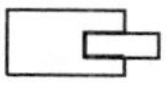	[	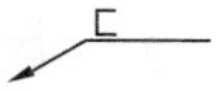
角焊缝	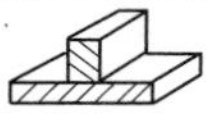	◺	带垫板符号		▭	
I型焊缝		||	现场焊接符号		▶	
点焊缝	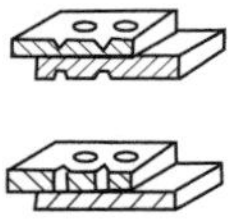	○	相同焊接符号		◠	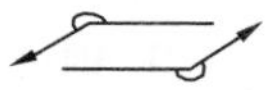
			尾部符号		<	

表8-21 螺栓、孔、电焊铆钉图例

名称	图例	名称	图例
永久螺栓	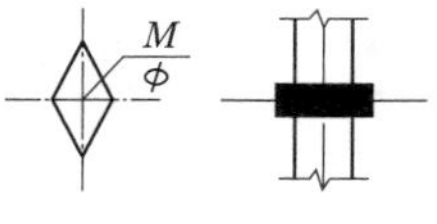 M φ	圆形螺栓孔	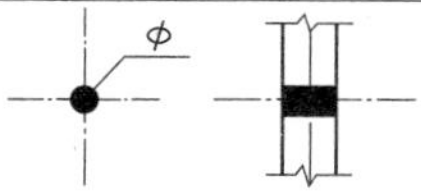 φ
高强度螺栓	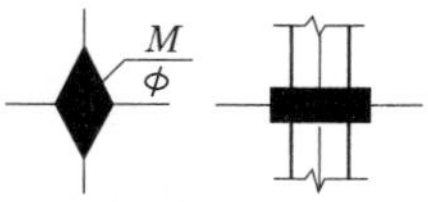 M φ	长圆形螺栓孔	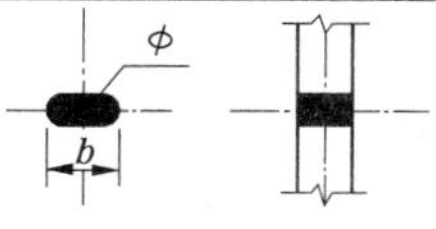 φ b
安装螺栓	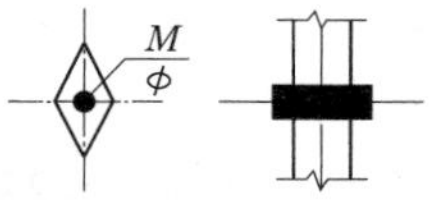 M φ	电焊铆钉	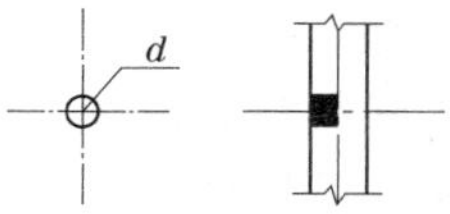 d

小　结

本章主要讲述钢结构的基本概念,钢结构的材料,钢结构的连接,钢桁架的构造,实腹式轴心受拉构件、受压构件,格构式轴心受压构件、拉弯构件和压弯构件,钢桁架节点设计,钢结构施工图识读。学习重点是钢结构的材料性能,钢结构施工图的识读,钢结构的连接方式。难点是钢结构施工图的识读,钢结构的连接方式。能力培养要求了解钢结构的组成、特点及连接方式,掌握钢结构的材料性能及钢结构施工图的识读,培养学生在实际工程中运用相关知识,正确识读简单的钢结构施工图。

能力训练

一、简答题

1. 钢结构中常用的焊接方法有哪几种? 焊缝连接有何优缺点?
2. 高强度螺栓连接与普通螺栓连接有何区别?
3. 高强度螺栓连接中摩擦型连接与承压型连接有何区别?
4. 轴心受压构件的整体稳定性系数 φ 需要根据哪几个因素考虑?
5. 压弯实腹柱与轴心受压实腹柱有何不同?
6.《钢结构设计规范》(GB 50017—2003)规定,哪些情况下可不验算梁的整体稳定?
7. 钢结构的特点及应用范围有哪些?
8. 结构用钢材的品种、规格有哪些?
9. 钢结构如何进行选用?
10. 钢桁架节点设计的原则是什么?

二、计算题

1. 试验算如题图 8-1 所示钢板的对接焊缝的强度。图中 $b=600$ mm, $t=20$ mm, 轴心力的设计值为 $N=2\ 200$ kN,钢材为 Q235B,手工电弧焊,焊条为 E43 型,三级检验标准的焊缝,施焊时加引弧板。

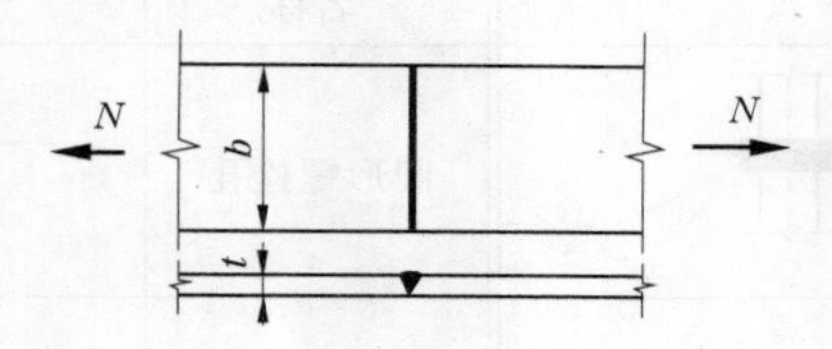

题图 8-1

2. 计算如题图 8-2 所示工字形截面牛腿与钢柱连接的对接焊缝强度。$F=500$ kN(设计值),偏心距 $e=300$ mm。钢材为 Q235B,焊条为 E43 型,手工电弧焊。焊缝为三级检验标准,上、下翼缘加引弧板和引出板施焊。

3. 试设计用拼接盖板的对接连接如题图 8-3 所示。已知钢板宽 $b=270$ mm,厚度 $t_1=28$ mm 。该连接承受静力荷载 $N=1\ 400$ kN(设计值),钢材为 Q235B,手工电弧焊,焊条为 E43 型。

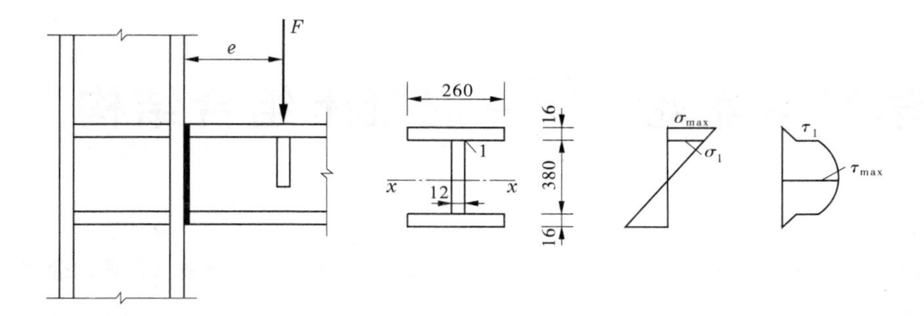

题图 8-2 (单位:mm)

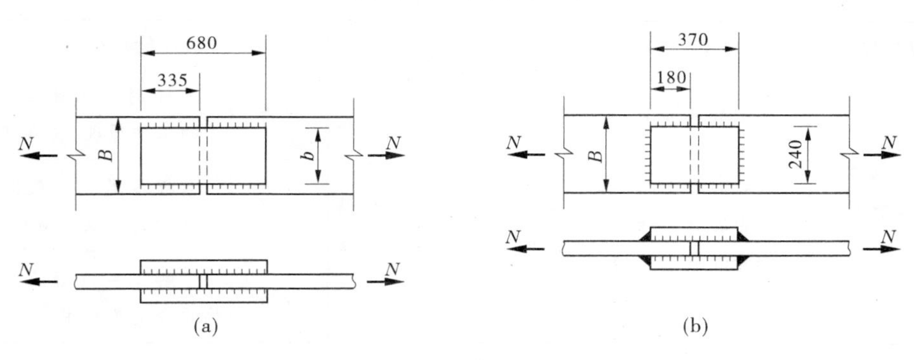

题图 8-3 (单位:mm)

4. 试确定如题图 8-4 所示承受静力荷载作用的三面围焊连接的承载力及肢尖焊缝的长度。已知角钢为 2 L 125×10,与厚度为 8 mm 的节点板连接,其肢背搭接长度为 300 mm,焊脚尺寸均为 h_f = 8 mm,钢材为 Q235B,手工电弧焊,焊条为 E43 型。

5. 两截面为 360 mm×8 mm 的钢板,采用 C 级普通螺栓的双盖板拼接,试设计此连接。已知轴心拉力设计值 N = 325 kN,钢材为 Q235,螺栓采用 M20。

6. 某焊接工字形截面柱,截面几何尺寸如题图 8-5 所示。柱的上下端均为铰结,柱高 4.2 m,承受轴心压力设计值 N = 1 000 kN,材料为 Q235 钢,翼缘为火焰切割边,焊条为 E43 型,焊接为电弧焊。试验算该柱是否安全。

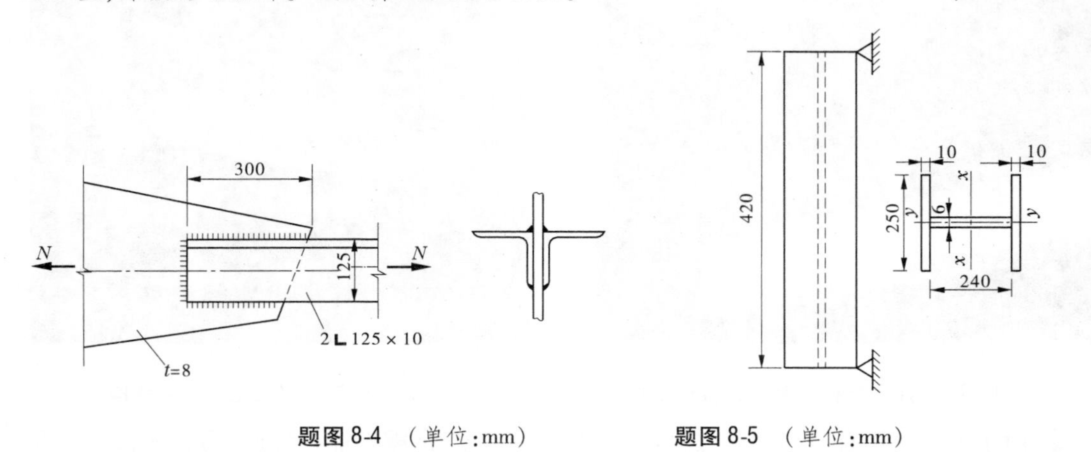

题图 8-4 (单位:mm) 题图 8-5 (单位:mm)

学习情境九　钢 - 混凝土组合结构

【学习目标】

掌握钢 - 混凝土组合构件的应用，熟悉钢 - 混凝土组合构件的特点，了解钢管混凝土的特点与应用。

工作任务表

能力目标	主讲内容	学生完成任务	评价标准	
钢 - 混凝土组合构件的特点与应用	压型钢板混凝土组合板， 钢 - 混凝土组合梁， 钢管混凝土结构， 钢骨混凝土结构， 外包钢混凝土结构	熟悉钢 - 混凝土组合结构的分类，掌握各类钢 - 混凝土组合结构的工作原理、特点及应用	优秀	掌握钢 - 混凝土组合结构的工作原理、特点及应用
			良好	掌握各类钢 - 混凝土组合结构的特点及应用
			合格	了解钢 - 混凝土组合结构的分类及应用

工程上组合结构的种类繁多，从广义上讲，组合结构是指两种或多种不同材料组成一个结构或构件而共同工作的结构。钢 - 混凝土组合结构是继木结构、砌体结构、钢筋混凝土结构和钢结构之后发展兴起的第五大类结构，是目前建筑业应用最为广泛的组合结构。国内外常用的钢 - 混凝土组合结构主要有压型钢板混凝土组合板结构（见图 9-1）、钢 - 混凝土组合梁结构（见图 9-2）、钢管混凝土结构（见图 9-3）、钢骨混凝土结构（见图 9-4）和外包钢混凝土结构等五类（见图 9-5）。

图 9-1　压型钢板混凝土组合板结构

图 9-2　钢 - 混凝土组合梁结构

由于组合结构有节约钢材、提高混凝土利用系数、抗震性能好、施工方便及降低造价

图 9-3　钢管混凝土结构

图 9-4　钢骨混凝土结构

图 9-5　外包钢混凝土结构

等优点，得到了迅速推广与应用，许多国家制定了相应的技术标准。下面我们对不同的结构类型作具体的介绍，了解它们的种类、特点、应用范围及基本的计算原理。

一、压型钢板混凝土组合板

压型钢板是将薄钢板压制成各种形式的凹凸肋与各种形式槽纹的钢板上浇筑混凝土而制成的组合板，依靠凹凸肋及不同槽纹使钢板和混凝土组合在一起，整体共同工作（见图 9-6）。

压型钢板混凝土组合板的特点就是受压性能好，刚度大的混凝土主要分布在受压区，受拉区由压型钢板承受，使不同性质的材料发挥出其各自的性能，受力合理。同时，由于压型钢板的工厂化，减少了模板钢筋的制作、安装工作，加快了施工进度，从而得到建设者的特殊青睐。

压型钢板可作为墙板和屋面板之用，也可用作楼板。20 世纪 80 年代以来，我国兴建了大量高层建筑，已经采用压型钢板作楼层永久性模板或组合板。如北京香格里拉饭店、京城大厦、上海锦江饭店、深圳发展中心大厦等。

组合板是按照施工和使用两个阶段来设计计算的。在施工阶段，压型钢板作为浇筑

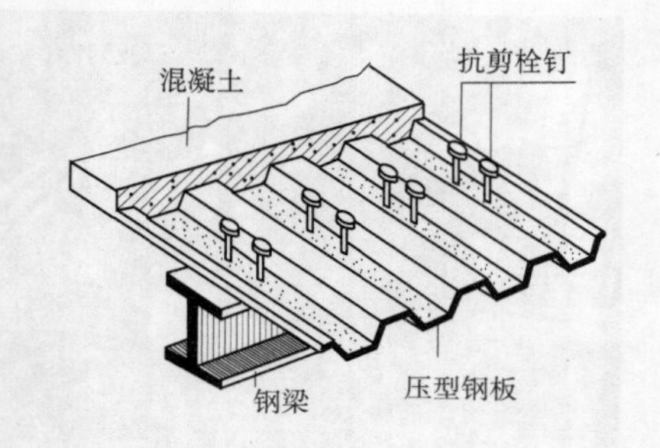

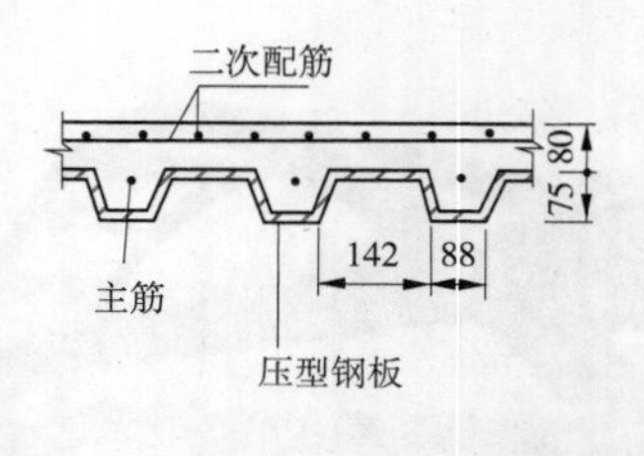

图 9-6 压型钢板混凝土组合板

混凝土的底模，进行承载力计算和挠度计算，采用的是弹性设计方法，不考虑混凝土的抗弯刚度，荷载的取值采用标准值；其中，承载力能力计算只需正截面满足要求，在变形计算中，对于不满足变形要求的组合板，应采取加临时支撑等措施来减小该阶段压型钢板的变形。在使用阶段，混凝土达到设计强度，应按照组合结构来计算，采用的是塑性设计方法，截面刚度采用换算截面法，荷载取值应改为采用设计值；组合板的承载力计算包括正截面受弯计算、斜截面受剪计算及交界面的纵向水平剪切黏结计算，另外需要注意的是，使用阶段的变形计算应考虑两阶段的变形效应之和。

二、钢－混凝土组合梁

钢－混凝土组合梁是在钢结构和钢筋混凝土结构基础上发展起来的一种新型梁。通常此型式梁肋部采用钢梁，翼板采用混凝土板，两者间用抗剪连接件或开孔钢板连成整体（见图 9-7）。抗剪连接件是钢梁与混凝土板共同工作的关键，它沿钢梁与混凝土板的交界面设置。

与钢筋混凝土梁相比，钢－混凝土组合梁可以减轻结构自重，减轻地震作用，减小截面尺寸，增加有效使用空间，节省支模工序和模板，缩短施工周期，增加梁的延性等。与钢梁相比，钢－混凝土组合梁可以减少用钢量，增大刚度，增加稳定性和整体性，增强结构抗火性和耐久性等。

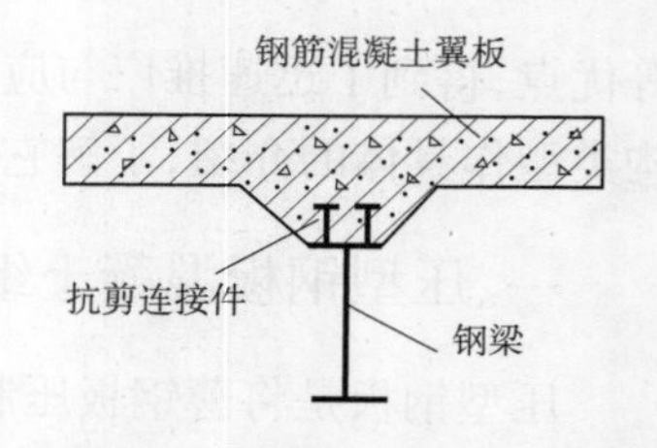

图 9-7 钢－混凝土组合梁

钢－混凝土组合梁的形式较多，按截面分有 T 形梁和外包混凝土组合梁；按混凝土翼板分为现浇翼板、预制板翼板、叠合板翼板和压型钢板组合板翼板；按材料强度分有普通混凝土强度组合梁、高强混凝土组合梁、高强钢－高强混凝土组合梁；按钢梁的形式又可分为工字钢梁、箱形钢梁、蜂窝形钢梁、桁架梁。

组合梁截面的承载力计算理论有两种：一种是弹性理论法，另一种是考虑截面塑性发展的塑性计算理论。这两种理论的应用范围也略有差别，且在挠度计算时均应采用弹性理论法。另外，组合梁的计算也应按两阶段受力进行计算。

按弹性理论计算时，首先应确定组合梁截面特征，计算有效宽度、惯性矩和弹性抵抗矩；这部分计算比较复杂，在整个计算过程中具有很重要的作用。接下来的计算就相对简单，施工阶段按照钢结构理论进行，包括受弯、受剪承载力计算，在使用阶段，则按照组合结构计算,也包括受弯、受剪承载力计算,但是要注意有时需要考虑长期荷载作用,故要考虑混凝土徐变的影响。

一般情况下,当钢梁截面属于纤细截面时,是按弹性理论计算的,而当其属于密实截面时,由于不至于板件局部屈曲而影响承载力,可以按照塑性理论设计。其中,组合梁截面特征计算和施工阶段计算都同弹性理论设计,在使用阶段,进行正截面受弯、斜截面受剪承载力计算时,则不同于弹性理论设计,相比较而言应该简单点。

组合梁还包括剪切件、托板等部分,这些计算也有多种设计法。另外,对部分组合梁还需进行稳定性计算和变形计算,这些都需要满足要求,所以对于组合梁的计算内容很多,需要考虑完整。

近年来,钢 - 混凝土组合梁在我国城市立交桥梁及建筑结构中已得到了越来越广泛的应用,并且正朝着大跨方向发展。钢 - 混凝土组合梁在我国的应用实践表明,它兼有钢结构和混凝土结构的优点,具有显著的技术经济效益和社会效益,适合我国基本建设的国情,是未来结构体系的主要发展方向之一。

目前,我国采用钢 - 混凝土组合梁结构已建成的典型建筑有不少,如上海杨浦大桥、山东滨州国际会展中心、上海轨道交通明珠线等。其中,上海杨浦大桥采用钢梁与钢筋混凝土预制板相结合的叠合梁结构,通过钢梁上翼缘预制板端间的接缝混凝土和栓钉剪力连接件的作用使钢梁和混凝土桥面板连成整体形成组合梁(见图 9-8),主桥长 1 172 m,成为世界上跨度最大的斜拉桥。山东滨州国际会展中心三层会议室采用目前国内最大跨度的空间交叉钢 - 混凝土组合楼盖系统(跨度为 60 m),交叉钢梁采用开口箱形梁,屋盖采用肋环形 H 型钢折板网壳结构(见图 9-9)。

图 9-8　上海杨浦大桥

图 9-9　山东滨州国际会展中心

三、钢管混凝土结构

钢管混凝土结构是在型钢混凝土结构、配螺旋箍筋的混凝土结构及钢管结构的基础上发展起来的,它是将素混凝土灌入钢管而制成的组合材料,是钢 - 混凝土组合构件中最重要的一种形式。钢管混凝土结构按照截面形式的不同可分为矩形钢管混凝土结构、方形钢管混凝土结构、圆钢管混凝土结构和多边形钢管混凝土结构等,其中矩形钢管混凝土结构和圆钢管混凝土结构研究与应用的范围较广泛(见图 9-10)。

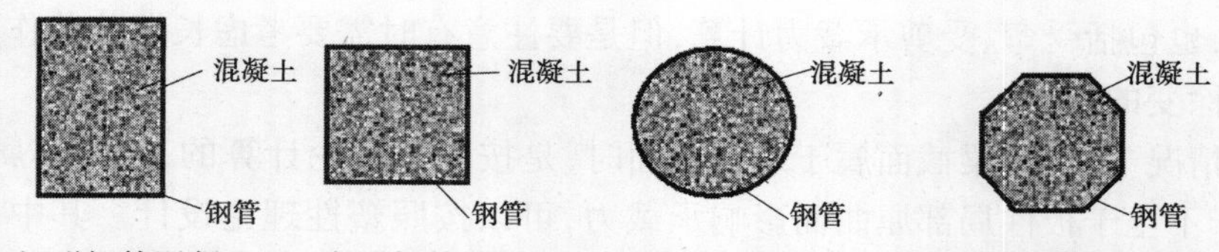

图 9-10　钢管混凝土的截面形式

相对于钢筋混凝土柱，钢管混凝土结构利用钢管约束混凝土，使得混凝土由原来的单向受压状态转变为三向受压状态。由于约束混凝土的强度大大提高，因此使构件的承载能力大幅提高，从而构件的截面可以大大减小，扩大了使用空间，减轻了自重，降低了地基基础的造价，经济效果显著。作为受压构件，其承载力可以达到钢管和混凝土单独承载之和的1.7～2.0倍。另外，钢管混凝土结构具有良好的塑性、抗震性能和耐火性能，制作简单，施工方便，可大大缩短工期等特点。

钢管混凝土主要用作受压构件，在荷载作用下受力情况是十分复杂的。目前，关于钢管混凝土柱的行业规程有三部，即《钢管混凝土结构设计与施工规程》、《钢－混凝土组合结构设计规程》和《矩形钢管混凝土结构技术规程》，每个规程都详细介绍了计算方法。

钢管混凝土结构除用于高层建筑工程、工业厂房、地铁车站工程和大跨度桥梁工程中外，也经常用于各种设备支架、塔架、通廊与贮仓支柱等各种构筑物中。如深圳彩虹大桥是一座由钢管混凝土拱、预应力钢混凝土空心叠合板组合梁、钢管混凝土组合桥墩构成的全钢混凝土组合结构桥梁（见图9-11）；南京铁路新客站主站房为钢管混凝土立柱加斜拉索轻钢屋盖结构，主体结构为钢管混凝土柱框架结构，屋盖采用桅杆式斜拉索金属屋面（见图9-12）；深圳赛格广场大厦，塔楼部分采用框筒结构体系，框架采用钢管混凝土柱、钢梁和压型钢板组合楼盖。

图 9-11　深圳彩虹大桥

图 9-12　南京铁路新客站

四、钢骨混凝土结构

钢骨混凝土结构是在混凝土中主要配置轧制或焊接型钢，钢骨与外包钢筋混凝土共同承受荷载的梁、柱、墙构件等组成的结构（见图 9-13）。根据其配置的型钢不同分为实腹式钢骨和空腹式钢骨两大类。

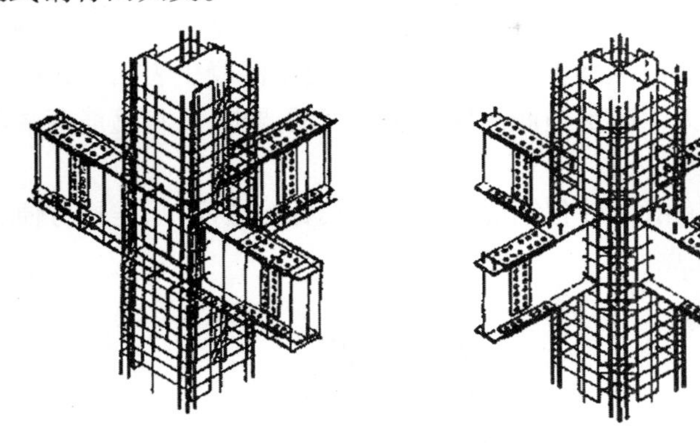

图 9-13　钢骨混凝土结构

实腹式钢骨通常采用由钢板焊接拼制成或直接轧制而成的工字形、口字形、十字形截面。实腹式钢骨混凝土构件具有较好的抗震性能，空腹式钢骨混凝土构件的抗震性能与普通钢筋混凝土构件基本相同。

钢骨混凝土构件可适用于全部采用钢骨混凝土构件的钢骨混凝土结构。也可适用于与其他类型（钢或钢筋混凝土）抗侧力结构组成的混合结构中。而且不论什么结构体系，如框架、剪力墙、框架－剪力墙、框架－核心筒、框架－支撑、筒中筒、巨形框架等。其中的梁、柱、墙等构件均可采用钢骨混凝土构件。在多数情况下，高层建筑中只在少数层或局部区域中采用钢骨混凝土构件。

钢骨混凝土结构的特点是在混凝土中配置的是型钢，使构件承载能力、刚度大大提高，因而大大地减小肋构件的截面尺寸，明显增加肋房间的使用面积，也使房间中的设备、家具更好地布置。由于梁截面高度的减小，增加了房间净空，或降低了房屋的层高与总高。强度、刚度的显著提高，使其可以运用于大跨、重荷及高层、超高层建筑中。钢骨混凝土结构不但强度、刚度明显增加，而且延性获得很大的提高，从而成为一种抗震性能很好的结构，所以尤其适用于地震区。钢骨混凝土结构的另一优点是施工安装时梁柱形钢骨架本身构成了一个刚度较大的结构体系，可以作为浇筑混凝土时挂模、滑模的骨架，不仅大量节省了模板支撑，也可以承担施工荷载。

在钢骨混凝土构件中，钢骨与混凝土能否共同工作是构件设计理论的基础。试验表明，当钢骨翼缘位于截面受压区，且配置一定数量的钢筋和钢箍时，钢骨与外包混凝土能保持较好地共同工作，截面应变分布基本上符合平截面假定。但试验也表明，除要设置足够的箍筋，以约束混凝土，增强其黏结力外，在某些内力传递较大的部位，如柱脚、构件类型转换部位等，还要设置栓钉，防止钢骨与混凝土之间的相对滑移。

在结构设计时，对结构内力及位移进行的分析都是在弹性范围内，可分别参照高层钢结构或钢筋混凝土结构计算的一般原理及基本假设进行计算。

五、外包钢混凝土结构

外包钢混凝土结构是外部配型钢的混凝土结构。它是在克服装配式钢筋混凝土结构某些缺点的基础上发展起来的，仿效钢结构的构造方式，是钢与混凝土组合结构的一种新形式。外包钢结构由外包型钢的杆件拼装而成。杆件中受力主筋由角钢代替并设置在杆件的四角，角钢的外表面与混凝土表面取平，或稍突出混凝土表面 0.5 ~ 1.5 mm。横向箍筋与角钢焊接成骨架，为了满足箍筋的保护层厚度的要求，可将箍筋两端墩成球状再与角钢内侧焊接。

与钢筋混凝土结构相比，外包钢混凝土结构具有构造简单、连接方便、使用灵活、抗剪强度和延性均提高的优点。

小　结

(1)钢－混凝土组合结构主要有压型钢板混凝土组合板、钢－混凝土组合梁、钢管混凝土结构、钢骨混凝土结构、外包钢混凝土结构等五种形式。

(2)组合结构的主要优点有节约钢材、提高混凝土利用系数、抗震性能好、施工方便及降低造价等。

能力训练

1. 钢－混凝土组合梁是由哪几部分组成的？
2. 钢梁与混凝土板之间能够共同工作的条件是什么？
3. 组合梁的设计计算理论有哪两种？一般各在什么情况下应用？
4. 钢管混凝土的形式有哪些？
5. 钢管混凝土的紧箍力是如何形成的？
6. 钢－混凝土组合梁与钢管混凝土的特点有哪些？

参 考 文 献

[1] 吴承霞. 建筑力学与结构[M]. 北京:北京大学出版社,2009.
[2] 丁天庭. 建筑结构[M]. 北京:高等教育出版社,2003.
[3] 孙仁博,王天明. 材料力学[M]. 北京:中国建筑工业出版社,1995.
[4] 罗向荣,钢筋混凝土结构[M]. 北京:高等教育出版社, 2004.
[5] 叶列平. 混凝土结构[M]. 北京:清华大学出版社, 2005.
[6] 胡兴福. 建筑力学与结构[M]. 武汉:武汉理工大学出版社, 2007.
[7]李春亭,张庆霞. 建筑力学与结构[M]. 北京:人民交通出版社,2007.
[8] 周道君,田海风. 建筑力学与结构[M]. 北京:中国电力出版社, 2005.
[9] 江见鲸,王元清,等. 建筑工程事故分析与处理[M]. 北京:中国建筑工业出版社, 2006.
[10] 中华人民共和国住房和城乡建设部. GB 50010—2010 混凝土结构设计规范[S]. 北京:中国建筑工业出版社,2010.
[11] 中华人民共和国建设部. GB 50017—2003 钢结构设计规范[S]. 北京:中国建筑工业出版社,2003.
[12] 中华人民共和国建设部. GB 50003—2001 砌体结构设计规范[S]. 北京:中国建筑工业出版社,2002.
[13] 中华人民共和国原城乡建设环境保护部. GB 50153—2008 工程结构可靠度设计统一标准[S]. 北京:中国建筑工业出版社,2008.
[14] 交通部公路规划设计院. GB/T 50283—1999 公路工程结构可靠度设计统一标准[S]. 北京:中国计划出版社,1999.
[15] 中交公路规划设计院 . JTG D62—2004 公路钢筋混凝土及预应力混凝土桥涵设计规范[S]. 北京:人民交通出版社,2005.
[16] 中华人民共和国建设部,中华人民共和国国家质量监督检验检疫总局. GB 50009—2001 建筑结构荷载规范[S]. 北京:中国建筑工业出版社,2006.
[17] 中国建筑标准设计研究院. 11G101 - 1 混凝土结构施工图平面整体表示方法制图规则和构造详图[S]. 北京:中国计划出版社,2011.
[18] 中交公路规划设计院. JTG D60—2004 公路桥涵设计通用规范[S]. 北京:人民交通出版社,2004.